Grundlehren der mathematischen Wissenschaften 227

A Series of Comprehensive Studies in Mathematics

H. Grauert   R. Remmert

Theorie der Steinschen Räume

Springer-Verlag
Berlin Heidelberg New York 1977

Hans Grauert
Mathematisches Institut der Universität Göttingen, D-3400 Göttingen

Reinhold Remmert
Mathematisches Institut der Westfälischen Wilhelms-Universität, D-4400 Münster

AMS Subject Classifications (1970): Primary 30A46, 32E10, 32J99 Secondary 32-02, 32A10, 32A20, 32C15

ISBN 3-540-08231-X Springer-Verlag Berlin Heidelberg New York
ISBN 0-387-08231-X Springer-Verlag New York Heidelberg Berlin

Library of Congress Cataloging in Publication Data. Grauert, Hans, 1930 —. Theorie der Steinschen Räume (Grundlehren der mathematischen Wissenschaften; 227). Includes index. 1. Stein spaces. I. Remmert, Reinhold, joint author. II. Title. III. Serie: Grundlehren der mathematischen Wissenschaften in Einzeldarstellungen; 227). QA331.G683. 515'.73. 77-7372

Printed in Germany
Satz und Druck: Zechnersche Buchdruckerei, Speyer.
Bindearbeiten: Konrad Triltsch, Würzburg
2141/3140-543210

Karl Stein gewidmet

Inhaltsverzeichnis

Kapitel II. Differentialformen und Dolbeaulttheorie

Kapitel III. Theoreme A und B für kompakte Quader im $\mathbb{C}^m$

Kapitel IV. Steinsche Räume

Kapitel VI. Endlichkeitssatz

Kapitel VII. Kompakte Riemannsche Flächen

Einleitung

1. Der klassische Satz von Mittag-Leffler, nach dem in jedem Gebiete der Gaußschen Zahlenebene $\mathbb{C}$ meromorphe Funktionen mit vorgegebenen Hauptteilen konstruiert werden können, wurde bereits 1895 von P. Cousin auf den Fall von mehreren komplexen Veränderlichen übertragen. Allerdings konnten Cousin und nachfolgende Autoren den analogen Satz nur für spezielle Gebiete, nämlich Zylindergebiete des m-dimensionalen komplexen Zahlenraumes $\mathbb{C}^m$, beweisen. Es zeigte sich, daß keineswegs in allen Gebieten des $\mathbb{C}^m$, $2 \leq m < \infty$, die gesuchten meromorphen Funktionen existieren; das bekannteste Beispiel dafür ist ein „gekerbter" Dizylinder D im $\mathbb{C}^2$, der aus dem Einheitsdizylinder $Z := \{(z_1, z_2) \in \mathbb{C}^2 : |z_1| < 1,\ |z_2| < 1\}$ durch Herausnahme etwa der Menge $\left\{(z_1, z_2) \in Z : |z_1| \geq \frac{1}{2},\ |z_2| \leq \frac{1}{2}\right\}$ entsteht. Dieses Gebiet D hat auch die Eigenschaft, daß sich jede in D holomorphe Funktion zu einer im ganzen Dizylinder Z holomorphen Funktion fortsetzen läßt. In der Funktionentheorie einer Veränderlichen tritt dieses Phänomen nicht auf; hier gibt es bekanntlich zu jedem Gebiet $G \subset \mathbb{C}$ holomorphe Funktionen, die in jedem Randpunkt von G singulär sind. Solche Gebiete nennt man in der Funktionentheorie mehrerer Veränderlichen *Holomorphiegebiete.* H. Cartan bemerkte 1934, daß ein Gebiet im $\mathbb{C}^2$, für das die Cousinsche Aussage gilt, notwendig ein Holomorphiegebiet ist; ein Beweis hierfür wurde 1937 von H. Behnke und K. Stein mitgeteilt. Man vermutete bald, daß der Cousinsche Satz für alle Holomorphiegebiete richtig ist. Diese Vermutung konnte 1937 von K. Oka bewiesen werden: in jedem Holomorphiegebiet des $\mathbb{C}^m$ gibt es meromorphe Funktionen zu vorgegebenen Hauptteilen. Im gleichen Jahr zeigte H. Cartan am Beispiel des punktierten Zahlenraumes $\mathbb{C}^3 \setminus \{0\}$, daß auch in Nichtholomorphiegebieten der Cousinsche Satz gültig sein kann.

Die weitere Entwicklung der Funktionentheorie mehrerer Veränderlichen machte deutlich, daß die Übertragung wichtiger Sätze aus der Theorie einer komplexen Veränderlichen häufig auf Holomorphiegebiete beschränkt bleibt, dies gilt z.B. für den Weierstraßschen Produktsatz. In einem Holomorphiegebiet des $\mathbb{C}^m$ kann man zu einer vorgegebenen Nullstellenflächenverteilung genau dann eine holomorphe Funktion finden, wenn dazu eine stetige Funktion existiert. Die Bedingung der Existenz einer stetigen Lösung wurde 1941 von K. Stein diskutiert, es wurden nachprüfbare hinreichende Bedingungen angegeben. Später wurde als notwendig und hinreichend erkannt, daß die mit Vielfachheit zu zählende Nullstellenfläche einen nullhomologen Zyklus in der nichtkompakten Homologietheorie mit den ganzen Zahlen $\mathbb{Z}$ als Koeffizientenbereich bildet.

In ähnlicher Weise war die Beschränkung auf Holomorphiegebiete auch bei der Übertragung des (Poincaréschen) Satzes über die Darstellung meromorpher

Funktionen als Quotient holomorpher Funktionen sowie bei der Verallgemeinerung des Rungeschen Approximationssatzes nötig.

2. Die Übertragung des Begriffes der Mittag-Leffler-Verteilung von Hauptteilen auf die Funktionentheorie mehrerer Veränderlichen macht Schwierigkeiten, da Polstellen bei mehreren Veränderlichen nicht mehr isoliert liegen, sondern reell $(2m-2)$-dimensionale Flächen bilden. Man kann wie folgt vorgehen: Ist G ein Gebiet im $\mathbb{C}^m$ und $\mathfrak{U}=\{U_i\}$, $i\in I$, eine offene Überdeckung von G, so heißt eine Familie $\{U_i, h_i\}$ eine (additive) Cousinverteilung in G, wenn h_i eine in U_i meromorphe Funktion ist, so daß in $U_{ij}:=U_i\cap U_j$ die Differenz h_j-h_i *stets* holomorph ist (im Falle $m=1$ haben dann natürlich h_i und h_j in U_{ij} die gleichen Hauptteile und man erhält durch die Cousinverteilung eine Mittag-Leffler-Verteilung). Eine meromorphe Funktion zu einer Cousinverteilung $\{U_i, h_i\}$ finden heißt, eine in G meromorphe Funktion h zu konstruieren, so daß $h-h_i$ in U_i stets holomorph ist.

Cousinverteilungen sind noch nicht das genaue Äquivalent von Mittag-Leffler-Verteilungen: verschiedene Cousinverteilungen können bei gleicher Überdeckung die gleichen Hauptteile vorgeben. Diese Schwierigkeit läßt sich folgendermaßen überwinden: Ist $x\in G$ ein Punkt, so heißt jedes Paar (U,h), wo $U\subset G$ eine offene Umgebung von x und h eine in U meromorphe Funktion ist, eine in x *lokale meromorphe Funktion*. Zwei in x lokale meromorphe Funktionen (U_1, h_1) und (U_2, h_2) heißen äquivalent, wenn h_1-h_2 in einer Umgebung $V\subset U_1\cap U_2$ von x holomorph ist; jede solche Äquivalenzklasse heißt ein *Hauptteilkeim* in x. Es bezeichne $\mathscr{H}_x$ die Menge aller Hauptteilkeime in x. Wir setzen $\mathscr{H}:=\bigcup_{x\in G}\mathscr{H}_x$ und definieren eine Abbildung $\pi:\mathscr{H}\to G$ von $\mathscr{H}$ auf G, indem wir jedem Keim seinen Grundpunkt $x\in G$ zuordnen. Ist $U\subset G$ offen und h meromorph in U, so erzeugt h in jedem Punkt $x\in G$ einen Hauptteilkeim $\bar{h}_x\in\mathscr{H}_x$ und folglich eine Abbildung $s_h: U\to\mathscr{H}$, $x\mapsto\bar{h}_x$, mit $\pi s_h=\mathrm{id}$. Es ist einfach zu sehen, daß die Mengen $s_h(U)$ die Basis einer Topologie in $\mathscr{H}$ sind, so daß $\pi:\mathscr{H}\to G$ stetig und lokal-topologisch ist. Man nennt $\mathscr{H}$ eine *Garbe über G* und die (stetigen) Abbildungen s_h Schnitte. Jede Cousinverteilung $\{U_i, h_i\}$ in G definiert *global* eine stetige Abbildung $s: G\to\mathscr{H}$ mit $\pi s=\mathrm{id}$; man setzt einfach $s|U_i:=s_{h_i}$ und beachtet, daß $s|U_i$ und $s|U_j$ über U_{ij} identisch sind, da $(U_{ij}, h_i|U_{ij})$ und $(U_{ij}, h_j|U_{ij})$ für jeden Punkt $z\in U_{ij}$ äquivalent sind. Zwei Cousinverteilungen in G haben genau dann die gleichen „Hauptteile", wenn sie dieselbe Schnittfläche s in $\mathscr{H}$ über G ergeben. Eine meromorphe Funktion h ist genau dann eine Lösung einer Cousinverteilung, wenn gilt $s_h=s$.

Die Garbentheorie liefert nicht nur die adäquate Sprache, um den Begriff der Hauptteilverteilung zu präzisieren, sondern darüber hinaus auch Methoden zur erfolgreichen Lösung des Cousinschen Problems. Ähnlich ist die Situation, wenn man den Weierstraßschen Produktsatz, den Satz von der Darstellung meromorpher Funktionen als Quotient holomorpher Funktionen sowie den Rungeschen Approximationssatz auf Funktionen mehrerer Veränderlichen überträgt.

3. Die Keime der holomorphen Funktionen bilden selbst eine Garbe $\mathcal{O}$. Die Notwendigkeit, den Garbenbegriff in der komplexen Analysis konsequent

zu benutzen, ergibt sich auch bei der Untersuchung von Verzweigungspunkten und von analytischen Mengen mit Singularitäten. Die Gesamtheit der Keime von holomorphen Funktionen, die auf einer analytischen Menge verschwinden, bildet nämlich eine $\mathcal{O}$-Untergarbe von $\mathcal{O}$, wenn wir die heutige Begriffsbildung heranziehen. K. Oka selbst benutzte 1950 für seine Beweise Verteilungen von Idealen in Ringen lokal holomorpher Funktionen (idéaux de domaines indéterminés); dieser recht schwierige Begriff entspricht dem heutigen Garbendatum.

Die Benutzung von Keimen und der Garbenbegriff gehen auf J. Leray zurück. In der Funktionentheorie mehrerer Veränderlichen werden Garben seit 1950/51 systematisch von H. Cartan und J.-P. Serre verwendet. Für alle funktionentheoretischen Untersuchungen wurde der Begriff der *Kohärenz* wichtig. Man mußte für viele Garben ihre Kohärenz nachweisen; das war oft recht kompliziert, da noch kein Kalkül zur Beherrschung der kohärenten Garben entwickelt war. Die wichtigsten Kohärenzsätze stammen von H. Cartan und K. Oka.

Die Theorie der kohärenten analytischen Garben bereicherte schnell die Theorie der Holomorphiegebiete durch neue wichtige Ergebnisse. Inzwischen hatte aber K. Stein in seiner denkwürdigen Arbeit „Analytische Funktionen mehrerer komplexer Veränderlichen zu vorgegebenen Periodizitätsmoduln und das zweite Cousinsche Problem, Math. Ann. **123**, 201–222 (1951)“ komplexe Mannigfaltigkeiten entdeckt, die ähnliche Elementareigenschaften wie Holomorphiegebiete haben; ein Gebiet $G \subset \mathbb{C}^m$ ist sogar genau dann ein Holomorphiegebiet, wenn es eine solche *Steinsche Mannigfaltigkeit* ist. Das führte dazu, daß viele Sätze der Theorie der kohärenten Garben sogleich für Steinsche Mannigfaltigkeiten bewiesen wurden. Cartan und Serre erkannten, daß zur Formulierung der Hauptresultate die Sprechweisen der kurz zuvor entwickelten Cohomologietheorie besonders adäquat sind: für jede *kohärente analytische Garbe* $\mathcal{S}$ über einer Steinschen Mannigfaltigkeit X gilt

Theorem A: *Der $\mathcal{O}(X)$-Modul $\mathcal{S}(X)$ erzeugt jeden Halm $\mathcal{S}_x$ als $\mathcal{O}_x$-Modul, $x \in X$.*

Theorem B: $H^q(X, \mathcal{S}) = 0$ *für* $q \geq 1$.

Diese berühmten, erstmals im Séminaire Cartan 1951/52 aufgestellten und bewiesenen Theoreme umfassen die Ergebnisse über die Cousinschen Probleme und vieles andere mehr.

4. Nach der ursprünglichen Definition heißt eine *parakompakte* komplexe Mannigfaltigkeit X *Steinsch*, wenn die folgenden 3 Axiome erfüllt sind:

Trennungsaxiom: *Zu je zwei Punkten $x_0, x_1 \in X$, $x_0 \neq x_1$, gibt es eine in X holomorphe Funktion f, die diese Punkte „trennt“: $f(x_0) \neq f(x_1)$.*

Uniformisierungsaxiom: *Ist $x_0 \in X$ ein Punkt und sind $z_1, \ldots, z_m$ lokale komplexe Koordinaten um x_0, so gibt es auf ganz X holomorphe Funktionen $f_1, \ldots, f_m$, deren Funktionaldeterminante* $\det \dfrac{\partial f_\mu}{\partial z_\nu}$ *in x_0 nicht verschwindet.*

Konvexitätsaxiom: *Zu jeder in X diskreten Folge $\{x_i\}$ gibt es eine in X holomorphe Funktion f, die auf $\{x_i\}$ unbeschränkt ist:* $\sup_i |f(x_i)| = \infty$.

Für Gebiete im $\mathbb{C}^m$ bedeutet das Konvexitätsaxiom Holomorphiekonvexität, hier sind Trennungs- und Uniformisierungsaxiom automatisch erfüllt. Will man aber auch nichtschlichte Gebiete über dem $\mathbb{C}^m$ studieren, so hat man bereits für verschiedene Punkte über demselben Grundpunkt nicht mehr ohne weiteres trennende holomorphe Funktionen und für (lokal uniformisierbare) Verzweigungspunkte nicht mehr Koordinatensysteme aus globalen holomorphen Funktionen. Läßt man überdies nichtuniformisierbare Punkte zu, wie z.B. den Punkt im Gebilde von $\sqrt{z_1 z_2}$, so ist das Uniformisierungsaxiom in obiger Fassung sogar sinnlos. Indessen ist in dieser Situation stets noch folgendes Axiom erfüllt, das sowohl eine wesentliche Abschwächung des Uniformisierungs- als auch des Trennungsaxioms ist:

Ausbreitungsaxiom: *Zu jedem Punkt $x_0 \in X$ gibt es in X holomorphe Funktionen $f_1, \dots, f_n$, so daß x_0 isoliert in deren Nullstellenmenge $\{x \in X : f_1(x) = \cdots = f_n(x) = 0\}$ liegt.*

Dieses Ausbreitungsaxiom impliziert auf Grund des Maximumprinzips das

Endlichkeitsaxiom für kompakte analytische Mengen: *Jede in X kompakte analytische Menge ist endlich.*

Das Konvexitätsaxiom kann wie folgt gemildert werden:

Schwaches Konvexitätsaxiom: *Zu jeder in X kompakten Menge K gibt es eine offene Umgebung W von K in X, so daß $\hat{K} \cap W$ kompakt ist, dabei bezeichnet $\hat{K} := \{x \in X : |f(x)| \leq \max_{y \in K} |f(y)|$ für alle in X holomorphen Funktionen $f\}$ die holomorph-konvexe Hülle von K in X.*

Für den Fall, daß man stets $W = X$ wählen kann, ist dies Axiom mit dem oben formulierten Konvexitätsaxiom äquivalent; im Fall komplexer Mannigfaltigkeiten kann man dies ohne tiefere Hilfsmittel zeigen (vgl. Kap. V, § 4.7).

Ein *Steinscher* Raum ist in diesem Buch ein parakompakter, komplexer (nicht notwendig reduzierter) Raum, der dem *schwachen Konvexitätsaxiom und dem Endlichkeitsaxiom für kompakte analytische Mengen* genügt. Für diese allgemeinen Steinschen Räume beweisen wir die Theoreme A und B. Es folgt speziell, daß unsere schwachen Axiome bereits das Trennungsaxiom und das Konvexitätsaxiom implizieren und im singularitätenfreien Fall genau die klassischen Steinschen Mannigfaltigkeiten liefern. Wir setzen stets voraus, daß ein komplexer Raum eine *abzählbare Topologie* hat und also *parakompakt* ist. Mit einiger Mühe kann man zeigen, daß jeder komplexe Raum, für den das Ausbreitungsaxiom gilt, eo ipso parakompakt ist (vgl. [16, 24]).

5. Wir beschreiben kurz den Aufbau dieses Buches. In zwei einführenden Kapiteln A und B sind in nuce die wesentlichen Dinge aus der Garbentheorie und Cohomologietheorie zusammengestellt. Der Begriff der Kohärenz wird erläutert, ein an Kohärenz*beweisen* interessierter Leser wird zur vertiefenden Lektüre auf unser in Vorbereitung befindliches Buch „Coherent Analytic Sheaves" verwiesen. Komplexe Räume werden als spezielle $\mathbb{C}$-algebrierte Räume eingeführt; wichtige Resultate über komplexe Räume und analytische Mengen werden angegeben; Vollständigkeit wird nicht angestrebt. Es wird sowohl die *welke* als

auch die (alternierende) *Čechsche* Cohomologietheorie entwickelt; Beweise, die in der Literatur bequem zugänglich sind (z.B. in [EFV], [TF], [NTM] oder [FAC]), werden i. allg. nicht ausgeführt.

Im Kapitel I wird ein kurzer direkter Beweis des Kohärenzsatzes für endliche holomorphe Abbildungen angegeben, der auf dem Weierstraßschen Divisionssatz mit Rest und dem Henselschen Lemma für konvergente Potenzreihen beruht (vgl. hierzu [AS]).

Die Dolbeaultsche Cohomologietheorie wird im Kapitel II dargestellt. Als Korollar ergibt sich Theorem B für die Strukturgarbe $\mathcal{O}$ über kompakten (euklidischen) Quadern Q im $\mathbb{C}^m$, d.h. $H^q(Q,\mathcal{O})=0$, $q\geq 1$. (Es sei gesagt, daß man diese Gleichungen auch direkt und einfacher mit Hilfe der Čechschen Cohomologietheorie gewinnen kann.)

Das Kapitel III enthält den Beweis der Theoreme A und B für kompakte Quader $Q\subset\mathbb{C}^m$. Wesentlich benutzt wird, daß für *jede* Garbe $\mathcal{S}$ von abelschen Gruppen die Cohomologiegruppen $H^q(Q,\mathcal{S})$ für große q stets verschwinden. Entscheidendes Hilfsmittel beim Beweis von Theorem A ist das Cartansche Heftungslemma für holomorphe Matrizen, das sich recht einfach ergibt, wenn man bei der Cousinheftung sofort eine Abschätzung der Heftungsfunktionen mitbeweist.

Im Kapitel IV werden die Theoreme A und B für beliebige Steinsche Räume bewiesen. Steinsche Räume werden durch *analytische Quader* ausgeschöpft, die holomorph und endlich *in* kompakte euklidische Quader von Zahlenräumen $\mathbb{C}^m$ abbildbar sind. Der Endlichkeitssatz aus Kapitel I zusammen mit den Resultaten des Kapitels III liefern frei Haus die gewünschten Theoreme für analytische Quader. Um die Sätze im Limes für alle Steinschen Räume zu gewinnen, ist ein Approximationsprozeß notwendig, der im Falle der Gruppen $H^1(X,\mathcal{S})$ eine Verallgemeinerung des bekannten Rungeschen Satzes ist.

Anwendungen und Illustrationen der Hauptsätze sowie Beispiele für Steinsche Räume sind im V. Kapitel zusammengetragen. Die Cousin-Probleme und das Poincaré-Problem, die so viel zur Entwicklung der Funktionentheorie mehrerer Veränderlicher beigetragen haben, werden im § 2 eingehend diskutiert. Im § 6 wird für beliebige komplexe Räume X die kanonische Fréchettopologie auf dem Raum $\mathcal{S}(X)$ der globalen Schnitte in einer kohärenten analytischen Garbe beschrieben; mittels des Normalisierungssatzes (den wir in diesem Buche nicht beweisen) gelingt ein einfacher Beweis dafür, daß für reduzierte komplexe Räume X die kanonische Fréchettopologie von $H^0(X,\mathcal{O})$ die Topologie der kompakten Konvergenz ist. Die *Charaktertheorie Steinscher Algebren* wird im § 7 dargestellt.

Im Kapitel VI beweisen wir, daß für kohärente analytische Garben über *kompakten* komplexen Räumen X alle $\mathbb{C}$-Vektorräume $H^q(X,\mathcal{S})$, $q\geq 0$, *endlichdimensional* sind (Théorème de finitude von Cartan und Serre). Wir arbeiten mit den Hilberträumen *quadrat-integrierbarer*, holomorpher Funktionen und ziehen die bereits von S. Bergman in diesen Räumen konstruierten Orthogonalbasen heran. Eine wichtige Rolle spielt das klassische Schwarzsche Lemma, welches das Lemma von L. Schwartz über kompakte (= vollstetige) lineare Abbildungen zwischen Frécheträumen ersetzt.

Im Kapitel VII versuchen wir, den Leser mit einer Darstellung der Theorie der kompakten Riemannschen Flächen, die konsequent den Endlichkeitssatz des

Kapitels VI benutzt, zu erfreuen. Der Serresche Dualitätssatz und der unsterbliche Satz von Riemann-Roch werden bewiesen; die Beweisanordnung ist wie bei Serre [35], die im analytischen Fall nicht so ohne weiteres einsichtige Information $H^1(X,\mathcal{M})=0$ wird nach einer Idee von R. Kiehl gewonnen. Das Buch schließt mit einem Beweis des Grothendieckschen Spaltungssatzes aller holomorphen Vektorraumbündel über der Riemannschen Zahlenkugel. Wir empfehlen dem Leser, die Lektüre des Buches mit Kapitel I zu beginnen und bei Bedarf auf die Kapitel A und B zurückzugreifen.

Es ist uns eine ganz besondere Freude, das Buch Herrn Karl Stein, der diese Theorie initiiert und mitbegründet hat, widmen zu dürfen. Vorläufige Fassungen unserer Texte lagen bereits Mitte der sechziger Jahre vor, wir haben Herrn W. Barth für seine damalige Mithilfe zu danken. Beim Lesen der Korrekturen wurden wir von Herrn Dr. R. Axelsson (Reykjavik) auch mathematisch tatkräftig unterstützt.

Göttingen, Münster/Westf., Dezember 1976 H. Grauert R. Remmert

Kapitel A. Garbentheorie

Wir entwickeln die Garbentheorie so weit, wie es für die späteren funktionentheoretischen Anwendungen nötig ist. Wir beziehen einen konservativen Standpunkt; die Redeweisen der Kategorientheorie werden allerdings verwendet. Als Standardliteratur zu diesem Kapitel zitieren wir [EFV], [TF], [NTM] und [FAC] sowie [CAS].

X, Y bezeichnen topologische Räume; U, V sind offene Mengen, häufig gilt $V \subset U$.

Garben werden durchweg mit $\mathcal{S}, \mathcal{S}_1, \mathcal{T}$ usf. bezeichnet; für Prägarben verwenden wir vorwiegend Symbole S, S_1, T usf.

§ 0. Garben und Prägarben von Mengen

1. Garben und Garbenabbildungen. – Ein Tripel $(\mathcal{S}, \pi, X)$, bestehend aus *topologischen Räumen* $\mathcal{S}, X$ und einer *lokal topologischen Abbildung* π *von* $\mathcal{S}$ *in* X, heißt eine *Garbe* (*von Mengen*) *über* X. Statt $(\mathcal{S}, \pi, X)$ schreiben wir auch (S, π) oder einfacher $\mathcal{S}_X$ oder nur $\mathcal{S}$.

Die *Projektion* π ist *offen*; jeder *Halm* $\mathcal{S}_x := \pi^{-1}(x)$, $x \in X$, von $\mathcal{S}$ liegt *diskret* in $\mathcal{S}$.

Sind $(\mathcal{S}_1, \pi_1)$ und $(\mathcal{S}_2, \pi_2)$ Garben über X, so heißt eine stetige Abbildung $\varphi: \mathcal{S}_1 \to \mathcal{S}_2$ *Garbenabbildung*, wenn φ *halmtreu* ist, d.h. wenn gilt $\pi_2 \circ \varphi = \pi_1$. Jede Garbenabbildung $\varphi: \mathcal{S}_1 \to \mathcal{S}_2$ induziert wegen $\varphi(\mathcal{S}_{1x}) \subset \mathcal{S}_{2x}$ Halmabbildungen $\varphi_x: \mathcal{S}_{1x} \to \mathcal{S}_{2x}$, $x \in X$. Da π_1 und π_2 lokal topologisch sind, so ist eine Garbenabbildung $\varphi: \mathcal{S}_1 \to \mathcal{S}_2$ stets lokal topologisch und also insbesondere *offen*.

Ist $(\mathcal{S}_3, \pi_3)$ eine weitere Garbe und sind $\psi: \mathcal{S}_2 \to \mathcal{S}_3$, $\varphi: \mathcal{S}_1 \to \mathcal{S}_2$ Garbenabbildungen, so ist auch $\psi\varphi: \mathcal{S}_1 \to \mathcal{S}_3$ eine Garbenabbildung. Die identische Abbildung $\mathrm{id}: \mathcal{S} \to \mathcal{S}$ ist eine Garbenabbildung. Wir sehen somit:

Die Garben von Mengen über einem topologischen Raum X bilden mit den Garbenabbildungen als Morphismen eine Kategorie.

2. Summengarben. Untergarben. Einschränkungen. – Es seien $(\mathcal{S}_1, \pi_1)$ und $(\mathcal{S}_2, \pi_2)$ Garben über X. Im kartesischen Produkt $\mathcal{S}_1 \times \mathcal{S}_2$ versehen wir die Menge

$$\mathscr{S}_1 \oplus \mathscr{S}_2 := \{(p_1, p_2) \in \mathscr{S}_1 \times \mathscr{S}_2 : \pi_1(p_1) = \pi_2(p_2)\} = \bigcup_{x \in X} (\mathscr{S}_{1x} \times \mathscr{S}_{2x})$$

mit der Relativtopologie. Dann ist die durch $\pi(p_1, p_2) := \pi_1(p_1)$ erklärte Abbildung $\pi: \mathscr{S}_1 \oplus \mathscr{S}_2 \to X$ lokal topologisch, d.h. $(\mathscr{S}_1 \oplus \mathscr{S}_2, \pi)$ ist eine Garbe über X. Sie heißt die *(direkte Whitney-)Summe von* $\mathscr{S}_1$ *und* $\mathscr{S}_2$.

Eine Teilmenge $\mathscr{S}'$ einer Garbe $\mathscr{S}$, versehen mit der Relativtopologie, heißt *Untergarbe* von $\mathscr{S}$, falls $(\mathscr{S}', \pi|\mathscr{S}')$ eine Garbe über X ist. Genau dann ist $\mathscr{S}'$ eine Untergarbe von $\mathscr{S}$, wenn $\mathscr{S}'$ offen in $\mathscr{S}$ liegt.

Ist $\mathscr{S}$ eine Garbe über X, so ist für jeden topologischen Unterraum Y von X das Tripel $(\mathscr{S}|Y, \pi|(\mathscr{S}|Y), Y)$, wo $\mathscr{S}|Y := \pi^{-1}(Y) \subset \mathscr{S}$ die Relativtopologie trägt, eine Garbe über Y. Sie heißt die *Einschränkung* von $\mathscr{S}$ auf Y und wird mit $\mathscr{S}_Y$ oder $\mathscr{S}|Y$ bezeichnet.

3. Schnittflächen. – Es sei $\mathscr{S}$ eine Garbe über X und $Y \subset X$ ein Teilraum. Eine stetige Abbildung $s: Y \to \mathscr{S}$ heißt *Schnitt* (*oder Schnittfläche*) *über* Y *in* $\mathscr{S}$, falls $\pi \circ s = \mathrm{id}_Y$. Man hat dann $s_x \in \mathscr{S}_x$ für alle $x \in Y$.[1] Die Menge aller Schnitte über Y in $\mathscr{S}$ wird mit $\Gamma(Y, \mathscr{S})$ oder kürzer mit $\mathscr{S}(Y)$ bezeichnet. Ein Schnitt $s \in \mathscr{S}(U)$ über einer offenen Menge $U \subset X$ ist eine lokal topologische Abbildung. Zu jedem Punkt $p \in \mathscr{S}$ gibt es eine offene Umgebung U von $x := s(p)$ und einen Schnitt $s \in \mathscr{S}(U)$ mit $s_x = p$. Das System der Mengen $\left\{s(U) = \bigcup_{x \in U} s_x,\ U \subset X \text{ offen}, s \in \mathscr{S}(U)\right\}$ bildet eine Basis der Topologie von $\mathscr{S}$.

Ist $\varphi: \mathscr{S}_1 \to \mathscr{S}_2$ eine Garbenabbildung, so gilt $\varphi \circ s \in \mathscr{S}_2(Y)$ für jedes $s \in \mathscr{S}_1(Y)$. Somit induziert φ eine Abbildung $\varphi_Y: \mathscr{S}_1(Y) \to \mathscr{S}_2(Y)$, $s \mapsto \varphi \circ s$. Man zeigt leicht

Eine Abbildung $\varphi: \mathscr{S}_1 \to \mathscr{S}_2$ *ist bereits dann eine Garbenabbildung, wenn es zu jedem Punkt* $p \in \mathscr{S}_1$ *eine offene Menge* $U \subset X$ *und einen Schnitt* $s \in \mathscr{S}_1(U)$ *mit* $p \in s(U)$ *gibt, so daß die Abbildung* $\varphi \circ s: U \to \mathscr{S}_2$ *zu* $\mathscr{S}_2(U)$ *gehört.* □

4. Prägarben. Der Schnittfunktor Γ. – Zu jeder in X offenen Menge U sei eine Menge $S(U)$ gegeben. Ferner sei zu je zwei offenen Mengen U, V mit $V \subset U$ eine *Restriktionsabbildung* $r_V^U: S(U) \to S(V)$ gegeben, so daß folgende Bedingungen erfüllt sind

$$r_U^U = \mathrm{id}, \qquad r_W^V \circ r_V^U = r_W^U \quad \text{für} \quad W \subset V \subset U.$$

Dann heißt das System $S := \{S(U), r_V^U\}$ eine *Prägarbe* oder auch ein *Garbendatum* (*von Mengen*) *über* X. Die Prägarben über X sind kontravariante Funktoren der Kategorie der offenen Mengen in X in die Kategorie der Mengen.

Eine *Prägarbenabbildung* $\Phi: S_1 \to S_2$, wo $S_i = \{S_i(U), r_{iV}^U\}$, $i = 1, 2$ ist ein System $\Phi = \{\Phi_U\}$ von Abbildungen $\Phi_U: S_1(U) \to S_2(U)$, so daß für alle offenen Mengen U, V mit $V \subset U$ gilt: $\Phi_V r_{1V}^U = r_{2V}^U \Phi_U$. *Die Prägarben über* X *bilden eine Kategorie.*

Zu jeder Garbe $\mathscr{S}$ über X gehört die *kanonische Prägarbe* $\Gamma(\mathscr{S}) := \{\mathscr{S}(U), r_V^U\}$, wo $r_V^U s := s|V$. Jede Garbenabbildung $\varphi: \mathscr{S}_1 \to \mathscr{S}_2$ bestimmt eine Prägarben-

[1] Wir bezeichnen konsequent den Wert eines Schnittes s in x mit s_x; in der Literatur schreibt man auch $s(x)$.

abbildung $\Gamma(\varphi)\colon \Gamma(\mathcal{S}_1)\to\Gamma(\mathcal{S}_2)$, wo $\Gamma(\varphi):=\{\varphi_U\}$ die Familie der durch φ induzierten Abbildungen zwischen den Schnittmengen ist. Es folgt unmittelbar:

Γ ist ein kovarianter Funktor der Kategorie der Garben in die Kategorie der Prägarben.

5. Übergang von Prägarben zu Garben. Der Funktor $\check{\Gamma}$. – Jede Prägarbe $S=\{S(U), r_V^U\}$ über X bestimmt auf natürliche Weise eine Garbe $\mathcal{S}:=\check{\Gamma}(S)$: Für jedes $x\in X$ ist das Teilsystem $\{S(U), r_V^U, x\in V\}$ *gerichtet* bzgl. der Inklusion der offenen Umgebungen von x; somit sind ein *direkter Limes* $\mathcal{S}_x:=\varinjlim_{x\in U} S(U)$ und Abbildungen $r_x^U\colon S(U)\to\mathcal{S}_x$ definiert. Wir setzen $\mathcal{S}:=\bigcup_{x\in X}\mathcal{S}_x$ und definieren $\pi\colon\mathcal{S}\to X$ durch $\pi(p):=x$, falls $p\in\mathcal{S}_x$. Jedes Element $s\in S(U)$ bestimmt die Menge $s_U:=\bigcup_{x\in U} r_x^U(s)\subset\mathcal{S}$; dieses System $\{s_U\}$ von Teilmengen von $\mathcal{S}$ ist Basis einer Topologie auf $\mathcal{S}$. Wir versehen $\mathcal{S}$ mit dieser Topologie. Dann ist leicht zu verifizieren, daß $(\mathcal{S},\pi)$ eine Garbe über X ist; wir nennen $\mathcal{S}=\check{\Gamma}(S)$ die zur Prägarbe S gehörende Garbe.

Jede Prägarbenabbildung $\Phi\colon S_1\to S_2$, wo $S_i=\{S_i(U), r_{iV}^U\}$, $i=1,2$, $\Phi=\{\Phi_U\}$, bestimmt eine Garbenabbildung $\check{\Gamma}(\Phi)\colon\check{\Gamma}(S_1)\to\check{\Gamma}(S_2)$ wie folgt: zu $p\in\mathcal{S}_{1x}$ wähle man $s\in S_1(U)$ mit $r_{1x}^U s=p$ und setze $\check{\Gamma}(\Phi)(p):=r_{2x}^U\Phi_U(s)$. Man zeigt, daß diese Definition unabhängig von der Wahl von s ist, und daß $\check{\Gamma}(\Phi)$ in der Tat eine Garbenabbildung ist. Dann ist klar:

$\check{\Gamma}$ ist ein kovarianter Funktor der Kategorie der Prägarben in die Kategorie der Garben.

Für jede Garbe $\mathcal{S}$ betrachten wir die Garbe $\check{\Gamma}(\Gamma(\mathcal{S}))$. Man erhält eine natürliche Abbildung $\varphi\colon\mathcal{S}\to\check{\Gamma}(\Gamma(\mathcal{S}))$ wie folgt: Sei $p\in\mathcal{S}_x$. Man wähle eine offene Menge $U\subset X, x\in U$, und einen Schnitt $s\in\mathcal{S}(U)$ mit $p=s_x$. Setzt man $\varphi(p):=r_x^U(s)$, so ist φ unabhängig von der Wahl von U und s definiert. Es ist klar, daß φ eine Garbenabbildung ist. Eine einfache Überlegung zeigt:

$\varphi\colon\mathcal{S}\to\check{\Gamma}(\Gamma(\mathcal{S}))$ ist ein Garbenisomorphismus; die Funktoren $\check{\Gamma}\Gamma$ und id *sind natürlich isomorph.*

6. Die Garbenbedingungen G1 **und** G2. – Zu jeder Prägarbe $S=\{S(U), r_V^U\}$ betrachten wir die Prägarbe $\Gamma(\check{\Gamma}(S))$. Für jedes $s\in S(U)$ ist die Abbildung $x\mapsto r_x^U(s)\in\mathcal{S}_x$, $x\in U$, ein Schnitt in $\mathcal{S}:=\check{\Gamma}(S)$ über U. Wir haben also eine natürliche Abbildung $\Phi_U\colon S(U)\to\mathcal{S}(U)$. Man verifiziert mühelos:

$\Phi:=\{\Phi_U\}$ ist eine Prägarbenabbildung $\Phi\colon S\to\Gamma(\check{\Gamma}(S))$, die die identische Abbildung $\check{\Gamma}(\Phi)\colon\check{\Gamma}(S)\to\check{\Gamma}(S)$ induziert.

Die Abbildung Φ ist i. allg. *kein* Isomorphismus;[2] es ist einfach zu sehen:

Genau dann ist $\Phi_U\colon S(U)\to\mathcal{S}(U)$ injektiv, wenn folgende Bedingung erfüllt ist:

---

[2] Eine Prägarbenabbildung $\{\Phi_U\}$ heißt Mono- bzw. Epi- bzw. Isomorphismus, wenn *alle* Abbildungen Φ_U injektiv bzw. surjektiv bzw. bijektiv sind.

G1: *Sind* $s, t \in S(U)$ *so beschaffen, daß eine offene Überdeckung* $\{U_\alpha\}$ *von* U *existiert mit* $r^U_{U_\alpha} s = r^U_{U_\alpha} t$ *für alle* α, *so ist* $s = t$.

Um Bijektivität von Φ_U zu garantieren, muß noch mehr gelten:

Es sei $\Phi_V: S(V) \to \mathscr{S}(V)$ *injektiv für jede offene Menge* $V \subset U$. *Dann ist* Φ_U *genau dann surjektiv (und also bijektiv), wenn folgende Bedingung erfüllt ist:*

G2: *Ist* $\{U_\alpha\}_{\alpha \in I}$ *eine offene Überdeckung von* U *und* $\{s_\alpha\}_{\alpha \in I}$, $s_\alpha \in S(U_\alpha)$ *eine Familie mit* $r^{U_\alpha}_{U_\alpha \cap U_\beta} s_\alpha = r^{U_\beta}_{U_\alpha \cap U_\beta} s_\beta$ *für alle* $\alpha, \beta \in I$, *so gibt es ein* $s \in S(U)$ *mit* $r^U_{U_\alpha} s = s_\alpha$ *für alle* $\alpha \in I$.

Ein Garbendatum ist also genau dann dem kanonischen Datum der zugehörigen Garbe isomorph, wenn es die Bedingungen G1 und G2 für *alle* offenen Mengen erfüllt. In der Literatur wird eine Garbe häufig als Prägarbe mit G1 und G2 definiert (siehe etwa [TF], p. 109).

Bemerkung: Man formuliert G1 und G2 instruktiv so, daß man sagt, die Sequenz

$$0 \longrightarrow S(U) \xrightarrow{u} \prod_\alpha S(U_\alpha) \underset{w}{\overset{v}{\rightrightarrows}} \prod_{\alpha,\beta} S(U_\alpha \cap U_\beta)$$

von Mengen, wo die Abbildungen u, v, w in kanonischer Weise aus den Restriktionsabbildungen gewonnen werden, ist *exakt* (d.h. u bildet $S(U)$ *bijektiv* auf die Menge derjenigen Elemente ab, wo v und w übereinstimmen).

7. Direkte Produkte. – Das Zusammenspiel der Funktoren $\Gamma, \check{\Gamma}$ zeigt sich klar bei der Bildung direkter Produkte. Ist $(\mathscr{S}_i)$, $i \in I$, eine *Familie von Garben* über X, so definiere man $S(U) := \prod_{i \in I} \mathscr{S}_i(U)$ als das direkte Produkt aller Schnittmengen und r^U_V als das Produkt aller Restriktionen $r^U_{iV}: \mathscr{S}_i(U) \to \mathscr{S}_i(V)$. Dann ist $S := \{S(U), r^U_V\}$ eine *Prägarbe* über X. Man setzt $\mathscr{S} := \check{\Gamma}(S)$ und nennt $\mathscr{S}$ das *direkte Produkt der Garben* $\mathscr{S}_i$. Man zeigt sofort, daß S die Bedingungen G1 und G2 erfüllt und also die kanonische Prägarbe von $\mathscr{S}$ ist: $\mathscr{S}(U) = \prod_i \mathscr{S}_i(U)$. Man schreibt

$$\mathscr{S} = \prod_{i \in I} \mathscr{S}_i .$$

Warnung: Für jeden Punkt $x \in X$ hat man eine kanonische Injektion $\mathscr{S}_x \to \prod_i \mathscr{S}_{ix}$, die aber für unendliche Indexmengen i. allg. *nicht surjektiv* ist: Schnittkeime $p_i \in \mathscr{S}_{ix}$ einer Familie (p_i), $i \in I$, sind nicht immer simultan zu Schnitten über einer festen Umgebung von x ausdehnbar. □

Nach dem eben beschriebenen Rezept werden häufig Garben konstruiert: man geht mittels Γ zu Prägarben über, definiert aus ihnen neue Prägarben und kehrt mittels $\check{\Gamma}$ zu Garben zurück. Nach diesem Prinzip werden im nächsten Abschnitt Bildgarben eingeführt, ebenso werden auf diese Weise später Tensorproduktgarben (aber nicht Hom-Garben!) gewonnen.

8. Bildgarben. – Es sei $\mathscr{S}$ eine Garbe über X und $f: X \to Y$ eine stetige Abbildung von X in einen topologischen Raum Y. Jeder offenen Menge $V \subset Y$ ordnen wir die Menge $\mathscr{S}(f^{-1}(V))$ zu. Ist $V' \subset V$, so sei $\rho^V_{V'}: \mathscr{S}(f^{-1}(V)) \to \mathscr{S}(f^{-1}(V'))$ die Restriktionsabbildung für Schnitte. Dann ist klar:

Die Familie $\{\mathscr{S}(f^{-1}(V)), \rho^V_{V'}\}$ *ist ein Garbendatum über* Y, *welches den Bedingungen* G1 *und* G2 *genügt.*

Die zugehörige Garbe $\check{\Gamma}(\mathscr{S}(f^{-1}(V)))$ wird mit $f_*(\mathscr{S})$ bezeichnet und heißt die (*nullte*) *Bildgarbe von* $\mathscr{S}$ bzgl. f. Vermöge der natürlichen Bijektion $\mathscr{S}(f^{-1}(V)) \to (f_*(\mathscr{S}))(V)$ wird $(f_*(\mathscr{S}))(V)$ durchweg mit $\mathscr{S}(f^{-1}(V))$ identifiziert.

Jeder Keim $\sigma \in f_*(\mathscr{S})_{f(x)}$ wird in einer Umgebung V von $f(x)$ durch einen Schnitt $s \in \mathscr{S}(f^{-1}(V))$ repräsentiert. Da $f^{-1}(V)$ Umgebung von x in X ist, so bestimmt s einen Keim $s_x \in \mathscr{S}_x$, der unabhängig von der Wahl des Repräsentanten eindeutig durch σ bestimmt ist. Damit ist klar:

Zu jedem Punkt $x \in X$ *existiert eine natürliche Abbildung*

$$\hat{f}_x: f_*(\mathscr{S})_{f(x)} \to \mathscr{S}_x, \qquad \sigma \mapsto s_x. \qquad \square$$

Ist $\varphi: \mathscr{S}_1 \to \mathscr{S}_2$ eine Garbenabbildung, so hat man für jede offene Menge $V \subset Y$ die Abbildung $\varphi_{f^{-1}(V)}: (f_*(\mathscr{S}_1))(V) \to (f_*(\mathscr{S}_2))(V)$. Die Familie $\{\varphi_{f^{-1}(V)}\}$ ist eine Garbendatenabbildung. Die zugehörige Garbenabbildung wird mit $f_*(\varphi)$ bezeichnet. Man sieht:

f_* *ist ein kovarianter Funktor der Kategorie der Garben über* X *in die Kategorie der Garben über* Y.

Ist neben f eine weitere stetige Abbildung $g: Y \to Z$ von Y in einen topologischen Raum Z gegeben, so hat man über Z die Garben $(gf)_*(\mathscr{S})$ und $g_*(f_*(\mathscr{S}))$. Für jede offene Menge $W \subset Z$ gilt:

$$\begin{aligned}(g_*(f_*(\mathscr{S})))(W) &= (f_*(\mathscr{S}))(g^{-1}(W)) = \mathscr{S}(f^{-1}(g^{-1}(W))) = \mathscr{S}((gf)^{-1}(W)) \\ &= ((gf)_*(\mathscr{S}))(W),\end{aligned}$$

d.h.

$$g_*(f_*(\mathscr{S})) = (gf)_*(\mathscr{S}).$$

9. Garbenverklebung. – Es sei $\{U_i\}_{i \in I}$ eine Überdeckung von X durch in X offene Mengen U_i, über jeder Menge U_i sei eine Garbe $\mathscr{S}_i$ gegeben, für jedes Paar (i,j) sei über $U_{ij} := U_i \cap U_j$ ein Garbenisomorphismus $\Theta_{ij}: \mathscr{S}_j | U_{ij} \to \mathscr{S}_i | U_{ij}$ definiert. Wir nennen die Familie $(\mathscr{S}_i, \Theta_{ij})$, $i,j \in I$ *verklebt über* X, wenn folgende „Cozyklusbedingung" erfüllt ist:

$$\Theta_{ij}\Theta_{jk} = \Theta_{ik} \quad \text{über} \quad U_i \cap U_j \cap U_k \quad \text{für alle} \quad i,j,k \in I.$$

Aus solchen Familien konstruiert man in kanonischer Weise neue Garben (vgl. [FAC], p. 201):

Zu jeder über X verklebten Familie $(\mathscr{S}_i, \Theta_{ij})$ existiert eine Garbe $\mathscr{S}$ über X und eine Familie $(\vartheta_i)_{i\in I}$ von Garbenisomorphismen $\vartheta_i\colon \mathscr{S}|U_i \to \mathscr{S}_i$, so daß über U_{ij} gilt: $\Theta_{ij} = \vartheta_i \circ \vartheta_j^{-1}$.

Die Garbe $\mathscr{S}$ und die Familie (ϑ_i) sind bis auf Isomorphie durch die Familie $(\mathscr{S}_i, \Theta_{ij})$ eindeutig bestimmt.

§ 1. Garben mit algebraischer Struktur

In Anwendungen tragen die Halme einer Garbe i. allg. zusätzlich algebraische Strukturen. Für uns besonders wichtig sind Garben von $\mathbb{C}$-Stellenalgebren.

1. Garben von Gruppen, Ringen und $\mathscr{R}$-Moduln. – Eine Garbe $\mathscr{S}$ über X heißt *Garbe von abelschen Gruppen*, wenn jeder Halm $\mathscr{S}_x$ eine (additiv geschriebene) *abelsche* Gruppe ist, und wenn die „Subtraktion" $\mathscr{S} \oplus \mathscr{S} \to \mathscr{S}$, $(p, q) \mapsto p - q$ *stetig* ist (beachte, daß $(p, q) \in \mathscr{S} \oplus \mathscr{S}$ stets $p, q \in \mathscr{S}_x$ mit $x := \pi(p) = \pi(q)$ impliziert, so daß $p - q \in \mathscr{S}_x$ wohldefiniert ist).

Sei 0_x die Null in $\mathscr{S}_x$. Dann ist die Abbildung $0\colon X \to \mathscr{S}$, $x \mapsto 0_x$ ein Schnitt in $\mathscr{S}$ über X; er heißt der *Nullschnitt*. Die Menge

$$\operatorname{Tr} \mathscr{S} := \{x \in X\colon \mathscr{S}_x \neq \{0_x\}\}$$

heißt der *Träger* von $\mathscr{S}$.

Für jede offene Menge $U \subset X$ ist $\mathscr{S}(U)$ in natürlicher Weise eine abelsche Gruppe: Addition und Subtraktion werden halmweise gegeben: für $s, t \in \mathscr{S}(U)$ ist $s - t \in \mathscr{S}(U)$ gegeben durch $(s - t)_x := s_x - t_x$, $x \in U$.

Analog zum Vorangehenden werden Garben mit anderen algebraischen Strukturen definiert. Wesentlich ist, daß alle punktweise erklärten Operationen stetig sind.

Eine Garbe von abelschen Gruppen $\mathscr{R}$ über X heißt eine *Garbe von kommutativen Ringen*, wenn neben der *Subtraktion* eine weitere Garbenabbildung $\mathscr{R} \oplus \mathscr{R} \to \mathscr{R}$, $(p, q) \mapsto p \cdot q$, die *Multiplikation*, definiert ist, die zusammen mit der Addition jeden Halm $\mathscr{R}_x$ zu einem (kommutativen) Ring macht. Besitzt jeder Halm $\mathscr{R}_x$ eine Eins 1_x, und ist die Abbildung $x \mapsto 1_x$ ein Schnitt in $\mathscr{R}$ (Einsschnitt), so heißt $\mathscr{R}$ eine *Garbe von Ringen mit Eins*; im folgenden bezeichnet $\mathscr{R}$ stets eine Garbe von Ringen über X mit Eins. Es gilt $1_x \neq 0_x$ für jeden Punkt $x \in \operatorname{Tr} \mathscr{R}$.

Eine Garbe $\mathscr{S}$ von abelschen Gruppen über X heißt eine *Garbe von Moduln über $\mathscr{R}$*, oder kürzer eine *$\mathscr{R}$-Garbe* oder ein *$\mathscr{R}$-Modul*, falls eine Garbenabbildung $\mathscr{R} \oplus \mathscr{S} \to \mathscr{S}$ definiert ist, die auf jedem Halm $\mathscr{S}_x$ die Struktur eines (unitären) $\mathscr{R}_x$-Moduls induziert. Natürlich ist $\mathscr{R}$ selbst ein $\mathscr{R}$-Modul.

Wie bei Garben von Gruppen überträgt sich die algebraische Struktur einer Garbe auf die Menge der Schnittflächen, indem man die Operationen zwischen Schnitten punktweise definiert. So ist $\mathscr{R}(U)$ ebenfalls ein Ring, entsprechend ist bei $\mathscr{R}$-Modulgarben $\mathscr{S}$ die Menge $\mathscr{S}(U)$ ein $\mathscr{R}(U)$-Modul.

Mit $\mathscr{S}_1, \ldots, \mathscr{S}_p$ ist auch die Whitney-Summe $\mathscr{S}_1 \oplus \cdots \oplus \mathscr{S}_p$ eine $\mathscr{R}$-Modulgarbe, wenn man Addition und Multiplikation komponentenweise erklärt. Insbesondere ist für jede natürliche Zahl p die Garbe $\mathscr{R}^p := \mathscr{R} \oplus \cdots \oplus \mathscr{R}$ ein $\mathscr{R}$-Modul.

2. Garbenhomomorphismen. Untergarben. – Wir führen die relevanten Begriffe für Garben von $\mathscr{R}$-Moduln ein; ihre Übertragung auf Garben mit anderen algebraischen Strukturen ist problemlos und wird nicht näher diskutiert. Es seien $\mathscr{S}, \mathscr{S}_1, \mathscr{S}_2$ stets $\mathscr{R}$-Garben.

Eine Garbenabbildung $\varphi : \mathscr{S}_1 \to \mathscr{S}_2$ heißt *Garbenhomomorphismus* oder auch *$\mathscr{R}$-Homomorphismus*, falls für jeden Punkt $x \in X$ die induzierte Abbildung $\varphi_x : \mathscr{S}_{1x} \to \mathscr{S}_{2x}$ ein $\mathscr{R}_x$-Modulhomomorphismus ist.

Die $\mathscr{R}$-Modulgarben über X bilden zusammen mit den $\mathscr{R}$-Homomorphismen eine Kategorie.

In dieser Kategorie sind $\mathscr{S}_1$ und $\mathscr{S}_2$ genau dann isomorph, wenn es eine Garbenabbildung $\varphi : \mathscr{S}_1 \to \mathscr{S}_2$ gibt, so daß $\varphi_x : \mathscr{S}_{1x} \to \mathscr{S}_{2x}$ für alle $x \in X$ ein $\mathscr{R}_x$-Isomorphismus ist.

Eine Teilmenge $\mathscr{S}'$ von $\mathscr{S}$ heißt *$\mathscr{R}$-Untermodul* von $\mathscr{S}$, falls $\mathscr{S}'$ eine Mengenuntergarbe von $\mathscr{S}$ und jeder Halm $\mathscr{S}'_x$ ein $\mathscr{R}_x$-Untermodul von $\mathscr{S}_x$ ist.

Ist $\mathscr{S}'_x$ für jedes $x \in X$ ein $\mathscr{R}_x$-Untermodul von $\mathscr{S}_x$, so ist $\mathscr{S}' := \bigcup_{x \in X} \mathscr{S}'_x$ genau dann ein $\mathscr{R}$-Untermodul von $\mathscr{S}$, wenn $\mathscr{S}'$ offen in $\mathscr{S}$ ist.

Hieraus folgt z. B. sogleich:

Sind $\mathscr{S}'$ und $\mathscr{S}''$ zwei $\mathscr{R}$-Untermoduln von $\mathscr{S}$, so ist auch ihre *Summe* $\mathscr{S}' + \mathscr{S}'' := \bigcup_{x \in X} (\mathscr{S}'_x + \mathscr{S}''_x)$ und ihr *Durchschnitt* $\mathscr{S}' \cap \mathscr{S}'' := \bigcup_{x \in X} (\mathscr{S}'_x \cap \mathscr{S}''_x)$ ein $\mathscr{R}$-Untermodul von $\mathscr{S}$.

Eine *Idealgarbe* $\mathscr{I} \subset \mathscr{R}$, kurz: ein *Ideal*, ist ein $\mathscr{R}$-Untermodul des $\mathscr{R}$-Moduls $\mathscr{R}$. Für jedes Ideal $\mathscr{I} \subset \mathscr{R}$ definiert man das *Produkt*

$$\mathscr{I} \cdot \mathscr{S} := \bigcup_{x \in X} \mathscr{I}_x \cdot \mathscr{S}_x \subset \mathscr{S},$$

wo $\mathscr{I}_x \cdot \mathscr{S}_x$ der aus den Linearkombinationen $\sum_1^{<\infty} a_{vx} s_{vx},\ a_{vx} \in \mathscr{I}_x,\ s_{vx} \in \mathscr{S}_x$, bestehende $\mathscr{R}_x$-Untermodul von $\mathscr{S}_x$ ist. Die Menge $\mathscr{I} \cdot \mathscr{S}$ ist offen in $\mathscr{S}$ und also ein $\mathscr{R}$-Untermodul von $\mathscr{S}$.

Ist $\varphi : \mathscr{S}_1 \to \mathscr{S}_2$ ein $\mathscr{R}$-Homomorphismus, so sind die Mengen

$$\mathscr{K}er\,\varphi := \bigcup_{x \in X} \mathrm{Ker}\,\varphi_x, \qquad \mathscr{I}m\,\varphi := \bigcup_{x \in X} \mathrm{Im}\,\varphi_x$$

$\mathscr{R}$-Untermoduln von $\mathscr{S}_1, \mathscr{S}_2$; man nennt $\mathscr{K}er\,\varphi$ den *Kern* und $\mathscr{I}m\,\varphi$ das *Bild* (= Image) von φ.

Ist $\varphi : \mathscr{R}_1 \to \mathscr{R}_2$ ein Garbenhomomorphismus zwischen Garben von Ringen (d.h. jede Abbildung $\varphi_x : R_{1x} \to R_{2x}$ ist ein Ringhomomorphismus mit $\varphi_x(1_x) = 1_x$), so ist $\mathscr{K}er\,\varphi$ ein Ideal in $\mathscr{R}_1$.

Ein System von $\mathscr{R}$-Garben und $\mathscr{R}$-Homomorphismen

$$\cdots \longrightarrow \mathscr{S}_{i-1} \xrightarrow{\varphi_{i-1}} \mathscr{S}_i \xrightarrow{\varphi_i} \mathscr{S}_{i+1} \longrightarrow \cdots, \qquad i \in \mathbb{Z},$$

heißt eine *$\mathscr{R}$-Sequenz*. Eine $\mathscr{R}$-Sequenz heißt *exakt an der Stelle* $\mathscr{S}_i$, falls $\mathscr{I}m\,\varphi_{i-1} = \mathscr{K}er\,\varphi_i$; sie heißt exakt (schlechthin), wenn sie an jeder Stelle exakt ist.

3. Restklassengarben. – Es sei $\mathscr{S}$ ein $\mathscr{R}$-Modul und $\mathscr{S}' \subset \mathscr{S}$ ein $\mathscr{R}$-Untermodul von $\mathscr{S}$. Wir setzen

$$\mathscr{S}/\mathscr{S}' := \bigcup_{x \in X} \mathscr{S}_x/\mathscr{S}'_x$$

und definieren $q: \mathscr{S} \to \mathscr{S}/\mathscr{S}'$ halmweise durch den kanonischen Restklassenhomomorphismus $q_x: \mathscr{S}_x \to \mathscr{S}_x/\mathscr{S}'_x$. Auf $\mathscr{S}/\mathscr{S}'$ führen wir die feinste Topologie ein, für die q stetig ist: eine Menge $W \subset \mathscr{S}/\mathscr{S}'$ ist genau dann offen, wenn $q^{-1}(W)$ offen ist. Es gibt eine natürliche Projektion $\bar{\pi}: \mathscr{S}/\mathscr{S}' \to X$, so daß $\bar{\pi} \circ q = \pi$. Dann gilt

Das Tripel $(\mathscr{S}/\mathscr{S}', \bar{\pi}, X)$ ist eine $\mathscr{R}$-Modulgarbe und $q: \mathscr{S} \to \mathscr{S}/\mathscr{S}'$ ist ein $\mathscr{R}$-Epimorphismus mit $\mathscr{K}er\,q = \mathscr{S}'$.

Wir nennen $\mathscr{S}/\mathscr{S}'$ die *Restklassengarbe* (Faktorgarbe) von $\mathscr{S}$ nach $\mathscr{S}'$.

Jeder $\mathscr{R}$-Homomorphismus $\varphi: \mathscr{S}_1 \to \mathscr{S}_2$ zwischen $\mathscr{R}$-Garben bestimmt zwei *exakte* $\mathscr{R}$-Sequenzen

$$0 \to \mathscr{K}er\,\varphi \to \mathscr{S}_1 \to \mathscr{I}m\,\varphi \to 0, \qquad 0 \to \mathscr{I}m\,\varphi \to \mathscr{S}_2 \to \mathscr{S}_2/\mathscr{I}m\,\varphi \to 0,$$

wobei 0 die Nullgarbe bezeichnet.

4. Garben von k-Stellenalgebren. – Es sei k ein (kommutativer) Körper und $\mathscr{K} := X \times k$ die *konstante* Garbe von Körpern k über X (mit $\pi: \mathscr{K} \to X$, $(x,a) \mapsto x$ als Garbenprojektion). Eine Ringgarbe $\mathscr{R}$ heißt eine *Garbe von k-Algebren*, wenn $\mathscr{R}$ eine $\mathscr{K}$-Garbe ist mit $\operatorname{Tr} \mathscr{R} = X$, für die außerdem gilt: $c(r_1 r_2) = (c r_1) r_2$ für alle $c \in \mathscr{K}_x$; $r_1, r_2 \in \mathscr{R}_x$. Alsdann ist der Einsschnitt $1 \in \mathscr{R}(X)$ nirgends null und $\iota: \mathscr{K} \to \mathscr{R}$, $(x,a) \mapsto a1_x$ ein Garben*monomorphismus* (von Ringen). Wir identifizieren $\mathscr{K}$ mit $\iota(\mathscr{K}) \subset \mathscr{R}$ und k mit $k1_x \subset \mathscr{R}_x$.

Eine Garbe $\mathscr{R}$ von k-Algebren heißt *Garbe von k-Stellenalgebren*, wenn jeder Halm $\mathscr{R}_x$ ein Stellenring mit maximalem Ideal $\mathfrak{m}(\mathscr{R}_x)$ ist, so daß der Restklassenepimorphismus $\mathscr{R}_x \to \mathscr{R}_x/\mathfrak{m}(\mathscr{R}_x)$ stets k auf $\mathscr{R}_x/\mathfrak{m}(\mathscr{R}_x)$ abbildet. Man identifiziert $\mathscr{R}_x/\mathfrak{m}(\mathscr{R}_x)$ mit k und hat eine kanonische Zerlegung $\mathscr{R}_x = k \oplus \mathfrak{m}(\mathscr{R}_x)$ als k-Vektorraum.

Beispiel: Jeder Raum X trägt die Garbe $\mathscr{C}$ der *Keime der komplex-wertigen, stetigen Funktionen*: die $\mathbb{C}$-Algebra $\mathscr{C}(U)$ der stetigen Funktionen $f: U \to \mathbb{C}$ ist für alle offenen Mengen $U \subset X$ definiert, man hat natürliche Restriktionen $r_V^U: \mathscr{C}(U) \to \mathscr{C}(V)$, $V \subset U$. Das System $\{\mathscr{C}(U), r_V^U\}$ ist ein Garbendatum von $\mathbb{C}$-Algebren, das G1 und G2 erfüllt; es bestimmt die Garbe $\mathscr{C}$. Dies ist eine Garbe von $\mathbb{C}$-Stellenalgebren, das maximale Ideal $\mathfrak{m}(\mathscr{C}_x)$ besteht aus allen Keimen

$f_x \in \mathscr{C}_x$, die um x durch stetige Funktionen f repräsentiert werden, die in x verschwinden: $f(x)=0$.

Ist $\mathscr{R}$ eine Garbe von k-Stellenalgebren und $s \in \mathscr{R}(Y)$ ein Schnitt über einer Teilmenge $Y \subset X$, so hat s in jedem Punkt $x \in Y$ einen *Wert* $s(x)$ *in* k: nämlich die Restklasse des Keimes $s_x \in \mathscr{R}_x$ in k. Jeder Schnitt $s \in \mathscr{R}(Y)$ definiert so eine k-wertige Funktion $[s]: Y \to k$. Der Homomorphismus $s \mapsto [s]$ ist i. allg. nicht injektiv, d.h. *ein Schnitt s ist mehr als nur die Funktion* $[s]$.

Eine Garbenabbildung $\varphi: \mathscr{R}_1 \to \mathscr{R}_2$ zwischen Garben von k-Algebren heißt ein *k-Homomorphismus*, falls jede induzierte Abbildung $\varphi_x: \mathscr{R}_{1x} \to \mathscr{R}_{2x}$ ein k-Algebrahomomorphismus ist. k-Homomorphismen zwischen Garben von k-Stellenalgebren sind halmweise automatisch lokal, d.h. $\varphi_x(\mathfrak{m}(\mathscr{R}_{1x})) \subset \mathfrak{m}(\mathscr{R}_{2x})$.

5. Algebraische Reduktion. – Wir bezeichnen mit $\mathfrak{n}(\mathscr{R}_x)$ das *Nilradikal* (= Ideal der nilpotenten Elemente) des Halmes $\mathscr{R}_x$. Dann ist

$$\mathfrak{n}(\mathscr{R}) := \bigcup_{x \in X} \mathfrak{n}(\mathscr{R}_x) \subset \mathscr{R}$$

offen in $\mathscr{R}$ und also eine Idealgarbe. Wir nennen $\mathfrak{n}(\mathscr{R})$ das *Nilradikal von* $\mathscr{R}$.

Die Garbe von Ringen $\operatorname{red}\mathscr{R} := \mathscr{R}/n(\mathscr{R})$ heißt die (*algebraische*) *Reduktion von* $\mathscr{R}$. Mit $\mathscr{R}$ ist auch $\operatorname{red}\mathscr{R}$ eine Garbe von k-Stellenalgebren (wegen $\mathfrak{n}(\mathscr{R}_x) \subset \mathfrak{m}(\mathscr{R}_x)$). Man nennt $\mathscr{R}$ *reduziert*, wenn $\mathfrak{n}(\mathscr{R})=0$, z.B. ist die Garbe $\mathscr{C}$ reduziert.

Bemerkung: Es ist nicht sinnvoll, in einer Garbe $\mathscr{R}$ von k-Stellenalgebren (in Analogie zur Definition von $\mathfrak{n}(\mathscr{R})$) die Menge $\bigcup_{x \in X} \mathfrak{m}(\mathscr{R}_x)$ zu betrachten. Dies liefert keine Garbe, da diese Menge i. allg. *nicht offen* in $\mathscr{R}$ ist.

6. Prägarben mit algebraischer Struktur. – Eine Prägarbe $S=\{S(U), r_V^U\}$ über X heißt eine *Prägarbe von abelschen Gruppen*, wenn $S(U)$ stets eine abelsche Gruppe und r_V^U stets ein Gruppenhomomorphismus ist. Analog werden *Prägarben von Ringen* $R=\{R(U), \bar{r}_V^U\}$ definiert. Im folgenden sei eine solche Prägarbe R fest vorgegeben.

Eine Prägarbe S heißt eine *R-Prägarbe* (*Garbendatum von Moduln*), wenn $S(U)$ stets ein $R(U)$-Modul ist und für alle $a \in R(U), s \in S(U)$ gilt: $r_V^U(as) = \bar{r}_V^U(a) r_V^U(s)$. Ist $\mathscr{S}$ eine $\mathscr{R}$-Garbe, so ist $\Gamma(\mathscr{S})$ eine $\Gamma(\mathscr{R})$-Prägarbe. Ist S eine R-Prägarbe, so ist $\check{\Gamma}(S)$ eine $\check{\Gamma}(R)$-Garbe: die algebraischen Strukturen übertragen sich bei Limesbildung auf die Halme; die Stetigkeit der Operationen ist evident.

Ein *Prägarbenhomomorphismus* $\Phi: S_1 \to S_2$, $\Phi=(\Phi_U)$, ist eine Prägarbenabbildung, so daß Φ_U jeweils ein Homomorphismus der unterliegenden algebraischen Strukturen ist. Die Abbildung $\check{\Gamma}(\Phi)$ ist dann ein Garbenhomomorphismus (in der entsprechenden Kategorie); umgekehrt bestimmt jeder Garbenhomomorphismus $\varphi: \mathscr{S}_1 \to \mathscr{S}_2$ einen Prägarbenhomomorphismus $\Gamma(\varphi)$.

In der Kategorie der R-Prägarben existieren ebenso wie in der Kategorie der $\mathscr{R}$-Garben Unterprägarben und Restklassenprägarben. Eine R-Prägarbe $S'=\{S'(U), r_V'^U\}$ heißt eine R-Unterprägarbe der R-Prägarbe S, wenn $S'(U)$ stets ein $R(U)$-Untermodul von $S(U)$ und $r_V'^U$ stets die Beschränkung von r_V^U auf $S'(U)$ ist. Ist S' eine R-Unterprägarbe von S, so ist $\tilde{S}(U) := S(U)/S'(U)$ stets ein $R(U)$-

Modul, und für jede offene Menge $V \subset U$ induziert $r_V^U: S(U) \to S(V)$, da $S'(U)$ in $S'(V)$ abgebildet wird, einen $R(U)$-Homomorphismus $\tilde{r}_V^U: \tilde{S}(U) \to \tilde{S}(V)$. Ersichtlich ist $\tilde{S} := \{\tilde{S}(U), \tilde{r}_V^U\}$ eine R-Prägarbe, sie heißt die *R-Restklassenprägarbe von S nach S'*; man schreibt auch $\tilde{S} = S/S'$.

Jeder R-Prägarbenhomomorphismus $\Phi: S_1 \to S_2$ bestimmt die R-Prägarben

$$\operatorname{Ker} \Phi = \{\operatorname{Ker} \Phi_U, \rho_V^U\}, \qquad \operatorname{Im} \Phi = \{\operatorname{Im} \Phi_U, \sigma_V^U\}$$

(mit natürlich definierten Abbildungen ρ_V^U, σ_V^U); man nennt sie den Kern und das Bild von Φ.

Nennt man eine R-Sequenz $S_1 \xrightarrow{\Phi} S_2 \xrightarrow{\Psi} S_3$ von R-Prägarben *exakt*, wenn $\operatorname{Im} \Phi = \operatorname{Ker} \Psi$, so bestimmt jeder R-Prägarbenhomomorphismus $\Phi: S_1 \to S_2$ zwei exakte R-Prägarbensequenzen

$$0 \to \operatorname{Ker} \Phi \to S_1 \to \operatorname{Im} \Phi \to 0, \qquad 0 \to \operatorname{Im} \Phi \to S_2 \to S_2/\operatorname{Im} \Phi \to 0.$$

7. Zur Exaktheit von $\check{\Gamma}$ und Γ. – Da direkte Limites exakter Sequenzen wieder exakt sind, so induziert jede exakte R-Prägarbensequenz $S_1 \xrightarrow{\Phi} S_2 \xrightarrow{\Psi} S_3$ eine exakte $\check{\Gamma}(R)$-Garbensequenz $\check{\Gamma}(S_1) \xrightarrow{\check{\Gamma}(\Phi)} \check{\Gamma}(S_2) \xrightarrow{\check{\Gamma}(\Psi)} \check{\Gamma}(S_3)$, d.h. $\check{\Gamma}$ ist ein *exakter* Funktor der Kategorie der R-Prägarben in die Kategorie der $\check{\Gamma}(R)$-Modulgarben.

Im Gegensatz hierzu ist der Schnittfunktor Γ *nur links-exakt*: eine kurze exakte $\mathscr{R}$-Sequenz $0 \to \mathscr{S}' \to \mathscr{S} \to \mathscr{S}'' \to 0$ induziert zwar noch die exakte $\Gamma(\mathscr{R})$-Sequenz

$$0 \to \Gamma(\mathscr{S}') \to \Gamma(\mathscr{S}) \to \Gamma(\mathscr{S}'')$$

der kanonischen Prägarben, doch ist der letzte Homomorphismus i. allg. nicht surjektiv: das Bild ist die Restklassenprägarbe $\tilde{S} := \Gamma(\mathscr{S})/\Gamma(\mathscr{S}')$. Da $0 \to \Gamma(\mathscr{S}') \to \Gamma(\mathscr{S}) \to \tilde{S} \to 0$ exakt ist, so gilt $\check{\Gamma}(\tilde{S}) \cong \mathscr{S}''$ wegen der Exaktheit von $\check{\Gamma}$, indessen ist $\tilde{S}$ i. allg. eine echte Unterprägarbe von $\Gamma(S'')$.

Das Phänomen der Nichtexaktheit von Γ ist der Ausgangspunkt der Cohomologietheorie.

§ 2. Kohärente Garben und kohärente Funktoren

Der Begriff der Kohärenz einer Modulgarbe ist für die Theorie der komplexen Räume von fundamentaler Bedeutung. Wir stellen hier allgemeine Eigenschaften kohärenter Garben zusammen. Mit $\mathscr{R}$ wird stets eine Garbe von Ringen über einem topologischen Raum X bezeichnet, $\mathscr{S}, \mathscr{S}'$ usf. bezeichnen $\mathscr{R}$-Modulgarben.

1. Endliche Garben. – Endlich viele Schnitte $s_1, \ldots, s_p \in \mathscr{S}(U)$ definieren einen $\mathscr{R}_U$-Garbenhomomorphismus

$$\sigma: \mathscr{R}_U^p \to \mathscr{S}_U, \quad (a_{1x}, \ldots, a_{px}) \mapsto \sigma(a_{1x}, \ldots, a_{px}) := \sum_{i=1}^{p} a_{ix} s_{ix}, \quad x \in U.$$

Wir schreiben suggestiv

$$\mathscr{I}m\,\sigma = \mathscr{R}_U s_1 + \cdots + \mathscr{R}_U s_p$$

und nennen $\mathscr{I}m\,\sigma$ die von den Schnitten $s_1, \ldots, s_p$ *erzeugte* Garbe. Ist σ surjektiv, so wird $\mathscr{S}_U$ selbst von den Schnitten $s_1, \ldots, s_p$ erzeugt, dann ist insbesondere jeder Halm $\mathscr{S}_x$, $x \in U$, ein endlicher, von den Elementen $s_{1x}, \ldots, s_{px}$ erzeugter $\mathscr{R}_x$-Modul.

Eine $\mathscr{R}$-Garbe $\mathscr{S}$ heißt *endlich in* $x \in X$, wenn es eine offene Umgebung U von x und endlich viele Schnitte $s_1, \ldots, s_p \in \mathscr{S}(U)$ gibt, die $\mathscr{S}_U$ erzeugen. Diese Bedingung ist äquivalent mit der Existenz einer Umgebung U von x, einer natürlichen Zahl p und einer exakten Sequenz $\mathscr{R}_U^p \xrightarrow{\sigma} \mathscr{S}_U \longrightarrow 0$. Die σ-Bilder der Basisschnitte $(\delta_{i1}, \ldots, \delta_{ip}) \in \mathscr{R}^p(U)$, $i = 1, \ldots, p$, erzeugen dann den $\mathscr{R}_U$-Modul $\mathscr{S}_U$. Kann die Abbildung σ bei geeignetem U als bijektiv gewählt werden, so nennt man $\mathscr{S}$ *frei im Punkte* x; der Exponent p in $\mathscr{S}_U \cong \mathscr{R}_U^p$ ist alsdann eindeutig durch $\mathscr{S}$ bestimmt und heißt der *Rang* von $\mathscr{S}$ um x. Eine $\mathscr{R}$-Garbe $\mathscr{S}$ heißt *endlich* (*lokal-frei*) über X, falls $\mathscr{S}$ in jedem Punkt $x \in X$ endlich (frei) ist. Die Garbe $\mathscr{R}$ ist frei, sie wird vom Einschnitt erzeugt.

Restklassengarben endlicher Garben sind endlich. Hingegen sind Untergarben endlicher Garben $\mathscr{S}$ i. allg. nicht endlich, selbst wenn jeder Halm $\mathscr{S}_x$ ein noetherscher $\mathscr{R}_x$-Modul ist: Endlichkeit in $x \in X$ besagt also mehr als endliche Erzeugbarkeit aller Halme in einer Umgebung von x.

Von den wichtigen Eigenschaften endlicher Garben stellen wir heraus:

Ist $\mathscr{S}$ endlich in x und sind $s_1, \ldots, s_p \in \mathscr{S}(U)$ Schnitte über einer Umgebung U von x, so daß $s_{1x}, \ldots, s_{px}$ den $\mathscr{R}_x$-Modul $\mathscr{S}_x$ erzeugen, so gibt es eine Umgebung $V \subset U$ von x, so daß $s_1|V, \ldots, s_p|V$ die Garbe $\mathscr{S}_V$ erzeugen.

Speziell ist der Träger $\operatorname{Tr}\mathscr{S}$ *jeder endlichen Garbe $\mathscr{S}$ abgeschlossen in X.*

2. Relationsendliche Garben. – Ist $\sigma\colon \mathscr{R}_U^p \to \mathscr{S}_U$ der von Schnitten $s_1, \ldots, s_p \in \mathscr{S}(U)$ bestimmte $\mathscr{R}_U$-Homomorphismus, so heißt der $\mathscr{R}_U$-Untermodul

$$\operatorname{Rel}(s_1, \ldots, s_p) := \mathscr{K}er\,\sigma = \bigcup_{x \in U} \left\{ (a_{1x}, \ldots, a_{px}) \in \mathscr{R}_x^p \colon \sum_1^p a_{ix} s_{ix} = 0 \right\}$$

von $\mathscr{R}_U^p$ der *Relationenmodul* von $s_1, \ldots, s_p$. Man nennt $\mathscr{S}$ *relationsendlich* in $x \in X$, wenn für jede offene Umgebung U von x und für beliebige Schnitte $s_1, \ldots, s_p \in \mathscr{S}(U)$ die Relationengarbe $\operatorname{Rel}(s_1, \ldots, s_p)$ stets endlich in x ist. Dies ist genau dann der Fall, wenn für jeden Garbenhomomorphismus $\sigma\colon \mathscr{R}_U^p \to \mathscr{S}_U$ die Garbe $\mathscr{K}er\,\sigma$ endlich in x ist. Eine $\mathscr{R}$-Garbe $\mathscr{S}$ heißt *relationsendlich*, falls $\mathscr{S}$ in jedem Punkt $x \in X$ relationsendlich ist.

Untergarben relationsendlicher Garben sind relationsendlich. Hingegen sind Faktorgarben relationsendlicher Garben i. allg. nicht relationsendlich. Ferner gibt es endliche Garben, die nicht relationsendlich sind, und umgekehrt.

3. Kohärente Garben. – Eine $\mathscr{R}$-Garbe $\mathscr{S}$ über X heißt *kohärent*, wenn sie endlich und relationsendlich ist. $\mathscr{S}$ ist genau dann kohärent, wenn $\mathscr{S}$ in jedem

Punkt $x \in X$ kohärent ist (d.h. wenn es zu $x \in X$ eine Umgebung $U = U(x)$ gibt, so daß $\mathcal{S}|U$ kohärent ist). Ist $\mathcal{S}$ kohärent, so ist jeder endliche $\mathcal{R}$-Untermodul von $\mathcal{S}$ kohärent.

Eine Ringgarbe $\mathcal{R}$ heißt kohärent, wenn $\mathcal{R}$ als $\mathcal{R}$-Modul kohärent ist. Dies ist genau dann der Fall, wenn $\mathcal{R}$ relationsendlich ist. Eine Idealgarbe $\mathcal{J}$ in $\mathcal{R}$ heißt kohärent, wenn sie als $\mathcal{R}$-Untermodul von $\mathcal{R}$ kohärent ist. Ist $\mathcal{R}$ kohärent, so ist das Produkt $\mathcal{J}_1 \cdot \mathcal{J}_2$ kohärenter Idealgarben $\mathcal{J}_1, \mathcal{J}_2$ ebenfalls kohärent (denn $\mathcal{J}_1 \cdot \mathcal{J}_2$ ist endlich).

Ist $\mathcal{S}$ ein kohärenter $\mathcal{R}$-Modul, so gibt es zu jedem Punkt $x \in X$ eine offene Umgebung U von x und über U eine exakte $\mathcal{R}$-Sequenz

$$\mathcal{R}_U^p \to \mathcal{R}_U^p \to \mathcal{S}_U \to 0, \qquad 1 \leq p, q < +\infty. \qquad \square$$

Grundlegend für viele Beziehungen zwischen kohärenten Garben ist das

Fünferlemma: *Gegeben sei eine exakte Sequenz von $\mathcal{R}$-Modulgarben*

$$\mathcal{S}_1 \xrightarrow{\varphi_1} \mathcal{S}_2 \xrightarrow{\varphi_2} \mathcal{S}_3 \xrightarrow{\varphi_3} \mathcal{S}_4 \xrightarrow{\varphi_4} \mathcal{S}_5,$$

dabei seien $\mathcal{S}_1, \mathcal{S}_2, \mathcal{S}_4, \mathcal{S}_5$ kohärent. Dann ist auch $\mathcal{S}_3$ kohärent.

Diese Aussage ist äquivalent mit dem

Dreierlemma (Serre): *Sind in einer exakten $\mathcal{R}$-Sequenz $0 \to \mathcal{S}' \to \mathcal{S} \to \mathcal{S}'' \to 0$ zwei Garben kohärent, so auch die dritte.*

Wir notieren wichtige Folgerungen aus dem Fünferlemma bzw. Dreierlemma:

a) *Es sei $\varphi: \mathcal{S} \to \mathcal{S}'$ ein $\mathcal{R}$-Homomorphismus zwischen kohärenten Garben $\mathcal{S}, \mathcal{S}'$. Dann sind die $\mathcal{R}$-Garben $\mathcal{K}er\,\varphi$, $\mathcal{I}m\,\varphi$ und $\mathcal{C}oker\,\varphi = \mathcal{S}'/\mathcal{I}m\,\varphi$ kohärent.*
b) *Die Whitney-Summe endlich vieler kohärenter Garben ist kohärent.*
c) *Es seien $\mathcal{S}', \mathcal{S}''$ kohärente $\mathcal{R}$-Untermoduln eines kohärenten $\mathcal{R}$-Moduls $\mathcal{S}$. Dann sind die $\mathcal{R}$-Garben $\mathcal{S}' + \mathcal{S}''$ und $\mathcal{S}' \cap \mathcal{S}''$ kohärent.*
d) *Es sei $\mathcal{R}$ eine kohärente Garbe von Ringen. Dann ist ein $\mathcal{R}$-Modul $\mathcal{S}$ genau dann kohärent, wenn es zu jedem $x \in X$ eine Umgebung U von x gibt und eine exakte Sequenz*

$$\mathcal{R}_U^q \to \mathcal{R}_U^p \to \mathcal{S}_U \to 0 \quad \textit{mit} \quad 1 \leq p, q < \infty.$$

Speziell ist in diesem Fall jede lokal-freie $\mathcal{R}$-Garbe kohärent.

4. Kohärenz trivialer Fortsetzungen. – Ist $\mathcal{J}$ ein Ideal in $\mathcal{R}$ und $\mathcal{R}/\mathcal{J}$ die zugehörige Restklassengarbe von Ringen über X, so ist jeder $\mathcal{R}/\mathcal{J}$-Modul $\mathcal{S}$ in kanonischer Weise ein $\mathcal{R}$-Modul. Man kann die Kohärenz von $\mathcal{S}$ als $\mathcal{R}/\mathcal{J}$-Modul und als $\mathcal{R}$-Modul untersuchen; es gilt, wenn man zur Unterscheidung von $\mathcal{R}/\mathcal{J}$-Kohärenz bzw. $\mathcal{R}$-Kohärenz spricht:

Es seien $\mathscr{R}$ *und* $\mathscr{J}$ *kohärente* $\mathscr{R}$*-Moduln. Dann ist eine* $\mathscr{R}/\mathscr{J}$*-Garbe* $\mathscr{S}$ *genau dann* $\mathscr{R}/\mathscr{J}$*-kohärent, wenn sie* $\mathscr{R}$*-kohärent ist. Speziell ist* $\mathscr{R}/\mathscr{J}$ *eine kohärente Garbe von Ringen.* □

Insbesondere sieht man:

Sind $\mathscr{R}$ *und das Nilradikal* $\mathfrak{n}(\mathscr{R})$ *kohärent, so ist* $\operatorname{red}\mathscr{R}=\mathscr{R}/\mathfrak{n}(\mathscr{R})$ *eine kohärente Garbe von Ringen.* □

Bei kohärenter Garbe $\mathscr{R}/\mathscr{J}$ ist $X':=\operatorname{Tr}(\mathscr{R}/\mathscr{J})$ ein abgeschlossener Unterraum von X und $\mathscr{R}':=(\mathscr{R}/\mathscr{J})|X'$ eine kohärente Garbe von Ringen über X'. Für jeden $\mathscr{R}'$-Modul $\mathscr{T}'$ über X' ist die *triviale Fortsetzung* $\mathscr{T}$ *von* $\mathscr{T}'$ *nach* X (also: $\mathscr{T}_x=0$ für $x\in X\setminus X'$) in natürlicher Weise eine $\mathscr{R}$-Garbe; bezeichnet $\iota: X'\to X$ die Einbettung, so kann man $\mathscr{T}$ mit der Bildgarbe $\iota_*(\mathscr{T}')$ identifizieren. Für funktionentheoretische Anwendungen besonders nützlich ist folgende Aussage (die ein Spezialfall des Endlichkeitssatzes, Kap. I, § 3, ist):

Seien $\mathscr{R},\mathscr{J}$ *kohärent, sei* $X':=\operatorname{Tr}(\mathscr{R}/\mathscr{J})$ *und* $\mathscr{R}':=(\mathscr{R}/\mathscr{J})|X'$*. Dann ist eine* $\mathscr{R}'$*-Garbe* $\mathscr{T}'$ *genau dann kohärent, wenn die triviale Fortsetzung* $\mathscr{T}$ *von* $\mathscr{T}'$ *nach* X *eine* $\mathscr{R}$*-kohärente Garbe über* X *ist.*

5. Die Funktoren $\otimes$ **und** $\bigwedge^p$. – Das System $T:=\{\mathscr{S}(U)\otimes_{\mathscr{R}(U)}\mathscr{S}'(U), r_V^U\otimes r_V'^U\}$ ist für $\mathscr{R}$-Garben $\mathscr{S},\mathscr{S}'$ eine $\Gamma(\mathscr{R})$-Prägarbe (zur Definition des Tensorproduktes $\otimes$ vergleiche die Standardliteratur). Die zugehörige $\mathscr{R}$-Garbe $\mathscr{S}\otimes_{\mathscr{R}}\mathscr{S}':=\check{\Gamma}(T)$ heißt das *Tensorprodukt von* $\mathscr{S}$ *und* $\mathscr{S}'$ (*über* $\mathscr{R}$); es gilt stets:

$$(\mathscr{S}\otimes_{\mathscr{R}}\mathscr{S}')_x=\mathscr{S}_x\otimes_{\mathscr{R}_x}\mathscr{S}'_x\,.$$

Das Tensorprodukt ist ein *zweifach kovarianter, additiver, rechtsexakter* Funktor. Darüber hinaus gilt:

Sind $\mathscr{S},\mathscr{S}'$ *kohärent bzw. lokal-frei, so ist auch* $\mathscr{S}\otimes_{\mathscr{R}}\mathscr{S}'$ *kohärent bzw. lokal-frei.*

Man definiert induktiv für $p=0,1,2,\ldots$

$$\bigotimes^p\mathscr{S}:=(\bigotimes^{p-1}\mathscr{S})\otimes_{\mathscr{R}}\mathscr{S}\quad\text{mit}\quad\bigotimes^0\mathscr{S}:=\mathscr{R}\,.$$

In $(\bigotimes^p\mathscr{S})_x$ betrachten wir den $\mathscr{R}_x$-Untermodul $\mathscr{M}_x$, der erzeugt wird von allen $a_1\otimes\cdots\otimes a_p$, $a_i\in S_x$, wo $a_\mu=a_\nu$ für ein Paar μ,ν mit $\mu\neq\nu$. Dann ist $\mathscr{M}:=\bigcup_{x\in X}\mathscr{M}_x$ eine $\mathscr{R}$-Untergarbe von $\bigotimes^p\mathscr{S}$. Die Restklassengarbe

$$\bigwedge^p\mathscr{S}:=(\bigotimes^p\mathscr{S})/\mathscr{M}\,,\qquad p=0,1,2,\ldots$$

heißt das *p-fache äußere bzw. alternierende Produkt von* $\mathscr{S}$, es ist $\bigwedge^0\mathscr{S}:=\mathscr{R}$, $\bigwedge^1\mathscr{S}=\mathscr{S}$. Ist $\varepsilon:\bigotimes^p\mathscr{S}\to\bigwedge^p\mathscr{S}$ der Restklassenepimorphismus, so schreibt man:

$$a_1\wedge\cdots\wedge a_p:=\varepsilon(a_1\otimes\cdots\otimes a_p)\,.$$

$\bigwedge^p$ *ist ein kovarianter Funktor; ist* $\mathscr{S}$ *kohärent bzw. lokal-frei, so ist auch* $\bigwedge^p\mathscr{S}$ *kohärent bzw. lokal-frei.*

6. Der Funktor $\mathcal{Hom}$. Annulatorgarben. – Die Menge $H(U) := \mathrm{Hom}_{\mathcal{R}|U}(\mathcal{S}|U, \mathcal{S}'|U)$ aller $\mathcal{R}|U$-Homomorphismen $\mathcal{S}|U \to \mathcal{S}'|U$ ist für $\mathcal{R}$-Garben $\mathcal{S}, \mathcal{S}'$ stets ein $\mathcal{R}(U)$-Modul; Restriktionen $r_V^U: H(U) \to H(V)$ sind kanonisch vorhanden. Das System $H := \{H(U), r_V^U\}$ ist eine $\Gamma(\mathcal{R})$-Prägarbe, die G1 und G2 erfüllt. Die zugehörige $\mathcal{R}$-Garbe $\mathcal{Hom}_{\mathcal{R}}(\mathcal{S}, \mathcal{S}') := \check{\Gamma}(H)$ heißt die *Garbe der Keime der $\mathcal{R}$-Homomorphismen von $\mathcal{S}$ nach $\mathcal{S}'$*; es gilt stets:

$$\mathcal{Hom}_{\mathcal{R}}(\mathcal{S}, \mathcal{S}')(U) = \mathrm{Hom}_{\mathcal{R}|U}(\mathcal{S}|U, \mathcal{S}'|U).$$

$\mathcal{Hom}_{\mathcal{R}}$ ist ein im ersten Argument kontravarianter und im zweiten Argument kovarianter Funktor. $\mathcal{Hom}_{\mathcal{R}}$ ist linksexakt.

Bemerkung: Es gibt zu jedem $x \in X$ einen natürlichen $\mathcal{R}_x$-Homomorphismus $\rho_x: \mathcal{Hom}_{\mathcal{R}}(\mathcal{S}, \mathcal{S}')_x \to \mathrm{Hom}_{\mathcal{R}_x}(\mathcal{S}_x, \mathcal{S}'_x)$, der allerdings i. allg. weder injektiv noch surjektiv ist. Ist $\mathcal{S}$ kohärent, so ist ρ_x stets bijektiv. Der Leser beachte, daß zur Definition der $\mathcal{Hom}$-Garben *nicht* die $\mathcal{R}(U)$-Moduln $\mathrm{Hom}_{\mathcal{R}(U)}(\mathcal{S}(U), \mathcal{S}'(U))$ benutzt werden können, da hier u. a. keine Restriktionen r_V^U existieren. □

Wie der Tensorfunktor ist auch der $\mathcal{Hom}$-Funktor kohärent:

Sind $\mathcal{S}, \mathcal{S}'$ kohärent bzw. lokal-frei, so ist auch $\mathcal{Hom}_{\mathcal{R}}(\mathcal{S}, \mathcal{S}')$ kohärent bzw. lokal-frei.

Ist $\mathcal{S}$ eine endliche $\mathcal{R}$-Garbe, so ist $\mathrm{An}\,\mathcal{S} := \bigcup_{x \in X} \mathrm{An}\,\mathcal{S}_x$, wo $\mathrm{An}\,\mathcal{S}_x := \{r_x \in \mathcal{R}_x : r_x \cdot \mathcal{S}_x = 0\}$, offen in $\mathcal{S}$ und also eine Idealgarbe in $\mathcal{R}$. Man nennt $\mathrm{An}\,\mathcal{S}$ den *Annulator von $\mathcal{S}$*.

Ist $\mathcal{R}$ kohärent, so ist der Annulator jeder kohärenten $\mathcal{R}$-Garbe eine kohärente Idealgarbe.

7. Quotientengarben. – Eine Menge $M \subset \mathcal{R}$ heißt *multiplikativ*, wenn M offen in $\mathcal{R}$ liegt und M_x jeweils multiplikativ in $\mathcal{R}_x$, $x \in X$, ist[3]. Für alle offenen Mengen $U \neq \emptyset$ ist dann $M(U) := \{r \in \mathcal{R}(U), r_x \in M_x \text{ für alle } x \in U\}$ multiplikativ im Ring $\mathcal{R}(U)$. Der Quotientenring $\mathcal{R}(U)_{M(U)}$ ist ein $\mathcal{R}(U)$-Modul; man hat natürliche Einschränkungshomomorphismen $r_V^U: \mathcal{R}(U)_{M(U)} \to \mathcal{R}(V)_{M(V)}$. Das System $\{\mathcal{R}(U)_{M(U)}, r_V^U\}$ ist eine Prägarbe von Ringen, die zugehörige Ringgarbe wird mit $\mathcal{R}_M$ bezeichnet und heißt die *Quotientengarbe von $\mathcal{R}$ bezüglich M*; per definitionem ist $\mathcal{R}_M$ auch ein $\mathcal{R}$-Modul.

Da M offen in $\mathcal{R}$ liegt, so ist der Halm $(\mathcal{R}_M)_x$, $x \in X$, kanonisch isomorph zum Ring $(\mathcal{R}_x)_{M_x}$, insbesondere ist mit $\mathcal{R}$ auch $\mathcal{R}_M$ eine Garbe von k-Stellenalgebren. Man identifiziert häufig $\mathcal{R}_M$ mit $\bigcup_{x \in X} (\mathcal{R}_x)_{M_x}$; eine Basis der Topologie wird wie folgt erhalten: für jede offene Menge $U \subset X$ und jedes Paar $f \in \mathcal{R}(U)$,

---

[3] Eine Teilmenge T eines kommutativen Ringes B mit Eins 1 heißt *multiplikativ*, wenn $1 \in T$, und wenn mit $a, b \in T$ stets $ab \in T$ gilt. Jede multiplikative Menge $T \subset B$ bestimmt den *Quotientenring* B_T, dessen Elemente die Äquivalenzklassen folgender Äquivalenzrelation auf $B \times T$ sind: zwei Paare $(b_i, t_i) \in B \times T$ heißen äquivalent, wenn es ein $t \in T$ gibt, so daß gilt $t(t_2 b_1 - t_1 b_2) = 0$. Jede Äquivalenzklasse schreibt man als „Bruch" $\frac{b}{t}$, die Rechenoperationen werden in der üblichen Weise erklärt.

$g \in M(U)$ sei $[f,g,U]$ die Menge aller Keime $\frac{f_x}{g_x} \in (\mathscr{R}_x)_{M_x}$, $x \in U$; die Gesamtheit dieser Mengen $[f,g,U]$ ist eine Basis offener Mengen.

Das für die Theorie der *meromorphen* Funktionen (vgl. Kap. V, § 3.1) wichtige Beispiel einer multiplikativen Menge ist die Menge aller Nichtnullteiler

$$N := \bigcup_{x \in X} N_x, \qquad N_x := \text{Menge der Nichtnullteiler von } \mathscr{R}_x .$$

Jede Menge N_x ist multiplikativ in R_x, darüber hinaus gilt:

Ist $\mathscr{R}$ kohärent, so ist N offen und also multiplikativ in $\mathscr{R}$.

Beweis: Sei $n \in \mathscr{R}(U)$ und $n_x \in N_x$ für ein $x \in U$. Dann gilt $(\mathscr{K}er\,\rho)_x = 0$ für den $\mathscr{R}_U$-Homomorphismus $\rho: \mathscr{R}_U \to \mathscr{R}_U$, $r_y \mapsto n_y r_y$, $y \in U$. Da $\mathscr{K}er\,\rho$ kohärent ist, gibt es eine Umgebung $V \subset U$ von x mit $\mathscr{K}er\,\rho_V = 0$. Dies bedeutet $n_y \in N_y$ für alle $y \in V$, d.h. $n_V \subset N$. □

§ 3. Komplexe Räume

X, Y, Z bezeichnen stets Hausdorffsche Räume; bei Garben $\mathscr{R}_X, \mathscr{S}_Y, \ldots$ unterdrücken wir häufig den Raumindex. Mit k wird stets ein Körper bezeichnet.

1. k-algebrierte Räume. – Ein Raum X zusammen mit einer Garbe $\mathscr{R}$ von *k-Stellenalgebren* heißt ein *k-algebrierter Raum.* So ist z. B. $(X, \mathscr{C})$, wo $\mathscr{C}$ die Garbe der Keime der komplex-wertigen stetigen Funktionen auf X ist, ein $\mathbb{C}$-algebrierter Raum.

Ist $(X, \mathscr{R})$ irgendein k-algebrierter Raum und $f: X \to Y$ stetig, so ist die Bildgarbe $f_*(\mathscr{R})$ eine Garbe von k-Algebren (jedoch i. allg. nicht von k-Stellenalgebren!); für jeden Punkt $x \in X$ haben wir (vgl. § 0.8) eine kanonische Abbildung $\hat{f}_x: f_*(\mathscr{R})_{f(x)} \to \mathscr{R}_x$, die jetzt stets ein k-Algebrahomomorphismus ist.

Ein *k-Morphismus* $(f, \tilde{f}): (X, \mathscr{R}_X) \to (Y, \mathscr{R}_Y)$ von k-algebrierten Räumen ist eine stetige Abbildung $f: X \to Y$ zusammen mit einem k-Algebrahomomorphismus $\tilde{f}: \mathscr{R}_Y \to f_*(\mathscr{R}_X)$; es ist jede durch Komposition entstehende Abbildung

$$\mathscr{R}_{Y,y} \xrightarrow{\tilde{f}_y} f_*(\mathscr{R}_X)_y \xrightarrow{\hat{f}_x} \mathscr{R}_{X,x}, \qquad y := f(x), \qquad x \in X ,$$

lokal, d.h. daß sie $\mathfrak{m}(\mathscr{R}_{Y,y})$ in $\mathfrak{m}(\mathscr{R}_{X,x})$ abbildet.

Die hier gegebene Definition eines k-Morphismus stammt von Grothendieck. Eine äquivalente Definition, die weder Bildgarben (noch Urbildgarben) benutzt, ist möglich, aber weniger elegant.

Beispiel: Jede *stetige* Abbildung $f: X \to Y$ zwischen topologischen Räumen bestimmt einen *$\mathbb{C}$-Morphismus* $(X, \mathscr{C}_X) \to (Y, \mathscr{C}_Y)$; die Abbildung $\tilde{f}: \mathscr{C}_Y \to f_*(\mathscr{C}_X)$ gewinnt man durch Liftung stetiger Funktionen $\tilde{f}_V: \mathscr{C}_Y(V) \to f_*(\mathscr{C}_X)(V) = \mathscr{C}_X(f^{-1}(V))$, $g \mapsto g \circ f$. □

Ist $(f,\tilde{f})\colon(X,\mathscr{R}_X)\to(Y,\mathscr{R}_Y)$ ein k-Morphismus und $\mathscr{S}_X$ ein $\mathscr{R}_X$-Modul, so ist $f_*(\mathscr{S}_X)$ eine $f_*(\mathscr{R}_X)$-Garbe und also (via $\tilde{f}$) ein $\mathscr{R}_Y$-Modul. Jeder $\mathscr{R}_X$-Homomorphismus $\varphi\colon\mathscr{S}_X\to\mathscr{S}'_X$ bestimmt eindeutig einen $\mathscr{R}_Y$-Homomorphismus $f_*(\varphi)\colon f_*(\mathscr{S}_X)\to f_*(\mathscr{S}'_X)$; damit erweist sich f_* *als kovarianter Funktor der Kategorie der* $\mathscr{R}_X$*-Moduln in die Kategorie der* $\mathscr{R}_Y$*-Moduln.*

Der identische k-Morphismus $(X,\mathscr{R}_X)\to(X,\mathscr{R}_X)$ wird durch die identischen Abbildungen $\mathrm{id}\colon X\to X$, $\widetilde{\mathrm{id}}\colon\mathscr{R}_X\to\mathrm{id}_*(\mathscr{R}_X)=\mathscr{R}_X$ gegeben. Ist neben $(f,\tilde{f})\colon(X,\mathscr{R}_X)\to(Y,\mathscr{R}_Y)$ ein weiterer k-Morphismus $(g,\tilde{g})\colon(Y,\mathscr{R}_Y)\to(Z,\mathscr{R}_Z)$ gegeben, so ist $(h,\tilde{h})\colon(X,\mathscr{R}_X)\to(Z,\mathscr{R}_Z)$, wo $h:=g\circ f$, $\tilde{h}:=g_*(\tilde{f})\circ\tilde{g}\colon\mathscr{R}_Z\to g_*(f_*(\mathscr{R}_X))\cong h_*(\mathscr{R}_X)$, wieder ein k-Morphismus.

Die k-algebrierten Räume mit den k-Morphismen bilden eine Kategorie.

Ein k-Morphismus $(f,\tilde{f})\colon(X,\mathscr{R}_X)\to(Y,\mathscr{R}_Y)$ ist genau dann ein Isomorphismus, wenn f eine topologische Abbildung und $\tilde{f}$ ein Garbenisomorphismus ist.

Bemerkung: Bei einem k-Morphismus $(f,\tilde{f})$ ist die Abbildung $\tilde{f}$ stark an die unterliegende stetige Abbildung f gebunden. So gilt z.B.

Sind die Garben $\mathscr{R}_X,\mathscr{R}_Y$ *reduziert, so gibt es zu einer stetigen Abbildung* $f\colon X\to Y$ *höchstens eine Abbildung* $\tilde{f}\colon\mathscr{R}_Y\to f_*(\mathscr{R}_X)$, *so daß* $(f,\tilde{f})$ *ein k-Morphismus ist.*

2. Differenzierbare und komplexe Mannigfaltigkeiten. – Im Raum $\mathbb{R}^m$ der reellen m-tupel ist über jeder offenen Menge $U\neq\emptyset$ die $\mathbb{R}$-Algebra $\mathscr{E}^{\mathbb{R}}(U)$ und die $\mathbb{C}$-Algebra $\mathscr{E}^{\mathbb{C}}(U)$ der *reellwertigen* und der *komplexwertigen* unendlich oft differenzierbaren Funktionen in U definiert, es gilt $\mathscr{E}^{\mathbb{C}}(U)=\mathscr{E}^{\mathbb{R}}(U)+i\mathscr{E}^{\mathbb{R}}(U)$. Man hat in beiden Fällen natürliche Restriktionen r_V^U, $V\subset U$; das System $\{\mathscr{E}^k(U),r_V^U\}$, wo k für $\mathbb{R}$ oder $\mathbb{C}$ steht, ist ein Garbendatum von k-Algebren, das G1 und G2 erfüllt. Die zugehörigen Garben $\mathscr{E}^{\mathbb{R}}$, $\mathscr{E}^{\mathbb{C}}$ sind Garben von $\mathbb{R}$ bzw. $\mathbb{C}$-Stellenalgebren; somit ist $(\mathbb{R}^m,\mathscr{E}^{\mathbb{R}})$ ein $\mathbb{R}$-algebrierter und $(\mathbb{R}^m,\mathscr{E}^{\mathbb{C}})$ ein $\mathbb{C}$-algebrierter Raum.

Ein $\mathbb{R}$-algebrierter Raum $(X,\mathscr{E}_X^{\mathbb{R}})$ heißt *differenzierbare Mannigfaltigkeit*, wenn es zu jedem Punkt $x\in X$ eine Umgebung U von x in X und einen Bereich B in einem $\mathbb{R}^m$ gibt, so daß die $\mathbb{R}$-algebrierten Räume $(U,\mathscr{E}_U^{\mathbb{R}})$ und $(B,\mathscr{E}_B^{\mathbb{R}})$ isomorph sind; die Garbe $\mathscr{E}_X^{\mathbb{R}}$ heißt *Garbe der Keime der reell-wertigen differenzierbaren Funktionen auf* X, sie bestimmt eindeutig die Garbe $\mathscr{E}_X^{\mathbb{C}}=\mathscr{E}_X^{\mathbb{R}}+i\mathscr{E}_X^{\mathbb{R}}$ der Keime der *komplex-wertigen* differenzierbaren Funktionen auf X. Natürlich ist $\mathscr{E}_X^{\mathbb{C}}$ eine Untergarbe von $\mathbb{C}$-Stellenalgebren der Garbe $\mathscr{C}_X$, man hat einen natürlichen $\mathbb{R}$-Konjugierungsisomorphismus $\bar{\ }\colon\mathscr{E}_X^{\mathbb{C}}\to\mathscr{E}_X^{\mathbb{C}}$, der $\mathscr{E}_X^{\mathbb{R}}$ elementweise festhält.

Im § 4 werden wir sehen, daß $\mathscr{E}_X^{\mathbb{C}}$ eine sog. *weiche* Garbe ist.

Morphismen zwischen differenzierbaren Mannigfaltigkeiten sind genau die *differenzierbaren Abbildungen*, d.h. diejenigen stetigen Abbildungen, die differenzierbare Funktionen in differenzierbare Funktionen liften.

Im Raum $\mathbb{C}^m$ der komplexen m-tupel $(z_1,\ldots,z_m)$ ist über jeder offenen Menge $U\neq\emptyset$ die $\mathbb{C}$-Algebra $\mathscr{O}(U)$ der in U holomorphen Funktionen definiert. Man hat wieder natürliche Restriktionen r_V^U und somit ein Garbendatum $\{\mathscr{O}(U),r_V^U\}$, das G1 und G2 erfüllt und eine Garbe $\mathscr{O}$ von $\mathbb{C}$-Stellenalgebren bestimmt. Somit ist $(\mathbb{C}^m, \mathcal{O})$ ein $\mathbb{C}$-algebrierter Raum. Identifiziert man $\mathbb{C}^m$ mit dem Raum $\mathbb{R}^{2m}$ der reellen $2m$-tupel $(x_1, y_1, \ldots, x_m, y_m)$, $x_\mu := \operatorname{Re} z_\mu$, $y_\mu := \operatorname{Im} z_\mu$, so ist $\mathcal{O}$ eine $\mathbb{C}$-Untergarbe von $\mathscr{E}^{\mathbb{C}}_{\mathbb{C}^m} = \mathscr{E}^{\mathbb{C}}_{\mathbb{R}^{2m}}$.

Ein $\mathbb{C}$-algebrierter Raum $(X, \mathcal{O}_X)$ heißt eine *komplexe Mannigfaltigkeit*, wenn es zu jedem Punkt $x \in X$ eine Umgebung U von x in X und einen Bereich B in einem $\mathbb{C}^m$ gibt, so daß die $\mathbb{C}$-algebrierten Räume $(U, \mathcal{O}_U)$ und $(B, \mathcal{O}_B)$ isomorph sind; die Garbe $\mathcal{O}_X$ heißt die *Garbe der Keime der holomorphen Funktionen auf* X (Strukturgarbe der komplexen Mannigfaltigkeit). Wegen $\mathcal{O}^{\mathbb{C}}_{\mathbb{C}^m} \subset \mathscr{E}^{\mathbb{C}}_{\mathbb{C}^m}$ ist klar, daß es zu jeder komplexen Mannigfaltigkeit $(X, \mathcal{O})$ genau eine differenzierbare Mannigfaltigkeit $(X, \mathscr{E}^{\mathbb{R}})$ gibt mit $\mathcal{O} \subset \mathscr{E}^{\mathbb{C}} \subset \mathscr{C}$.

Ein Fundamentalsatz von K. Oka besagt (vgl. [CAS]):

Für jede komplexe Mannigfaltigkeit $(X, \mathcal{O})$ ist die Strukturgarbe $\mathcal{O}$ kohärent.

Morphismen zwischen komplexen Mannigfaltigkeiten heißen *holomorphe* Abbildungen; es sind genau diejenigen stetigen Abbildungen, die holomorphe Funktionen in holomorphe Funktionen liften; in lokalen komplexen Koordinaten werden holomorphe Abbildungen durch Systeme holomorpher Funktionen dargestellt.

3. Komplexe Räume. Holomorphe Abbildungen. – Ist $B \subset \mathbb{C}^m$ ein Bereich und $\mathscr{J} \subset \mathcal{O}_B$ ein kohärentes Ideal, so ist der Träger A der kohärenten $\mathcal{O}_B$-Garbe $\mathcal{O}_B/\mathscr{J}$ eine *analytische Menge* in B. Die Garbe $\mathcal{O}_A := (\mathcal{O}_B/\mathscr{J})|A$ ist eine Garbe von $\mathbb{C}$-Stellenalgebren über A, die nach § 2.4 kohärent ist. Der $\mathbb{C}$-algebrierte Raum $(A, \mathcal{O}_A)$ heißt ein *abgeschlossener komplexer Unterraum von* B, die Injektion $\iota: A \to B$ bestimmt eine *holomorphe Einbettung* $(\iota, \tilde{\iota}): (A, \mathcal{O}_A) \to (B, \mathcal{O}_B)$, wo $\tilde{\iota}: \mathcal{O}_B \to \iota_*(\mathcal{O}_A) \cong \mathcal{O}_B/\mathscr{J}$ die Restklassenabbildung ist.

Ein *komplexer Raum* $X = (X, \mathcal{O}_X)$ ist ein $\mathbb{C}$-algebrierter Raum, in dem jeder Punkt eine Umgebung U besitzt, so daß $(U, \mathcal{O}_U)$ isomorph zu einem abgeschlossenen komplexen Unterraum $(A, \mathcal{O}_A)$ eines Bereiches eines Zahlenraumes ist. *Die Strukturgarbe $\mathcal{O}_X$ jedes komplexen Raumes X ist kohärent*, denn lokal ist $\mathcal{O}_X$ die Beschränkung einer Restklassengarbe $\mathcal{O}_{\mathbb{C}^m}/\mathscr{J}$, wo $\mathscr{J}$ ein kohärentes Ideal ist. $\mathcal{O}_X$-Garben heißen *analytische* Garben.

Die komplexen Räume bilden eine Kategorie, die Morphismen heißen *holomorphe Abbildungen*. Mit $\operatorname{Hol}(X, Y)$ bezeichnen wir die Menge aller holomorphen Abbildungen $(f, \tilde{f}): (X, \mathcal{O}_X) \to (Y, \mathcal{O}_Y)$; wir schreiben kurz $f: X \to Y$.

Ist X ein komplexer Raum und $X' \neq \emptyset$ offen in X, so ist $(X', \mathcal{O}_{X'})$ ebenfalls ein komplexer Raum. Man hat eine natürliche holomorphe Abbildung $(i, \tilde{i}): (X', \mathcal{O}_{X'}) \to (X, \mathcal{O}_X)$, wo $i := \operatorname{id}|X'$ und $\tilde{i}$ die kanonische Abbildung von $\mathcal{O}_X$ auf $i_*(\mathcal{O}_{X'})$ (= triviale Fortsetzung von $\mathcal{O}_{X'}$ auf X) ist. Man nennt X' zusammen mit i einen *offenen komplexen Unterraum von* X.

Jeder Schnitt $s \in \mathcal{O}(X)$ in der Strukturgarbe heißt eine *holomorphe Funktion* auf X; die Restklasse des Keimes $s_x \in \mathcal{O}_x$ in $\mathcal{O}_x/\mathfrak{m}_x = \mathbb{C}$ heißt der *komplexe Wert* $s(x) \in \mathbb{C}$ von s in $x \in X$. Da $\mathcal{O} = \mathcal{O}_X$ nilpotente Elemente $\neq 0$ enthalten kann, ist eine holomorphe Funktion s auf X i. allg. mehr als diese $\mathbb{C}$-wertige Funktion $x \mapsto s(x)$.

Ist $(f,\tilde{f})\colon X\to\mathbb{C}$ eine holomorphe Abbildung und $z\in\mathcal{O}(\mathbb{C})$ die Identität, so liftet sich z zum Schnitt $s:=\tilde{f}(z)\in f_*(\mathcal{O}_X)(\mathbb{C})=\mathcal{O}_X(X)$, dabei gilt $s(x)=f(x)$, $x\in X$. Es ist Routine zu zeigen:

Die Zuordnung $\mathrm{Hol}(X,\mathbb{C})\to\mathcal{O}(X)$, $(f,\tilde{f})\mapsto s$ *ist bijektiv.*

Man identifiziert daher die holomorphen Funktionen auf X mit den zugehörigen holomorphen Abbildungen von X nach $\mathbb{C}$. □

Ist $\mathcal{I}\subset\mathcal{O}_X$ ein kohärentes Ideal, so ist

$$(Y,\mathcal{O}_Y)\quad\text{mit}\quad Y:=\mathrm{Tr}(\mathcal{O}_X/\mathcal{I})\quad\text{und}\quad \mathcal{O}_Y:=(\mathcal{O}_X/\mathcal{I})|Y$$

wieder ein komplexer Raum. Die Injektion $\iota\colon Y\to X$ zusammen mit dem Restklassenhomomorphismus $\tilde{\iota}\colon\mathcal{O}_X\to\iota_*(\mathcal{O}_Y)\cong\mathcal{O}_X/\mathcal{I}$ ist eine „holomorphe Einbettung“ $(Y,\mathcal{O}_Y)\to(X,\mathcal{O}_X)$; man nennt $(Y,\mathcal{O}_Y)$ den *zu* $\mathcal{I}$ *gehörenden abgeschlossenen komplexen Unterraum von* $(X,\mathcal{O}_X)$. □

In der Kategorie der komplexen Räume existiert ein *Produkt*, genauer:

Zu je zwei komplexen Räumen X_1, X_2 *existiert bis auf kanonische Isomorphie genau ein komplexer Raum* X *nebst holomorphen Projektionen* $\pi_i\colon X\to X_i$, $i=1,2$, *so daß gilt:*

Ist Z *irgendein komplexer Raum, so ist die Abbildung*

$$\mathrm{Hol}(Z,X)\to\mathrm{Hol}(Z,X_1)\times\mathrm{Hol}(Z,X_2)\,,\qquad f\mapsto(\pi_1 f,\pi_2 f)$$

bijektiv.

Topologisch ist der Raum X das kartesische Produkt $X_1\times X_2$, wir schreiben daher suggestiv $X=X_1\times X_2$. □

Holomorphe Abbildungen faktorisieren sich durch ihre *Graphen*, genauer:

Sei $f\colon X\to Y$ *eine holomorphe Abbildung. Dann gibt es in kanonischer Weise einen abgeschlossenen komplexen Unterraum* $\mathrm{Gph}\, f$ *von* $X\times Y$, *den „Graphen“ von* f, *und eine biholomorphe Abbildung* $\iota\colon X\to\mathrm{Gph}\, f$, *so daß gilt* $f=\pi\circ\iota$, *wobei* π *die Einschränkung der Projektion* $X\times Y\to Y$ *auf* $\mathrm{Gph}\, f$ *ist.*

4. Topologische Eigenschaften komplexer Räume. – Jeder komplexe Raum ist *lokal-kompakt.* Wir wollen ein für alle Mal voraussetzen, daß jeder komplexe Raum und jede differenzierbare Mannigfaltigkeit eine *abzählbare Basis von offenen Mengen* besitzt. Dann ist jeder komplexe Raum und jede differenzierbare Mannigfaltigkeit *metrisierbar* und *im Unendlichen abzählbar* (d.h. Vereinigung von abzählbar vielen *kompakten* Teilmengen).

Jeder komplexe Raum X ist *lokal-wegzusammenhängend.* Insbesondere zerfällt X eindeutig in (höchstens abzählbar viele) *Zusammenhangskomponenten* X_α, $\alpha\in A$. Für jede Teilmenge $A'\neq\emptyset$ von A ist $\bigcup_{\alpha\in A'} X_\alpha$ wieder ein komplexer Raum.

Wir erinnern an dieser Stelle noch an einige Begriffsbildungen und Resultate der mengentheoretischen Topologie, die z.B. in der Cohomologietheorie benutzt werden. Bekanntlich heißt eine Überdeckung[4] $\mathfrak{V}=\{V_j\}_{j\in J}$ eines topologischen Raumes X *Verfeinerung* einer Überdeckung $\mathfrak{U}=\{U_i\}_{i\in I}$ von X, in Zeichen $\mathfrak{V}<\mathfrak{U}$, wenn jedes V_j in einem U_i enthalten ist. Es gibt dann eine Abbildung $\tau: J\to I$ der Indexmengen, so daß $V_j\subset U_{\tau(j)}$ für alle $j\in J$ gilt; wir nennen τ eine *Verfeinerungsabbildung*.

Ein hausdorffscher Raum X heißt *parakompakt*, wenn es zu jeder Überdeckung $\mathfrak{U}$ von X eine Verfeinerung $\mathfrak{V}$ von $\mathfrak{U}$ gibt, die *lokal-endlich* ist (d.h. jeder Punkt $x\in X$ besitzt eine Umgebung, die nur endlich viele Mengen $V\in\mathfrak{V}$ schneidet). Jeder parakompakte Raum ist *normal*. Jeder abgeschlossene Unterraum eines parakompakten Raumes ist parakompakt. Jeder *metrisierbare* Raum, speziell also jeder komplexe Raum und jede differenzierbare Mannigfaltigkeit, ist parakompakt.

Vielfache Anwendungen findet der sogenannte

Schrumpfungssatz: *Zu jeder lokal-endlichen Überdeckung $\{U_i\}_{i\in I}$ eines normalen Raumes X gibt es eine Überdeckung $\{V_i\}_{i\in I}$ von X (mit derselben Indexmenge), so daß $\bar{V}_i\subset U_i$ für alle $i\in I$.*

5. Analytische Mengen. – Ist $(X,\mathcal{O}_X)$ ein komplexer Raum und $\mathscr{I}\subset\mathcal{O}_X$ ein kohärentes Ideal, so heißt $A:=\mathrm{Tr}(\mathcal{O}_X/\mathscr{I})$ eine *analytische Menge in X*, man nennt A auch die *Nullstellenmenge des Ideals $\mathscr{I}$* in X. Analytische Mengen sind also nichts anderes als die Träger der abgeschlossenen komplexen Unterräume von $(X,\mathcal{O}_X)$. Der Träger jeder kohärenten $\mathcal{O}_X$-Garbe $\mathscr{S}$ ist eine analytische Menge in X, nämlich $\mathrm{Tr}\,\mathscr{S}=\mathrm{Tr}(\mathcal{O}_X/\mathrm{An}\,\mathscr{S})$.

Eine analytische Menge ist die Nullstellenmenge vieler kohärenter Ideale, so gilt z.B. $\mathrm{Tr}(\mathcal{O}_X/\mathscr{I})=\mathrm{Tr}(\mathcal{O}_X/\mathscr{I}^n)$ für alle $n\geq 1$. Es gibt ein größtes kohärentes Ideal; dies und mehr besagt der berühmte von H. Cartan und K. Oka bewiesene

Kohärenzsatz für Idealgarben: *Es sei A eine abgeschlossene Teilmenge eines komplexen Raumes $(X,\mathcal{O}_X)$, derart, daß es zu jedem Punkt $a\in A$ eine Umgebung V von a in X und holomorphe Funktionen $f_1,\dots,f_q\in\mathcal{O}_X(V)$ gibt, so daß gilt:*

$$A\cap V=\{x\in V, f_1(x)=\cdots=f_q(x)=0\}\,.$$

Dann ist A eine analytische Menge in X, genauer gilt: das System $\{I(U),$ U offen in $X\}$ mit $I(U):=\{f\in\mathcal{O}_X(U),\ f(A\cap U)=0\}$ ist das kanonische Datum einer kohärenten Idealgarbe $\mathscr{I}$. Es gilt $A=\mathrm{Tr}(\mathcal{O}_X/\mathscr{I})$, das Paar $(A,\mathcal{O}_A)$ mit $\mathcal{O}_A:=(\mathcal{O}_X/\mathscr{I})|A$ ist ein abgeschlossener, reduzierter komplexer Unterraum von $(X,\mathcal{O}_X)$.

Man nennt die Garbe $\mathscr{I}$ *das Nullstellenideal von A*. Beweise des Kohärenzsatzes findet der Leser in [CAS].

Wir formulieren noch den sog. Hilbert-Rückertschen Nullstellensatz, der ebenfalls in [CAS] bewiesen wird. Für jedes $\mathcal{O}_X$-Ideal $\mathscr{I}$ ist das *Radikalideal* $\mathrm{rad}\,\mathscr{I}$, dessen Halme $(\mathrm{rad}\,\mathscr{I})_x$ die Ideale

$$\mathrm{rad}\,\mathscr{I}_x:=\{f_x\in\mathcal{O}_{X,x}, f_x^n\in\mathscr{I}_x \text{ für geeignetes } n\in\mathbb{N}\}$$

[4] Die Elemente einer Überdeckung sind stets *offene* Mengen.

sind, ebenfalls ein $\mathcal{O}_X$-Ideal. Der Hilbert-Rückertsche Nullstellensatz besagt:

Für jedes kohärente Ideal $\mathcal{I} \subset \mathcal{O}_X$ *ist* $\operatorname{rad}\mathcal{I}$ *das Nullstellenideal von* $A := \operatorname{Tr}(\mathcal{O}_X/\mathcal{I})$.

Aus dem Kohärenzsatz für Idealgarben ergibt sich dann unmittelbar:

Ist $\mathcal{I}$ *ein kohärentes* $\mathcal{O}_X$*-Ideal, so ist auch das Radikalideal* $\operatorname{rad}\mathcal{I}$ *kohärent.*

Für analytische Mengen gilt ein Zerlegungslemma, das weit über den topologischen Satz von der Zerlegbarkeit in Zusammenhangskomponenten hinausgeht. Man nennt eine analytische Menge $A \neq \emptyset$ eines komplexen Raumes X *reduzibel in* X, wenn es in X analytische Mengen $B \neq \emptyset$, $C \neq \emptyset$ gibt, so daß gilt: $A = B \cup C$, $A \neq B$, $A \neq C$; andernfalls heißt A *irreduzibel in* X.

Zerlegungslemma: *Für jede in* X *analytische Menge* $A \neq \emptyset$ *gilt eine Gleichung* $A = \bigcup_{i \in I} A_i$ *mit folgenden Eigenschaften:*

0) *Die Indexmenge* I *ist höchstens abzählbar.*
1) $A_i \neq \emptyset$ *ist eine in* X *analytische, irreduzible Menge,* $i \in I$; *die Familie* $(A_i)_{i \in I}$ *ist lokal-endlich in* X.
2) *Für alle* $i, j \in I$, $i \neq j$, *liegt* $A_i \cap A_j$ *nirgends dicht in* A_i. *Die Familie* $(A_i)_{i \in I}$ *ist bis auf die Indizierung eindeutig durch* A *bestimmt, man nennt die Mengen* A_i *die irreduziblen Komponenten (Primkomponenten) von* A *in* X.

Ist $U \neq \emptyset$ offen in X, so bestimmt jede in X analytische Menge A die in U analytische Menge $A \cap U$. Ist A_i eine Primkomponente von A in X und gilt $A_i \cap U \neq \emptyset$, so ist aber $A_i \cap U$ i. allg. nicht irreduzibel in U. Die Primkomponenten von $A \cap U$ sind die Primkomponenten aller Mengen $A_i \cap U \neq \emptyset$, wo A_i alle Primkomponenten von A in X durchläuft.

Es gilt folgender

Identitätssatz für analytische Mengen: *Es seien* A, A' *analytische Mengen in* X; *es gebe eine offene Menge* U *in* X, *so daß die in* U *analytischen Mengen* $A \cap U$ *und* $A' \cap U$ *eine gemeinsame Primkomponente* $\neq \emptyset$ *in* U *haben. Dann besitzen* A *und* A' *bereits in* X *eine gemeinsame Primkomponente.*

6. Dimensionstheorie. – Jeder komplexe Raum X und allgemeiner jede analytische Menge A in X hat in jedem Punkt $x \in A$ eine wohlbestimmte *topologische Dimension* $\operatorname{dim\,top}_x A \in \mathbb{N}$. Diese Zahl ist stets *gerade*, man nennt

$$\dim_x A := \frac{1}{2} \operatorname{dim\,top}_x A\,, \qquad x \in A\,,$$

die *komplexe Dimension von* A *in* x. Die Zahl

$$\operatorname{codim}_x A := \dim_x X - \dim_x A$$

heißt die *komplexe Codimension von* A *in* $x \in A$.

Jeder Halm $\mathcal{O}_x$, $x \in X$, hat als analytische $\mathbb{C}$-Stellenalgebra eine *algebraische Dimension* $\dim \mathcal{O}_x$ (vgl. [AS], Kap. II, § 4ff.). Ein nichttrivialer Satz besagt:

$$\dim_x X = \dim \mathcal{O}_x \quad \textit{für alle} \quad x \in X\,.$$

Aus der Fülle der Resultate der Dimensionstheorie analytischer Mengen A in X heben wir hervor:

a) *Genau dann liegt A nirgends dicht in X, wenn A überall mindestens 1 codimensional ist.*

b) *Genau dann ist $p \in A$ ein isolierter Punkt von A, wenn gilt:* $\dim_p A = 0$.

c) *Ist A irreduzibel in X, so ist A rein-dimensional, d.h. die Funktion* $\dim_x A$, *$x \in A$, ist konstant.*

Die Zahl $\dim A := \sup\{\dim_x A, x \in A\}$ heißt die *komplexe Dimension* von A schlechthin, der Fall $\dim A = \infty$ ist möglich.

d) *Sind $(A_i)_{i \in I}$ die Primkomponenten von A, so gilt*

$$\dim A = \sup\{\dim A_i,\ i \in I\}.$$

Falls $\dim A < \infty$, *so gibt es ein $j \in I$ mit* $\dim A = \dim A_j$.

Ist B ebenfalls analytisch in X und gilt $B \subset A$, so ist $\dim B \leq \dim A$.

e) *Falls $B \subset A$ und* $\dim B = \dim A < \infty$, *so haben A und B eine gemeinsame Primkomponente.*

7. Reduktion komplexer Räume. – Der Fundamentalsatz von H. Cartan und K. Oka über die Kohärenz der Idealgarben kann elegant auch so ausgesprochen werden:

Das Nilradikal $\mathfrak{n}(\mathcal{O}_X)$ eines jeden komplexen Raumes $X = (X, \mathcal{O}_X)$ ist ein kohärentes Ideal.

Da $\mathrm{Tr}(\mathcal{O}_X/\mathfrak{n}(\mathcal{O}_X)) = X$, so ist also

$$\mathrm{red}\, X := (X, \mathcal{O}_{\mathrm{red}\, X}) \quad \text{mit} \quad \mathcal{O}_{\mathrm{red}\, X} := \mathcal{O}_X/\mathfrak{n}(\mathcal{O}_X)$$

ein komplexer Unterraum von X; er heißt die *Reduktion von X*. Die zugehörige holomorphe Abbildung $\mathrm{red}\, X \to X$ wird ebenfalls mit „red" bezeichnet und heißt die *Reduktionsabbildung*.

Die Strukturgarbe von $\mathrm{red}\, X$ ist in natürlicher Weise eine Untergarbe der Garbe $\mathscr{C}_X$ der Keime von stetigen, komplex-wertigen Funktionen:

$$\mathcal{O}_{\mathrm{red}\, X} \subset \mathscr{C}_X\,;$$

für alle $s \in \mathcal{O}(X)$ gilt: $s(x) = (\mathrm{red}\, s)(x)$, $x \in X$. □

Jede holomorphe Abbildung $f: X \to Y$ zwischen komplexen Räumen bestimmt kanonisch eine holomorphe Abbildung $\mathrm{red}\, f: \mathrm{red}\, X \to \mathrm{red}\, Y$ der Reduktionen; dabei ist das Diagramm

$$\begin{array}{ccc} \mathrm{red}\, X & \xrightarrow{\mathrm{red}\, f} & \mathrm{red}\, Y \\ \big\downarrow{\scriptstyle \mathrm{red}} & & \big\downarrow{\scriptstyle \mathrm{red}} \\ X & \xrightarrow{\quad f \quad} & Y \end{array}$$

kommutativ. Man verifiziert trivial, daß red ein kovarianter Funktor ist.

Ein komplexer Raum X heißt *reduziert im Punkt* $x \in X$, wenn der Halm $\mathcal{O}_x$ reduziert ist, d.h. wenn gilt $\mathfrak{n}(\mathcal{O}_x)=0$. Die Menge der nicht reduzierten Punkte von X ist der Träger von $\mathfrak{n}(\mathcal{O}_x)$ und also eine *analytische* Menge in X. Der Raum X heißt reduziert (schlechthin), wenn X in allen Punkten $x \in X$ reduziert ist, d.h. wenn $X = \operatorname{red} X$. Der Raum $\operatorname{red} X$ ist stets reduziert, also gilt $\operatorname{red}(\operatorname{red} X) = \operatorname{red} X$.

Ein Punkt x eines komplexen Raumes X heißt *regulär* oder auch *uniformisierbar*, wenn der Halm $\mathcal{O}_x$ regulär, d.h. isomorph zu einer $\mathbb{C}$-Algebra konvergenter Potenzreihen ist. Jeder reguläre Punkt ist reduziert. Die nicht regulären (= *singulären*) Punkte von X bilden eine analytische Menge in X, den sog. *singulären Ort* von X; der Restraum $X \setminus S$ ist eine evtl. leere komplexe Mannigfaltigkeit. Ist X reduziert, so liegt S *nirgends dicht* in X, insbesondere ist S dann überall mindestens 1codimensional.

8. Normale komplexe Räume. – Für jeden komplexen Raum $(X, \mathcal{O})$ ist die Menge $N \subset \mathcal{O}$ der Nichtnullteiler *multiplikativ* (vgl. § 2.7), daher ist die Quotientengarbe

$$\mathcal{M} := \mathcal{O}_N \quad \text{mit} \quad \mathcal{M}_x = (\mathcal{O}_x)_{N_x}, \qquad x \in X,$$

wohldefiniert und ein $\mathcal{O}$-Modul. Man nennt $\mathcal{M}$ die *Garbe der Keime der meromorphen Funktionen auf* X; die Schnitte in $\mathcal{M}$ heißen *meromorphe Funktionen* in X. Man beachte, daß $\mathcal{M}$ *keine* kohärente $\mathcal{O}$-Garbe ist.

Ist X reduziert in x, so ist ein Keim $f_x \in \mathcal{O}_x$ genau dann ein Nichtnullteiler in $\mathcal{O}_x$, wenn es eine Umgebung U von x und einen Repräsentanten $f \in \mathcal{O}(U)$ von f_x gibt, dessen Nullstellenmenge in U nirgends dicht in U liegt. Dann gilt insbesondere $f^{-1} \in \mathcal{M}(U)$.

Ist X *irreduzibel* in x, d.h. ist $\mathcal{O}_x$ ein Integritätsring, so ist $\mathcal{M}_x$ der Quotientenkörper von $\mathcal{O}_x$.

Ein komplexer Raum X heißt *normal* in $x \in X$, wenn X reduziert in x ist, und wenn der Ring $\mathcal{O}_x$ *ganz-abgeschlossen* in $\mathcal{M}_x$ liegt. Jeder reguläre Punkt ist normal. Ein berühmter Satz von Oka besagt (vgl. [CAS]):

Die Menge der nicht normalen Punkte eines komplexen Raumes X ist eine analytische Menge in X.

Ein komplexer Raum X heißt *normal*, wenn er in allen seinen Punkten normal ist. Der singuläre Ort S eines normalen Raumes X ist überall mindestens 2codimensional.

Im Kapitel V werden wir benutzen:

Riemannsche Fortsetzungssätze: *Es sei X ein normaler komplexer Raum und A eine analytische Menge in X. Dann gilt:*

1) *Ist A überall mindestens 1codimensional, so ist jede in X stetige und in $X \setminus A$ holomorphe Funktion holomorph in X:*

$$\mathcal{O}(X) = \mathscr{C}(X) \cap \mathcal{O}(X \setminus A).$$

2) *Ist A überall mindestens 2codimensional, so ist der Einschränkungshomomorphismus $\mathcal{O}(X) \to \mathcal{O}(X \setminus A)$ bijektiv.*

Normalisierungssatz: *Zu jedem reduzierten komplexen Raum* X *mit singulärem Ort* S *gibt es einen normalen komplexen Raum* $\tilde{X}$ *und eine endliche*[5] *holomorphe Abbildung* $\xi: \tilde{X} \to X$, *die* $\tilde{X} \setminus \xi^{-1}(S)$ *biholomorph auf* $X \setminus S$ *abbildet, wobei* $\xi^{-1}(S)$ *nirgends dicht in* $\tilde{X}$ *ist.*

Das Paar $(\tilde{X}, \xi)$ heißt eine *Normalisierung* von X; Normalisierungen sind bis auf analytische Isomorphie eindeutig bestimmt.

Ist (X, ξ) *eine Normalisierung von* X, *so ist die Garbe* $\mathcal{O}_X$ *eine analytische Untergarbe der kohärenten* $\mathcal{O}_X$*-Bildgarbe* $\xi_*(\mathcal{O}_{\tilde{X}})$.

Beweis dieser Sätze findet der Leser in [CAS].

§ 4. Weiche und welke Garben

Wichtige Sätze der klassischen Analysis besagen, daß in bestimmten Garben Schnitte, die zunächst nur über Teilmengen definiert sind, auf den Gesamtraum fortgesetzt werden können. Dieser Paragraph enthält allgemeine Überlegungen zu dieser Fragestellung.

1. Weiche Garben. – Im Kleinen wird das Schnittfortsetzungsproblem befriedigend gelöst durch

Satz 1: *Es sei* $\mathcal{S}$ *eine Garbe (von Mengen) über einem metrisierbaren Raum* X; *es sei* t *ein Schnitt in* $\mathcal{S}$ *über einer Menge* $Y \subset X$. *Dann gibt es eine Umgebung* W *von* Y *in* X *und einen Schnitt* $s \in \mathcal{S}(W)$ *mit* $s|Y = t$.

Der Beweis benutzt Methoden der mengentheoretischen Topologie, der Leser vgl. etwa [TF], p. 150. □

Eine Garbe $\mathcal{S}$ über X heißt *weich*, wenn für jede abgeschlossene Menge $A \subset X$ die Einschränkungsabbildung $\mathcal{S}(X) \to \mathcal{S}(A)$ surjektiv ist, d.h. wenn jeder Schnitt über A zu einem Schnitt über ganz X fortsetzbar ist. Für Modulgarben hat man ein handliches Weichheitskriterium in Form einer Trennungsbedingung.

Satz 2: *Es sei* X *metrisierbar und* $\mathcal{R}$ *eine Garbe von Ringen (mit Eins) über* X. *Zu jeder in* X *abgeschlossenen Teilmenge* A *und jeder offenen Umgebung* $W \subset X$ *von* A *gebe es einen Schnitt* $f \in \mathcal{R}(X)$, *so daß gilt:*

$$f|A = 1, \qquad f|X \setminus W = 0.$$

Dann ist jede $\mathcal{R}$*-Modulgarbe* $\mathcal{S}$ *weich.*

Beweis: Sei $A \subset X$ abgeschlossen und $t \in \mathcal{S}(A)$ beliebig. Nach Satz 1 existieren eine offene Umgebung $W \subset X$ von A und ein Schnitt $s' \in \mathcal{S}(W)$ mit $s'|A = t$.

---

[5] Endliche holomorphe Abbildungen werden im Kapitel I ausführlich untersucht.

Nach Voraussetzung gibt es zu A und W einen Schnitt $f \in \mathscr{R}(X)$ mit $f|A=1$ und $f|X \setminus W=0$. Dann wird offensichtlich durch

$$s(x) := f(x)s'(x) \quad \text{für} \quad x \in W, \qquad s(x) := 0 \quad \text{für} \quad x \in X \setminus W$$

ein Schnitt $s \in \mathscr{S}(X)$ definiert, der auf A mit t übereinstimmt. □

2. Weichheit der Strukturgarbe differenzierbarer Mannigfaltigkeiten. – Die Garbe $\mathscr{C}$ der reellwertigen, stetigen Funktionskeime eines metrisierbaren Raumes erfüllt bekanntlich die Trennungsbedingung des Satzes 2; alle $\mathscr{C}$-Modulgarben sind mithin weich. Im folgenden wird gezeigt, daß auch die Garbe der reellwertigen, unendlich oft differenzierbaren Funktionskeime einer differenzierbaren Mannigfaltigkeit die Trennungsbedingung erfüllt. Den Beweis stützen wir auf folgenden

Hilfssatz 3: *Im* $\mathbb{R}^m$ *mit den Koordinaten* $x_1, \dots, x_m$ *seien zwei offene „Quader"*

$$Q := \{x \in \mathbb{R}^m : a_\mu < x_\mu < b_\mu\}, \qquad Q' := \{x \in \mathbb{R}^m : a'_\mu < x_\mu < b'_\mu\}$$

gegeben. Die abgeschlossene Hülle $\bar{Q}$ *von* Q *sei in* Q' *enthalten (d.h. es gelte* $a'_\mu < a_\mu$ *und* $b_\mu < b'_\mu$ *für alle* μ*). Dann gibt es eine Funktion* $r \in \mathscr{E}^{\mathbb{R}}(\mathbb{R}^m)$ *mit folgenden Eigenschaften:*

a) $0 \le r(x) \le 1$ *für* $x \in \mathbb{R}^m$.

b) $r(x) = 1$ *für* $x \in Q$, $r(x) = 0$ *für* $x \in \mathbb{R}^m \setminus Q'$.

Beweis: Sei zunächst $m=1$. Je zwei reellen Zahlen c, d mit $c<d$ ordnen wir die reellwertige Funktion

$$q_{cd}(x) := \exp\left(\frac{1}{x-d} - \frac{1}{x-c}\right), \quad \text{falls} \quad c<x<d; \qquad q_{cd}(x) := 0 \quad \text{sonst}$$

zu. Nach einem bekannten Satz der Differentialrechnung ist q_{cd} unendlich oft differenzierbar auf $\mathbb{R}^1$. Per definitionem gilt:

$$q_{cd}(x) \ge 0 \quad \text{für} \quad x \in \mathbb{R}^1 \quad \text{und} \quad \int_c^d q_{cd}(x)\,dx > 0.$$

Es folgt: $p_{cd}(x) := \left(\int_c^x q_{cd}(x)\,dx\right) \cdot \left(\int_c^d q_{cd}(x)\,dx\right)^{-1} \in \mathscr{E}^{\mathbb{R}}(\mathbb{R}^1)$, und weiter:

$$0 \le p_{cd}(x) \le 1 \quad \text{für} \quad x \in \mathbb{R}^1, \qquad p_{cd}(x) = 0 \quad \text{für} \quad x \le c, \qquad p_{cd}(x) = 1 \quad \text{für} \quad x \ge d.$$

Da $a'_1 < a_1$ und $b_1 < b'_1$, so ist die Funktion

$$r(x) := p_{a'_1 a_1}(x) \quad \text{für} \quad x \le b_1 \quad \text{und} \quad r(x) := 1 - p_{b_1 b'_1}(x) \quad \text{für} \quad x > b_1$$

wohldefiniert. Nach Konstruktion hat r die geforderten Eigenschaften.

Sei nun $m>1$. Es sei r_μ eine unendlich oft differenzierbare Funktion von x_μ allein, so daß a) und b) erfüllt sind für die beiden Intervalle

$$\{x_\mu \in \mathbb{R}^1 : a_\mu < x_\mu < b_\mu\} \quad \text{und} \quad \{x_\mu \in \mathbb{R}^1 : a'_\mu < x_\mu < b'_\mu\}.$$

Dann ist $r(x_1, \ldots, x_m) := r_1(x_1) \cdot \cdots \cdot r_m(x_m)$ eine gesuchte Funktion. □

Wir zeigen nun:

Satz 4 (Trennungssatz): *Es sei X eine differenzierbare Mannigfaltigkeit mit (reeller) Strukturgarbe $\mathscr{E} = \mathscr{E}^{\mathbb{R}}$ (und mit abzählbarer Topologie); es sei $A \subset X$ abgeschlossen und $W \subset X$ eine offene Umgebung von A. Dann gibt es eine Schnittfläche $f \in \mathscr{E}^{\mathbb{R}}(X)$, so daß gilt:*

$$f|A = 1, \quad f|X \setminus W = 0, \quad 0 \le f(x) \le 1 \quad \textit{für alle} \quad x \in X.$$

Beweis: Sei $p \in A$. Wir wählen eine Umgebung $W' \subset W$ von p, die diffeomorph zu einem beschränkten Bereich eines $\mathbb{R}^m$ ist. In W' wählen wir Umgebungen U, U' von p mit $U \ll U' \ll W'$, derart, daß U und U' bzgl. der Einbettung $W' \hookrightarrow \mathbb{R}^m$ Urbilder offener Quader Q und Q' sind. Dann gilt $Q \ll Q'$, und man gewinnt mittels Hilfssatz 3 durch Liftung und triviale Fortsetzung eine Funktion $g \in \mathscr{E}(X)$ mit

$$g|U = 1, \quad g|X \setminus U' = 0, \quad 0 \le g(x) \le 1 \quad \text{für alle} \quad x \in X.$$

Sei nun A zunächst *kompakt*. Dann gibt es endlich viele Punkte $p_1, \ldots, p_a \in A$, so daß die zugehörigen eben konstruierten Umgebungen $U_1, \ldots, U_a$ die Menge A überdecken. Sei g_α die zu U_α gehörende Funktion, sei

$$f := 1 - \prod_{\alpha=1}^{a} (1 - g_\alpha) \in \mathscr{E}(X).$$

Dann liegen alle Werte von f zwischen 0 und 1, weiter gilt

$$f(x) = 1 \quad \text{für} \quad x \in \bigcup_1^a U_\alpha \quad \text{und} \quad f(x) = 0 \quad \text{für} \quad x \in X \setminus \bigcup_1^a U'_\alpha,$$

wo $U'_\alpha \gg U_\alpha$ zu p_α gehört. Da $A \subset \bigcup_1^a U_\alpha$ und $\bigcup_1^a U'_\alpha \ll W$, so ist f eine gesuchte Funktion.

Sei nun A irgendeine abgeschlossene Menge in X. Wir gehen aus von einer lokal-endlichen Überdeckung $\{U_i\}_{i \in I}$ von X durch relativ kompakte offene Mengen und wählen nach dem Schrumpfungssatz eine Überdeckung $\{V_i\}_{i \in I}$ von X mit $\bar{V}_i \subset U_i$, $i \in I$. Dann ist jede Menge $A \cap \bar{V}_i$ kompakt in X; nach dem Bewiesenen gibt es also zur offenen Umgebung $W \cap U_i$ von $A \cap \bar{V}_i$ einen Schnitt $f_i \in \mathscr{E}(X)$ mit Werten zwischen 0 und 1, so daß gilt:

$$f_i|A \cap \bar{V}_i = 1, \quad f_i|X \setminus (W \cap U_i) = 0, \quad i \in I \quad \text{(als Schnitt)}.$$

Da die Überdeckung $\{U_i\}_{i\in I}$ lokal-endlich ist, so definiert das Produkt

$$g := \prod_{i\in I}(1-f_i)$$

eine differenzierbare Funktion über X (wird $x\in X$ fest gewählt, so gibt es nämlich eine Umgebung Z von x und eine endliche Teilmenge T von I, so daß gilt $U_i \cap Z = \emptyset$ für alle $i\in I\setminus T$; für sämtliche $i\in I\setminus T$ gilt daher $f_i|Z=0$, d.h. $g|Z$ ist das *endliche* Produkt $\prod_{i\in T}(1-f_i)$). Ersichtlich ist nun $f := 1-g \in \mathscr{E}(X)$ ein gesuchter Schnitt. □

Aus Satz 4 und Satz 2 folgt unmittelbar

Satz 5: *Ist X eine differenzierbare Mannigfaltigkeit, so ist jede $\mathscr{E}^{\mathbb{R}}$-Modulgarbe über X weich.*

3. Welke Garben. – Eine Garbe $\mathscr{S}$ über X heißt *welk*, wenn für jede offene Menge $U\subset X$ die Einschränkungsabbildung $\mathscr{S}(X)\to\mathscr{S}(U)$ surjektiv ist. *Über einem metrisierbaren Raum ist jede welke Garbe weich* (Satz 1); die Umkehrung gilt nicht: so ist die weiche Strukturgarbe $\mathscr{E}^{\mathbb{R}}$ einer differenzierbaren Mannigfaltigkeit nicht welk.

Jede Garbe $\mathscr{S}$ bestimmt eine welke Garbe $\mathscr{W}(\mathscr{S})$ wie folgt: man setzt

$$W(U) := \prod_{x\in U}\mathscr{S}_x = \{s\colon U\to\mathscr{S}_U,\ \pi s = \mathrm{id}\} \quad \text{für jede offene Menge} \quad U\subset X;$$

zusammen mit in evidenter Weise erklärten Einschränkungsabbildungen gewinnt man ein Garbendatum, das G1 und G2 erfüllt. Die zugehörige Garbe wird mit $\mathscr{W}(\mathscr{S})$ bezeichnet; sie ist offensichtlich *welk*: ihre Schnitte über $U\subset X$ sind alle „nicht notwendigen stetigen Schnitte" in $\mathscr{S}$ über U. Man hat eine kanonische Injektion $j\colon \mathscr{S}\to\mathscr{W}(\mathscr{S})$.

Jede Garbenabbildung $\varphi\colon \mathscr{S}'\to\mathscr{S}$ bestimmt kanonisch eine Garbenabbildung $\mathscr{W}(\varphi)\colon \mathscr{W}(\mathscr{S}')\to\mathscr{W}(\mathscr{S})$; mithin ist $\mathscr{W}$ ein *kovarianter Funktor* (*Welkheitsfunktor*).

Ist $\mathscr{S}$ eine $\mathscr{R}$-Garbe, so ist auch $\mathscr{W}(\mathscr{S})$ eine $\mathscr{R}$-Garbe und j ein $\mathscr{R}$-Monomorphismus. Es ist einfach zu zeigen:

Der Funktor $\mathscr{W}$ ist additiv und exakt auf der Kategorie der $\mathscr{R}$-Garben[6]. □

Welkheit (und auch Weichheit) wird durch stetige Abbildungen nicht zerstört:

Ist $f\colon X\to Y$ stetig und $\mathscr{S}$ eine welke (weiche) Garbe über X, so ist die Bildgarbe $f_*(\mathscr{S})$ welk (weich) über Y.

Der Beweis ist trivial.

---

[6] Ein Funktor T auf einer Kategorie, in der Morphismen $\alpha\colon A\to A'$, $\beta\colon A\to A'$ addierbar sind, heißt additiv, wenn für solche Morphismen und ihre T-Bilder $T\alpha\colon TA\to TA'$, $T\beta\colon TA\to TA'$ stets gilt: $T(\alpha+\beta) = T\alpha + T\beta$.

4. Exaktheit des Funktors Γ für welke und weiche Garben. – Der Schnittflächenfunktor Γ ist linksexakt, aber i. allg. nicht exakt. Für uns wichtig ist folgendes

Exaktheitslemma: *Sei $0 \to \mathscr{S}' \to \mathscr{S} \to \mathscr{S}'' \to 0$ eine exakte $\mathscr{R}$-Sequenz über X. Dann ist die induzierte Sequenz $0 \to \mathscr{S}'(X) \to \mathscr{S}(X) \to \mathscr{S}''(X) \to 0$ exakt in folgenden Fällen:*

1) *$\mathscr{S}'$ ist welk.*
2) *X ist parakompakt und $\mathscr{S}'$ ist weich.*

Zum Beweis vgl. [TF], p. 148 und p. 153; wir reproduzieren hier den Beweis von 2): Sei $s'' \in \mathscr{S}''(X)$. Lokal ist s'' stets zu einem Schnitt nach $\mathscr{S}$ liftbar. Da X parakompakt ist, gibt es also eine lokal-endliche (offene) Überdeckung $\{U_i\}_{i \in I}$ von X und Schnitte $s_i \in \mathscr{S}(U_i)$, die $s''|U_i$ repräsentieren. Nach dem Schrumpfungssatz existiert eine Überdeckung $\{V_i\}_{i \in I}$ von X mit $\bar{V}_i \subset U_i$, $i \in I$. Die Menge E aller Paare (J, t), wo $J \subset I$ und $t \in \mathscr{S}\left(\bigcup_{j \in J} \bar{V}_j\right)$ den Schnitt $s''|\bigcup_{j \in J} \bar{V}_j$ repräsentiert, ist nicht leer und induktiv geordnet: man setzt $(J_1, t_1) \leq (J_2, t_2)$ genau dann, wenn $J_1 \subset J_2$ und $t_2|\bigcup_{j \in J_1} \bar{V}_j = t_1$. Nach dem Zornschen Lemma gibt es ein maximales Element (L, s) in E. Die Menge $V_L := \bigcup_{j \in L} \bar{V}_j$ ist abgeschlossen in X (da die Familie $\{\bar{V}_i\}$ lokal-endlich ist). Gäbe es ein $i \in I \setminus L$, so unterscheiden sich die Schnitte $s \in \mathscr{S}(V_L)$, $s_i \in \mathscr{S}(U_i)$ über $V_L \cap \bar{V}_i$ nur durch einen Schnitt t' in $\mathscr{S}'$. Da $\mathscr{S}'$ weich und $V_L \cap \bar{V}_i \subset U_i$ abgeschlossen ist, so ist t' zu einem Schnitt $s'_i \in \mathscr{S}'(U_i)$ fortsetzbar. Dann sind s und $s_i - s'_i$ über $V_L \cap \bar{V}_i$ gleich, d.h. s wäre zu einem Schnitt über $V_L \cup \bar{V}_i$ fortsetzbar, der dort s'' repräsentiert, was der Maximalität von (L, s) widerspricht. □

Folgerung: *Für jede exakte $\mathscr{R}$-Sequenz $0 \to \mathscr{S}' \to \mathscr{S} \to \mathscr{S}'' \to 0$ gilt:*

1) *Sind $\mathscr{S}'$ und $\mathscr{S}$ welk, so ist auch $\mathscr{S}''$ welk.*
2) *Ist X parakompakt, und sind $\mathscr{S}'$ und $\mathscr{S}$ weich, so ist auch $\mathscr{S}''$ weich.* □

Man nennt üblicherweise jede lange *exakte* $\mathscr{R}$-Sequenz

$$0 \to \mathscr{S} \to \mathscr{S}^0 \to \mathscr{S}^1 \to \cdots \to \mathscr{S}^q \to \cdots$$

von $\mathscr{R}$-Garben und $\mathscr{R}$-Homomorphismen eine *$\mathscr{R}$-Auflösung* der $\mathscr{R}$-Garbe $\mathscr{S}$. Aus dem Vorangehenden folgt schnell der für die Cohomologietheorie wichtige

Exaktheitssatz: *Ist $0 \to \mathscr{S} \to \mathscr{S}^0 \to \cdots \to \mathscr{S}^q \to \cdots$ eine $\mathscr{R}$-Auflösung von $\mathscr{S}$ über X, so ist die induzierte $\mathscr{R}(X)$-Sequenz $0 \to \mathscr{S}(X) \to \mathscr{S}^0(X) \to \cdots \to \mathscr{S}^q(X) \to \cdots$ der Schnittflächen exakt in folgenden Fällen:*

1) *Alle Garben $\mathscr{S}, \mathscr{S}^q$, $q \geq 0$, sind welk.*
2) *X ist parakompakt, und alle Garben $\mathscr{S}, \mathscr{S}^q$, $q \geq 0$, sind weich.*

Beweis: Wir setzen $\mathscr{Z}^q := \mathscr{K}er(\mathscr{S}^q \to \mathscr{S}^{q+1}) = \mathscr{I}m(\mathscr{S}^{q-1} \to \mathscr{S}^q)$ und gewinnen aus der vorgelegten Auflösung exakte $\mathscr{R}$-Sequenzen $0 \to \mathscr{Z}^{q-1} \to \mathscr{S}^{q-1} \to \mathscr{Z}^q \to 0$, $q \geq 1$. Da $\mathscr{Z}^0 \cong \mathscr{S}$ welk (weich) ist, so folgt (induktiv) aus dem Vorangehenden, daß *alle* Garben $\mathscr{Z}^q$ welk (weich) sind. Mithin sind alle induzierten Sequenzen $0 \to \mathscr{Z}^{q-1}(X) \to \mathscr{S}^{q-1}(X) \to \mathscr{Z}^q(X) \to 0$ exakt, d.h. es gilt $\mathscr{Z}^q(X) = \mathscr{I}m(\mathscr{S}^{q-1}(X) \to \mathscr{S}^q(X))$. Da $\mathscr{Z}^q(X) = \mathscr{K}er(\mathscr{S}^q(X) \to \mathscr{S}^{q+1}(X))$ trivial ist, folgt die Exaktheit der Schnittsequenz in beiden Fällen.

Kapitel B. Cohomologietheorie

Es werden die Cohomologiegruppen $H^q(X,\mathscr{S})$ eines topologischen Raumes X mit Koeffizienten in einer $\mathscr{R}$-Modulgarbe $\mathscr{S}$ mittels der kanonischen welken Auflösung von $\mathscr{S}$ eingeführt (§ 1). Daneben werden die Čechschen und die alternierenden Čechschen Cohomologiegruppen $\check{H}^q(X,\mathscr{S})$ und $\check{H}^q_a(X,\mathscr{S})$ studiert (§ 2). Mittels des wichtigen Lerayschen Lemmas (§ 3) wird für parakompakte Räume der Isomorphiesatz

$$\check{H}^q_a(X,\mathscr{S}) \simeq \check{H}^q(X,\mathscr{S}) \simeq H^q(X,\mathscr{S}), \qquad q \geq 0,$$

bewiesen. Als Standardliteratur verweisen wir auf [EFV], [FAC] und [TF].

Die Notationen des Kapitels A werden beibehalten.

§ 1. Welke Cohomologietheorie

Wir referieren über grundlegende Sätze der welken Cohomologietheorie, insbesondere zeigen wir, daß zur Berechnung der Cohomologiegruppen beliebige *azyklische Auflösungen* benutzt werden können (formales de Rhamsches Lemma).

1. Cohomologie von Komplexen. – Es sei R ein kommutativer Ring (in den Anwendungen ist durchweg $R := \mathscr{R}(X)$). Eine Sequenz

$$K^0 \xrightarrow{d^0} K^1 \xrightarrow{d^1} K^2 \longrightarrow \cdots \longrightarrow K^q \xrightarrow{d^q} K^{q+1} \longrightarrow \cdots$$

von R-Moduln und R-Homomorphismen heißt ein *Komplex*, wenn stets gilt: $d^{q+1}d^q = 0$. Wir schreiben $K^\cdot = (K^q, d^q)$ für solche Komplexe. Die Elemente von K^q heißen *q-Coketten*, die Abbildungen d^q heißen *Corandabbildungen*.

Ist $K'^\cdot = (K'^q, d'^q)$ ein weiterer Komplex, so versteht man unter einem *Komplexhomomorphismus* $\varphi^\cdot: K'^\cdot \to K^\cdot$ jede Folge $\varphi^\cdot = (\varphi^q)$ von R-Homomorphismen $\varphi^q: K'^q \to K^q$, die mit den Corandabbildungen *verträglich* sind: $d^q\varphi^q = \varphi^{q+1}d'^q$, $q \geq 0$. *Die Komplexe bilden eine abelsche Kategorie.*

Für jeden Komplex $K^\cdot$ definiert man die R-Moduln

$$Z^q(K^\cdot) := \operatorname{Ker} d^q, \qquad B^q(K^\cdot) := \operatorname{Im} d^{q-1}$$

der *q-Cozyklen* und *q-Coränder*. Wegen $d^{q+1}d^q=0$ gilt stets $Z^q(K^\cdot)\supset B^q(K^\cdot)$; daher ist der *q-te Cohomologiemodul eines Komplexes* $K^\cdot$ durch

$$H^0(K^\cdot):=Z^0(K^\cdot)\,,\qquad H^q(K^\cdot):=Z^q(K^\cdot)/B^q(K^\cdot)\,,\qquad q\geq 1\,,$$

wohldefiniert. Die Elemente von $H^q(K^\cdot)$ heißen *Cohomologieklassen*.

Für jeden Komplexhomomorphismus $\varphi^\cdot: K'^\cdot\to K^\cdot$ gilt $\varphi^q(Z^q(K'^\cdot))\subset Z^q(K^\cdot)$ und $\varphi^q(B^q(K'^\cdot))\subset B^q(K^\cdot)$; daher induziert $\varphi^\cdot$ Homomorphismen

$$H^q(\varphi^\cdot): H^q(K'^\cdot)\to H^q(K^\cdot),\qquad q\geq 0\,,$$

der Cohomologiemoduln. Somit ist H^q ein *kovarianter, additiver Funktor* auf der Kategorie der Komplexe mit Werten in der Kategorie der R-Moduln.

Eine Sequenz $K'^\cdot\xrightarrow{\varphi^\cdot}K^\cdot\xrightarrow{\psi^\cdot}K''^\cdot$ von Komplexen und Komplexhomomorphismen $\varphi^\cdot,\psi^\cdot$ ist *exakt* genau dann, wenn jede Sequenz $K'^q\xrightarrow{\varphi^q}K^q\xrightarrow{\psi^q}K''^q$ exakt ist. Es gilt das für die Cohomologietheorie fundamentale

Lemma 1: *Es sei* $0\longrightarrow K'^\cdot\xrightarrow{\varphi^\cdot}K^\cdot\xrightarrow{\psi^\cdot}K''^\cdot\longrightarrow 0$ *eine „kurze" exakte Sequenz von Komplexen* ($0:=$ *Nullkomplex*). *Dann gibt es natürliche Verbindungshomomorphismen* $\delta^q: H^q(K''^\cdot)\to H^{q+1}(K'^\cdot)$, $q\geq 0$, *die funktoriell von* $\varphi^\cdot,\psi^\cdot$ *abhängen, so daß die „lange Cohomologiesequenz"*

$$0\longrightarrow H^0(K'^\cdot)\longrightarrow\cdots\longrightarrow H^q(K'^\cdot)\longrightarrow H^q(K^\cdot)\longrightarrow H^q(K''^\cdot)\xrightarrow{\delta^q}H^{q+1}(K'^\cdot)\longrightarrow\cdots$$

exakt ist.

Ergänzend hat man noch eine Kommutativregel:

Gegeben sei ein kommutatives Diagramm von exakten Komplexsequenzen

$$\begin{array}{ccccccccc}
0 & \longrightarrow & K'^\cdot & \longrightarrow & K^\cdot & \longrightarrow & K''^\cdot & \longrightarrow & 0\\
 & & \downarrow & & \downarrow & & \downarrow & & \\
0 & \longrightarrow & L'^\cdot & \longrightarrow & L^\cdot & \longrightarrow & L''^\cdot & \longrightarrow & 0\,.
\end{array}$$

Dann ist das induzierte Diagramm der langen Cohomologiesequenzen

$$\begin{array}{ccccccccccc}
\cdots & \longrightarrow & H^q(K^\cdot) & \longrightarrow & H^q(K''^\cdot) & \xrightarrow{\delta^q} & H^{q+1}(K'^\cdot) & \longrightarrow & H^{q+1}(K^\cdot) & \longrightarrow & \cdots\\
 & & \downarrow & & \downarrow & & \downarrow & & \downarrow & & \\
\cdots & \longrightarrow & H^q(L^\cdot) & \longrightarrow & H^q(L''^\cdot) & \xrightarrow{\delta^q} & H^{q+1}(L'^\cdot) & \longrightarrow & H^{q+1}(L^\cdot) & \longrightarrow & \cdots
\end{array}$$

überall kommutativ.

2. Welke Cohomologietheorie. – Zu jeder $\mathcal{R}$-Auflösung

$$0 \longrightarrow \mathcal{S} \xrightarrow{i} \mathcal{T}^0 \xrightarrow{t^0} \mathcal{T}^1 \longrightarrow \cdots \longrightarrow \mathcal{T}^q \xrightarrow{t^q} \cdots$$

einer $\mathcal{R}$-Garbe $\mathcal{S}$ gehört der Komplex $T^{\cdot}(\mathcal{S})$ der Schnittflächengruppen

$$\mathcal{T}^0(X) \xrightarrow{t^0_*} \mathcal{T}^1(X) \longrightarrow \cdots \longrightarrow \mathcal{T}^q(X) \xrightarrow{t^q_*} \cdots$$

wobei wir stets t^q_* statt $\Gamma(t^q)$ schreiben. Man hat somit Cohomologiemoduln

$$H^0(T^{\cdot}(\mathcal{S})) = \operatorname{Ker} t^0_* \cong \mathcal{S}(X), \qquad H^q(T^{\cdot}(\mathcal{S})) = \operatorname{Ker} t^q_* / \operatorname{Im} t^{q-1}_*, \quad q \geq 1. \quad \square$$

Im § 4.3 haben wir jeden $\mathcal{R}$-Modul $\mathcal{S}$ auf funktorielle Weise in eine welke $\mathcal{R}$-Garbe $\mathcal{W}^0 := \mathcal{W}(\mathcal{S})$ eingebettet: $0 \longrightarrow \mathcal{S} \xrightarrow{j} \mathcal{W}^0$. Dieses Verfahren ist *iterierbar*: sei $\mathcal{W}^1 := \mathcal{W}(\mathcal{W}^0/j(\mathcal{S}))$ und sei $w^0 : \mathcal{W}^0 \to \mathcal{W}^1$ das Produkt des Restklassenepimorphismus $\mathcal{W}^0 \to \mathcal{W}^0/j(\mathcal{S})$ mit der Injektion $\mathcal{W}^0/j(\mathcal{S}) \to \mathcal{W}^1$. Ist bereits die exakte $\mathcal{R}$-Sequenz $0 \longrightarrow \mathcal{S} \xrightarrow{j} \mathcal{W}^0 \xrightarrow{w^0} \mathcal{W}^1 \longrightarrow \cdots \xrightarrow{w^{q-1}} \mathcal{W}^q$ mit welken Garben $\mathcal{W}^i$, $i \leq q$, konstruiert, so setzen wir $\mathcal{W}^{q+1} := \mathcal{W}(\mathcal{W}^q / \mathcal{I}m\, w^{q-1})$, wobei $w^{-1} := j$, und wählen für w^q das Produkt von $\mathcal{W}^q \to \mathcal{W}^q/\mathcal{I}m\, w^{q-1}$ mit $\mathcal{W}^q/\mathcal{I}m\, w^{q-1} \to \mathcal{W}^{q+1}$.

Damit folgt:

Jede $\mathcal{R}$-Garbe $\mathcal{S}$ besitzt eine kanonische welke $\mathcal{R}$-Auflösung

$$0 \longrightarrow \mathcal{S} \xrightarrow{j} \mathcal{W}^0(\mathcal{S}) \xrightarrow{w^0} \mathcal{W}^1(\mathcal{S}) \longrightarrow \cdots \longrightarrow \mathcal{W}^q(\mathcal{S}) \xrightarrow{w^q} \cdots .$$

Wir bezeichnen mit $W^{\cdot}(\mathcal{S})$ den zu dieser Auflösung gehörenden Schnittflächenkomplex.

Definition (Cohomologiemoduln): *Die $\mathcal{R}(X)$-Moduln*

$$H^q(X, \mathcal{S}) := H^q(W^{\cdot}(\mathcal{S})), \qquad q = 0, 1, 2, \ldots$$

heißen die Cohomologiemoduln der $\mathcal{R}$-Garbe $\mathcal{S}$ über X.

Da der Welkheitsfunktor $\mathcal{W}$ kovariant und additiv ist, so ist auch $\mathcal{S} \rightsquigarrow W^{\cdot}(\mathcal{S})$ ein solcher Funktor. Dies hat zur Konsequenz (vgl. Nr. 1):

I) *Für jedes $q \geq 0$ ist $\mathcal{S} \rightsquigarrow H^q(X, \mathcal{S})$ ein additiver, kovarianter Funktor. Die Funktoren $\mathcal{S} \rightsquigarrow \mathcal{S}(X)$ und $\mathcal{S} \rightsquigarrow H^0(X, \mathcal{S})$ sind isomorph.*

Wir schreiben später bis auf wenige Ausnahmen immer $\mathcal{S}(X)$ statt $H^0(X, \mathcal{S})$.

Die *Additivität* der Funktoren H^q erzwingt bereits:

Für alle $\mathcal{R}$-Garben $\mathcal{S}, \mathcal{S}'$ gibt es natürliche $\mathcal{R}(X)$-Isomorphismen

$$H^q(X, \mathcal{S} \oplus \mathcal{S}') \cong H^q(X, \mathcal{S}) \oplus H^q(X, \mathcal{S}'), \qquad q = 0, 1, 2, \ldots \quad \square$$

Da $\mathcal{W}$ ein exakter Funktor ist, folgt weiter via Lemma 1:

II) *Jede exakte $\mathcal{R}$-Sequenz* $0 \to \mathcal{S}' \to \mathcal{S} \to \mathcal{S}'' \to 0$ *bestimmt (funktoriell) Verbindungshomomorphismen* $\delta^q: H^q(X, \mathcal{S}'') \to H^{q+1}(X, \mathcal{S}')$, $q \geq 0$, *so daß die induzierte lange Cohomologiesequenz*

$$0 \longrightarrow H^0(X, \mathcal{S}') \longrightarrow \cdots \longrightarrow H^q(X, \mathcal{S}) \longrightarrow H^q(X, \mathcal{S}'') \xrightarrow{\delta^q} H^{q+1}(X, \mathcal{S}') \longrightarrow \cdots$$

exakt ist.

Bemerkung: Die Regeln I) und II) werden in Anwendungen, z.B. in der Steintheorie, häufig in folgender Weise benutzt:

Gegeben ist ein Garbenepimorphismus $\rho: \mathcal{S} \to \mathcal{S}''$, *für den gilt:* $H^1(X, \mathcal{K}er\,\rho) = 0$. *Dann ist der induzierte Homomorphismus* $\mathcal{S}(X) \to \mathcal{S}''(X)$ *zwischen den Schnittmoduln surjektiv.*

Es sei hier bereits gesagt, daß in diesem Buche keinerlei Anwendungen der höheren Cohomologiefunktoren H^q, $q > 2$, vorkommen. Sie sind indessen unerläßlich beim Aufbau der Steintheorie, wenn man Verschwindungssätze der Form $H^q(X, \mathcal{S}) = 0$, $q \geq 1$, (Theorem B), durch eine „methode de déscente" beweisen will: man stellt die Behauptung zunächst sicher für sehr große q und erhält sie hieraus für alle q durch *absteigende Induktion* von q nach $q-1$. □

Die Kommutativregel impliziert:

II') *Ist ein kommutatives Diagramm von Garbenhomomorphismen*

$$\begin{array}{ccccccccc} 0 & \longrightarrow & \mathcal{S}' & \longrightarrow & \mathcal{S} & \longrightarrow & \mathcal{S}'' & \longrightarrow & 0 \\ & & \downarrow & & \downarrow & & \downarrow & & \\ 0 & \longrightarrow & \mathcal{T}' & \longrightarrow & \mathcal{T} & \longrightarrow & \mathcal{T}'' & \longrightarrow & 0 \end{array}$$

mit exakten Zeilen gegeben, so sind alle induzierten Diagramme

$$\begin{array}{ccc} H^q(X, \mathcal{S}'') & \xrightarrow{\delta^q} & H^{q+1}(X, \mathcal{S}') \\ \downarrow & & \downarrow \\ H^q(X, \mathcal{T}'') & \xrightarrow{\delta^q} & H^{q+1}(X, \mathcal{T}') \end{array}$$

kommutativ.

Da nach dem Exaktheitssatz des A.4.4 jede welke Auflösung einer welken Garbe einen *exakten* Schnittkomplex bestimmt, so sehen wir noch

III) *Für jede welke Garbe* $\mathcal{S}$ *von abelschen Gruppen über einem topologischen Raum* X *gilt:* $H^q(X, \mathcal{S}) = 0$ *für alle* $q \geq 1$.

Wir beweisen nun folgenden Eindeutigkeitssatz für Cohomologietheorien:

Ist eine Funktorensequenz $\tilde{H}^q$ *nebst Verbindungshomomorphismen* $\tilde{\delta}^q$ *gegeben,* $q \geq 0$, *so daß die Eigenschaften* I), II) *und* III) *erfüllt sind, so gibt es (natürliche) Funktorisomorphismen* $F^q: \tilde{H}^q(X, \mathscr{S}) \to H^q(X, \mathscr{S})$, *die mit den Verbindungshomomorphismen verträglich sind,* $q \geq 0$.

Beweis: Durch Induktion nach q; die Existenz von F^0 ist klar nach I). Die exakte $\mathscr{R}$-Sequenz $0 \to \mathscr{S} \to \mathscr{W} \to \mathscr{T} \to 0$ mit der welken Garbe $\mathscr{W} := \mathscr{W}^0(\mathscr{S})$ und $\mathscr{T} := \mathscr{W}/\mathscr{S}$ bestimmt nach II) und III) das kommutative Diagramm mit exakten Zeilen

$$\begin{array}{ccccccccc}
0 \longrightarrow & \tilde{H}^0(X,\mathscr{S}) & \longrightarrow & \tilde{H}^0(X,\mathscr{W}) & \longrightarrow & \tilde{H}^0(X,\mathscr{T}) & \xrightarrow{\tilde{\delta}^0} & \tilde{H}^1(X,\mathscr{S}) & \longrightarrow 0 \\
& \downarrow F^0 & & \downarrow F^0 & & \downarrow F^0 & & \downarrow F^1 & \\
0 \longrightarrow & H^0(X,\mathscr{S}) & \longrightarrow & H^0(X,\mathscr{W}) & \longrightarrow & H^0(X,\mathscr{T}) & \xrightarrow{\delta^0} & H^1(X,\mathscr{S}) & \longrightarrow 0,
\end{array}$$

wo F^0 stets ein Isomorphismus ist. Man sieht, daß es genau einen mit $\tilde{\delta}^0, \delta^0$ verträglichen Isomorphismus $F^1: \tilde{H}^1(X, \mathscr{S}) \simeq H^1(X, \mathscr{S})$ gibt.

Sei $q > 1$ und F^{q-1} bereits konstruiert. In den Cohomologiesequenzen haben wir jetzt wegen der Welkheit von $\mathscr{W}$ das Diagramm

$$\begin{array}{ccccc}
0 \longrightarrow & \tilde{H}^{q-1}(X,\mathscr{T}) & \xrightarrow{\tilde{\delta}^{q-1}} & \tilde{H}^q(X,\mathscr{S}) & \longrightarrow 0 \\
& \downarrow F^{q-1} & & \downarrow F^q & \\
0 \longrightarrow & H^{q-1}(X,\mathscr{T}) & \xrightarrow{\delta^{q-1}} & H^q(X,\mathscr{S}) & \longrightarrow 0
\end{array}$$

mit exakten Zeilen. Es folgt, daß genau ein mit $\tilde{\delta}^{q-1}, \delta^{q-1}$ verträglicher Isomorphismus $F^q: \tilde{H}^q(X, \mathscr{S}) \to H^q(X, \mathscr{S})$ existiert. □

Der Exaktheitssatz des A.4.4 impliziert auch die für Anwendungen im Kap. II, § 4 wichtige Aussage

IV) *Ist* X *metrisierbar und* $\mathscr{S}$ *eine weiche Garbe von abelschen Gruppen über* X, *so gilt* $H^q(X, \mathscr{S}) = 0$ *für alle* $q \geq 1$.

Zum Beweise beachte man, daß in der welken Auflösung von $\mathscr{S}$ jetzt alle Garben $\mathscr{W}^q(\mathscr{S})$ automatisch auch weich sind (vgl. A.4.3).

3. Formales De Rhamsches Lemma. – Zur Berechnung der Cohomologiemoduln $H^q(X, \mathscr{S})$ benötigt man nicht unbedingt die kanonische welke Auflösung von $\mathscr{S}$. Wir nennen, wie allgemein üblich, eine $\mathscr{R}$-Auflösung $0 \longrightarrow \mathscr{S} \xrightarrow{i} \mathscr{T}^0 \xrightarrow{t^0} \cdots \longrightarrow \mathscr{T}^q \xrightarrow{t^q} \cdots$ von $\mathscr{S}$ *azyklisch*, wenn für alle $n \geq 0$, $q \geq 1$ gilt $H^q(X, \mathscr{T}^n) = 0$, und zeigen

Satz (Formales De Rhamsches Lemma): *Es sei* $0 \longrightarrow \mathscr{S} \xrightarrow{i} \mathscr{T}^0 \xrightarrow{t^0} \cdots \longrightarrow \mathscr{T}^q \xrightarrow{t^q} \cdots$ *eine azyklische Auflösung von* $\mathscr{S}$ *und* $T^\cdot(\mathscr{S})$ *der zugehörige Schnittflächenkomplex. Dann gibt es natürliche* $\mathscr{R}(X)$-*Isomorphismen*

$$\tau_q: H^q(T^\cdot(\mathscr{S})) \simeq H^q(X, \mathscr{S}), \qquad q = 0, 1, 2, \ldots .$$

Beweis: Wir konstruieren die τ_q induktiv, die Existenz von τ_0 ist klar. Sei $\bar{\mathcal{S}} := \mathcal{K}er\, t^1 \cong \mathcal{T}^0/i(\mathcal{S})$. In der zu $0 \longrightarrow \mathcal{S} \xrightarrow{i} \mathcal{T}^0 \longrightarrow \bar{\mathcal{S}} \longrightarrow 0$ gehörenden Cohomologiesequenz $\mathcal{T}^0(X) \longrightarrow \bar{\mathcal{S}}(X) \xrightarrow{\delta^0} H^1(X,\mathcal{S}) \longrightarrow H^1(X,\mathcal{T}^0) \longrightarrow \cdots$ gilt $\bar{\mathcal{S}}(X) = \operatorname{Ker} t^1_*$ und $\operatorname{Im} t^0_* = \operatorname{Ker} \delta^0$; daher induziert δ^0 einen $\mathcal{R}(X)$-Monomorphismus $\tau_1 : \operatorname{Ker} t^1_*/\operatorname{Im} t^0_* \to H^1(X,\mathcal{S})$, der wegen $H^1(X,\mathcal{T}^0)=0$ auch bijektiv ist.

Wir haben für $\bar{\mathcal{S}}$ die azyklische Auflösung $0 \longrightarrow \bar{\mathcal{S}} \xrightarrow{\bar{i}} \mathcal{T}^1 \xrightarrow{t^1} \cdots \longrightarrow \mathcal{T}^q \xrightarrow{t^q} \cdots$, wo $\bar{i}$ von $\mathcal{T}^0 \xrightarrow{t^0} \mathcal{T}^1$ modulo $i(\mathcal{S})$ bestimmt ist. Für den zugehörigen Schnittkomplex $T^\cdot(\bar{\mathcal{S}})$ gilt:

$$H^q(T^\cdot(\bar{\mathcal{S}})) = H^{q+1}(T^\cdot(\mathcal{S})), \qquad q \geq 1 .$$

Sei nun die Existenz der Isomorphismen für alle azyklischen Auflösungen bis zum Index $p \geq 1$ bereits bewiesen. Dann gibt es also neben den Isomorphismen $\tau_1, \ldots, \tau_p$ einen Isomorphismus $\bar{\tau}_p : H^p(T^\cdot(\bar{\mathcal{S}})) \simeq H^p(X,\bar{\mathcal{S}})$. Der zu $0 \to \mathcal{S} \to \mathcal{T}^0 \to \bar{\mathcal{S}} \to 0$ gehörende Verbindungshomomorphismus $\delta^p : H^p(X,\bar{\mathcal{S}}) \to H^{p+1}(X,\mathcal{S})$ ist wegen $H^p(X,\mathcal{T}^0) = H^{p+1}(X,\mathcal{T}^0) = 0$ bijektiv. Dabei ist $\tau_{p+1} := \delta^p \bar{\tau}_p : H^{p+1}(T^\cdot(\mathcal{S})) \to H^{p+1}(X,\mathcal{S})$ ebenfalls bijektiv. □

Bemerkung: Homomorphismen τ_q, $q \geq 0$, existieren zu jeder Auflösung von $\mathcal{S}$, wie man schnell mittels eines Doppelkomplexes zeigt. Die Azyklität erzwingt, daß alle τ_q bijektiv sind. □

Auf Grund von III) ist *jede welke Auflösung von $\mathcal{S}$ azyklisch*, daher kann man zur Bestimmung der Cohomologie von $\mathcal{S}$ *jede* welke Auflösung von $\mathcal{S}$ benutzen.

Auf Grund von IV) ist über *metrisierbaren Räumen jede weiche Auflösung von $\mathcal{S}$*, d.h. jede Auflösung durch weiche $\mathcal{R}$-Garben, ebenfalls *azyklisch*; diese Tatsache liefert im Kap. II, § 1.8 bzw. § 4.2, den klassischen Satz von De Rham bzw. Dolbeault.

§ 2. Čechsche Cohomologietheorie

Es bezeichnet $S = \{S(U), r^U_V\}$ immer eine *$\mathcal{R}$-Prägarbe*; mit $\mathfrak{U} = \{U_i\}$, $i \in I$, bezeichnen wir stets eine offene Überdeckung von X. Wir führen die (alternierenden) Čechschen Cohomologiemoduln $H^q(\mathfrak{U}, S)$ und ihre Limesgruppen $\check{H}^q(X,S)$ ein. Wichtig für eine spätere Anwendung ist ein Verschwindungssatz für kompakte Quader. Die Technik der langen exakten Čechschen Cohomologiesequenz wird ausführlich besprochen. Eine gut lesbare Darstellung der Čechschen Theorie findet man in [NTM] sowie [FAC].

Ist $c \in S(U)$, so schreiben wir suggestiv $c|V$ statt $r^U_V(c)$, falls $V \subset U$. Weiter schreiben wir abkürzend $U(i_0, \ldots, i_q) := U_{i_0} \cap \cdots \cap U_{i_q}$ für je $q+1$ Indices $i_0, \ldots, i_q \in I$.

1. Čechkomplexe. – Für jedes $q \geq 0$ ist das Produkt

$$C^q(\mathfrak{U}, S) := \prod_{(i_0, \ldots, i_q) \in I^{q+1}} S(U(i_0, \ldots, i_q))$$

ein $\mathscr{R}(X)$-Modul, seine Elemente (*q-Coketten*) sind alle Funktionen c, die jedem $(q+1)$-Tupel $(i_0, \ldots, i_q) \in I^{q+1}$ einen Wert $c(i_0, \ldots, i_q) \in S(U(i_0, \ldots, i_q))$ zuordnen.

Man definiert die Corandabbildung $d^q\colon C^q(\mathfrak{U}, S) \to C^{q+1}(\mathfrak{U}, S)$ durch

$$(d^q c)(i_0, \ldots, i_{q+1}) := \sum_{k=0}^{q+1} (-1)^k c(i_0, \ldots, \hat{i}_k, \ldots, i_{q+1}) | U(i_0, \ldots, i_{q+1}).$$

Ersichtlich ist d^q ein $\mathscr{R}(X)$-Homomorphismus. Man verifiziert durch Nachrechnen, daß stets $d^{q+1} d^q = 0$. Mithin ist $C^{\cdot}(\mathfrak{U}, S) := (C^q(\mathfrak{U}, S), d^q)$ ein Komplex von $\mathscr{R}(X)$-Moduln; er heißt der *Čechkomplex bzgl.* $\mathfrak{U}$ *mit Werten in der Prägarbe S.*

Jeder $\mathscr{R}$-Prägarbenhomomorphismus $\varphi\colon S' \to S$ bestimmt $\mathscr{R}(X)$-Homomorphismen $C^q(\mathfrak{U}, \varphi)\colon C^q(\mathfrak{U}, S') \to C^q(\mathfrak{U}, S)$, $q \geq 0$, die mit den Corandabbildungen verträglich sind; damit erweist sich $C^{\cdot}(\mathfrak{U}, -) = (C^q(\mathfrak{U}, -))$ als *kovarianter Funktor der Kategorie der* $\mathscr{R}$*-Prägarben in die Kategorie der Komplexe von* $\mathscr{R}(X)$*-Moduln.* Offensichtlich gilt:

Der Funktor $C^{\cdot}(\mathfrak{U}, -)$ *ist additiv und exakt.*

Unter den *Čechschen Cohomologiemoduln von S bzgl.* $\mathfrak{U}$ versteht man die Cohomologiemoduln des Komplexes $C^{\cdot}(\mathfrak{U}, S)$, in Zeichen:

$$H^q(\mathfrak{U}, S) := H^q(C^{\cdot}(\mathfrak{U}, S)) = Z^q(\mathfrak{U}, S)/B^q(\mathfrak{U}, S), \qquad q \geq 0.$$

Wir haben somit eine Folge $H^q(\mathfrak{U}, -)$, $q \geq 0$, kovarianter und additiver Funktoren auf der Kategorie der $\mathscr{R}$-Prägarben in die Kategorie der $\mathscr{R}(X)$-Moduln. Da $C^{\cdot}(\mathfrak{U}, -)$ exakt ist, so bestimmt (nach Lemma 1.1) jede exakte Sequenz $0 \to S' \to S \to S'' \to 0$ von $\mathscr{R}$-Prägarben eine *exakte* lange Cohomologiesequenz $\cdots \longrightarrow H^q(\mathfrak{U}, S) \longrightarrow H^q(\mathfrak{U}, S'') \xrightarrow{\delta^q} H^{q+1}(\mathfrak{U}, S') \longrightarrow \cdots$.

Zu jeder $\mathscr{R}$-Garbe $\mathscr{S}$ gehört die kanonische Prägarbe $\Gamma(\mathscr{S})$. Man setzt

$$C^q(\mathfrak{U}, \mathscr{S}) := C^q(\mathfrak{U}, \Gamma(\mathscr{S})) = \prod \mathscr{S}(U(i_0, \ldots, i_q))$$

und weiter

$$H^q(\mathfrak{U}, \mathscr{S}) := H^q(\mathfrak{U}, \Gamma(\mathscr{S})), \qquad q \geq 0;$$

auf der Kategorie der $\mathscr{R}$-Garben ist $H^0(\mathfrak{U}, -)$ zum Schnittfunktor $\mathscr{S} \rightsquigarrow \mathscr{S}(X)$ isomorph.

2. Alternierende Čechkomplexe. – Eine q-Cokette $c \in C^q(\mathfrak{U}, S)$ heißt *alternierend*, wenn für jede Permutation π von $\{0, 1, \ldots, q\}$ gilt: $c(i_{\pi(0)}, \ldots, i_{\pi(q)}) = \operatorname{sgn} \pi \cdot c(i_0, \ldots, i_q)$, und wenn überdies $c(i_0, \ldots, i_q) = 0$ immer dann zutrifft, wenn zwei Argumente gleich sind. Die Menge aller alternierenden q-Coketten bildet einen $\mathscr{R}(X)$-Untermodul $C^q_a(\mathfrak{U}, S)$ von $C^q(\mathfrak{U}, S)$. Mit c ist auch $d^q c$ alternierend, daher induziert d^q einen $\mathscr{R}(X)$-Homomorphismus $d^q_a\colon C^q_a(\mathfrak{U}, S) \to C^{q+1}_a(\mathfrak{U}, S)$. Somit ist $C^{\cdot}_a(\mathfrak{U}, S) := (C^q_a(\mathfrak{U}, S), d^q_a)$ ein Unterkomplex von $C^{\cdot}(\mathfrak{U}, S)$, er heißt der *alternierende Čechkomplex.* Man hat somit neben $C^{\cdot}(\mathfrak{U}, -)$ den *kovarianten,* *additiven und exakten Funktor* $C_a^\cdot(\mathfrak{U}, -)$ der Kategorie der $\mathcal{R}$-Prägarben in die Kategorie der $\mathcal{R}(X)$-Moduln. Die $\mathcal{R}(X)$-Moduln

$$H_a^q(\mathfrak{U}, S) := H^q(C_a^\cdot(\mathfrak{U}, S)), \qquad q \geq 0,$$

heißen die *alternierenden Čechschen Cohomologiemoduln von* $\mathfrak{U}$ *bzgl.* S.

In wichtigen Fällen gilt $C_a^q(\mathfrak{U}, S) = 0$, so gilt z. B.:

Gibt es eine natürliche Zahl $n \geq 1$, *so daß für alle paarweise verschiedenen Indices* $i_0, \ldots, i_n \in I$ *sämtliche Durchschnitte* $U(i_0, \ldots, i_n)$ *leer sind, so gelten für jede Garbe* $\mathcal{S}$ *von abelschen Gruppen die Gleichungen:*

$$C_a^q(\mathfrak{U}, \mathcal{S}) = 0 \quad \textit{und also} \quad H_a^q(\mathfrak{U}, \mathcal{S}) = 0 \quad \textit{für alle} \quad q \geq n.$$

Beweis: Sei $c \in C_a^q(\mathfrak{U}, \mathcal{S})$. Dann gilt $c(i_0, \ldots, i_q) = 0$ gewiß, wenn zwei Indices gleich sind. Da im Falle $q \geq n$ auch $c(i_0, \ldots, i_q) = 0$ für paarweise verschiedene Indices gilt wegen $U(i_0, \ldots, i_q) = \emptyset$, so folgt $C_a^q(\mathfrak{U}, \mathcal{S}) = 0$ und ergo $H_a^q(\mathfrak{U}, \mathcal{S}) = 0$ für alle $q \geq n$. □

Die Komplexinjektion $C_a^\cdot(\mathfrak{U}, S) \hookrightarrow C^\cdot(\mathfrak{U}, S)$ induziert $\mathcal{R}(X)$-Homomorphismen $i_q(\mathfrak{U}): H_a^q(\mathfrak{U}, S) \to H^q(\mathfrak{U}, S)$, $q \geq 0$, so daß für jeden Prägarbenhomomorphismus $\varphi: S' \to S$ kommutative Diagramme

$$\begin{array}{ccc} H_a^q(\mathfrak{U}, S') & \longrightarrow & H_a^q(\mathfrak{U}, S) \\ \downarrow{\scriptstyle i_q(\mathfrak{U})} & & \downarrow{\scriptstyle i_q(\mathfrak{U})} \\ H^q(\mathfrak{U}, S') & \longrightarrow & H^q(\mathfrak{U}, S) \end{array}$$

entstehen. Man kann übrigens zeigen, daß *alle Abbildungen* $i_q(\mathfrak{U})$ *stets Isomorphismen sind*, eine Standardreferenz hierfür ist uns nicht bekannt (vgl. z. B. [FAC], p. 214). Wir werden diese Isomorphismen für Überdeckungen nirgends benutzen.

3. Verfeinerungen. Čechsche Cohomologiemoduln $\check{H}^q(X, S)$. – Neben $\mathfrak{U} = \{U_i\}$, $i \in I$, betrachten wir eine weitere Überdeckung $\mathfrak{B} = \{V_j\}$, $j \in J$, von X, die $\mathfrak{U}$ verfeinert: $\mathfrak{B} < \mathfrak{U}$. *Jede* zugehörige Verfeinerungsabbildung $\tau: J \to I$ bestimmt $\mathcal{R}(X)$-Homomorphismen $C^q(\tau): C^q(\mathfrak{U}, S) \to C^q(\mathfrak{B}, S)$, $q \geq 0$, wobei $C^q(\tau)$ der q-Cokette $c = \{c(i_0, \ldots, i_q)\} \in \prod S(U(i_0, \ldots, i_q))$ die durch

$$c'(j_0, \ldots, j_q) := c(\tau j_0, \ldots, \tau j_q) | V(j_0, \ldots, j_q)$$

bestimmte q-Cokette $c' \in \prod S(V(j_0, \ldots, j_q))$ zuordnet (beachte: $V(j_0, \ldots, j_q) \subset U(\tau j_0, \ldots, \tau j_q)$). Man verifiziert mühelos, daß alle Abbildungen $C^q(\tau)$ mit den Corandabbildungen verträglich sind. Man sieht somit:

Ist $\mathfrak{B} < \mathfrak{U}$, *so induziert jede Verfeinerungsabbildung* τ *einen Komplexhomomorphismus* $C^\cdot(\tau): C^\cdot(\mathfrak{U}, S) \to C^\cdot(\mathfrak{B}, S)$ *und also* $\mathcal{R}(X)$-*Homomorphismen*

$$h^q(\tau): H^q(\mathfrak{U}, S) \to H^q(\mathfrak{B}, S), \qquad q \geq 0.$$ □

Ist $\tau': J \to I$ eine zweite Verfeinerungsabbildung, so wird durch

$$(k^q c)(j_0, \ldots, j_{q-1}) := \sum_0^{q-1} (-1)^\nu c(\tau j_0, \ldots, \tau j_\nu, \tau' j_\nu, \tau' j_{\nu+1}, \ldots, \tau' j_{q-1}) | V(j_0, \ldots, j_{q-1})$$

ein $\mathscr{R}(X)$-Homomorphismus $k^q: C^q(\mathfrak{U}, S) \to C^{q-1}(\mathfrak{V}, S)$ definiert, $q \geq 1$, der ein sog. „Homotopieoperator" für den Corandoperator d ist, d.h. es gilt:

$$dk^q + k^{q+1} d = C^q(\tau') - C^q(\tau) \quad \text{für} \quad q \geq 1 \quad \text{und} \quad k^1 d = C^0(\tau') - C^0(\tau).$$

Hieraus liest man ab:

$$(*) \qquad \begin{aligned} &(C^q(\tau') - C^q(\tau)) Z^q(\mathfrak{U}, S) \subset B^q(\mathfrak{V}, S) \quad \text{für} \quad q \geq 1, \\ &(C^0(\tau') - C^0(\tau)) Z^0(\mathfrak{U}, S) = 0. \end{aligned}$$

Beim Übergang zu Cohomologieklassen erhält man also dieselben Homomorphismen: $h^q(\tau) = h^q(\tau')$. Wir schreiben $h^q(\mathfrak{V}, \mathfrak{U})$ anstelle von $h^q(\tau)$; es gilt $h^q(\mathfrak{U}, \mathfrak{U}) = \mathrm{id}$ und $h^q(\mathfrak{W}, \mathfrak{U}) = h^q(\mathfrak{W}, \mathfrak{V}) h^q(\mathfrak{V}, \mathfrak{U})$ für 3 Überdeckungen $\mathfrak{W} < \mathfrak{V} < \mathfrak{U}$.

Unter Beachtung der üblichen logischen Vorsichtsmaßnahmen kann man die „Menge aller offenen Überdeckungen von X" betrachten. Diese Menge ist geordnet bezüglich der Relation $\mathfrak{V} < \mathfrak{U}$; jedes System $\{H^q(\mathfrak{U}, S), h^q(\mathfrak{V}, \mathfrak{U})\}$, $q = 0, 1, 2, \ldots$ ist gerichtet; daher existieren die *induktiven Limites*

$$\check{H}^q(X, S) := \varinjlim H^q(\mathfrak{U}, S), \qquad q = 0, 1, \ldots .$$

Der $\mathscr{R}(X)$-Modul $\check{H}^q(X, S)$ heißt der *q-te Čechsche Cohomologiemodul von X mit Koeffizienten in der $\mathscr{R}$-Prägarbe S*. Die kanonischen Abbildungen $H^q(\mathfrak{U}, S) \to \check{H}^q(X, S)$ bezeichnen wir mit $h^q(\mathfrak{U})$, es gilt

$$h^q(\mathfrak{V}) h^q(\mathfrak{V}, \mathfrak{U}) = h^q(\mathfrak{U}), \quad \text{wenn} \quad \mathfrak{V} < \mathfrak{U}.$$

$\check{H}^q(X, -)$ ist wieder ein kovarianter additiver Funktor.

Die Čechschen Cohomologiemoduln für $\mathscr{R}$-Garben $\mathscr{S}$ werden definiert durch

$$\check{H}^q(X, \mathscr{S}) := \check{H}^q(X, \Gamma(\mathscr{S})), \qquad q \geq 0;$$

in der Kategorie der $\mathscr{R}$-Garben ist $\check{H}^0(X, -)$ isomorph zum Schnittfunktor. Somit haben die Funktoren $\mathscr{S} \rightsquigarrow \check{H}^q(X, \mathscr{S})$ die Eigenschaft I) des § 1.2.

4. Alternierende Čechsche Cohomologiemoduln $\check{H}^q_a(X, S)$. – Die eben durchgeführten Betrachtungen lassen sich mutatis mutandis für alternierende Čechkomplexe wiederholen. Vermöge $C^q(\tau)$ werden nämlich alternierende Coketten in alternierende Coketten abgebildet, durch Einschränkung gewinnt man somit einen Komplexhomomorphismus $C^{\cdot}_a(\tau): C^{\cdot}_a(\mathfrak{U}, S) \to C^{\cdot}_a(\mathfrak{V}, S)$ und hieraus $\mathscr{R}(X)$-Homomorphismen $h^q_a(\tau): H^q_a(\mathfrak{U}, S) \to H^q_a(\mathfrak{V}, S)$, $q \geq 0$. Die Gleichungen $(*)$ zeigen, daß $h^q_a(\tau)$ ebenfalls unabhängig von der Wahl der Verfeinerungsabbildung ist;

wir schreiben entsprechend $h_a^q(\mathfrak{V},\mathfrak{U})$ statt $h_a^q(\tau)$. Jedes System $\{H_a^q(\mathfrak{U},S), h_a^q(\mathfrak{V},\mathfrak{U})\}$ ist gerichtet, der durch Limesbildung entstehende $\mathscr{R}(X)$-Modul

$$\check{H}_a^q(X,S) := \varinjlim H_a^q(\mathfrak{U},S)$$

heißt der q-te *alternierende* Čechsche Cohomologiemodul mit Koeffizienten in der Prägarbe S; für Garben $\mathscr{S}$ setzt man $\check{H}_a^q(X,\mathscr{S}) := \check{H}_a^q(X,\Gamma(\mathscr{S}))$. Es handelt sich wieder um kovariante, additive Funktoren, die auf der Kategorie der Garben die Eigenschaft I) von § 1.2 haben.

Im Falle $\mathfrak{V}<\mathfrak{U}$ gilt stets $i_q(\mathfrak{V})\,h_a^q(\mathfrak{V},\mathfrak{U}) = h^q(\mathfrak{V},\mathfrak{U})\,i_q(\mathfrak{U})$, wo $i_q(\mathfrak{V}), i_q(\mathfrak{U})$ die natürlichen Homomorphismen aus Abschnitt 2 sind. Daher werden im Limes Homomorphismen $i_q\colon \check{H}_a^q(X,S) \to \check{H}^q(X,S)$ induziert, wobei stets gilt: $i_q h_a^q(\mathfrak{U}) = h^q(\mathfrak{U})\, i_q(\mathfrak{U})$, $q \geq 0$.

5. Verschwindungssatz für kompakte Quader. – Zum Beweis der Theoreme A und B im Kap. III, § 3.2 (Satz 1) benötigen wir folgenden

Verschwindungssatz: *Es sei* $Q := \{x \in \mathbb{R}^m,\ a_\mu \leq x_\mu \leq b_\mu,\ 1 \leq \mu \leq m\}$ *ein kompakter Quader* $\neq \emptyset$ *im* $\mathbb{R}^m$ *und* $\mathscr{S}$ *eine Garbe von abelschen Gruppen über* Q. *Dann gilt:*

$$\check{H}_a^q(Q,\mathscr{S}) = 0 \quad \textit{für alle} \quad q \geq 3^m.$$

Dem Beweis schicken wir einen einfachen Hilfssatz voraus. Wir bezeichnen mit $|\ \ |$ die euklidische Norm des $\mathbb{R}^m$ und ordnen jeder Menge $M \subset \mathbb{R}^m$ vermöge $\delta(M) := \sup_{x,y \in M} |x-y|$ ihren *Durchmesser* zu. Dann gilt folgender

Hilfssatz: *Es sei* $\mathfrak{U} = \{U_i\}$ *eine Überdeckung des kompakten Quaders* Q. *Dann gibt es eine reelle Zahl* $\lambda > 0$ *(die sog. Lebesguesche Zahl zu* $\mathfrak{U}$*), so daß jede in* Q *offene Menge* V *mit einem Durchmesser* $\delta(V) < \lambda$ *in einer Menge* U_i *liegt.*

Beweis: Angenommen es gäbe zu jedem $\nu = 1, 2, \ldots$ eine offene Menge $V_\nu \subset Q$ mit Durchmesser $< \nu^{-1}$, die in keinem U_i läge. Sei dann $p_\nu \in V_\nu$. Da Q kompakt ist, hat die Folge (p_ν) einen Häufungspunkt $p \in Q$. Es gibt ein $j \in I$ mit $p \in U_j$. Da U_j offen in Q ist, enthält U_j eine Kugelumgebung von p mit Radius $2\varepsilon > 0$. Für alle $\nu > \varepsilon^{-1}$ mit $|p - p_\nu| < \varepsilon$ gilt dann $V_\nu \subset U_j$ im Widerspruch zur Konstruktion der V_ν. □

Wir beweisen nun den Verschwindungssatz. Zu jeder natürlichen Zahl $n \geq 1$ konstruieren wir wie folgt eine Überdeckung $\mathfrak{V}_n$ von Q: sei

$$x(l_1,\ldots,l_m) := \left(a_1 + \frac{l_1}{n}(b_1 - a_1), \ldots, a_m + \frac{l_m}{n}(b_m - a_m)\right) \in \mathbb{R}^m, \quad l_\mu = 0,1,\ldots,n.$$

$$Q(l_1,\ldots,l_m) := \left\{x \in Q,\ |x_\mu - x_\mu(l_1,\ldots,l_m)| < 2\frac{b_\mu - a_\mu}{n}\right\},$$

$$\mathfrak{V}_n := \{Q(l_1,\ldots,l_m),\ 0 \leq l_\mu \leq n\}.$$

Dann ist $\mathfrak{V}_n$ eine Überdeckung von Q; zwei Mengen $Q(l_1, \ldots, l_m)$, $Q(l'_1, \ldots, l'_m)$ schneiden sich genau dann, wenn für alle $\mu = 1, \ldots, m$ gilt $|l_\mu - l'_\mu| \leq 1$. Bei festem $(l_1, \ldots, l_m) \in \mathbb{Z}^m$ gibt es höchstens 3^m ganzzahlige Gitterpunkte $(l'_1, \ldots, l'_m)$, die diese Bedingung erfüllen. Mithin ist der Durchschnitt von je $3^m + 1$ verschiedenen Elementen aus $\mathfrak{V}_n$ leer, und es folgt (vgl. Nr. 2): $H^q_a(\mathfrak{V}_m, \mathscr{S}) = 0$ für alle $q \geq 3^m$.

Da der Durchmesser jeder Menge $Q(l_1, \ldots, l_m) \in V_n$ nach Konstruktion jedenfalls kleiner als $\frac{2m}{n} \cdot \max_\mu |b_\mu - a_\mu|$ ist, so gibt es nach dem Hilfssatz zu jeder Überdeckung $\mathfrak{U}$ von Q einen Index p, so daß $\mathfrak{V}_p$ feiner als $\mathfrak{U}$ ist. Nach Definition der $\check{H}^q_a(X, \mathscr{S})$ als Limes der $\check{H}^q_a(\mathfrak{U}, \mathscr{S})$ folgt damit: $\check{H}^q_a(X, \mathscr{S}) = 0$ für $q \geq 3^m$. □

Bemerkung: Es ist klar, daß die gefundene untere Schranke 3^m zu grob ist. In der Tat läßt sich zeigen, daß $m+1$ die beste untere Schranke ist.

6. Lange exakte Cohomologiesequenz. – Zu jeder exakten Sequenz $0 \to S' \to S \to S'' \to 0$ von Prägarben und jeder Überdeckung $\mathfrak{U}$ gehört ein kommutatives Diagramm

$$\begin{array}{ccccccccc} 0 & \longrightarrow & C^\cdot_a(\mathfrak{U}, S') & \longrightarrow & C^\cdot_a(\mathfrak{U}, S) & \longrightarrow & C^\cdot_a(\mathfrak{U}, S'') & \longrightarrow & 0 \\ & & \downarrow & & \downarrow & & \downarrow & & \\ 0 & \longrightarrow & C^\cdot(\mathfrak{U}, S') & \longrightarrow & C^\cdot(\mathfrak{U}, S) & \longrightarrow & C^\cdot(\mathfrak{U}, S'') & \longrightarrow & 0 \end{array}$$

von Komplexhomomorphismen mit *exakten Zeilen*. Nach § 1.1 hat man zugehörige lange exakte Cohomologiesequenzen, die miteinander kommutieren. Da Limites exakter Sequenzen exakt bleiben, folgt:

Zu jeder exakten Sequenz $0 \to S' \to S \to S'' \to 0$ von $\mathscr{R}$-Prägarben gehört ein kommutatives Diagramm langer exakter Cohomologiesequenzen

$$\begin{array}{ccccccccccc} 0 \longrightarrow & \check{H}^0_a(X, S') & \longrightarrow \cdots \longrightarrow & \check{H}^q_a(X, S) & \longrightarrow & \check{H}^q_a(X, S'') & \xrightarrow{\delta^q_a} & \check{H}^{q+1}_a(X, S') & \longrightarrow \cdots \\ & \downarrow i_0 & & \downarrow i_q & & \downarrow i_q & & \downarrow i_{q+1} & \\ 0 \longrightarrow & \check{H}^0(X, S') & \longrightarrow \cdots \longrightarrow & \check{H}^q(X, S) & \longrightarrow & \check{H}^q(X, S'') & \xrightarrow{\delta^q} & \check{H}^{q+1}(X, S') & \longrightarrow \cdots . \end{array}$$ □

Zu jeder exakten R-Garbensequenz $0 \to \mathscr{S}' \to \mathscr{S} \to \mathscr{S}'' \to 0$ gehört nach A.1.6 die exakte $\mathscr{R}$-Prägarbensequenz $0 \to \Gamma(\mathscr{S}') \to \Gamma(\mathscr{S}) \to S \to 0$, wo $\tilde{S} := \{\tilde{S}(U), r^U_V\}$ mit $\tilde{S}(U) := \mathscr{S}(U)/\mathscr{S}'(U)$ eine Prägarbe zu $\mathscr{S}''$ ist. Man hat somit das kommutative Diagramm

$$\begin{array}{ccccccccc} \cdots \longrightarrow & \check{H}^q_a(X, \mathscr{S}') & \longrightarrow & \check{H}^q_a(X, \mathscr{S}) & \longrightarrow & \check{H}^q_a(X, \tilde{S}) & \xrightarrow{\delta^q_a} & \check{H}^{q+1}_a(X, \mathscr{S}') & \longrightarrow \cdots \\ & \downarrow i_q & & \downarrow i_q & & \downarrow i_q & & \downarrow i_{q+1} & \\ \cdots \longrightarrow & \check{H}^q(X, \mathscr{S}') & \longrightarrow & \check{H}^q(X, \mathscr{S}) & \longrightarrow & \check{H}^q(X, \tilde{S}) & \xrightarrow{\delta^q} & \check{H}^{q+1}(X, \mathscr{S}') & \longrightarrow \cdots \end{array}$$

mit exakten Zeilen. Der natürliche Prägarbenhomomorphismus $\tilde{S} \to \Gamma(\mathscr{S}'')$ induziert Homomorphismen $\check{H}^q(X, \tilde{S}) \to \check{H}^q(X, \mathscr{S}'')$, $\check{H}^q_a(X, \tilde{S}) \to \check{H}^q_a(X, \mathscr{S}'')$. Immer dann, wenn hier überall Isomorphismen stehen, darf man im letzten Diagramm $\mathscr{S}''$ statt $\tilde{S}$ schreiben. Wir zeigen nun:

Es sei X parakompakt und T eine Prägarbe (von abelschen Gruppen) über X mit zugehöriger Garbe $\mathscr{T} := \check{\Gamma}(T)$. Dann induziert die natürliche Abbildung $\alpha: T \to \Gamma(\mathscr{T})$ lauter Isomorphismen

$$\check{H}^q(X, T) \to \check{H}^q(X, \mathscr{T}), \qquad \check{H}^q_a(X, T) \to \check{H}^q_a(X, \mathscr{T}), \qquad q \geq 0.$$

Es genügt, diese Aussage für den Fall $\mathscr{T} = 0$ zu beweisen; hieraus ergibt sich der Allgemeinfall wie folgt: die durch α bestimmten exakten Prägarbensequenzen $0 \longrightarrow \operatorname{Ker}\alpha \longrightarrow T \xrightarrow{\bar{\alpha}} \operatorname{Im}\alpha \longrightarrow 0$, $0 \longrightarrow \operatorname{Im}\alpha \xrightarrow{j} \Gamma(\mathscr{T}) \longrightarrow \tilde{T} \longrightarrow 0$, wo $\tilde{T} := \Gamma(\mathscr{T})/\operatorname{Im}\alpha$, bestimmen exakte lange Cohomologiesequenzen

$$\cdots \longrightarrow \check{H}^q(X, \operatorname{Ker}\alpha) \longrightarrow \check{H}^q(X, T) \xrightarrow{\bar{\alpha}_*} \check{H}^q(X, \operatorname{Im}\alpha) \longrightarrow \check{H}^{q+1}(X, \operatorname{Ker}\alpha) \longrightarrow \cdots,$$

$$\cdots \longrightarrow \check{H}^{q-1}(X, \tilde{T}) \longrightarrow \check{H}^q(X, \operatorname{Im}\alpha) \xrightarrow{j_*} \check{H}^q(X, \mathscr{T}) \longrightarrow \check{H}^q(X, \tilde{T}) \longrightarrow \cdots.$$

Da der Funktor $\check{\Gamma}$ exakt ist, gilt $\check{\Gamma}(\operatorname{Ker}\alpha) = 0 = \check{\Gamma}(\tilde{T})$; der unterstellte Spezialfall impliziert daher, daß alle Homomorphismen

$$\bar{\alpha}_*: \check{H}^q(X, T) \to \check{H}^q(X, \operatorname{Im}\alpha), \qquad j_*: \check{H}^q(X, \operatorname{Im}\alpha) \to \check{H}^q(X, \mathscr{T}), \qquad q \geq 0$$

bijektiv sind. Wegen $\alpha = j \circ \bar{\alpha}$ sind dann auch alle Abbildungen $\alpha_*: \check{H}^q(X, T) \to \check{H}^q(X, \mathscr{T})$ bijektiv (genau so schließt man für die alternierende Cohomologie).

Es bleibt zu zeigen, daß im Fall $\mathscr{T} = 0$ gilt $\check{H}^q(X, T) = \check{H}^q_a(X, T) = 0$. Offensichtlich ist dies enthalten in folgender

Hilfsaussage: *Es sei $\mathfrak{U} = \{U_i\}$, $i \in I$, eine lokal-endliche Überdeckung von X, es gelte $\check{\Gamma}(T) = 0$. Dann gibt es zu jeder Cokette $c \in C^q(\mathfrak{U}, T)$ eine Verfeinerung $\mathfrak{W} = \{W_j\}$, $j \in J$, von $\mathfrak{U}$ (mit Verfeinerungsabbildung $\tau: J \to I$), so daß gilt: $C^q(\tau)c = 0$.*

Beweis: Sei $\mathfrak{V} = \{V_i\}$, $i \in I$, eine Überdeckung von X mit $\bar{V}_i \subset U_i$ (Schrumpfungssatz). Sei $J := X$, und sei $\tau: J \to I$ so bestimmt, daß $x \in V_{\tau x}$. Da $\mathfrak{U}$ lokal-endlich ist, besitzt jeder Punkt x eine Umgebung W_x, die nur endlich viele U_i trifft; durch Verkleinerung läßt sich insbesondere erreichen:

1) $\quad W_x \subset U_i$ für $x \in U_i$ und $W_x \subset V_i$ für $x \in V_i$.

Dann ist $\mathfrak{W} := \{W_x\}$, $x \in X$, eine Verfeinerung von $\mathfrak{V}$ und $\mathfrak{U}$ mit Verfeinerungsabbildung τ. Wegen $\bar{V}_i \subset U_i$ kann man noch erreichen, daß gilt:

2) $\quad x \in U_i$ immer, wenn $W_x \cap V_i \neq \emptyset$.

Schließlich kann wegen $\check{\Gamma}(T)=0$ auch W_x noch so gewählt werden, daß gilt:

3) $\quad c(i_0,\ldots,i_q)|W_x=0$ für alle $i_0,\ldots,i_q\in I$ und alle $x\in U(i_0,\ldots,i_q)$.

Wir betrachten nun $C^q(\tau)c(x_0,\ldots,x_q)=c(\tau x_0,\ldots,\tau x_q)|W(x_0,\ldots,x_q)$ für irgendwelche Punkte $x_0,\ldots,x_q$ mit $W_{x_0}\cap\cdots\cap W_{x_q}\neq\emptyset$. Dann trifft W_{x_0} jede Menge W_{x_k} und also erst recht $V_{\tau x_k}$, $k=0,1,\ldots,q$; nach 2) gilt also $x_0\in U_{\tau x_k}$ für alle k, d.h. $x_0\in U(\tau x_0,\ldots,\tau x_q)$. Nach 3) folgt jetzt $c(\tau x_0,\ldots,\tau x_q)|W_{x_0}=0$ und also erst recht $c(\tau x_0,\ldots,\tau x_q)|W(x_0,\ldots,x_q)=0$. □

Wir haben insgesamt gezeigt:

Ist X parakompakt, so haben die Cohomologiefunktoren $\check{H}^q,\check{H}^q_a$ *die Eigenschaft* II) *von* § 1.2.

Die Eigenschaft III) wird im nächsten Paragraphen verifiziert.

§ 3. Leraysches Lemma und Isomorphiesatz $\check{H}^q_a(X,\mathscr{S})\simeq\check{H}^q(X,\mathscr{S})\simeq H^q(X,\mathscr{S})$

Grundlegend auch für spätere Anwendungen in der Steintheorie ist das Leraysche Lemma, das für spezielle Überdeckungen $\mathfrak{U}$ von X die Gruppen $H^q(X,\mathscr{S})$ zu den Gruppen $H^q(\mathfrak{U},\mathscr{S})$ bzw. $H^q_a(\mathfrak{U},\mathscr{S})$ in Isomorphie setzt. Wir führen diesen Satz mittels einer kanonischen Auflösung von $\mathscr{S}$ zu $\mathfrak{U}$ auf das formale De Rhamsche Lemma zurück. Als Anwendung des Lerayschen Lemmas zeigen wir, daß über parakompakten Räumen für welke Garben $\mathscr{W}$ die Čechcohomologie verschwindet, daraus resultieren die Isomorphien $\check{H}^q(X,\mathscr{S})\simeq H^q(X,\mathscr{S})$ und $i_q\colon \check{H}^q_a(X,\mathscr{S})\simeq\check{H}^q(X,\mathscr{S})$.

1. Kanonische Garbenauflösung zu einer Überdeckung. – Ist $\mathscr{S}$ eine $\mathscr{R}$-Garbe über X, so bezeichnen wir für jede offene Menge $Y\subset X$ mit $\mathscr{S}\langle Y\rangle$ diejenige $\mathscr{R}$-Garbe, die durch *triviale Ausdehnung* von $\mathscr{S}|Y$ nach X entsteht; es ist $\mathscr{S}\langle Y\rangle=i_*(\mathscr{S}|Y)$, wenn $i\colon Y\to X$ die Injektion bezeichnet. Es gilt $\mathscr{S}\langle Y\rangle(U)=\mathscr{S}(U\cap Y)$ für alle $U=\mathring{U}\subset X$.

Sei nun $\mathfrak{U}=\{U_i\}$, $i\in I$, eine offene Überdeckung von X. Zur $\mathscr{R}$-Garbe $\mathscr{S}$ bilden wir alle $\mathscr{R}$-Garben $\mathscr{S}(i_0,\ldots,i_p):=\mathscr{S}\langle U(i_0,\ldots,i_p)\rangle$, $i_0,\ldots,i_p\in I$, und weiter (vgl. A.0.7) die direkten Produktgarben

$$(0)\qquad \mathscr{S}^p:=\prod_{(i_0,\ldots,i_p)\in I^{p+1}}\mathscr{S}(i_0,\ldots,i_p),\qquad p=0,1,\ldots,$$

die offensichtlich sämtlich $\mathscr{R}$-Garben sind. $\mathscr{S}^p$ ist durch $\mathscr{S}$ und $\mathfrak{U}$ eindeutig bestimmt; für jede offene Menge $U\subset X$ gilt:

$$\mathscr{S}^p(U)=\prod_{i_0,\ldots,i_p}\mathscr{S}(U(i_0,\ldots,i_p)\cap U);\qquad p\geq 0.$$

Führt man die offene Überdeckung $\mathfrak{U}|U = \{U'_i\}$, $U'_i := U_i \cap U$, $i \in I$, von U ein, so gilt $\mathscr{S}(U(i_0,\dots,i_p) \cap U) = (\mathscr{S}|U)(U'(i_0,\dots,i_p))$, so daß man schreiben kann:

$$\mathscr{S}^p(U) = C^p(\mathfrak{U}|U, \mathscr{S}|U), \qquad p \geq 0.$$

Somit ist $\mathscr{S}^p(U)$ der p-Cokettenmodul von $\mathscr{S}|U$ bzgl. $\mathfrak{U}|U$, und man hat den Cokettenkomplex

$$\text{(1)} \qquad C^{\cdot}(\mathfrak{U}|U, \mathscr{S}|U) = (\mathscr{S}^p(U), d^p_U).$$

Ordnet man jedem Schnitt $s \in \mathscr{S}(U)$ die 0-Cokette $c(i) := (s|U_i \cap U)$ zu, so hat man einen $\mathscr{R}(U)$-Homomorphismus $j_U \colon \mathscr{S}(U) \to \mathscr{S}^0(U)$, für den ersichtlich gilt $d^0_U j_U = 0$. Für alle $V \subset U$ sind die Restriktionen $\mathscr{S}^p(U) \to \mathscr{S}^p(V)$ mit den Abbildungen d^p_U, d^p_V verträglich, daher ist eine Sequenz der kanonischen Prägarben und ergo zu $\mathscr{S}$ und $\mathfrak{U}$ eine $\mathscr{R}$-Garbensequenz

$$\mathscr{S} \xrightarrow{j} \mathscr{S}^0 \xrightarrow{d^0} \mathscr{S}^1 \longrightarrow \cdots \longrightarrow \mathscr{S}^p \xrightarrow{d^p} \mathscr{S}^{p+1} \longrightarrow$$

mit $d^0 j = 0$ und $d^{p+1} d^p = 0$ konstruiert. Wir behaupten:

Für jede $\mathscr{R}$-Garbe $\mathscr{S}$ über X und jede offene Überdeckung $\mathfrak{U}$ von X ist

$$\text{(A)} \qquad 0 \longrightarrow \mathscr{S} \xrightarrow{j} \mathscr{S}^0 \xrightarrow{d^0} \mathscr{S}^1 \longrightarrow \cdots \longrightarrow \mathscr{S}^p \xrightarrow{d^p} \mathscr{S}^{p+1} \longrightarrow \cdots$$

eine $\mathscr{R}$-Auflösung von $\mathscr{S}$.

Die Gleichungen $\operatorname{Ker} j_x = 0$ und $\operatorname{Im} j_x = \operatorname{Ker} d^0_x$, $x \in X$, folgen trivial; es bleiben die Inklusionen $\operatorname{Ker} d^p_x \subset \operatorname{Im} d^{p-1}_x$, $p \geq 1$, zu verifizieren. Dazu benötigen wir folgenden Hilfssatz:

Es sei $\mathscr{T}$ eine Garbe von abelschen Gruppen über einem topologischen Raum M und $\mathfrak{W} = \{W_j\}$, $j \in J$ eine offene Überdeckung von M; es gebe einen Index $k \in J$ mit $W_k = M$. Dann gilt $H^q(\mathfrak{W}, \mathscr{T}) = 0$ für alle $q \geq 1$ (d.h. jeder Cozyklus $c = \{c(j_0,\dots,j_q)\} \in Z^q(\mathfrak{W},\mathscr{T})$, $q \geq 1$, ist Corand).

Beweis: Es gilt stets $W(j_0,\dots,j_{q-1}) = W(k,j_0,\dots,j_{q-1})$; daher ist

$$b := \{b(j_0,\dots,j_{q-1})\} \quad \text{mit} \quad b(j_0,\dots,j_{q-1}) := c(k,j_0,\dots,j_{q-1}) \in \mathscr{T}(W(j_0,\dots,j_{q-1}))$$

eine $(q-1)$-Cokette $b \in C^{q-1}(\mathfrak{W},\mathscr{T})$. Nach Definition der Corandabbildung gilt:

$$(d^{q-1}b)(j_0,\dots,j_q) = \sum_{\nu=0}^{q} (-1)^\nu c(k,j_0,\dots,\hat{j}_\nu,\dots,j_q) | W(j_0,\dots,j_q).$$

Nach Voraussetzung ist aber

$$0 = (d^q c)(k,j_0,\dots,j_q) = c(j_0,\dots,j_q) - \sum_{\nu=0}^{q} (-1)^\nu c(k,j_0,\dots,\hat{j}_\nu,\dots,j_q),$$

d.h. $(d^{q-1}b)(j_0,\dots,j_q) = c(j_0,\dots,j_q)$, also $d^{q-1}b = c$. □

Nunmehr folgen die oben behaupteten Inklusionen $\operatorname{Ker} d_x^p \subset \operatorname{Im} d_x^{p-1}$, $p \geq 1$, unmittelbar. Sei $s_x \in \operatorname{Ker} d_x^p$. Es gibt eine Umgebung M von x und einen Repräsentanten $s \in \operatorname{Ker} d_M^p = Z^p(\mathfrak{U}|M, \mathscr{S}|M)$. Wir können M so klein wählen, daß M in einer Menge U_k enthalten ist. Dann ist M Element der Überdeckung $\mathfrak{U}|M$, und nach dem Hilfssatz (mit $\mathscr{T} := \mathscr{S}|M$) existiert ein Element $t \in C^{p-1}(\mathfrak{U}|M, \mathscr{S}|M) = \mathscr{S}^{p-1}(M)$ mit $d_M^p t = s$. Damit folgt $d_x^p t_x = s_x$ für den von t bestimmten Keim $t_x \in \mathscr{S}_x^{p-1}$. □

Wir nennen die konstruierte Auflösung (A) von $\mathscr{S}$ die *kanonische Auflösung von $\mathscr{S}$ zur Überdeckung $\mathfrak{U}$*, sie ist i. allg. nicht azyklisch.

2. Azyklische Überdeckungen. – Für jede über X welke Garbe $\mathscr{W}$ sind auch alle Garben $\mathscr{W}\langle U\rangle$ welk über X. Eine welke Auflösung $0 \to \mathscr{S} \to \mathscr{W}^0 \to \mathscr{W}^1 \to \cdots$ von $\mathscr{S}$ induziert die welke Auflösung $0 \to \mathscr{S}\langle U\rangle \to \mathscr{W}^0\langle U\rangle \to \mathscr{W}^1\langle U\rangle \to \cdots$ von $\mathscr{S}\langle U\rangle$ über X, die Gruppen $H^q(X, \mathscr{S}\langle U\rangle)$ sind also die Cohomologiegruppen des Schnittkomplexes $\mathscr{W}^0\langle U\rangle(X) \to \mathscr{W}^1\langle U\rangle(X) \to \cdots$. Da $0 \to \mathscr{S}|U \to \mathscr{W}^0|U \to \mathscr{W}^1|U \to \cdots$ eine welke Auflösung von $\mathscr{S}|U$ über U ist und da stets $\mathscr{W}^i\langle U\rangle(X) = \mathscr{W}^i(U)$, so erhalten wir für alle $\mathscr{R}$-Garben $\mathscr{S}$ die Gleichungen

(2) $$H^q(X, \mathscr{S}\langle U\rangle) = H^q(U, \mathscr{S}), \quad U = \mathring{U} \subset X, \quad q \geq 0. \qquad \square$$

Zur Berechnung der Cohomologiegruppen $H^q(X, \mathscr{S}^p)$ der Garben $\mathscr{S}^p = \prod_{i_0, \ldots, i_p} \mathscr{S}(i_0, \ldots, i_p)$ benötigen wir folgendes

Lemma: *Es sei $(\mathscr{T}_j)$, $j \in J$, eine lokal-endliche Familie von $\mathscr{R}$-Garben (d.h. jeder Punkt $x \in X$ besitzt eine Umgebung V, so daß fast alle Garben $\mathscr{T}_j|V$ die Nullgarbe über V sind). Dann gibt es für die Produktgarbe $\mathscr{T} := \prod_{j \in J} \mathscr{T}_j$ kanonische Isomorphien*

$$H^q(X, \mathscr{T}) \cong \prod_{j \in J} H^q(X, \mathscr{T}_j), \qquad q \geq 0.$$

Der Leser findet einen einfachen Beweis in [TF], p. 175.

Um das Lemma anwenden zu können, setzen wir hinfort voraus, daß die vorgegebene Überdeckung $\mathfrak{U}$ *lokal-endlich* ist. Dann ist für jedes $p \geq 0$ die Familie $\{\mathscr{S}(i_0, \ldots, i_p)\}$, $(i_0, \ldots, i_p) \in I^{p+1}$, *lokal-endlich*, nach dem Lemma und Gleichung (0) gilt also

$$H^q(X, \mathscr{S}^p) \cong \prod_{i_0, \ldots, i_p} H^q(X, \mathscr{S}(i_0, \ldots, i_p)).$$

Wegen $\mathscr{S}(i_0, \ldots, i_p) = \mathscr{S}\langle U(i_0, \ldots, i_p)\rangle$ folgt damit aus den Gleichungen (2):

Ist $\mathfrak{U}$ eine lokal-endliche Überdeckung von X, so gibt es natürliche Isomorphien

(3) $$H^q(X, \mathscr{S}^p) \cong \prod_{i_0, \ldots, i_p} H^q(U(i_0, \ldots, i_p), \mathscr{S}), \qquad p, q \geq 0.$$

Es ist nun leicht, eine hinreichende Bedingung für die Azyklizität der kanonischen Auflösung (A) anzugeben. Man nennt allgemein eine offene Überdekkung $\mathfrak{U}$ von X *azyklisch bzgl.* $\mathscr{S}$, wenn gilt $H^q(U(i_0,\ldots,i_p),\mathscr{S})=0$ für alle $p\geq 0$, $q\geq 1$. Dann können wir sagen:

Ist $\mathfrak{U}$ *lokal-endlich und azyklisch bzgl.* $\mathscr{S}$, *so ist die kanonische Auflösung von* $\mathscr{S}$ *bzgl.* $\mathfrak{U}$ *eine azyklische Auflösung von* $\mathscr{S}$.

3. Leraysches Lemma. – Wir können nun schnell zeigen:

Satz (Leraysches Lemma): *Ist* $\mathfrak{U}$ *eine lokal-endliche Überdeckung von* X, *die azyklisch bzgl. der* $\mathscr{R}$*-Garbe* $\mathscr{S}$ *ist, so gibt es natürliche* $\mathscr{R}(X)$*-Isomorphismen*

$$H^q(\mathfrak{U},\mathscr{S})\simeq H^q(X,\mathscr{S}), \quad q=0,1,2,\ldots.$$

Beweis: Nach dem im 2. Abschnitt Gezeigten ist die kanonische Auflösung $0\longrightarrow\mathscr{S}\xrightarrow{i}\mathscr{S}^0\xrightarrow{d^0}\mathscr{S}^1\xrightarrow{d^1}\cdots$ von $\mathscr{S}$ zu $\mathfrak{U}$ azyklisch, daher gibt es nach dem formalen De Rhamschen Lemma einen kanonischen $\mathscr{R}(X)$-Isomorphismus des q-ten Cohomologiemoduls des Schnittkomplexes $(\mathscr{S}^i(X),d^i_X)$ auf $H^q(X,\mathscr{S})$. Nun gilt $(\mathscr{S}^i(X),d^i_X)=C^{\cdot}(\mathfrak{U},\mathscr{S})$ nach Gleichung (1) und $H^q(C^{\cdot}(\mathfrak{U},\mathscr{S}))=H^q(\mathfrak{U},\mathscr{S})$ per definitionem. □

Bemerkung: Die Voraussetzung, daß $\mathfrak{U}$ lokal-endlich ist, wird im hier gegebenen Beweis wesentlich benutzt (Gl. (3)); man kann indessen mit einer anderen Methode zeigen, daß sie entbehrlich ist (vgl. [TF], p. 213). In allen funktionentheoretischen Anwendungen kommt man mit lokal-endlichen Überdeckungen aus (vgl. Kap. V, § 1).

4. Der Isomorphiesatz $\check{H}^q_a(X,\mathscr{S})\cong\check{H}^q(X,\mathscr{S})\cong H^q(X,\mathscr{S})$. – Ist $\mathscr{W}$ eine welke Garbe über X, so ist *jede* Überdeckung $\mathfrak{U}$ von X azyklisch bzgl. $\mathscr{W}$. Da $H^q(X,\mathscr{W})=0$ für alle $q\geq 1$, so gilt also nach dem Leraysche Lemma $H^q(\mathfrak{U},\mathscr{W})=0$ für alle $q\geq 1$, falls $\mathfrak{U}$ lokal-endlich ist. Hieraus folgt, da in parakompakten Räumen jede Überdeckung eine lokal-endliche Verfeinerung hat:

Ist X *parakompakt, so gelten für jede welke Garbe* $\mathscr{W}$ *von abelschen Gruppen über* X *die Gleichungen:* $\check{H}^q(X,\mathscr{W})=0$ *für alle* $q\geq 1$.

Wir wissen jetzt, daß über parakompakten Räumen die Funktoren $\check{H}^q$ (zusammen mit den Verbindungshomomorphismen $\check{\delta}^q$) die charakteristischen Eigenschaften I)–III) von § 1.2 erfüllen. Über solchen Räumen sind daher *die welke und Čechsche Cohomologietheorie isomorph*, speziell gilt also:

Ist X *parakompakt, so gibt es für alle* $\mathscr{R}$*-Garben* $\mathscr{S}$ *natürliche Isomorphismen*

$$\check{H}^q(X,\mathscr{S})\simeq H^q(X,\mathscr{S}), \quad q\geq 0.$$

Wir wollen uns abschließend noch klar machen, daß alles soeben Gesagte auch für die alternierenden Čechfunktoren $\check{H}^q_a$ richtig bleibt. Im $\mathscr{R}(U)$-Modul $\mathscr{S}^p(U)=C^p(\mathfrak{U}|U,\mathscr{S}|U)$, ist der „alternierende" $\mathscr{R}(U)$-Modul $\mathscr{S}^p_a(U):=C^p_a(\mathfrak{U}|U,\mathscr{S}|U)$ enthalten. Diese Moduln zusammen mit den natürlichen Beschränkungen sind das kanonische Datum einer $\mathscr{R}$-Garbe $\mathscr{S}^p_a$ über X. Ordnet man die Indexmenge I total, so gilt

(0′) $$\mathscr{S}^p_a=\prod_{i_0<\cdots<i_p}\mathscr{S}(i_0,\ldots,i_p),$$

wo das Produkt über *alle* monotonen $(p+1)$-Tupel aus I^{p+1} zu bilden ist. Man verifiziert weiter, daß $d^p(\mathcal{S}_a^p) \subset \mathcal{S}_a^{p+1}$, und daß die induzierte $\mathcal{R}$-Sequenz

$$\text{(A')} \qquad 0 \longrightarrow \mathcal{S} \xrightarrow{j} \mathcal{S}_a^0 \xrightarrow{d_a^0} \mathcal{S}_a^1 \xrightarrow{d_a^1} \cdots$$

wieder eine $\mathcal{R}$-Auflösung von $\mathcal{S}$ ist (die Konstruktion im Beweis des Hilfssatzes zeigt, daß jeder alternierende Cozyklus ein alternierender Corand ist!); wir sprechen von der *kanonischen alternierenden Auflösung von* $\mathcal{S}$ *zu* $\mathfrak{U}$, sie existiert zu *jeder* offenen Überdeckung.

Ist nun $\mathfrak{U}$ lokal-endlich, so gewinnen wir aus (0′) die Gleichungen

$$\text{(3')} \qquad H^q(X, \mathcal{S}_a^p) \cong \prod_{i_0 < \cdots < i_p} H^q(U(i_0, \ldots, i_p), \mathcal{S}).$$

Hieraus entnimmt man, daß für jede lokal-endliche und bzgl. $\mathcal{S}$ azyklische Überdeckung $\mathfrak{U}$ auch die kanonische alternierende Auflösung (A′) azyklisch ist. In diesem Falle ist also (nach dem De Rhamschen Lemma) der Cohomologiemodul $H^q(X, \mathcal{S})$ isomorph zum q-ten Cohomologiemodul des Schnittkomplexes $(\mathcal{S}_a^i(X), d_{aX}^i)$. Nun gilt $(\mathcal{S}_a^i(X), d_{aX}^i) = C_a^{\bullet}(\mathfrak{U}, \mathcal{S})$, woraus wegen $H^q(C_a^{\bullet}(\mathfrak{U}, \mathcal{S}) = H_a^q(\mathfrak{U}, \mathcal{S})$ folgt:

Satz (Leraysches Lemma für alternierende Cohomologie): *Ist* $\mathfrak{U}$ *eine lokal-endliche Überdeckung von* X*, die azyklisch bzgl. der* $\mathcal{R}$*-Garbe* $\mathcal{S}$ *ist, so gibt es natürliche* $\mathcal{R}(X)$*-Isomorphismen*

$$H_a^q(\mathfrak{U}, \mathcal{S}) \simeq H^q(X, \mathcal{S}), \qquad q = 0, 1, 2, \ldots.$$

Hieraus folgt zusammen mit der Bemerkung aus § 2.2 als

Korollar: *Es sei* $n \geq 1$ *eine natürliche Zahl und* $\mathfrak{U} = \{U_i\}_{i \in I}$ *eine lokal-endliche Überdeckung von* X*, derart, daß für alle paarweise verschiedenen Indices* $i_0, \ldots, i_n \in I$ *die Durchschnitte* $U(i_0, \ldots, i_n)$ *stets leer sind (z.B. bestehe* $\mathfrak{U}$ *nur aus* n *Mengen* U_i*). Ist dann* $\mathfrak{U}$ *azyklisch bzgl. der* $\mathcal{R}$*-Garbe* $\mathcal{S}$*, so gilt:*

$$H^q(X, \mathcal{S}) = 0 \quad \textit{für alle} \quad q \geq n.$$

Ist $\mathcal{S} = \mathcal{W}$ welk, so folgt aus dem Leraysschen Lemma wie zu Beginn dieses Abschnittes, daß für jede lokal-endliche Überdeckung $\mathfrak{U}$ von X gilt $H_a^q(\mathfrak{U}, \mathcal{W}) = 0$. Damit erhält man bei parakompakten Räumen im Limes $\check{H}_a^q(X, \mathcal{W}) = 0$. Die Funktoren $\check{H}_a^q$ haben über parakompakten Räumen also ebenfalls die Eigenschaft III); mithin sind auch die welke und die alternierende Čechsche Cohomologietheorie isomorph. Wir fassen zusammen:

Ist X *parakompakt, so gibt es für alle* $\mathcal{R}$*-Garben* $\mathcal{S}$ *natürliche Isomorphismen*

$$\check{H}_a^q(X, \mathcal{S}) \simeq \check{H}^q(X, \mathcal{S}) \simeq H^q(X, \mathcal{S}), \qquad q \geq 0.$$

Beim ersten Isomorphismus handelt es sich dabei übrigens um die im § 2.4 eingeführte Abbildung i_q. Der Homomorphismus von $\check{H}_a^q(X, \mathcal{S})$ nach $\check{H}^q(X, \mathcal{S})$ wird nämlich induziert durch den kanonischen Homomorphismus von $\mathcal{S}_a^q$ nach $\mathcal{S}^q$. Da die Schnittflächen in $\mathcal{S}_a^q$ bzw. $\mathcal{S}^q$ alternierende q-Coketten bzw. q-Coketten sind, wird die Abbildung $\mathcal{S}_a^q \to \mathcal{S}^q$ von der Injektion $C_a^q(\mathfrak{U},\mathcal{S}) \to C^q(\mathfrak{U},\mathcal{S})$ induziert, die auch die Abbildung i_q bestimmt. □

Als Nebenresultat sehen wir, daß der Verschwindungssatz des § 2.5 für kompakte Quader Q im $\mathbb{R}^m$ auch für die welke Cohomologie gilt:

$$H^q(Q,\mathcal{S}) = 0 \quad \textit{für alle} \quad q \geq 3^m.$$

Kapitel I. Kohärenzsatz für endliche holomorphe Abbildungen

In diesem Kapitel wird bewiesen, daß für endliche holomorphe Abbildungen $f: X \to Y$ der Bildfunktor f_* exakt auf der Kategorie der kohärenten $\mathcal{O}_X$-Garben ist (Satz 1.4) und jede kohärente $\mathcal{O}_X$-Garbe $\mathcal{S}$ in eine kohärente $\mathcal{O}_Y$-Garbe $f_*(\mathcal{S})$ überführt (Satz 3.3). Dieser Exaktheits- und Kohärenzsatz für endliche holomorphe Abbildungen wird im Kap. IV, § 1.2 beim Beweis von Theorem B wesentlich benutzt.

§ 1. Endliche Abbildungen und Bildgarben

Das Hauptresultat dieses Paragraphen ist Satz 4 über die Exaktheit des Bildfunktors f_*. Zum Beweis werden elementare Aussagen über endliche Abbildungen benötigt; diese Hilfsmittel werden kurz zusammengestellt; der Leser findet eine Darstellung dieser Grundlagen auch in [CAS].

1. Abgeschlossene und endliche Abbildungen. – Alle vorkommenden topologischen Räume $X, Y, \ldots$ sind hausdorffsch. Aus der allgemeinen Topologie übernehmen wir

Definition 1 (Abgeschlossene, endliche Abbildung): *Es sei $f: X \to Y$ eine Abbildung. Man nennt f abgeschlossen, wenn das f-Bild jeder in X abgeschlossenen Menge abgeschlossen in Y ist.*

Man nennt f endlich, wenn f stetig und abgeschlossen ist, und wenn jede Faser $f^{-1}(y)$, $y \in Y$, eine endliche Menge ist.

Äußerst praktisch ist

Lemma 2: *Es sei $f: X \to Y$ abgeschlossen und $U \subset X$ eine Umgebung der Faser $f^{-1}(y)$, $y \in Y$. Dann gibt es eine Umgebung $V \subset Y$ von y, so daß $f^{-1}(V) \subset U$.*

Beweis: Sei U offen. Dann ist $f(X \setminus U)$ abgeschlossen in Y. Die Menge $V := Y \setminus f(X \setminus U)$ ist eine Umgebung von y mit $f^{-1}(V) \subset U$. □

Fortan betrachten wir nur noch endliche Abbildungen. Die Identität $\mathrm{id}: X \to X$ ist endlich, mit $f: X \to Y$, $g: Y \to Z$ ist auch $gf: X \to Z$ endlich. Ist X' abgeschlossen in X, so ist mit f auch die induzierte Abbildung $f': X' \to Y$ endlich, wo $f' := f|X'$. Ist V offen in Y, so ist mit f auch die induzierte Abbildung $f_U: U \to V$, wo $U := f^{-1}(V)$, $f_U := f|U$, endlich.

2. Die Bijektion $f_*(\mathcal{S})_y \to \prod_{i=1}^{t} \mathcal{S}_{x_i}$. – Es sei $f: X \to Y$ endlich; es seien $y \in Y$ ein Punkt und $x_1, \ldots, x_t \in X$ die verschiedenen f-Urbildpunkte von y. Wir betrachten eine *Garbe* $\mathcal{S}$ *von Mengen* auf X. Dann ist $\{\mathcal{S}(f^{-1}(V)),\ V \text{ offen in } Y\}$ das kanonische Datum der Bildgarbe $f_*(\mathcal{S})$. Jeder Keim $\sigma_y \in f_*(\mathcal{S})_y$ wird in einer Umgebung V_0 von y durch einen Schnitt $s \in \mathcal{S}(f^{-1}(V_0))$ repräsentiert. Da $f^{-1}(V_0)$ Umgebung aller x_i ist, so bestimmt s Keime $s_{x_i} \in \mathcal{S}_{x_i}$, $1 \le i \le t$. Diese Keime sind unabhängig von der Wahl des Repräsentanten s eindeutig durch σ_y bestimmt. Damit ist eine Abbildung

$$\check{f}: f_*(\mathcal{S})_y \to \prod_1^t \mathcal{S}_{x_i}, \qquad \sigma_y \mapsto (s_{x_1}, \ldots, s_{x_t})$$

des Halmes $f_*(\mathcal{S})_y$ in das kartesische Produkt der Halme $\mathcal{S}_{x_i}$ definiert[7]. Wir zeigen

Satz 3: *Die Abbildung* $\check{f}$ *ist bijektiv.*

Beweis: $\check{f}$ *ist injektiv.* Seien $\sigma_y, \sigma'_y \in f_*(\mathcal{S})_y$. Es gibt eine Umgebung V' von y und Repräsentanten $s, s' \in \mathcal{S}(f^{-1}(V'))$ von σ_y, σ'_y. Im Falle $\check{f}(\sigma_y) = \check{f}(\sigma'_y)$ gibt es weiter eine Umgebung $U_i \subset f^{-1}(V')$ von x_i, so daß $s|U_i = s'|U_i$, $1 \le i \le t$. Da $\bigcup_1^t U_i$ eine Umgebung von $f^{-1}(y)$ ist, existiert nach Lemma 2 eine Umgebung $V \subset V'$ von y mit $f^{-1}(V) \subset \bigcup_1^t U_i$. Dann gilt $s|f^{-1}(V) = s'|f^{-1}(V)$ und also $\sigma_y = \sigma'_y$.

$\check{f}$ *ist surjektiv.* Sei $(s_{x_1}, \ldots, s_{x_t}) \in \prod_1^t \mathcal{S}_{x_i}$ beliebig. Wir wählen eine Umgebung U_i von x_i und einen Schnitt $s_i \in \mathcal{S}(U_i)$, der s_{x_i} repräsentiert; da X hausdorffsch ist, kann man die U_i paarweise disjunkt wählen, $1 \le i \le t$. Dann geben die s_i Anlaß zu einem Schnitt $s \in \mathcal{S}(U)$ über $U := \bigcup_1^t U_i$ mit $s|U_i = s_i$, $1 \le i \le t$. Da U Umgebung von $f^{-1}(y)$ ist, gibt es nach Lemma 2 eine Umgebung V von y mit $f^{-1}(V) \subset U$. Der von $s|f^{-1}(V) \in \mathcal{S}(f^{-1}(V))$ bestimmte Keim $\sigma_y \in f_*(\mathcal{S})_y$ ist ein $\check{f}$-Urbild von $(s_{x_1}, \ldots, s_{x_t})$. □

3. Exaktheit des Funktors f_*. – Es sei $f: X \to Y$ wieder endlich, wie oben seien $x_1, \ldots, x_t \in X$ die f-Urbilder von $y \in Y$. Es seien $\mathcal{S}', \mathcal{S}$ Garben von Mengen über X und $\varphi: \mathcal{S}' \to \mathcal{S}$ eine Garbenabbildung. Wir haben dann die induzierte Garbenabbildung $f_*(\varphi): f_*(\mathcal{S}') \to f_*(\mathcal{S})$ und die von $\varphi, f_*(\varphi)$ bestimmten Halmabbildungen $\varphi_{x_i}: \mathcal{S}'_{x_i} \to \mathcal{S}_{x_i}$, $1 \le i \le t$, $f_*(\varphi)_y$. Es gibt somit ein Diagramm

$$\text{(D)} \qquad \begin{array}{ccc} f_*(\mathcal{S}')_y & \xrightarrow{f_*(\varphi)_y} & f_*(\mathcal{S})_y \\ \downarrow{\scriptstyle \check{f}'} & & \downarrow{\scriptstyle \check{f}} \\ \prod_1^t \mathcal{S}'_{x_i} & \xrightarrow{\prod_1^t \varphi_{x_i}} & \prod_1^t \mathcal{S}_{x_i}, \end{array}$$

[7] Es gilt $s_{x_i} = \hat{f}_{x_i}(\sigma_y)$, wo $\hat{f}_{x_i}: f_*(\mathcal{S})_y \to \mathcal{S}_{x_i}$ die in A.0.8 eingeführte Abbildung ist.

wo $\check{f}', \check{f}$ die zu $\mathscr{S}', \mathscr{S}$ gehörenden Bijektionen sind (Satz 3). Aus den Definitionen der in (D) vorkommenden Abbildungen folgt mühelos:

Das Diagramm (D) *ist kommutativ.* □

Es seien nun $\mathscr{S}', \mathscr{S}$ Garben von *abelschen* Gruppen und entsprechend $\varphi: \mathscr{S}' \to \mathscr{S}$ ein Garbenhomomorphismus in der Kategorie dieser Garben. Dann sind auch $f_*(\mathscr{S}')$, $f_*(\mathscr{S})$ Garben von abelschen Gruppen, die Abbildungen $\check{f}', \check{f}$ sind per definitionem Gruppenisomorphismen und $f_*(\varphi)$ ist ebenfalls ein Homomorphismus von Garben abelscher Gruppen. Im Diagramm (D) sind also alle Abbildungen Gruppenhomomorphismen. Damit folgt schnell

Satz 4 (Exaktheitssatz): *Es sei $f: X \to Y$ eine endliche Abbildung und $\mathscr{S}' \to \mathscr{S} \to \mathscr{S}''$ eine exakte Sequenz von Garben abelscher Gruppen. Dann ist die Bildgarbensequenz $f_*(\mathscr{S}') \to f_*(\mathscr{S}) \to f_*(\mathscr{S}'')$ ebenfalls exakt.*

Beweis: Die beiden Sequenzen

$$\prod_1^t \mathscr{S}'_{x_i} \to \prod_1^t \mathscr{S}_{x_i} \to \prod_1^t \mathscr{S}''_{x_i}, \qquad f_*(\mathscr{S}')_y \to f_*(\mathscr{S})_y \to f_*(\mathscr{S}'')_y$$

sind für alle Punkte $y \in Y$ nach dem Vorangehenden isomorph. Mit der ersten Sequenz ist also die zweite exakt.

4. Die Isomorphismen $H^q(X, \mathscr{S}) \cong H^q(Y, f_*(\mathscr{S}))$. – Als unmittelbare Anwendung von Satz 4 beweisen wir einen Isomorphiesatz für Cohomologiegruppen, der im Kap. IV, § 1.2 benötigt wird.

Satz 5: *Es sei $f: X \to Y$ eine endliche Abbildung. Dann gibt es zu jeder Garbe $\mathscr{S}$ von abelschen Gruppen ($\mathbb{C}$-Vektorräumen) natürliche Gruppenisomorphismen ($\mathbb{C}$-Vektorraumisomorphismen)*

$$H^q(X, \mathscr{S}) \cong H^q(Y, f_*(\mathscr{S})), \qquad q \geq 0.$$

Beweis: Sei $0 \longrightarrow \mathscr{S} \xrightarrow{j} \mathscr{S}^0 \xrightarrow{d^0} \mathscr{S}^1 \longrightarrow \cdots$ die kanonische welke Auflösung von $\mathscr{S}$ über X. Nach Satz 4 ist die Bildgarbensequenz

$$(*) \qquad 0 \longrightarrow f_*(\mathscr{S}) \xrightarrow{f_*(j)} f_*(\mathscr{S}^0) \xrightarrow{f_*(d^0)} f_*(\mathscr{S}^1) \longrightarrow \cdots$$

exakt, überdies ist mit $\mathscr{S}^i$ auch $f_*(\mathscr{S}^i)$ welk, $i \geq 0$ (vgl. A.4.3). Mithin ist (∗) eine welke Auflösung von $f_*(\mathscr{S})$, daher gibt es natürliche Isomorphismen

$$H^q(Y, f_*(\mathscr{S})) \cong \mathrm{Ker}[f_*(\mathscr{S}^q)(Y) \to f_*(\mathscr{S}^{q+1})(Y)] / \mathrm{Im}[f_*(\mathscr{S}^{q-1}(Y)) \to f_*(\mathscr{S}^q)(Y)].$$

Die kanonischen Isomorphien der Schnittgruppen $f_*(\mathscr{S}^q)(Y)$ und $\mathscr{S}^q(X)$ sind mit den von $f_*(d^q)$ und d^q bestimmten Homomorphismen zwischen den Schnittgruppen verträglich, d.h. man hat Isomorphismen

$$\mathrm{Ker}[f_*(\mathscr{S}^q)(Y) \to f_*(\mathscr{S}^{q+1})(Y)] \cong \mathrm{Ker}[\mathscr{S}^q(X) \to \mathscr{S}^{q+1}(X)], \qquad q \geq 0,$$

und entsprechend für die Bildgruppen. Es folgt

$$H^q(Y, f_*(\mathscr{S})) \cong \operatorname{Ker}[\mathscr{S}^q(X) \to \mathscr{S}^{q+1}(X)] / \operatorname{Im}[\mathscr{S}^{q-1}(X) \to \mathscr{S}^q(X)] = H^q(X, \mathscr{S}), \quad q \geq 0.$$

5. Die $\mathcal{O}_y$-Modulisomorphie $\check{f}: f_*(\mathscr{S})_y \to \prod_1^t \mathscr{S}_{x_i}$. – Es seien nun X, Y *komplexe* Räume und $f: X \to Y$ eine endliche *holomorphe* Abbildung. Ist dann $\mathscr{S}$ eine $\mathcal{O}_X$-Garbe, so ist $f_*(\mathscr{S})$ eine $\mathcal{O}_Y$-Garbe. Sind wie oben $x_1, \ldots, x_t \in X$ die f-Urbilder von $y \in Y$, so gehören zu f *Liftungs*homomorphismen $f_i^*: \mathcal{O}_y \to \mathcal{O}_{x_i}$, $1 \leq i \leq t$. Jeder $\mathcal{O}_{x_i}$-Modul $\mathscr{S}_{x_i}$ und also auch $\prod_1^t \mathscr{S}_{x_i}$ ist also ein $\mathcal{O}_y$-Modul. Der Halm $f_*(\mathscr{S})_y$ ist ebenfalls ein $\mathcal{O}_y$-Modul: für $h \in \mathcal{O}_Y(V)$, $s \in f_*(\mathscr{S})(V) = \mathscr{S}(f^{-1}(V))$ ist $hs \in f_*(\mathscr{S})(V)$ erklärt als $(h \circ f)s \in \mathscr{S}(f^{-1}(V))$, wo $h \circ f \in \mathcal{O}_X(f^{-1}(V))$ die Liftung von h ist. Dies hat zur Folge (vgl. hierzu auch [CAS]):

Ist $f: X \to Y$ eine endliche holomorphe Abbildung, so ist jede Bijektion

$$\check{f}: f_*(\mathscr{S})_y \to \prod_1^t \mathscr{S}_{x_i}, \qquad y \in Y, \qquad \{x_1, \ldots, x_t\} = f^{-1}(y),$$

ein $\mathcal{O}_y$-Modulisomorphismus.

§ 2. Allgemeiner Weierstraßscher Divisionssatz und Weierstraßisomorphismus

Die Überlegungen dieses Paragraphen machen wesentlichen Gebrauch vom Weierstraßschen Divisionssatz und vom Henselschen Lemma für konvergente Potenzreihen. Diese Sätze findet der Leser in [AS] (Satz I.4.2, p. 34/35 sowie Satz I.5.6, p. 49/50). Als Hauptresultat ergibt sich die Kohärenz der Bildgarben für spezielle endliche holomorphe Abbildungen (Satz 4).

1. Stetigkeit der Wurzeln. – Es sei $B \neq \emptyset$ ein Bereich im $\mathbb{C}^n$ mit den Koordinaten $z = (z_1, \ldots, z_n)$. Wir betrachten ein normiertes Polynom

$$\omega = \omega(w, z) := w^b + a_1(z) w^{b-1} + \cdots + a_b(z) \in \mathcal{O}(B)[w]$$

vom Grade b, $1 \leq b < \infty$, in einer weiteren Veränderlichen $w \in \mathbb{C}$ mit in B holomorphen Koeffizienten a_j. Die Nullstellenmenge

$$A := \{(w, z) \in \mathbb{C} \times B, \ \omega(w, z) = 0\}$$

von ω ist eine analytische Menge in $\mathbb{C} \times B$. Die Projektion $\mathbb{C} \times B \to B$ induziert durch Einschränkung eine *stetige, surjektive* Abbildung $\pi: A \to B$; jede Faser $\pi^{-1}(z)$, $z \in B$, hat höchstens b verschiedene Punkte. Darüber hinaus gilt:

Satz 1 (Stetigkeit der Wurzeln): *Die Abbildung $\pi: A \to B$ ist abgeschlossen und also endlich.*

Beweis: Sei M abgeschlossen in A und $y \in B$ ein Häufungspunkt von $\pi(M)$. Dann gibt es eine Folge $(c_\nu, y_\nu) \in M$, so daß die Folge $y_\nu \in B$ gegen y konvergiert. Nun gilt stets

$$(*) \qquad |c_\nu| \leq \max\{1, |a_1(y_\nu)| + \cdots + |a_b(y_\nu)|\},$$

denn $c_\nu^b = -(a_1(y_\nu)c_\nu^{b-1} + \cdots + a_b(y_\nu))$ impliziert, falls $|c_\nu| \geq 1$: $|c_\nu| \leq |c_\nu^b| \leq |a_1(y_\nu)| + \cdots + |a_b(y_\nu)|$.

Da mit y_ν auch jede Folge $a_j(y_\nu)$, $1 \leq j \leq b$, konvergiert und also beschränkt ist, so folgt aus $(*)$, daß die Folge $c_\nu \in \mathbb{C}$ beschränkt ist. Es gibt also eine Teilfolge c_{ν_1}, die gegen ein $c \in \mathbb{C}$ konvergiert. Dann strebt die Folge $(c_{\nu_1}, y_{\nu_1}) \in M$ gegen $(c, y) \in A$. Da M abgeschlossen ist, folgt $(c, y) \in M$ und also $y = \pi((c, y)) \in \pi(M)$. □

2. Allgemeiner Weierstraßscher Divisionssatz. – Wir behalten die vorangehenden Notationen bei. Es sei $y \in B$ fest gewählt; es seien $x_i = (w_i, y) \in \mathbb{C} \times B$, $1 \leq i \leq t$, die π-Urbilder von y. Wir schreiben abkürzend $\mathcal{O}_{x_i}$ bzw. $\mathcal{O}_y$ statt $\mathcal{O}_{\mathbb{C} \times B, x_i}$ bzw. $\mathcal{O}_{B,y}$. Es gilt $\mathcal{O}_y[w] \subset \mathcal{O}_y\langle w - w_i\rangle = \mathcal{O}_{x_i}$; jedes Polynom $p \in \mathcal{O}_y[w]$ bestimmt also in jedem Punkt x_i einen Keim $p_{x_i} \in \mathcal{O}_{x_i}$. Wir behaupten:

Satz 2 (Weierstraßscher Divisionssatz): *Es seien t Funktionskeime $f_i \in \mathcal{O}_{x_i}$ beliebig gegeben, $1 \leq i \leq t$. Dann gibt es ein Polynom $r \in \mathcal{O}_y[w]$ in w vom Grad $< b$ und t Keime $q_i \in \mathcal{O}_{x_i}$, $1 \leq i \leq t$, so daß gilt:*

$$f_i = q_i \omega_{x_i} + r_{x_i} \quad \textit{für alle} \quad i = 1, \ldots, t.$$

Das Polynom r und die Keime $q_1, \ldots, q_t$ sind durch $f_1, \ldots, f_t$ eindeutig bestimmt.

Bemerkung: Ist $t = 1$, so ist ω_{x_1} ein Weierstraßpolynom in $(w - w_1)$, und Satz 2 ist die gewöhnliche Weierstraßsche Formel.

Beweis: Sei $y = 0$ der Nullpunkt. Es gilt $\omega(w, 0) = (w - w_1)^{b_1} \cdot \cdots \cdot (w - w_t)^{b_t}$ mit $b_i \geq 1$ und $\sum_1^t b_i = b$. Nach dem Henselschen Lemma existieren normierte, paarweise teilerfremde Polynome $\omega_i(w, z) \in \mathcal{O}_y[w]$, so daß für den von $\omega \in \mathcal{O}(B)[w]$ bestimmten Keim $\omega_y \in \mathcal{O}_y[w]$ gilt:

$$\omega_y = \omega_1 \cdot \cdots \cdot \omega_t \quad \text{mit} \quad \omega_i(w, 0) = (w - w_i)^{b_i}, \qquad 1 \leq i \leq t.$$

Jeder induzierte Keim $\omega_{ix_i} \in \mathcal{O}_{x_i} \cong \mathcal{O}_y\langle w - w_i\rangle$ ist allgemein in $w - w_i$ von der Ordnung b_i. Jedes Polynom $e_i := \prod_{j \neq i} \omega_j \in \mathcal{O}_y[w]$ induziert wegen $e_i(x_i) = \prod_{j \neq i} \omega_j(w_i, 0) = \prod_{j \neq i} (w_i - w_j)^{b_j} \neq 0$ eine Einheit $e_{ix_i} \in \mathcal{O}_{x_i}$. Es ist $\omega_y = e_i \omega_i$, $1 \leq i \leq t$.

Nach diesen Vorbereitungen folgen Existenz- und Eindeutigkeitsbehauptung in wenigen Zeilen.

Existenz: Es genügt, die Existenzaussage für t-Tupel der speziellen Form $(0, \ldots, f_i, \ldots, 0)$, $f_i \in \mathcal{O}_{x_i}$, i fest, zu verifizieren; hieraus folgt die allgemeine Existenz durch Addition. Nach der Weierstraßschen Formel existiert für $f_i e_{ix_i}^{-1} \in \mathcal{O}_{x_i}$ eine Zerlegung

$$f_i e_{ix_i}^{-1} = q_i \omega_{ix_i} + r'_{x_i} \quad \text{mit} \quad q_i \in \mathcal{O}_{x_i}, \qquad r' \in \mathcal{O}_y[w - w_i], \qquad \operatorname{grad} r' < b_i .$$

Dann ist $r := r' e_i \in \mathcal{O}_y[w]$ ein Polynom in w vom Grad $< b_i + \operatorname{grad} e_i = b$, und es folgt

$$f_i = q_i \omega_{x_i} + r_{x_i} \quad (\text{wegen } \omega_y = e_i \omega_i) .$$

Da jeder Keim $\omega_{ix_j} \in \mathcal{O}_{x_j}$ für $j \neq i$ wegen $\omega_i(x_j) = (w_j - w_i)^{b_i} \neq 0$ eine Einheit ist, so kann man weiter definieren: $q_j := -r'_{x_j} \omega_{ix_j}^{-1} \in \mathcal{O}_{x_j}$ für $j \neq i$. Dann gilt auch noch

$$0 = q_j \omega_{x_j} + r_{x_j} \quad \text{für alle} \quad j \neq i .$$

Eindeutigkeit: Es genügt zu zeigen, daß aus t Gleichungen

$$0 = q_i \omega_{x_i} + r_{x_i}, \qquad q_i \in \mathcal{O}_{x_i}, \qquad r \in \mathcal{O}_y[w], \qquad \operatorname{grad} r < b, \qquad i = 1, \ldots, t$$

folgt: $r = 0$, $q_1 = \cdots = q_t = 0$. Da ω_{ix_i} allgemein in $(w - w_i)$ ist, und da $\omega_{x_i} = e_{ix_i} \omega_{ix_i}$ (vgl. oben), so ist $-r_{x_i} = (q_i e_{ix_i}) \omega_{ix_i}$ *die* Weierstraßzerlegung von $-r_{x_i} \in \mathcal{O}_y[w - w_i]$ in $\mathcal{O}_{x_i} \cong \mathcal{O}_y\langle w - w_i \rangle$ bzgl. ω_{ix_i}, $1 \leq i \leq t$. Daher ist $q_i e_{ix_i}$ ein Polynom in w, d.h. ω_i teilt r in $\mathcal{O}_y[w]$, $i = 1, \ldots, t$. Da $\omega_1, \ldots, \omega_t$ paarweise teilerfremd sind, so ist auch $\omega_y = \omega_1 \cdot \cdots \cdot \omega_t$ ein Teiler von r in $\mathcal{O}_y[w]$. Wegen $\operatorname{grad} r < \operatorname{grad} \omega$ gilt dann aber $r = 0$ und also auch $q_1 = \cdots = q_t = 0$. □

3. Der Weierstraßisomorphismus $\mathcal{O}_B^b \simeq \pi_*(\mathcal{O}_A)$. – Die bisherigen Notationen werden beibehalten; wir schreiben kurz $\mathcal{O}$ statt $\mathcal{O}_{\mathbb{C} \times B}$. Das Polynom ω erzeugt die Idealgarbe $\mathcal{J} := \omega \mathcal{O}$; die Restklassengarbe $\mathcal{O}/\mathcal{J}$ hat A zum Träger. Wir bezeichnen mit $\mathcal{O}_A$ die Einschränkung von $\mathcal{O}/\mathcal{J}$ auf A. Dann ist A ein komplexer Raum mit Strukturgarbe $\mathcal{O}_A$. Die Projektion $\pi: A \to B$ ist holomorph und nach Satz 1 endlich.

Wir konstruieren einen $\mathcal{O}_B$-Garbenhomomorphismus $\mathring{\pi}: \mathcal{O}_B^b \to \pi_*(\mathcal{O}_A)$: sei U offen in B, und sei $s = (r_0, \ldots, r_{b-1}) \in \mathcal{O}_B^b(U)$ ein Schnitt. Das Polynom $r := \sum_{\beta=0}^{b-1} r_\beta w^\beta \in \mathcal{O}(\mathbb{C} \times U)$ bestimmt modulo $\mathcal{J}$ einen Schnitt $\bar{s} \in (\mathcal{O}/\mathcal{J})(\mathbb{C} \times U)$. Auf Grund der kanonischen Isomorphien $(\mathcal{O}/\mathcal{J})(\mathbb{C} \times U) \cong \mathcal{O}_A(\pi^{-1}(U)) = \pi_*(\mathcal{O}_A)(U)$ kann man $\bar{s}$ als Schnitt $\mathring{s} \in \pi_*(\mathcal{O}_A)(U)$ auffassen. Die Abbildung

$$\mathring{\pi}_U: \mathcal{O}_B^b(U) \to \pi_*(\mathcal{O}_A)(U), \qquad s \mapsto \mathring{s}$$

ist ersichtlich ein $\mathcal{O}_B(U)$-Homomorphismus. Die Kollektion dieser Homomorphismen ist mit Restriktionsabbildungen verträglich und bestimmt somit einen $\mathcal{O}_B$-Garbenhomomorphismus $\mathring{\pi}: \mathcal{O}_B^b \to \pi_*(\mathcal{O}_A)$. Wir nennen $\mathring{\pi}$ den *Weierstraß-homomorphismus* (bzgl. ω) und zeigen:

Satz 3: *Der Weierstraßhomomorphismus* $\mathring{\pi}\colon \mathcal{O}_B^b \to \pi_*(\mathcal{O}_A)$ *ist ein* $\mathcal{O}_B$*-Isomorphismus.*

Beweis: Es genügt zu zeigen, daß jeder Halmhomomorphismus $\mathring{\pi}_z$: $\mathcal{O}_{B,z}^b \to \pi_*(\mathcal{O}_A)_z$, $z \in B$, bijektiv ist. Seien $x_1, \ldots, x_t \in A$ die π-Urbilder von z. Wir identifizieren $\mathcal{O}_{x_i}/\mathcal{J}_{x_i}$ mit $(\mathcal{O}/\mathcal{J})_{x_i}$ und ziehen den $\mathcal{O}_{B,z}$-*Isomorphismus* $\check{\pi}_z\colon \pi_*(\mathcal{O}_A)_z \simeq \prod_1^t (\mathcal{O}/\mathcal{J})_{x_i} = \prod_1^t \mathcal{O}_{x_i}/\mathcal{J}_{x_i}$ heran, vgl. § 1.5. Dann hat man nach Definition von $\check{\pi}_z$ und $\mathring{\pi}_z$ das kommutative Diagramm

$$\begin{array}{ccc} \mathcal{O}_{B,z}^b & \xrightarrow{\mathring{\pi}_z} & \pi_*(\mathcal{O}_A)_z \\ & {\scriptstyle \tau_z}\searrow \quad \swarrow{\scriptstyle \check{\pi}_z} & \\ & \prod_1^t \mathcal{O}_{x_i}/\mathcal{J}_{x_i}, & \end{array}$$

wo τ_z durch $(r_{0z}, \ldots, r_{b-1,z}) \mapsto (r_{x_1} \bmod \mathcal{J}_{x_1}, \ldots, r_{x_t} \bmod \mathcal{J}_{x_t})$ mit $r := \sum_{\beta=0}^{b-1} r_{\beta z} w^\beta$ gegeben ist. Die Bijektivität von $\mathring{\pi}_z$ folgt daher, sobald τ_z als bijektiv erkannt ist. Dies ist aber, wie man mühelos bestätigt, genau der Inhalt von Satz 2. □

Es sei hier en passant bemerkt, daß bisher nirgends die Kohärenz der Garben $\mathcal{O}$ benutzt wurde. Mittels Satz 3 läßt sich induktiv ein eleganter Kohärenzbeweis für diese Strukturgarben führen. Nähere Einzelheiten findet der Leser in [CAS].

4. Kohärenz des Funktors π_*. – Für den durch das Polynom ω bestimmten komplexen Raum A und seine holomorphe Projektion $\pi\colon A \to B$ folgt nun in wenigen Zeilen der für unseren Aufbau der lokalen Funktionentheorie fundamentale

Kohärenzsatz 4: *Ist* $\mathcal{S}$ *eine kohärente* $\mathcal{O}_A$*-Garbe, so ist* $\pi_*(\mathcal{S})$ *eine kohärente* $\mathcal{O}_B$*-Garbe.*

Beweis: Sei $z \in B$ beliebig, seien $x_1, \ldots, x_t \in A$ die π-Urbilder. Es gibt eine offene Umgebung U_i von x_i in A und eine exakte U_i-Sequenz $\mathcal{O}_{U_i}^{p_i} \to \mathcal{O}_{U_i}^{q_i} \to \mathcal{S}_{U_i} \to 0$, $p_i, q_i \geq 1$, $1 \leq i \leq t$. Man darf annehmen, daß alle p_i und alle q_i übereinstimmen, und daß die U_i paarweise disjunkt sind. Dann ist $U := \bigcup_{i=1}^t U_i$ eine Umgebung von $\pi^{-1}(z)$, und die obigen t Sequenzen lassen sich zu einer einzigen exakten $\mathcal{O}_U$-Sequenz

$$(\#) \qquad \mathcal{O}_U^p \to \mathcal{O}_U^q \to \mathcal{S}_U \to 0 \quad (\text{mit } p := p_i,\ q := q_i)$$

zusammenfassen. Nach Lemma 1.2 kann man (durch Verkleinerung von U) erreichen, daß U das π-Urbild einer offenen Umgebung $V \subset B$ von z ist. Dann ist mit π auch die induzierte Abbildung $\pi_U\colon U\to V$ endlich; daher ist der Funktor $(\pi_U)_*$ exakt nach Satz 1.4, und wir gewinnen aus (#) die exakte $\mathcal{O}_V$-Sequenz

$$(\pi_U)_*(\mathcal{O}_U^p)\to(\pi_U)_*(\mathcal{O}_U^q)\to(\pi_U)_*(\mathcal{S}_U)\to 0\,.$$

Nun gilt $(\pi_U)_*(\mathcal{S}_U)=\pi_*(\mathcal{S})_V$; weiter liefert Satz 3, wenn man ihn auf das auf $V\subset B$ eingeschränkte Polynom ω_V anwendet, einen $\mathcal{O}_V$-Isomorphismus

$$(\pi_U)_*(\mathcal{O}_U^r)=\pi_*(\mathcal{O}_A^r)_V\cong\mathcal{O}_V^{br}\quad\text{für alle}\quad r\geq 1\,.$$

Wir haben somit für die Bildgarbe $\pi_*(\mathcal{S})$ über V die exakte $\mathcal{O}_V$-Sequenz

$$\mathcal{O}_V^{bp}\to\mathcal{O}_V^{bq}\to\pi_*(\mathcal{S})_V\to 0\,,$$

was die Kohärenz von $\pi_*(\mathcal{S})$ über V bedeutet. □

§ 3. Der Kohärenzsatz für endliche holomorphe Abbildungen

Der Kohärenzsatz wird in drei Schritten bewiesen: zunächst werden *lokal* Projektionsabbildungen $\mathbb{C}^m\times\mathbb{C}^n\to\mathbb{C}^n$ studiert, der Fall $m=1$ wird dabei durch Satz 2.4 erledigt. Alsdann werden endliche Abbildungen *lokal* studiert (Satz 2); hierauf wird der Allgemeinfall zurückgeführt.

1. Lokaler Projektionssatz. – Wir bezeichnen mit $\mathbb{C}^m$ bzw. $\mathbb{C}^n$ den komplexen Zahlenraum der Koordinaten $w=(w_1,\ldots,w_m)$ bzw. $z=(z_1,\ldots,z_n)$. Das Hauptresultat dieses Abschnittes ist

Satz 1: *Es sei $\mathcal{S}$ eine kohärente analytische Garbe über einer Umgebung U des Nullpunktes $(0,0)\in\mathbb{C}^m\times\mathbb{C}^n$, so daß $(0,0)$ isoliert in $\operatorname{Tr}\mathcal{S}\cap\mathbb{C}^m\times 0$ liegt. Dann gibt es offene Umgebungen W,Z von $0\in\mathbb{C}^m$, $0\in\mathbb{C}^n$ mit $W\times Z\subset U$, so daß für die Projektion $\varphi\colon W\times Z\to Z$ gilt:*

1) *Die eingeschränkte Abbildung $\varphi|\operatorname{Tr}(\mathcal{S})\cap(W\times Z)\colon\operatorname{Tr}\mathcal{S}\cap(W\times Z)\to Z$ ist endlich.*
2) *Die $\mathcal{O}_Z$-Bildgarbe $\varphi_*(\mathcal{S}_{W\times Z})$ ist kohärent über Z.*

Beweis: a) Wir dürfen annehmen, daß $\operatorname{Tr}\mathcal{S}$ von der Ebene $\mathbb{C}^m\times 0$ nur im Nullpunkt $x:=(0,0)$ geschnitten wird. Die über U kohärente Annulatorgarbe $\operatorname{An}\mathcal{S}\subset\mathcal{O}_U$ hat $\operatorname{Tr}\mathcal{S}$ als Nullstellenmenge. Es gibt einen Keim $f\in\operatorname{An}\mathcal{S}_x$ mit $f(w,0)\neq 0$. Wir dürfen f als w_1-allgemein annehmen (evtl. ist eine lineare Koordinatentransformation in $w_1,\ldots,w_m$ allein auszuführen). Dann gilt nach dem Vorbereitungssatz eine Gleichung $f=e\omega_x$ mit einer Einheit $e\in\mathcal{O}_x$ und einem Polynom $\omega_x=w_1^b+\sum\limits_{i=1}^{b}a_{ix}w_1^{b-i}$, dessen Koeffizienten a_{ix} holomorphe Keime in $w':=(w_2,\ldots,w_m)$ und z sind, die in $0\in\mathbb{C}^{m+n-1}$ verschwinden. Da e invertierbar ist, gilt auch $\omega_x\in\operatorname{An}\mathcal{S}_x$. Es gibt dann eine Umgebung $W_1\subset\mathbb{C}$ des Nullpunktes der w_1-Geraden und eine Umgebung $T \subset \mathbb{C}^{m+n-1}$ des Nullpunktes des (w', z)-Raumes mit $W_1 \times T \subset U$, so daß jeder Keim a_{ix} einen in T holomorphen Repräsentanten $a_i \in \mathcal{O}(T)$ hat, $1 \leq i \leq b$, und daß überdies das Polynom $\omega := w_1^b + \sum_{i=1}^{b} a_i w_1^{b-i} \in \mathcal{O}(T)[w_1]$ über $W_1 \times T$ ein Schnitt in $\operatorname{An}\mathcal{S}$ ist. Wir bezeichnen mit A die Nullstellenmenge von ω in $\mathbb{C} \times T$. Da die Gleichung $\omega(w_1, 0, \ldots, 0) = 0$ nur durch $w_1 = 0$ gelöst wird, können wir T so verkleinern, daß gilt: $A \subset W_1 \times T$. Bezeichnet nun $\psi: W_1 \times T \to T$ die Projektion, so ist $\pi: A \to T$ mit $\pi := \psi | A$ nach Satz 2.1 eine endliche holomorphe Abbildung, wobei A die Strukturgarbe $\mathcal{O}_A = \mathcal{O}/\omega\mathcal{O}|A$ trägt. Da $\omega \mathcal{S}_{W_1 \times T} = 0$ nach Konstruktion, so kann $\mathcal{S}_{W_1 \times T}$ auch als kohärente $\mathcal{O}_A$-Garbe aufgefaßt werden, wobei gilt: $\psi_*(\mathcal{S}_{W_1 \times T}) = \pi_*(\mathcal{S}_{W_1 \times T})$. Die $\mathcal{O}_T$-Garbe $\mathcal{S}' := \psi_*(\mathcal{S}_{W_1 \times T})$ ist somit nach Satz 2.4 kohärent über T. Weiter ist, da $\operatorname{Tr}(\mathcal{S}_{W_1 \times T})$ abgeschlossen in A liegt, mit π auch die Einschränkung von π auf $\operatorname{Tr}(\mathcal{S}_{W_1 \times T})$, das ist die Abbildung $\psi | \operatorname{Tr}\mathcal{S} \cap (W_1 \times T)$: $\operatorname{Tr}\mathcal{S} \cap (W_1 \times T) \to T$, endlich. Diese Kohärenz- und Endlichkeitsaussage bleibt richtig, wenn T noch weiter zu einer offenen Menge in $\mathbb{C}^{m-1} \times \mathbb{C}^n$ verkleinert wird.

b) Nach diesen Vorbereitungen geht nun der Beweis von Satz 1 rasch durch vollständige Induktion nach m zu Ende. Im Falle $m=1$ sind wir bereits fertig (mit $W := W_1$, $Z := T$, $\varphi := \psi$). Sei $m > 1$. Wir betrachten die über der Nullumgebung $T \subset \mathbb{C}^{m-1} \times \mathbb{C}^n$ kohärente analytische Bildgarbe $\mathcal{S}'$. Da $(0,0) = \operatorname{Tr}\mathcal{S} \cap (W_1 \times T)$, so wird $\operatorname{Tr}\mathcal{S}' = \psi(\operatorname{Tr}\mathcal{S}_{W_1 \times T})$ von der Ebene $\mathbb{C}^{m-1} \times 0$ im Nullpunkt ebenfalls isoliert geschnitten. Nach Induktionsannahme gibt es also eine Umgebung W' von $0 \in \mathbb{C}^{m-1}$ und eine Umgebung Z von $0 \in \mathbb{C}^n$ mit $W' \times Z \subset T$, so daß die Projektion $\chi: W' \times Z \to Z$ eine endliche Abbildung $\operatorname{Tr}\mathcal{S}' \cap (W' \times Z) \to Z$ induziert und eine kohärente Bildgarbe $\chi_*(\mathcal{S}'_{W' \times Z})$ über Z hat. Wir setzen $W := W_1 \times W'$ und verkleinern T zu $W' \times Z$. Für die Projektion $\varphi: W \times Z \to Z$ haben wir nun die Faktorisierung $W \times Z \xrightarrow{\psi} W' \times Z \xrightarrow{\chi} Z$. Wegen $\varphi_*(\mathcal{S}_{W \times Z}) \cong \chi_*(\psi_*(\mathcal{S}_{W \times Z})) = \chi_*(\mathcal{S}')$ folgt somit die Kohärenzaussage 2). Da man für die Einschränkung von φ auf $\operatorname{Tr}\mathcal{S} \cap (W \times Z)$ weiter die Faktorisierung

$$\operatorname{Tr}\mathcal{S} \cap (W \times Z) \to \operatorname{Tr}\mathcal{S}' \cap (W' \times Z) \to Z$$

in zwei endliche Abbildungen hat, so folgt auch die Endlichkeitsaussage 1). □

2. Endliche holomorphe Abbildungen (lokaler Fall). – Es seien X, Y komplexe Räume und $f: X \to Y$ eine holomorphe Abbildung. Es sei $\mathcal{S}$ eine kohärente $\mathcal{O}_X$-Garbe. Wir zeigen:

Satz 2: *Es sei $x_0 \in X$ ein isolierter Punkt von $\operatorname{Tr}\mathcal{S} \cap f^{-1}(f(x_0))$ und $\hat{U} \subset X$ eine Umgebung von x_0. Dann gibt es Umgebungen U, V von $x_0 \in X$, $f(x_0) \in Y$ mit $U \subset \hat{U}$, $f(U) \subset V$, so daß gilt:*

1) *Die Beschränkung der induzierten Abbildung $f_U: U \to V$ auf $\operatorname{Tr}\mathcal{S} \cap U$ ist endlich.*

2) *Die $\mathcal{O}_V$-Garbe $f_{U*}(\mathcal{S}_U)$ ist kohärent über V.*

Beweis: a) Sei zunächst Y ein Bereich im $\mathbb{C}^n$. Wir wählen eine Umgebung $U' \subset \hat{U}$ von x_0 in X und eine biholomorphe Einbettung $i: U' \to G$ von U' in ein Gebiet eines Zahlenraumes $\mathbb{C}^m$. Die „Produktabbildung" $i \times f': U' \to G \times Y$, wo $f' := f|U'$, ist dann eine biholomorphe Einbettung von U' in $G \times Y \subset \mathbb{C}^m \times \mathbb{C}^n$. Die triviale Fortsetzung der Bildgarbe $(i \times f')_*(\mathcal{S}_{U'})$ nach $G \times Y$ ist eine kohärente $\mathcal{O}_{G \times Y}$-Garbe $\mathcal{S}^*$, es gilt $\operatorname{Tr} \mathcal{S}^* \cap (G \times y_0) = (i \times f')(x_0)$, wo $y_0 := f(x_0)$. Nach Satz 1 existieren daher Umgebungen W, Z von $i(x_0) \in G$, $y_0 \in Y$ mit $W \times Z \subset G \times Y$, so daß für die Projektion $\varphi: W \times Z \to Z$ gilt: 1) die Einschränkung von φ auf $\operatorname{Tr} \mathcal{S}^* \cap (W \times Z)$ ist endlich, 2) die Garbe $\varphi_*(\mathcal{S}^*_{W \times Z})$ ist kohärent über Z. Sei nun $V := Z$ und $U := (i \times f')^{-1}(W \times Z) \subset U'$. Dann ist $U \subset X$ eine Umgebung von x_0, und es gilt: $f_U = \varphi \circ (i \times f')_U$. Als Produkt zweier endlicher Abbildungen ist $f_U | \operatorname{Tr} \mathcal{S} \cap U: \operatorname{Tr} \mathcal{S} \cap U \to V$ endlich, weiter ist $f_{U*}(\mathcal{S}_U) = \varphi_*(\mathcal{S}^*_{W \times Z})$ kohärent über V.

b) Sei nun Y beliebig. Da die Aussage des Satzes lokal bzgl. Y ist, dürfen wir Y als komplexen Unterraum eines Bereiches B eines Zahlenraumes $\mathbb{C}^n$ annehmen. Wir fassen dann f als holomorphe Abbildung $\tilde{f}: X \to B$ auf (indem man die Einbettung $\iota: Y \hookrightarrow B$ nachschaltet). Da x_0 isoliert in $\tilde{f}^{-1}(y_0)$ liegt, gibt es nach dem in a) bewiesenen Umgebungen $U, \tilde{V}$ von $x_0 \in X$, $y_0 \in B$, so daß $\tilde{f}_U: U \to \tilde{V}$ eine endliche Abbildung $\operatorname{Tr} \mathcal{S} \cap U \to \tilde{V}$ induziert und $\tilde{f}_{U*}(\mathcal{S}_U)$ eine kohärente $\mathcal{O}_{\tilde{V}}$-Garbe ist. Alsdann ist $V := \tilde{V} \cap Y$ eine Umgebung von y_0 in Y; nach Konstruktion induziert $f_U: U \to V$ eine endliche Abbildung $\operatorname{Tr} \mathcal{S} \cap U \to V$. Da $\tilde{f}_{U*}(\mathcal{S}_U)$ die triviale Fortsetzung von $f_{U*}(\mathcal{S}_U)$ auf B ist, so ist $f_{U*}(\mathcal{S}_U)$ eine kohärente $\mathcal{O}_V$-Garbe. □

Wendet man Satz 2, 1) auf $\mathcal{S} = \mathcal{O}_X$ an, so erhält man wegen $\operatorname{Tr} \mathcal{O}_X = X$ das

Korollar: *Ist $f: X \to Y$ eine holomorphe Abbildung, und liegt der Punkt $x_0 \in X$ isoliert in seiner Faser $f^{-1}(f(x_0))$, so gibt es Umgebungen U, V von $x_0 \in X$, $f(x_0) \in V$ mit $f(U) \subset V$, so daß die induzierte Abbildung $f_U: U \to V$ endlich ist.*

3. Endliche holomorphe Abbildungen und Kohärenz.

– Aus Satz 2 folgt nun schnell

Satz 3 (Kohärenzsatz für endliche holomorphe Abbildungen): *Es sei $f: X \to Y$ eine endliche holomorphe Abbildung. Dann ist das Bild $f_*(\mathcal{S})$ jeder kohärenten $\mathcal{O}_X$-Garbe $\mathcal{S}$ eine kohärente $\mathcal{O}_Y$-Garbe.*

Beweis: Sei $y \in Y$ beliebig, seien $x_1, \ldots, x_t \in X$ die verschiedenen f-Urbilder von y. Nach Satz 2 gibt es Umgebungen U_i, V_i von $x_i \in X$, $y \in Y$ mit $f(U_i) \subset V_i$, so daß die zur induzierten Abbildung $f_{U_i}: U_i \to V_i$ gehörende Bildgarbe $f_{U_i*}(\mathcal{S}_{U_i})$ kohärent über V_i ist, $1 \leq i \leq t$; dabei lassen sich $U_1, \ldots, U_t$ paarweise disjunkt wählen. Jede in $\bigcap_1^t V_i$ enthaltene Umgebung V von $y \in Y$ bestimmt eine Abbildung $f_i: W_i \to V$, wo $W_i := U_i \cap f^{-1}(V)$ und $f_i := f|W_i$. Es gilt $f_{i*}(\mathcal{S}_{W_i}) = f_{U_i*}(\mathcal{S}_{U_i})_V$, daher ist $f_{i*}(\mathcal{S}_{W_i})$ eine kohärente $\mathcal{O}_V$-Garbe, $1 \leq i \leq t$.

Wir wählen V so klein, daß gilt $U := f^{-1}(V) = \bigcup_1^t W_i$ (dies ist möglich nach

Lemma 1.2) und betrachten die Einschränkung $f_U\colon U \to V$ von f auf U. Es gilt $f_{U*}(\mathscr{S}_U) = f_*(\mathscr{S})_V$. Da $W_i \cap W_j = \emptyset$ für $i \neq j$, so gilt weiter

$$f_*(\mathscr{S})(V') = \prod_1^t \mathscr{S}(W_i \cap f^{-1}(V')) \quad \text{für jede offene Menge} \quad V' \subset V;$$

also $f_*(\mathscr{S})_V = \prod_1^t f_{i*}(\mathscr{S}_{W_i})$. Mit den Garben $f_{i*}(\mathscr{S}_{W_i})$ ist somit auch $f_*(\mathscr{S})_V$ eine kohärente $\mathscr{O}_V$-Garbe. □

Kapitel II. Differentialformen und Dolbeaulttheorie

In diesem Kapitel wird die Dolbeaultsche Cohomologietheorie dargestellt. Grundlegend ist ein $\bar{\partial}$-Integrationslemma für geschlossene (p,q)-Formen (Satz 4.1). Der Beweis dieses Lemmas beruht auf der Existenz beschränkter Lösungen der inhomogenen Cauchy-Riemannschen Differentialgleichung $\frac{\partial g}{\partial \bar{z}} = f$; diese Lösungen werden im § 3 mittels des klassischen Integraloperators

$$Tf(z,u) = \frac{1}{2\pi i} \iint_B \frac{f(\zeta,u)}{\zeta - z} d\zeta \wedge d\bar{\zeta}$$

konstruiert (Satz 3.5). Die Dolbeaultsche Theorie liefert u.a. für kompakte Quader Q im $\mathbb{C}^m$ die Gleichungen $H^q(Q,\mathcal{O})=0$, $q \geq 1$, (Satz 4.3); dieser Verschwindungssatz wird im Kap. III benötigt, um Theorem B für kompakte Quader zu beweisen.

In den §§ 1, 2 sind – ausführlicher als unbedingt nötig – allgemeine Fakten über Differentialformen auf Mannigfaltigkeiten zusammengestellt. Es bezeichnet X stets eine (unendlich oft) differenzierbare, parakompakte Mannigfaltigkeit und $\mathscr{E}^{\mathbb{R}}$ ihre (reelle) Strukturgarbe. Für die Garbe $\mathscr{E}^{\mathbb{C}} = \mathscr{E}^{\mathbb{R}} + i\mathscr{E}^{\mathbb{R}}$ schreiben wir kurz $\mathscr{E}$. Ab § 2 ist X zusätzlich eine komplexe Mannigfaltigkeit mit komplexer Strukturgarbe $\mathcal{O} \subset \mathscr{E}$.

Mit U, V werden immer in X offene Mengen bezeichnet.

§ 1. Komplex-wertige Differentialformen auf differenzierbaren Mannigfaltigkeiten

1. Tangentialvektoren. – Es sei m die reelle Dimension von X. Wir benötigen folgenden Darstellungssatz für Funktionskeime.

Satz 1: *Sind $u_1, \ldots, u_m \in \mathscr{E}^{\mathbb{R}}(U)$ reelle Koordinaten in $U \subset X$, so besteht für jeden Keim $f_x \in \mathscr{E}^{\mathbb{R}}_x$, $x \in U$ eine Gleichung*

$$f_x = f_x(x) + \sum_{\mu=1}^{m} (u_{\mu x} - u_\mu(x))\, g_{\mu x}, \qquad g_{\mu x} \in \mathscr{E}^{\mathbb{R}}_x .$$

Die Werte $g_{\mu x}(x) \in \mathbb{R}$ *der Keime* $g_{\mu x}$ *in* x *sind durch* f_x *eindeutig bestimmt:*

$$g_{\mu x}(x) = \frac{\partial f_x}{\partial u_\mu}(x), \qquad \mu = 1, \ldots, m.$$

Beweis: Ohne Einschränkung der Allgemeinheit sei U eine offene Menge im Zahlenraum $\mathbb{R}^m$ der reellen m-tupel $(u_1, \ldots, u_m)$ und x der Nullpunkt. Zu jedem $f_x \in \mathscr{E}_x^{\mathbb{R}}$ gibt es eine Kugel $B \subset U$ um $x=0$ und einen Repräsentanten $f \in \mathscr{E}^{\mathbb{R}}(B)$ von f_x. In B ist dann:

$$\begin{aligned} f(u_1, \ldots, u_m) - f(0) &= \sum_{\mu=1}^{m} (f(0, \ldots, 0, u_\mu, \ldots, u_m) - f(0, \ldots, 0, u_{\mu+1}, \ldots, u_m)) \\ &= \sum_{\mu=1}^{m} \int_0^{u_\mu} \frac{\partial f}{\partial u_\mu}(0, \ldots, 0, y, u_{\mu+1}, \ldots, u_m)\, dy. \end{aligned}$$

Setzt man $g_\mu(u_1, \ldots, u_m) := \int_0^1 \frac{\partial f}{\partial u_\mu}(0, \ldots, 0, t u_\mu, u_{\mu+1}, \ldots, u_m)\, dt$, so gilt $g_\mu \in \mathscr{E}^{\mathbb{R}}(B)$ und (man substituiere $y = t \cdot u_\mu$):

$$u_\mu g_\mu = \int_0^{u_\mu} \frac{\partial f}{\partial u_\mu}(0, \ldots, 0, y, u_{\mu+1}, \ldots, u_m)\, dy.$$

Also hat man $f = f(0) + u_1 g_1 + \cdots + u_m g_m$ in B. Dies liefert, da $x=0$ und $u_\mu(x)=0$ für alle μ gilt, die gewünschte Gleichung für f_x. Die Gleichungen für $g_{\mu x}(x)$ folgen trivial durch Differenzieren. □

Definition 2 (Tangentialvektor): *Eine* $\mathbb{R}$*-lineare Abbildung* $\xi: \mathscr{E}_x^{\mathbb{R}} \to \mathbb{R}$ *heißt Tangentialvektor in* $x \in X$, *wenn* ξ *der Produktregel genügt:*

$$\xi(f_x g_x) = \xi(f_x) g_x(x) + f_x(x) \xi(g_x), \qquad f_x, g_x \in \mathscr{E}_x^{\mathbb{R}}.$$

Dann gilt $\xi(r) = 0$ für alle $r \in \mathbb{R}$.

Die Menge aller Tangentialvektoren in $x \in X$ ist ein $\mathbb{R}$-Vektorraum, er wird mit $T(x)$ bezeichnet und heißt der *Tangentialraum von* X *in* x.

Satz 3: *Sind* $u_1, \ldots, u_m$ *Koordinaten in* $U \subset X$, *so bilden in jedem Punkt* $x \in U$ *die* m *partiellen Ableitungen*

$$\left.\frac{\partial}{\partial u_\mu}\right|_x : \mathscr{E}_x^{\mathbb{R}} \to \mathbb{R}, \qquad f_x \mapsto \frac{\partial f_x}{\partial u_\mu}(x), \qquad \mu = 1, \ldots, m$$

eine Basis von $T(x)$. *Für jedes* $\xi \in T(x)$ *gilt:*

$$\xi = \sum_{\mu=1}^{m} \xi(u_{\mu x}) \left.\frac{\partial}{\partial u_\mu}\right|_x.$$

Beweis: Es ist klar, daß die angeschriebenen partiellen Ableitungen Tangentialvektoren sind. Wegen

$$\frac{\partial u_{ix}}{\partial u_j}(x)=\delta_{ij}, \qquad 1\le i,j\le m$$

sind diese Vektoren linear unabhängig. Es bleibt die Gleichung für ξ zu verifizieren. Nach Satz 1 gilt für jedes $f_x\in\mathscr{E}_x^{\mathbb{R}}$ eine Gleichung

$$f_x=f_x(x)+\sum_{\mu=1}^{m}(u_{\mu x}-u_\mu(x))\,g_{\mu x}, \qquad g_{\mu x}\in\mathscr{E}_x^{\mathbb{R}}, \qquad g_{\mu x}(x)=\frac{\partial f_x}{\partial u_\mu}(x).$$

Die Produktregel impliziert, da ξ auf konstanten Keimen verschwindet:

$$\xi(f_x)=\sum_{\mu=1}^{m}\xi(u_{\mu x})\,g_{\mu x}(x)=\sum_{\mu=1}^{m}\xi(u_{\mu x})\frac{\partial f_x}{\partial u_\mu}(x). \qquad \square$$

Ist allgemein R eine kommutative K-Algebra über einem Körper K und M ein R-Modul, so nennt man jede K-lineare Abbildung $\alpha\colon R\to M$, die der Produktregel $\alpha(fg)=\alpha(f)g+f\alpha(g)$, $f,g\in R$, genügt, eine *Derivation* von R mit Werten in M. Die Menge $D(R,M)$ aller dieser Derivationen ist ein R-Modul. Der Körper $\mathbb{R}$ ist vermöge $\mathscr{E}_x^{\mathbb{R}}\to\mathbb{R}$, $f_x\mapsto f_x(x)$, für jedes $x\in X$ ein $\mathscr{E}_x^{\mathbb{R}}$-Modul, der *Tangentialraum* $T(x)$ ist der Derivationsmodul $D(\mathscr{E}_x^{\mathbb{R}},\mathbb{R})$.

2. Vektorfelder. – Ist jedem Punkt $x\in U\subset X$ ein Tangentialvektor $\xi(x)\in T(x)$ zugeordnet, so spricht man von einem *Vektorfeld* ξ über U. Ist $V\subset U$, so ordnet ξ jeder Funktion $f\in\mathscr{E}^{\mathbb{R}}(V)$ vermöge

$$\xi(f)\colon V\to\mathbb{R}, \qquad x\mapsto\xi(f)(x):=\xi(x)(f_x)$$

eine über V reellwertige Funktion $\xi(f)$ zu.

Definition 4 (Differenzierbares Vektorfeld): *Ein Vektorfeld ξ über $U\subset X$ heißt differenzierbar, wenn für jede in einer offenen Menge $V\subset U$ differenzierbare Funktion $f\in\mathscr{E}^{\mathbb{R}}(V)$ die Funktion $\xi(f)$ in V differenzierbar ist.*

Die Menge aller differenzierbaren Vektorfelder über $U\subset X$ bildet einen $\mathscr{E}^{\mathbb{R}}(U)$-Modul $T(U)$. Im Falle $V\subset U$ hat man die natürliche Einschränkung $r_V^U\colon T(U)\to T(V)$, $\xi\mapsto\xi|V$. Man stellt fest:

Das System $\{T(U),r_V^U\}$ ist das kanonische Datum einer $\mathscr{E}^{\mathbb{R}}$-Garbe $\mathscr{T}$. Für jeden Punkt $x\in X$ ist der Halm $\mathscr{T}_x$ der $\mathscr{E}_x^{\mathbb{R}}$-Modul aller Derivationen von $\mathscr{E}_x^{\mathbb{R}}$ in sich. $\mathscr{T}$ heißt die Garbe der Keime der differenzierbaren Vektorfelder über X.

In Analogie zu Satz 3 ergibt sich sofort:

Satz 5: *Sind $u_1, \ldots, u_m$ Koordinaten in $U \subset X$, so bilden die m partiellen Ableitungen*

$$\frac{\partial}{\partial u_\mu}: \mathscr{E}^{\mathbb{R}}(U) \to \mathscr{E}^{\mathbb{R}}(U), \quad f \mapsto \frac{\partial f}{\partial u_\mu}, \quad \mu = 1, \ldots, m$$

eine Basis des $\mathscr{E}^{\mathbb{R}}(U)$-Moduls $T(U)$. Für jedes $\xi \in T(U)$ gilt:

$$\xi = \sum_{\mu=1}^{m} \xi(u_\mu) \frac{\partial}{\partial u_\mu}, \quad \xi(u_\mu) \in \mathscr{E}^{\mathbb{R}}(U).$$

Jedes Koordinatensystem $u_1, \ldots, u_m$ in U bestimmt also vermöge

$$T(U) \to \mathscr{E}^{\mathbb{R}}(U)^m, \quad \xi \mapsto (\xi(u_1), \ldots, \xi(u_m))$$

einen $\mathscr{E}^{\mathbb{R}}(U)$-Modulisomorphismus. Daher ist $T(U)$ frei vom Range m; es folgt: *Die $\mathscr{E}^{\mathbb{R}}$-Garbe $\mathscr{T}$ ist lokal-frei vom Range m.*

Bemerkung: Der Halm $\mathscr{T}_x$ ist wohl zu unterscheiden vom Tangentialraum $T(x)$. Man hat eine natürliche $\mathbb{R}$-lineare Abbildung $\mathscr{T}_x \to T(x)$; jedes differenzierbare Vektorfeld $\xi \in T(U) = \mathscr{T}(U)$ bestimmt also in jedem Punkt $x \in U$ einen Keim $\xi_x \in \mathscr{T}_x$ und einen Tangentialvektor $\xi(x) = \xi_x(x) \in T(x)$.

3. Komplexe r-Vektoren. – Da $\mathbb{C}$ und alle Tangentialräume $T(x)$, $x \in X$, reelle Vektorräume sind, können wir für jede natürliche Zahl $r \geq 1$ definieren:

Definition 6 (r-Vektor): *Ein (komplexer) r-Vektor φ im Punkte $x \in X$ ist eine r-fach $\mathbb{R}$-lineare, alternierende Abbildung $\varphi: T(x) \times \cdots \times T(x) \to \mathbb{C}$.*

Es gilt also $\varphi(\xi_{\pi(1)}, \ldots, \xi_{\pi(r)}) = \operatorname{sgn} \pi \cdot \varphi(\xi_1, \ldots, \xi_r)$ für je r Tangentialvektoren $\xi_\iota \in T(x)$ und alle Permutationen π von $\{1, \ldots, r\}$, speziell gilt $\varphi(\xi_1, \ldots, \xi_r) = 0$ stets dann, wenn zwei Tangentialvektoren gleich sind.

Die r-Vektoren in x bilden einen *komplexen* Vektorraum $A^r(x)$. Man setzt noch $A^0(x) := \mathbb{C}$. In der direkten Summe

$$A(x) := \bigoplus_{r=0}^{\infty} A^r(x)$$

ist das Graßmannprodukt $\wedge$ definiert: für $\varphi \in A^r(x)$, $\psi \in A^s(x)$ ist $\varphi \wedge \psi \in A^{r+s}(x)$ gegeben durch

$$\varphi \wedge \psi(\xi_1, \ldots, \xi_{r+s}) := \frac{1}{r!\,s!} \sum \delta(\iota_1, \ldots, \iota_{r+s}) \varphi(\xi_{\iota_1}, \ldots, \xi_{\iota_r}) \psi(\xi_{\iota_{r+1}}, \ldots, \xi_{\iota_{r+s}}), \quad \xi_\iota \in T(x).$$ [8]

[8] Es ist über alle $\iota_1, \ldots, \iota_{r+s}$ jeweils von 1 bis $r+s$ zu summieren; mit $\delta(\iota_1, \ldots, \iota_{r+s})$ wird das die Signumfunktion sgn verallgemeinernde „Kroneckersymbol" bezeichnet, also $\delta(\iota_1, \ldots, \iota_{r+s}) := \prod_{1 \leq \mu < \nu \leq r+s} \delta(\iota_\mu, \iota_\nu)$, wo $\delta(\iota_\mu, \iota_\nu) := +1$ bzw. $:= 0$ bzw. $:= -1$ ist, je nachdem, ob $\iota_\mu < \iota_\nu$ bzw. $\iota_\mu = \iota_\nu$ bzw. $\iota_\mu > \iota_\nu$ gilt. Vgl. hierzu [DI], p. 64ff.

Mit dem äußeren Produkt $\wedge$ ist $A(x)$ eine *assoziative* $\mathbb{C}$-*Algebra mit* 1; es gilt:

$$\varphi \wedge \psi = (-1)^{rs} \psi \wedge \varphi \quad \text{für} \quad \varphi \in A^r(x), \quad \psi \in A^s(x).$$

Seien nun $u_1, \ldots, u_m$ Koordinaten in $U \subset X$. In jedem Punkt $x \in U$ bezeichnen wir mit $du_1, \ldots, du_m$ die *duale* Basis von $\left.\frac{\partial}{\partial u_1}\right|_x, \ldots, \left.\frac{\partial}{\partial u_m}\right|_x$ im zu $T(x)$ *dualen reellen* Vektorraum $T^*(x)$ (genauer, aber schwerfälliger ist die Notation $du_1|_x, \ldots, du_m|_x$). Dann bilden $du_1, \ldots, du_m$ auch eine Basis des *komplexen* Vektorraumes $A^1(x)$. Es gilt darüber hinaus (vgl. [DI], p. 73ff.):

Die Familie $\{du_{\iota_1} \wedge du_{\iota_2} \wedge \cdots \wedge du_{\iota_r}, 1 \leq \iota_1 < \cdots < \iota_r \leq m\}$ *ist eine Basis von* $A^r(x)$; *jeder r-Vektor* $\varphi \in A^r(x)$ *ist eindeutig darstellbar in der Form*

$$\varphi = \sum_{1 \leq \iota_1 < \cdots < \iota_r \leq r} a_{\iota_1 \ldots \iota_r} du_{\iota_1} \wedge \cdots \wedge du_{\iota_r} \quad \textit{mit} \quad a_{\iota_1 \ldots \iota_r} := \varphi\left(\left.\frac{\partial}{\partial u_{\iota_1}}\right|_x, \ldots, \left.\frac{\partial}{\partial u_{\iota_r}}\right|_x\right).$$

Man sieht insbesondere:

$$\dim_{\mathbb{C}} A^r(x) = \binom{m}{r}, \quad \dim_{\mathbb{C}} A(x) = \sum_{r=0}^{m} \binom{m}{r} = 2^m, \quad A^r(x) = 0 \quad \text{für} \quad r > m.$$

4. Liftung von r-Vektoren. – Neben X betrachten wir eine zweite differenzierbare Mannigfaltigkeit Y und eine differenzierbare Abbildung $f: X \to Y$. Ist $x \in X$ und $y := f(x) \in Y$, so wird jeder Keim $g_y \in \mathscr{E}_y^{\mathbb{R}}$ vermöge f zum Keim $(g_y \circ f)_x \in \mathscr{E}_x^{\mathbb{R}}$ geliftet. Jeder Tangentialvektor $\xi \in T(x)$ bestimmt somit den Tangentialvektor

$$f_{\#}\xi : \mathscr{E}_y^{\mathbb{R}} \to \mathbb{R}, \quad g_y \mapsto \xi(g_y \circ f)_x$$

in $y \in Y$. Die Abbildung $f_{\#}: T(x) \to T(y)$ ist $\mathbb{R}$-linear. Zu $f_{\#}$ gehört ein $\mathbb{C}$-*Algebrahomomorphismus*

$$f^{\#}: A(y) \to A(x) \quad \text{mit} \quad f^{\#}(A^r(y)) \subset A^r(x), \quad r \geq 0;$$

jeder r-Vektor $\varphi \in A^r(y)$ liftet sich zu einem r-Vektor $f^{\#}\varphi \in A^r(x)$ vermöge

$$(f^{\#}\varphi)(\xi_1, \ldots, \xi_r) := \varphi(f_{\#}(\xi_1), \ldots, f_{\#}(\xi_r)), \quad \xi_1, \ldots, \xi_r \in T(x).$$

Man schreibt suggestiv auch $\varphi \circ f$ statt $f^{\#}\varphi$. Ersichtlich ist $^{\#}$ ein *kontravarianter* und $_{\#}$ ein *kovarianter* Funktor.

Wir schreiben $f_{\#}$ und $f^{\#}$ in Koordinaten. Sei $n := \dim_{\mathbb{R}} Y$, seien $w_1, \ldots, w_n$ bzw. $u_1, \ldots, u_m$ Koordinaten in $W \subset Y$ bzw. $U \subset X$, sei $f(U) \subset W$. Wird dann $f|U: U \to W$ durch n Funktionen $w_\nu = f_\nu(u_1, \ldots, u_m) \in \mathscr{E}^{\mathbb{R}}(U)$ dargestellt, $1 \leq \nu \leq n$, so gilt:

$$f_{\#}\left(\frac{\partial}{\partial u_i}\right)=\sum_{\nu=1}^{n}\frac{\partial f_\nu}{\partial u_i}(x)\frac{\partial}{\partial w_\nu},\qquad f^{\#}(dw_j)=\sum_{\mu=1}^{m}\frac{\partial f_j}{\partial u_\mu}(x)\,du_\mu,\qquad \begin{matrix}1\le i\le m,\\ 1\le j\le n.\end{matrix}$$

Hiermit ist $f^{\#}$ für beliebige r-Vektoren bekannt, da $f^{\#}$ ein $\mathbb{C}$-Algebrahomomorphismus ist:

$$f^{\#}\left(\sum_{1\le\iota_1<\cdots<\iota_r\le n} a_{\iota_1\ldots\iota_r}dw_{\iota_1}\wedge\cdots\wedge dw_{\iota_r}\right)=\sum_{1\le\iota_1<\cdots<\iota_r\le n} a_{\iota_1\ldots\iota_r}f^{\#}(dw_{\iota_1})\wedge\cdots\wedge f^{\#}(dw_{\iota_r}).$$

5. Komplex-wertige Differentialformen. – Ist jedem Punkt $x\in U\subset X$ ein r-Vektor $\varphi(x)\in A^r(x)$ zugeordnet, so spricht man von einem (komplexen) r-Vektor φ über U. Sind $\xi_1,\ldots,\xi_r\in T(V)$ differenzierbare Vektorfelder über $V\subset U$ und $\xi_i(x)\in T(x)$ der Tangentialvektor von ξ_i in x, so gibt ein r-Vektor φ über U vermöge

$$\varphi(\xi_1,\ldots,\xi_r)\colon V\to\mathbb{C},\qquad x\mapsto\varphi(\xi_1,\ldots,\xi_r)(x):=\varphi(x)(\xi_1(x),\ldots,\xi_r(x))$$

Anlaß zu einer *komplex-wertigen* Funktion.

Definition 7 (r-dimensionale Differentialform): *Ein r-Vektor φ über $U\subset X$ heißt (komplex-wertige) r-dimensionale Differentialform über U, kurz r-Form über U, wenn für jede offene Menge $V\subset U$ und jedes System $\xi_1,\ldots,\xi_r\in T(V)$ die Funktion $\varphi(\xi_1,\ldots,\xi_r)$ in V differenzierbar ist.*

Die Menge aller r-Formen in U ist ein $\mathscr{E}(U)$-Modul $A^r(U)$. Für $V\subset U$ hat man die natürliche Einschränkung $r_V^U\colon A^r(U)\to A^r(V)$, $\varphi\mapsto\varphi|V$. Man sieht damit:

Das System $\{A^r(U), r_V^U\}$ ist das kanonische Datum einer $\mathscr{E}$-Garbe $\mathscr{A}^r$; sie heißt die Garbe der Keime der (komplex-wertigen) r-Formen über X.

Der Halm $\mathscr{A}_x^r$ ist ein $\mathscr{E}_x$-Modul und wohl zu unterscheiden vom $\mathbb{C}$-Vektorraum $A^r(x)$. Für alle offenen Mengen U gilt $\mathscr{A}^r(U)=A^r(U)$.

Sind $u_1,\ldots,u_m$ Koordinaten in U, so gilt $du_1,\ldots,du_m\in A^1(U)$; für jedes differenzierbare Vektorfeld $\xi=\sum_1^m f_i\frac{\partial}{\partial u_i}$, $f_i\in\mathscr{E}^{\mathbb{R}}(U)$ ist $du_\mu(\xi)=f_\mu$, $1\le\mu\le m$. Eine allgemeinere Aussage macht

Satz 8: *Sind $u_1,\ldots,u_m$ Koordinaten in U, so bildet die Familie $\{du_{\iota_1}\wedge\cdots\wedge du_{\iota_r},\ 1\le\iota_1<\cdots<\iota_r\le m\}$ eine Basis des $\mathscr{E}(U)$-Moduls $A^r(U)$. Für jede r-Form $\varphi\in A^r(U)$ gilt*

$$\varphi=\sum_{1\le\iota_1<\cdots<\iota_r\le m} a_{\iota_1\ldots\iota_r}du_{\iota_1}\wedge du_{\iota_2}\wedge\cdots\wedge du_{\iota_r}$$

mit $a_{\iota_1\ldots\iota_r}=\varphi\left(\frac{\partial}{\partial u_{\iota_1}},\ldots,\frac{\partial}{\partial u_{\iota_r}}\right)\in\mathscr{E}(U)$.

Der Beweis ist kanonisch, vgl. [DI], p. 73ff. □

Jedes Koordinatensystem $u_1, \ldots, u_m$ in U induziert somit vermöge

$$A^r(U) \to \mathscr{E}(U)^{\binom{m}{r}}, \qquad \varphi \mapsto \varphi\left(\frac{\partial}{\partial u_{\iota_1}}, \ldots, \frac{\partial}{\partial u_{\iota_r}}\right)$$

einen $\mathscr{E}(U)$-Modulisomorphismus. Daher ist $A^r(U)$ frei vom Range $\binom{m}{r}$ und es folgt:

Die $\mathscr{E}$-Garbe $\mathscr{A}^r$ ist lokal-frei vom Range $\binom{m}{r}$, es gilt:

$$\mathscr{A}^r = 0 \quad \textit{für alle} \quad r > m.$$

Es gilt $\mathscr{A}^0 = \mathscr{E}$. Die Garbe $\mathscr{A}^1$ nennt man auch die Garbe der Keime der *Pfaffschen Formen* auf X. Es gilt $\mathscr{A}^1 = \mathscr{H}om_{\mathbb{R}}(\mathscr{T}, \mathscr{E})$, wenn hier $\mathbb{R}$ die konstante Garbe bezeichnet. □

Die $\mathscr{E}$-Garbe $\mathscr{A}^r$ ist kanonisch isomorph zum r-fachen Graßmannprodukt der $\mathscr{E}$-Garbe $\mathscr{A}^1$ mit sich selbst über der Ringgarbe $\mathscr{E}$, also: $\mathscr{A}^r \cong \bigwedge^r \mathscr{A}^1 = \mathscr{A}^1 \wedge \cdots \wedge \mathscr{A}^1$ (r-mal). Die $\mathscr{E}$-Garbe $\mathscr{A} := \bigoplus_0^m \mathscr{A}^r$ der Keime *aller* Differentialformen auf X ist lokal-frei vom Rang 2^m.

Der Leser beachte, daß wir stets *komplexe Differentialformen* betrachten, während man in der Theorie der differenzierbaren Mannigfaltigkeiten üblicherweise nur reelle Differentialformen untersucht.

Die Konjugation $\mathbb{C} \to \mathbb{C}$, $z \to \bar{z}$ im Körper der komplexen Zahlen induziert eine *Konjugierung* $\bar{\ } : \mathscr{E} \to \mathscr{E}$: jedem $f \in \mathscr{E}(U)$ ist die durch $x \mapsto \overline{f(x)}$ erklärte Funktion $\bar{f} \in \mathscr{E}(U)$ zugeordnet. Weiter hat man eine natürliche Konjugierung $\bar{\ } : \mathscr{A} \to \mathscr{A}$, die $\mathscr{A}^r$ in sich selbst abbildet: ist $\varphi \in A^r(U)$ in Koordinaten $u_1, \ldots, u_m$ durch $\sum a_{\iota_1 \ldots \iota_r} du_{\iota_1} \wedge \cdots \wedge du_{\iota_r}$ gegeben, so ist $\bar{\varphi} = \sum \bar{a}_{\iota_1 \ldots \iota_r} du_{\iota_1} \wedge \cdots \wedge du_{\iota_r}$ die zu φ konjugiert komplexe Differentialform. Man hat für $a \in \mathbb{C}$, $\varphi, \psi \in A(U)$ folgende Rechenregeln:

$$\overline{\varphi + \psi} = \bar{\varphi} + \bar{\psi}, \qquad \overline{a\varphi} = \bar{a}\,\bar{\varphi}, \qquad \overline{\varphi \wedge \psi} = \bar{\varphi} \wedge \bar{\psi}.$$

6. Äußere Ableitung. – Eine fundamentale Rolle in der Theorie der Differentialformen spielt der *Differentialoperator* $d: \mathscr{A} \to \mathscr{A}$, der $\mathscr{A}^r$ in $\mathscr{A}^{r+1}$ abbildet. Der folgende Satz beschreibt die Wirkung von d auf Schnittflächenmoduln über offenen Mengen U.

Satz 9: *Es gibt genau eine $\mathbb{C}$-lineare Abbildung $d: A(U) \to A(U)$ mit folgenden Eigenschaften:*

1) *d bildet $A^r(U)$ in $A^{r+1}(U)$ ab, $r \geq 0$.*
2) *Für jede differenzierbare Funktion $f \in \mathscr{E}(U) = A^0(U)$ und jedes Vektorfeld $\xi \in T(U)$ gilt: $df(\xi) = \xi(f)$.*
3) *$\overline{d\varphi} = d\bar{\varphi}$ für alle $\varphi \in A(U)$.*
4) *$d(\varphi \wedge \psi) = d\varphi \wedge \psi + (-1)^r \varphi \wedge d\psi$, falls $\varphi \in A^r(U)$.*
5) *$d \circ d = 0$.*

Zum Beweise vgl. [ARC] sowie [DI], p. 86ff.

Man nennt d die *äußere* oder *totale* Ableitung. Sind $u_1, \ldots, u_m$ Koordinaten in U, so impliziert 2) sogleich:

$$df = \sum_{\mu=1}^{m} \frac{\partial f}{\partial u_\mu} du_\mu \quad \text{für alle} \quad f \in \mathscr{E}(U).$$

Die äußere Ableitung von $u_i \in \mathscr{E}(U)$ ist also du_i (wie die Notationen es auch gebieten). In Koordinaten gilt weiter, wenn $\varphi = \sum_{1 \leq \iota_1 < \cdots < \iota_r \leq m} a_{\iota_1 \ldots \iota_r} du_{\iota_1} \wedge \cdots \wedge du_{\iota_r}$:

$$\begin{aligned} d\varphi &= \sum_{1 \leq \iota_1 < \cdots < \iota_r \leq m} (da_{\iota_1 \ldots \iota_r}) \wedge du_{\iota_1} \wedge \cdots \wedge du_{\iota_r} \\ &= \sum_{1 \leq \iota_1 < \cdots < \iota_r \leq m} \sum_{\mu=1}^{m} \frac{\partial a_{\iota_1 \ldots \iota_r}}{\partial u_\mu} du_\mu \wedge du_{\iota_1} \wedge \cdots \wedge du_{\iota_r}. \end{aligned}$$

7. Liftung von Differentialformen. – Sei nun wieder eine zweite differenzierbare Mannigfaltigkeit Y und eine differenzierbare Abbildung $f: X \to Y$ gegeben. Ist $W \subset Y$ offen, so lassen sich Differentialformen auf W vermöge f zu Differentialformen nach $f^{-1}(W) \subset X$ liften, d. h. es gibt einen $\mathbb{C}$-Algebrahomomorphismus

$$f^{\#}: A^r(W) \to A^r(f^{-1}(W)), \qquad \varphi \mapsto \varphi \circ f.$$

Man gewinnt das $f^{\#}$-Urbild von $\varphi \in A^r(W)$, indem man φ von jedem Punkt $y \in W$ – wie im Abschnitt 4 beschrieben – in alle seine Urbilder $x \in f^{-1}(W)$ liftet. In Koordinaten gilt (unter Verwendung der Notationen und Gleichungen des Abschnittes 4):

Seien $u_1, \ldots, u_m$ bzw. $w_1, \ldots, w_n$ Koordinaten in $U \subset f^{-1}(W)$ bzw. W, die Abbildung $f|U: U \to W$ sei durch die Funktionen $w_\nu = f_\nu(u_1, \ldots, u_m) \in \mathscr{E}^{\mathbb{R}}(U)$, $1 \leq \nu \leq n$, gegeben. Für jede r-Form

$$\varphi = \sum_{1 \leq \iota_1 < \cdots < \iota_r \leq m} a_{\iota_1 \ldots \iota_r} dw_{\iota_1} \wedge \cdots \wedge dw_{\iota_r} \in A^r(W), \qquad a_{\iota_1 \ldots \iota_r} \in \mathscr{E}(W)$$

ist dann (wenn $a_{\iota_1 \ldots \iota_r} \circ f \in \mathscr{E}(U)$ die Funktionenliftung bezeichnet):

$$f^{\#}(\varphi)|U := (\varphi \circ f)|U = \sum_{1 \leq \iota_1 < \cdots < \iota_r \leq m} (a_{\iota_1 \ldots \iota_r} \circ f) df_{\iota_1} \wedge \cdots \wedge df_{\iota_r} \in A^r(U).$$

Natürlich gilt stets

$$\overline{f^{\#}(\varphi)} = f^{\#}(\bar{\varphi}), \quad \text{d.h.} \quad \overline{\varphi \circ f} = \bar{\varphi} \circ f.$$

Weniger trivial ist:

Äußere Ableitung und Liftung kommutieren:

$$f^{\#}(d\varphi) = d(f^{\#}\varphi) \quad \textit{für alle} \quad \varphi \in A(W).$$

Zum Beweis aller dieser Aussagen sei auf [DI] verwiesen, wo allerdings nur der reelle Fall behandelt wird.

Anmerkung: Die Liftung von Differentialformen wird in diesem Buche nirgends benötigt.

8. De Rhamsche Cohomologiegruppen. – Mittels der Garben $\mathscr{A}^r$ und der äußeren Ableitung d bildet man über X die $\mathbb{C}$-Garbensequenz

$$\mathscr{E}=\mathscr{A}^0 \xrightarrow{d} \mathscr{A}^1 \xrightarrow{d} \cdots \longrightarrow \mathscr{A}^r \xrightarrow{d} \mathscr{A}^{r+1} \xrightarrow{d} \cdots \xrightarrow{d} \mathscr{A}^m \longrightarrow 0\,.$$

Wegen $d\circ d=0$ ist dies ein *Komplex*; es gilt $\mathscr{K}er\, d|\mathscr{A}^0=\mathbb{C}$. Fundamental ist

Satz 10: *Bezeichnet i die Einbettung von $\mathbb{C}$ in $\mathscr{A}^0$, so ist die Sequenz*

$$(*) \qquad 0 \longrightarrow \mathbb{C} \xrightarrow{i} \mathscr{A}^0 \xrightarrow{d} \mathscr{A}^1 \xrightarrow{d} \cdots \xrightarrow{d} \mathscr{A}^m \longrightarrow 0$$

exakt und also eine Auflösung der (konstanten) Garbe $\mathbb{C}$.

Dieser lokale Satz ist eine unmittelbare Folgerung aus dem berühmten

Lemma von Poincaré: *Sei G ein konvexes Gebiet im $\mathbb{R}^m$ und $\varphi\in A^r(G)$, $r\geq 1$, eine geschlossene r-Form, d.h. es gelte $d\varphi=0$. Dann ist φ exakt, d.h. es gibt eine $(r-1)$-Form $\psi\in A^{r-1}(G)$, so daß gilt: $\varphi=d\psi$.*

Hinsichtlich des Beweises verweisen wir auf [DI], p. 89ff. □

Da alle Garben $\mathscr{A}^r$ als $\mathscr{E}^{\mathbb{R}}$-Modulgarben nach Kap. A, Satz 4.5, *weich* sind, so ist die Sequenz (∗) nach Kap. B, § 1.3 eine *azyklische* Auflösung von $\mathbb{C}$ über X. Das formale De Rhamsche Lemma liefert daher den klassischen

Satz von De Rham: *Es sei X eine differenzierbare Mannigfaltigkeit und $\mathscr{A}^r$, $r\geq 0$ die Garbe der Keime der (komplex-wertigen) differenzierbaren r-Formen auf X. Dann bestehen natürliche Isomorphismen:*

$$H^0(X,\mathbb{C})\cong \mathrm{Ker}(d|\mathscr{A}^0(X))\,; \qquad H^q(X,\mathbb{C})\cong \mathrm{Ker}(d|\mathscr{A}^q(X))/d\mathscr{A}^{q-1}(X)\,, \qquad q\geq 1\,.$$

Man nennt die hier rechts stehenden Gruppen üblicherweise die *De Rhamschen Cohomologiegruppen von X* (mit komplexen Koeffizienten); sie sind – obwohl mittels der differenzierbaren Struktur von X gewonnen – isomorph zu „singulären“ Cohomologiegruppen und *topologische Invarianten* der Mannigfaltigkeit X.

Die eben durchgeführten Überlegungen werden in den nächsten Paragraphen simuliert für den Operator $\bar\partial$ (statt d) und führen zu den Dolbeaultschen Cohomologiegruppen (vgl. § 4). An die Stelle des Poincaréschen Lemma tritt das Lemma von Dolbeault, welches im § 3 bewiesen wird.

§ 2. Differentialformen auf komplexen Mannigfaltigkeiten

In diesem Paragraphen bezeichnet X stets eine komplexe Mannigfaltigkeit der *komplexen* Dimension m mit Strukturgarbe $\mathcal{O}$. Die Inklusion $\mathcal{O} \subset \mathcal{E}$ zusammen mit der Konjugierung $\bar{\ }: \mathcal{A} \to \mathcal{A}$ gibt Anlaß zu einer *Doppelgraduierung* von $\mathcal{A}$, die wichtige Informationen über X enthält.

1. Die Garben $\mathcal{A}^{1,0}, \mathcal{A}^{0,1}$ und Ω^1. – Sind $z_1 = x_1 + iy_1, \ldots, z_m = x_m + iy_m \in \mathcal{O}(U)$ komplexe Koordinaten in $U \subset X$, so bestehen wegen der $\mathbb{C}$-Linearität von d die Gleichungen $dz_\mu = dx_\mu + i dy_\mu$, $d\bar{z}_\mu = dx_\mu - i dy_\mu$, $1 \le \mu \le m$, und weiter:

$$dx_\mu = \frac{1}{2}(dz_\mu + d\bar{z}_\mu), \qquad dy_\mu = \frac{1}{2i}(dz_\mu - d\bar{z}_\mu), \qquad \mu = 1, \ldots, m.$$

Mit $dx_1, dy_1, \ldots, dx_m, dy_m$ bilden daher auch $dz_1, d\bar{z}_1, \ldots, dz_m, d\bar{z}_m$ eine $\mathcal{E}(U)$-Basis von $\mathcal{A}^1(U)$. Hieraus folgt

Satz 1: *Sind $z_1, \ldots, z_m$ komplexe Koordinaten in $U \subset X$, so wird für jedes $r \ge 0$ eine $\mathcal{E}(U)$-Basis von $\mathcal{A}^r(U)$ gegeben durch die $\binom{2m}{r}$ Formen*

$$\{dz_{i_1} \wedge \cdots \wedge dz_{i_p} \wedge d\bar{z}_{j_1} \wedge \cdots \wedge d\bar{z}_{j_q},\ 1 \le i_1 < \cdots < i_p \le m,\ 1 \le j_1 < \cdots < j_q \le m,\ p + q = r\}.$$

Beweis: Die angeschriebenen $\binom{2m}{r}$ Formen erzeugen $\mathcal{A}^r(U)$ und sind daher, da $\mathcal{A}^r(U)$ ein freier $\mathcal{E}(U)$-Modul vom Rang $\binom{2m}{r}$ ist, eine Basis. □

Für jede Funktion $f \in \mathcal{E}(U)$ gilt

$$df = \sum_1^m \left(\frac{\partial f}{\partial x_\mu} dx_\mu + \frac{\partial f}{\partial y_\mu} dy_\mu \right).$$

Setzt man (wie üblich):

$$\frac{\partial f}{\partial z_\mu} := \frac{1}{2}\left(\frac{\partial f}{\partial x_\mu} - i \frac{\partial f}{\partial y_\mu} \right), \qquad \frac{\partial f}{\partial \bar{z}_\mu} := \frac{1}{2}\left(\frac{\partial f}{\partial x_\mu} + i \frac{\partial f}{\partial y_\mu} \right), \qquad \mu = 1, \ldots, m,$$

so erhält man:

$$df = \sum_1^m \left(\frac{\partial f}{\partial z_\mu} dz_\mu + \frac{\partial f}{\partial \bar{z}_\mu} d\bar{z}_\mu \right) \quad \textit{für alle} \quad f \in \mathcal{E}(U).$$

Eine Funktion $f \in \mathcal{E}(U)$ ist genau dann holomorph in U, wenn f die *Cauchy-Riemannschen Differentialgleichungen* erfüllt:

$$\frac{\partial f}{\partial \bar{z}_\mu} = 0, \qquad \mu = 1, \ldots, m;$$

das trifft genau dann zu, wenn gilt: $df = \sum_1^m \frac{\partial f}{\partial z_\mu} dz_\mu$.

Wir führen nun drei wichtige Untergarben von $\mathscr{A}^1$ ein. Wir gehen aus von der Inklusion $d\mathcal{O}\subset\mathscr{A}^1$ und bezeichnen mit $\mathscr{A}^{1,0}$ die von $d\mathcal{O}$ erzeugte $\mathscr{E}$-Untergarbe von $\mathscr{A}^1$. Man nennt $\mathscr{A}^{1,0}$ die *Garbe der Keime der differenzierbaren* (1,0)-*Formen auf* X; es gilt

$$\mathscr{A}_x^{1,0}=\left\{\sum_{i=1}^{<\infty} g_{ix}df_{ix},\ g_{ix}\in\mathscr{E}_x,\ f_{ix}\in\mathcal{O}_x\right\},\qquad x\in X\,.$$

Neben $\mathscr{A}^{1,0}$ betrachten wir die zu ihr konjugierte $\mathscr{E}$-Garbe $\mathscr{A}^{0,1}:=\overline{\mathscr{A}^{1,0}}$; da d mit der Konjugierung vertauschbar ist, so gilt

$$\mathscr{A}_x^{0,1}=\left\{\sum_{i=1}^{<\infty} g_{ix}d\bar{f}_{ix},\ g_{ix}\in\mathscr{E}_x,\ f_{ix}\in\mathcal{O}_x\right\},\qquad x\in X\,,$$

d.h. $\mathscr{A}^{0,1}$ kann auch als die von $d\bar{\mathcal{O}}$ erzeugte $\mathscr{E}$-Untergarbe von $\mathscr{A}^1$ beschrieben werden. Man nennt $\mathscr{A}^{0,1}$ die *Garbe der Keime der differenzierbaren* (0,1)-*Formen auf* X.

Schließlich bezeichnen wir mit Ω^1 die von $d\mathcal{O}$ erzeugte $\mathcal{O}$-Untergarbe von $\mathscr{A}^1$. Es gilt $\Omega^1\subset\mathscr{A}^{1,0}$ und

$$\Omega_x^1=\left\{\sum_{i=1}^{<\infty} g_{ix}df_{ix},\ g_{ix},f_{ix}\in\mathcal{O}_x\right\},\qquad x\in X\,.$$

Man nennt Ω^1 die *Garbe der Keime der holomorphen* 1-*Formen auf* X.

Diese drei Garben $\mathscr{A}^{1,0}, \mathscr{A}^{0,1}$ und Ω^1 sind *eindeutig* durch die komplexe Struktur von X bestimmt. Man hat folgende Beschreibung in Koordinaten:

Satz 2: *Sind $z_1,\ldots,z_m$ komplexe Koordinaten in $U\subset X$, so gilt:*

1) *Die 1-Formen $dz_1,\ldots,dz_m$ bilden eine $\mathscr{E}(U)$-Basis von $\mathscr{A}^{1,0}(U)$ und eine $\mathcal{O}(U)$-Basis von $\Omega^1(U)$.*
2) *Die 1-Formen $d\bar{z}_1,\ldots,d\bar{z}_m$ bilden eine $\mathscr{E}(U)$-Basis von $\mathscr{A}^{0,1}(U)$.*

Beweis: Es gilt $dz_\mu\in\mathscr{A}^{1,0}(U)$, $d\bar{z}_\mu\in\mathscr{A}^{0,1}(U)$, $1\le\mu\le m$. Da $df_x=\sum_1^m\left(\frac{\partial f}{\partial z_\mu}\right)_x(dz_\mu)_x$ nach dem oben Gesagten für jedes $f\in\mathcal{O}_x$, $x\in U$, gilt, so wird jeder $\mathscr{E}_x$-Modul $\mathscr{A}_x^{1,0}$ von den Keimen $dz_{1x},\ldots,dz_{mx}$ erzeugt. Daher erzeugen die Schnitte $dz_1,\ldots,dz_m$ den $\mathscr{E}(U)$-Modul $\mathscr{A}^{1,0}(U)$.

Analog folgt, daß $\mathscr{A}^{0,1}(U)$ von $d\bar{z}_1,\ldots,d\bar{z}_m$ erzeugt wird, und daß $dz_1,\ldots,dz_m$ ein $\mathcal{O}(U)$-Erzeugendensystem von $\Omega^1(U)$ bilden. Da $dz_1,d\bar{z}_1,\ldots,dz_m,d\bar{z}_m$ nach Satz 1 über $\mathscr{E}(U)$ linear unabhängig sind, folgen die Behauptungen. □

2. Die Garben $\mathscr{A}^{p,q}$ und Ω^p. – Aus den $\mathscr{E}$-Garben $\mathscr{A}^{1,0},\mathscr{A}^{0,1}$ und der $\mathcal{O}$-Garbe Ω^1 konstruieren wir (mittels des allgemein für Garben von Ringen definierten Graßmannproduktes $\wedge$) neue Garben. Sind p,q natürliche Zahlen, so bilden wir über $\mathscr{E}$ das Graßmannprodukt

$$\mathscr{A}^{p,q}:=\underbrace{\mathscr{A}^{1,0}\wedge\cdots\wedge\mathscr{A}^{1,0}}_{p\text{-mal}}\wedge\underbrace{\mathscr{A}^{0,1}\wedge\cdots\wedge\mathscr{A}^{0,1}}_{q\text{-mal}}$$

und über $\mathcal{O}$ das Graßmannprodukt

$$\Omega^p := \underbrace{\Omega^1 \wedge \cdots \wedge \Omega^1}_{p\text{-mal}},$$

wobei wir $\mathcal{A}^{0,0} := \mathcal{A}^0 = \mathcal{E}$ und $\Omega^0 := \mathcal{O}$ verabreden. Ersichtlich ist $\mathcal{A}^{p,q}$ eine $\mathcal{E}$-Untergarbe von $\mathcal{A}^{p+q}$ und Ω^p eine $\mathcal{O}$-Untergarbe von $\mathcal{A}^p$.

Definition 3: *Die $\mathcal{E}$-Garbe $\mathcal{A}^{p,q}$ heißt die Garbe der Keime der differenzierbaren (p,q)-Formen auf X. Die $\mathcal{O}$-Garbe Ω^p heißt die Garbe der Keime der holomorphen p-Formen auf X.*

Wir haben folgende Beschreibung dieser Garben in Koordinaten:

Satz 4: *Sind $z_1, \ldots, z_m$ komplexe Koordinaten in $U \subset X$, so gilt:*
1) *Die Familie*

$$\{dz_{i_1} \wedge \cdots \wedge dz_{i_p} \wedge d\bar{z}_{j_1} \wedge \cdots \wedge d\bar{z}_{j_q},\ 1 \le i_1 < \cdots < i_p \le m,\ 1 \le j_1 < \cdots < j_q \le m\}$$

ist eine $\mathcal{E}(U)$-Basis von $\mathcal{A}^{p,q}(U)$.
2) $\mathcal{A}^r(U) = \bigoplus_{p+q=r} \mathcal{A}^{p,q}(U)$ *als $\mathcal{E}(U)$-Moduln.*
3) *Die Familie $\{dz_{i_1} \wedge \cdots \wedge dz_{i_p},\ 1 \le i_1 < \cdots < i_p \le m\}$ ist eine $\mathcal{O}(U)$-Basis von $\Omega^p(U)$.*

Beweis: Die Definition von $\mathcal{A}^{p,q}$ impliziert, daß die in 1) angeschriebene Familie jedenfalls $\mathcal{A}^{p,q}(U)$ als $\mathcal{E}(U)$-Modul erzeugt. Nun bilden nach Satz 1, wenn bei festem r alle p,q mit $p+q=r$ betrachtet werden, diese Familien insgesamt eine $\mathcal{E}(U)$-Basis von $\mathcal{A}^r(U)$. Daher ist jede Familie für sich eine Basis von $\mathcal{A}^{p,q}(U)$ und es folgt sogleich die Gleichung 2).
Die Aussage 3) folgt jetzt trivial. □

Korollar: *Für alle $r \ge 0$ gilt:*

$$\mathcal{A}^r = \bigoplus_{p+q=r} \mathcal{A}^{p,q}, \quad \textit{speziell} \quad \mathcal{A}^1 = \mathcal{A}^{1,0} \oplus \mathcal{A}^{0,1} \quad (\textit{als } \mathcal{E}\textit{-Moduln}).$$

Die $\mathcal{E}$-Garbe $\mathcal{A}^{p,q}$ ist lokal-frei von Rang $\binom{m}{p}\binom{m}{q}$, speziell gilt:

$$\mathcal{A}^{p,q} = 0 \quad \textit{für} \quad \max(p,q) > m = \dim_{\mathbb{C}} X.$$

Die $\mathcal{O}$-Garbe Ω^p ist lokal-frei vom Rang $\binom{m}{p}$ und also kohärent; es gilt:

$$\Omega^p = 0 \quad \textit{für alle} \quad p > m.$$

Aus Satz 4.1) folgt weiter die Konjugierungsgleichung

$$\overline{\mathcal{A}^{p,q}} = \mathcal{A}^{q,p}.$$

3. Die Ableitungen ∂ und $\bar{\partial}$. – Die totale Ableitung $d\colon \mathscr{E}\to\mathscr{A}^1$ wird, wenn man $\mathscr{A}^1=\mathscr{A}^{1,0}\oplus\mathscr{A}^{0,1}$ auf den ersten bzw. zweiten Summanden projiziert, zerlegt in zwei *$\mathbb{C}$-lineare Abbildungen*

$$\partial\colon \mathscr{E}\to\mathscr{A}^{1,0}, \qquad \bar{\partial}\colon \mathscr{E}\to\mathscr{A}^{0,1}, \qquad d=\partial+\bar{\partial}.$$

Sind $z_1,\dots,z_m$ Koordinaten in $U\subset X$, so gilt:

$$\partial f=\sum_1^m \frac{\partial f}{\partial z_\mu}dz_\mu, \qquad \bar{\partial} f=\sum_1^m \frac{\partial f}{\partial \bar{z}_\mu}d\bar{z}_\mu, \qquad f\in\mathscr{E}(U).$$

Genau dann ist f holomorph, wenn $\bar{\partial} f=0$, d.h.:

$$\mathscr{O}=\mathscr{K}\!\mathit{er}\,\bar{\partial}.$$

Diese Betrachtungen lassen sich sofort verallgemeinern: für jede (p,q)-Form $\omega\in\mathscr{A}^{p,q}$ gilt $d\omega\in\mathscr{A}^{p+q+1}$. In Koordinaten hat man, falls

$$\omega=\sum_{i,j} a_{i_1\dots i_p j_1\dots j_q} dz_{i_1}\wedge\cdots\wedge dz_{i_p}\wedge d\bar{z}_{j_1}\wedge\cdots\wedge d\bar{z}_{j_q}\in\mathscr{A}^{p,q}(U), \;^9$$

die Gleichung:

$$d\omega=\sum_{i,j} da_{i_1\dots j_q}\wedge dz_{i_1}\wedge\cdots\wedge d\bar{z}_{j_q} \quad \text{mit} \quad da=\sum_{\mu=1}^m \frac{\partial a}{\partial z_\mu}dz_\mu+\sum_{\mu=1}^m \frac{\partial a}{\partial \bar{z}_\mu}d\bar{z}_\mu .$$

Hieraus liest man ab:

$$d\mathscr{A}^{p,q}\subset\mathscr{A}^{p+1,q}\oplus\mathscr{A}^{p,q+1}.$$

Daher ist auch $d\colon \mathscr{A}^{p,q}\to\mathscr{A}^{p+q+1}$ die Summe zweier $\mathbb{C}$-linearer Abbildungen

$$\partial\colon \mathscr{A}^{p,q}\to\mathscr{A}^{p+1,q}, \qquad \bar{\partial}\colon \mathscr{A}^{p,q}\to\mathscr{A}^{p,q+1}, \qquad d=\partial+\bar{\partial};$$

in obiger Koordinatendarstellung gilt:

$$\partial\omega=\sum_{\mu=1}^m\left(\sum_{i,j}\frac{\partial a_{i_1\dots j_q}}{\partial z_\mu}dz_\mu\wedge dz_{i_1}\wedge\cdots\wedge dz_{i_p}\wedge d\bar{z}_{j_1}\wedge\cdots\wedge d\bar{z}_{j_q}\right)\in\mathscr{A}^{p+1,q}(U)$$

$$\bar{\partial}\omega=\sum_{\mu=1}^m\left(\sum_{i,j}\frac{\partial a_{i_1\dots j_q}}{\partial \bar{z}_\mu}d\bar{z}_\mu\wedge dz_{i_1}\wedge\cdots\wedge dz_{i_p}\wedge d\bar{z}_{j_1}\wedge\cdots\wedge d\bar{z}_{j_q}\right)\in\mathscr{A}^{p,q+1}(U).$$

---

[9] Hier und später bedeutet $\sum_{i,j}$, daß über *alle* Indexkombinationen $1\le i_1<\cdots<i_p\le m$ *und* $1\le j_1<\cdots<j_q\le m$ summiert wird.

Die konstruierten Abbildungen $\partial, \bar{\partial}$ bestimmen in eindeutiger Weise $\mathbb{C}$-lineare Abbildungen

$$\partial : \mathscr{A} \to \mathscr{A}\,, \qquad \bar{\partial} : \mathscr{A} \to \mathscr{A}\,.$$

Diese beiden Operatoren treten auf komplexen Mannigfaltigkeiten neben die totale Ableitung d; ihre formalen Eigenschaften sind in folgendem Satz zusammengestellt:

Satz 5: *Es gelten folgende Gleichungen:*

$$d = \partial + \bar{\partial}\,, \qquad \partial \circ \partial = 0\,, \qquad \bar{\partial} \circ \bar{\partial} = 0\,, \qquad \partial \circ \bar{\partial} + \bar{\partial} \circ \partial = 0\,,$$

$$\overline{\partial \varphi} = \bar{\partial}\, \bar{\varphi} \quad \textit{für alle} \quad \varphi \in \mathscr{A}\,,$$

$$\partial(\varphi \wedge \psi) = \partial \varphi \wedge \psi + (-1)^{p+q} \varphi \wedge \partial \psi\,, \quad \textit{falls} \quad \varphi \in \mathscr{A}^{p,q}\,,$$

$$\bar{\partial}(\varphi \wedge \psi) = \bar{\partial} \varphi \wedge \psi + (-1)^{p+q} \varphi \wedge \partial \psi\,, \quad \textit{falls} \quad \varphi \in \mathscr{A}^{p,q}\,.$$

Beweis: Es ist $d = \partial + \bar{\partial}$ kraft Definition von ∂ und $\bar{\partial}$. Aus

$$0 = d \circ d = (\partial + \bar{\partial}) \circ (\partial + \bar{\partial}) = \partial \circ \partial + \bar{\partial} \circ \bar{\partial} + (\partial \circ \bar{\partial} + \bar{\partial} \circ \partial)$$

folgen die weiteren Gleichungen für $\partial, \bar{\partial}$, da für jedes $\varphi \in \mathscr{A}^{p,q}$ gelten muß

$$\partial \circ \partial \varphi \in \mathscr{A}^{p+2,q}\,, \qquad \bar{\partial} \circ \bar{\partial} \varphi \in \mathscr{A}^{p,q+2}\,, \qquad (\partial\, \bar{\partial} + \partial\, \bar{\partial}) \varphi \in \mathscr{A}^{p+1,q+1}\,.$$

Die Gleichung $\overline{\partial \varphi} = \bar{\partial}\, \bar{\varphi}$ folgt sofort, wenn man $\varphi, \partial \varphi$ und $\bar{\partial} \varphi$ in Koordinaten hinschreibt und beachtet, daß für Funktionen f stets gilt:

$$\frac{\overline{\partial f}}{\partial z_\mu} = \frac{\partial \bar{f}}{\partial \bar{z}_\mu}\,, \qquad \mu = 1, \ldots, m\,.$$

Von den restlichen beiden Gleichungen ist wegen des eben Gezeigten nur die Gleichung für ∂ zu verifizieren. Das geschieht wieder durch Nachrechnen in Koordinaten. □

Die Operatoren ∂ und $\bar{\partial}$ sind ihrer Herkunft nach gleichberechtigt. Da man jedoch in der komplexen Analysis üblicherweise der Garbe $\mathscr{O}$ den Vorrang vor $\bar{\mathscr{O}}$ gibt, so rückt wegen $\mathscr{O} = \mathscr{K}er\, \bar{\partial} | \mathscr{E}$ der Operator $\bar{\partial}$ mehr in den Vordergrund des Interesses.

Satz 6: *Eine* $(p,0)$*-Form* $\varphi \in \mathscr{A}^{p,0}(U)$, $p \geq 0$ *ist genau dann holomorph, wenn sie* $\bar{\partial}$*-geschlossen ist, d.h. wenn gilt:* $\bar{\partial} \varphi = 0$. *Es ist also*

$$\Omega^p = \mathscr{K}er\, \bar{\partial} | \mathscr{A}^{p,0} \quad \textit{für alle} \quad p \geq 0\,.$$

Beweis: Ist $\varphi = \sum\limits_{1 \leq i_1 < \cdots < i_p \leq m} a_{i_1 \ldots i_p} dz_{i_1} \wedge \cdots \wedge dz_{i_p}$ in lokalen Koordinaten, so folgt

$$\bar{\partial} \varphi = \sum_{\mu=1}^{m} \sum_{1 \leq i_1 < \cdots < i_p \leq m} \frac{\partial a_{i_1 \ldots i_p}}{\partial \bar{z}_\mu} d\bar{z}_\mu \wedge dz_{i_1} \wedge \cdots \wedge dz_{i_p} \in \mathscr{A}^{p,1}(U)\,.$$

Da die Formen $d\bar{z}_\mu \wedge dz_{i_1} \wedge \cdots \wedge dz_{i_p}$ eine Basis bilden, so gilt $\bar{\partial}\varphi = 0$ also genau dann, wenn für alle μ und alle $i_1, \ldots, i_p$ gilt:

$$\frac{\partial a_{i_1 \ldots i_p}}{\partial \bar{z}_\mu} = 0\,, \quad \text{d.h.} \quad a_{i_1 \ldots i_p} \in \mathcal{O}(U)\,, \quad \text{d.h.} \quad \varphi \in \Omega^p(U)\,.$$

Bemerkung: Wegen $\overline{\partial\varphi} = \bar{\partial}\bar{\varphi}$ gilt $\varphi \in \mathcal{K}er\,\partial$ genau dann, wenn $\bar{\varphi} \in \mathcal{K}er\,\bar{\partial}$. Da $\mathcal{A}^{0,p} = \overline{\mathcal{A}^{p,0}}$, so gilt mit Satz 6 also analog

$$\overline{\Omega^p} = \mathcal{K}er\,\partial\,|\,\mathcal{A}^{0,p}\,;$$

man nennt $\overline{\Omega^p}$ die Garbe der Keime der *antiholomorphen* p-Formen auf X. Die gewonnenen Resultate über ∂ und $\bar{\partial}$ werden sehr suggestiv an folgender Graphik von $\mathbb{C}$-Homomorphismen illustriert (mit i wird jeweils die natürliche Injektion bezeichnet).

$$\begin{array}{ccccccccccccccc}
 & & 0 & & 0 & & 0 & & 0 & & & & 0 & & \\
 & & \downarrow & & \downarrow & & \downarrow & & \downarrow & & & & \downarrow & & \\
0 & \longrightarrow & \mathbb{C} & \xrightarrow{i} & \bar{\mathcal{O}} & \xrightarrow{d=\bar{\partial}} & \bar{\Omega}^1 & \xrightarrow{d} & \bar{\Omega}^2 & \xrightarrow{d} & \cdots & \xrightarrow{d} & \bar{\Omega}^m & \longrightarrow & 0 \\
 & & \downarrow{\scriptstyle i} & & \downarrow{\scriptstyle i} & & \downarrow{\scriptstyle i} & & \downarrow{\scriptstyle i} & & & & \downarrow{\scriptstyle i} & & \\
0 & \longrightarrow & \mathcal{O} & \xrightarrow{i} & \mathcal{E} & \xrightarrow{\bar{\partial}} & \mathcal{A}^{0,1} & \xrightarrow{\bar{\partial}} & \mathcal{A}^{0,2} & \xrightarrow{\bar{\partial}} & \cdots & \xrightarrow{\bar{\partial}} & \mathcal{A}^{0,m} & \longrightarrow & 0 \\
 & & \downarrow{\scriptstyle d=\partial} & & \downarrow{\scriptstyle \partial} & & \downarrow{\scriptstyle \partial} & & \downarrow{\scriptstyle \partial} & & & & \downarrow{\scriptstyle \partial} & & \\
0 & \longrightarrow & \Omega^1 & \xrightarrow{i} & \mathcal{A}^{1,0} & \xrightarrow{\bar{\partial}} & \mathcal{A}^{1,1} & \xrightarrow{\bar{\partial}} & \mathcal{A}^{1,2} & \xrightarrow{\bar{\partial}} & \cdots & \xrightarrow{\bar{\partial}} & \mathcal{A}^{1,m} & \longrightarrow & 0 \\
 & & \downarrow{\scriptstyle d} & & \downarrow{\scriptstyle \partial} & & \downarrow{\scriptstyle \partial} & & \downarrow{\scriptstyle \partial} & & & & \downarrow{\scriptstyle \partial} & & \\
0 & \longrightarrow & \Omega^2 & \xrightarrow{i} & \mathcal{A}^{2,0} & \xrightarrow{\bar{\partial}} & \mathcal{A}^{2,1} & \xrightarrow{\bar{\partial}} & \mathcal{A}^{2,2} & \xrightarrow{\bar{\partial}} & \cdots & \xrightarrow{\bar{\partial}} & \mathcal{A}^{2,m} & \longrightarrow & 0 \\
 & & \downarrow{\scriptstyle d} & & \downarrow{\scriptstyle \partial} & & \downarrow{\scriptstyle \partial} & & \downarrow{\scriptstyle \partial} & & & & \downarrow{\scriptstyle \partial} & & \\
 & & \vdots & & \vdots & & \vdots & & \vdots & & & & \vdots & & \\
 & & \downarrow{\scriptstyle d} & & \downarrow{\scriptstyle \partial} & & \downarrow{\scriptstyle \partial} & & \downarrow{\scriptstyle \partial} & & & & \downarrow{\scriptstyle \partial} & & \\
0 & \longrightarrow & \Omega^m & \xrightarrow{i} & \mathcal{A}^{m,0} & \xrightarrow{\bar{\partial}} & \mathcal{A}^{m,1} & \xrightarrow{\bar{\partial}} & \mathcal{A}^{m,2} & \xrightarrow{\bar{\partial}} & \cdots & \xrightarrow{\bar{\partial}} & \mathcal{A}^{m,m} & \longrightarrow & 0 \\
 & & \downarrow & & \downarrow & & \downarrow & & \downarrow & & & & \downarrow & & \\
 & & 0 & & 0 & & 0 & & 0 & & & & 0 & &
\end{array}$$

Dieses Diagramm ist in den Quadraten der ersten Zeile und der ersten Spalte kommutativ und in allen übrigen Quadraten *antikommutativ*; jede Zeile und jede Spalte ist ein $\mathbb{C}$-*Garbenkomplex*. Die Familie $\{\mathcal{A}^{p,q}, \partial, \bar{\partial}\}$ ist also ein *Doppelkomplex*, der zugehörige *Einfachkomplex* ist natürlich $\{\mathcal{A}^r, d\}$. Ein wichtiges

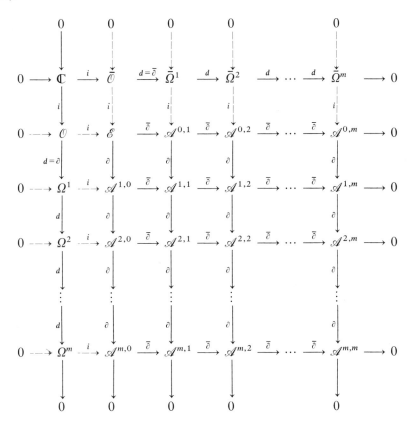

Resultat des übernächsten Paragraphen wird sein, daß im obigen Diagramm *alle Zeilen und Spalten exakt* sind.

Anmerkung: Statt ∂ und $\bar\partial$ schreibt man in der Literatur häufig auch d' und d'' (wie in der Theorie der Doppelkomplexe).

4. Holomorphe Liftung von (p,q)-Formen. – Im § 1.7 haben wir gesehen, daß eine differenzierbare Abbildung $f: X \to Y$ mittels Liftung auf jeder offenen Menge $W \subset Y$ einen $\mathbb{C}$-Algebrahomomorphismus

$$f^{\#}: \mathscr{A}(W) \to \mathscr{A}(f^{-1}(W))$$

induziert, der $\mathscr{A}^r(W)$ in $\mathscr{A}^r(f^{-1}(W))$ abbildet, und der mit der Konjugierung und der äußeren Ableitung vertauschbar ist

$$\overline{f^{\#}(\varphi)} = f^{\#}(\bar\varphi), \qquad f^{\#} \circ d = d \circ f^{\#}.$$

Im komplex-analytischen Fall hat $f^{\#}$ weitere Eigenschaften.

Satz 7: *Seien X, Y komplexe Mannigfaltigkeiten und $f: X \to Y$ eine holomorphe Abbildung. Dann gilt stets:*

$$f^{\#}(\mathscr{A}^{p,q}(W)) \subset \mathscr{A}^{p,q}(f^{-1}(W)), \qquad f^{\#}(\Omega^p(W)) \subset \Omega^p(f^{-1}(W)),$$
$$f^{\#} \circ \partial = \partial \circ f^{\#}, \qquad f^{\#} \circ \bar\partial = \bar\partial \circ f^{\#}.$$

Beweis: Die Aussagen sind lokal. Seien $z_1, \ldots, z_m$ bzw. $w_1, \ldots, w_n$ komplexe Koordinaten in $U \subset f^{-1}(W)$ bzw. W, sei $f|U: U \to W$ durch die Funktionen $w_\nu = f_\nu(z_1, \ldots, z_m) \in \mathcal{O}(U)$, $\nu = 1, \ldots, n$ (mit $n := \dim_{\mathbb{C}} Y$) gegeben. Für jede (p,q)-Form

$$\varphi = \sum_{i,j} a_{i_1 \ldots j_q} dw_{i_1} \wedge \cdots \wedge dw_{i_p} \wedge d\bar w_{j_1} \wedge \cdots \wedge d\bar w_{j_q} \in \mathscr{A}^{p,q}(W) \subset \mathscr{A}^{p+q}(W)$$

gilt dann nach § 1.7

$$f^{\#}(\varphi)|U = \sum_{i,j} (a_{i_1 \ldots j_q} \circ f) df_{i_1} \wedge \cdots \wedge df_{i_p} \wedge d\bar f_{j_1} \wedge \cdots \wedge d\bar f_{j_q} \in \mathscr{A}^{p+q}(U).$$

Da $df_\nu \in \mathscr{A}^{1,0}(U)$, $d\bar f_\nu \in \mathscr{A}^{0,1}(U)$ wegen der *Holomorphie* der f_ν gilt, so ist also mit φ auch $f^{\#}(\varphi)$ eine (p,q)-Form. Sind zusätzlich alle Koeffizienten $a_{i_1 \ldots j_q}$ von φ holomorph, so sind wegen der Holomorphie von f auch alle Koeffizienten $a_{i_1 \ldots j_q} \circ f$ von $f^{\#}(\varphi)|U$ holomorph, d. h. mit φ ist auch $f^{\#}(\varphi)$ eine holomorphe p-Form.

Um die Vertauschbarkeit von $f^{\#}$ mit ∂ und $\bar\partial$ einzusehen, gehen wir aus von der Gleichung $f^{\#} \circ d = d \circ f^{\#}$. Wegen $d = \partial + \bar\partial$ und der Additivität von $f^{\#}$ folgt

$$f^{\#}(\partial\varphi) + f^{\#}(\bar\partial\varphi) = \partial f^{\#}(\varphi) + \bar\partial f^{\#}(\varphi) \quad \text{für jede } (p,q)\text{-Form } \varphi.$$

Da nach dem schon Bewiesenen $f^{\#}$ den Doppelgrad einer Form invariant läßt, so gilt:

$$f^{\#}(\partial\varphi),\ \partial(f^{\#}\varphi)\in\mathscr{A}^{p+1,q},\qquad f^{\#}(\bar\partial\varphi),\ \bar\partial(f^{\#}\varphi)\in\mathscr{A}^{p,q+1}.$$

Dies zusammen mit der vorangehenden Gleichung impliziert die Vertauschungsregeln.

§ 3. Das Lemma von Grothendieck

In diesem Paragraphen werden Vorbereitungen getroffen, um die Exaktheit sämtlicher Zeilen und Spalten des Diagramms von p. 71 zu beweisen. Es muß die Differentialgleichung $\frac{\partial g}{\partial \bar z}=f$ gelöst werden, wobei die vorgegebene Funktion f neben $z\in\mathbb{C}$ noch von Parametern abhängt ($\bar\partial$-Problem). Als Hilfsmittel zur Lösung werden Sätze aus der allgemeinen Integrationstheorie sowie der Satz von Stokes in Gestalt einer verallgemeinerten Cauchyschen Integralformel herangezogen.

Mit z wird eine komplexe und mit $u_1,\ldots,u_d$ werden reelle Variable bezeichnet; ζ und η sind immer komplexe Integrationsvariable.

1. Gebietsintegrale. Der Operator T. – Es sei B stets ein *beschränkter Bereich* in der z-Ebene und U eine offene Menge im Parameterraum $\mathbb{R}^d$ der d-tupel $(u_1,\ldots,u_d)$. Wir betrachten komplex-wertige, stetige Funktionen f in $B\times U$, für die das Integral

(1) $$(Tf)(z,u):=\frac{1}{2\pi i}\iint_B \frac{f(\zeta,u)}{\zeta-z}\,d\zeta\wedge d\bar\zeta \quad \text{für jeden Punkt}\quad (z,u)\in B\times U$$

existiert. Nach der Lebesgueschen Integrationstheorie existiert Tf, wenn f *auf jeder Menge* $B\times u$, $u\in U$, *beschränkt ist* (das Integral $\iint_B \frac{d\zeta\wedge d\bar\zeta}{\zeta-z}$ existiert, das Integral $\iint_B \frac{d\zeta\wedge d\bar\zeta}{(\zeta-z)^2}$ nicht!).

Nach einem Satz von Lebesgue gilt:

(2) $$(Tf)(z,u)=\lim_{\varepsilon\to 0}\frac{1}{2\pi i}\iint_{B\setminus K_\varepsilon(z)}\frac{f(\zeta,u)}{\zeta-z}\,d\zeta\wedge d\bar\zeta,\qquad (z,u)\in B\times U,$$

wenn $K_\varepsilon(z)$ den abgeschlossenen Kreis vom Radius $\varepsilon>0$ um z bezeichnet.

Die Funktion $Tf\colon B\times U\to\mathbb{C}$ verhält sich in den Variablen $z\in B$ und $u\in U$ verschieden. Während für Untersuchungen bzgl. des Verhaltens in u die Gleichung (1) ausreicht, ist es zweckmäßig, sich bei Betrachtungen bzgl. z durch die Variablensubstitution $\eta:=\zeta-z$ von z im Nenner zu befreien. Man erhält:

(3) $$(Tf)(z,u) = \frac{1}{2\pi i} \iint_{B_z} \frac{f(z+\eta,u)}{\eta} d\eta \wedge d\bar{\eta}\,, \qquad (z,u) \in B \times U\,,$$

wobei $B_z := \{\eta \in \mathbb{C},\, z+\eta \in B\}$ der um $-z$ translatierte Bereich ist. Von der Parameterabhängigkeit des Integrationsbereiches befreit man sich in der bekannten Weise dadurch, daß man von f zur trivialen Fortsetzung $\tilde{f}$ von f nach $\mathbb{C} \times U$ übergeht; dann gilt:

(3′) $$(Tf)(z,u) = \frac{1}{2\pi i} \iint_{\mathbb{C}} \frac{\tilde{f}(z+\eta,u)}{\eta} d\eta \wedge d\bar{\eta}\,, \qquad (z,u) \in B \times U\,.$$

In Polarkoordinaten $\eta = r e^{i\varphi}$ schreibt sich (3) wie folgt:

$$(Tf)(z,u) = \frac{1}{\pi} \iint_{B_z} e^{-i\varphi} f(z+re^{i\varphi},u)\, d\varphi \wedge dr\,, \qquad (z,u) \in B \times U\,;$$

damit sehen wir, wenn $\rho := \sup_{v,w \in B} |v-w| < \infty$ den Durchmesser von B bezeichnet. *Mit f ist auch Tf auf jeder Menge $B \times u$, $u \in U$, beschränkt:*

$$|Tf|_{B \times u} \leq 2\rho |f|_{B \times u}\,.$$

Trivial (doch wichtig) ist noch, daß T ein *$\mathbb{C}$-linearer Operator* ist.

2. Vertauschbarkeit von T mit partieller Differentiation. – Die Situation in den Parametern u_μ ist harmlos:

Hilfssatz 1: *Es existiere Tf in $B \times U$, und es sei $\frac{\partial f}{\partial u_\mu}(\zeta,u)$ stetig in $B \times U$ und beschränkt auf jeder Menge $B \times K$, wo K kompakt in U ist. Dann gilt:*

$$\frac{\partial}{\partial u_\mu}(Tf) = T\frac{\partial f}{\partial u_\mu}\,.$$

Beweis: In der Terminologie von [DI], p. 60 hat der Integrand von T (lokal in U) eine gleichmäßig L-beschränkte, über B integrierbare partielle Ableitung nach u_μ. Daher darf man Integration und Differentiation nach u_μ vertauschen. □

Die Situation bzgl. $z, \bar{z}$ ist wegen der Singularität des Integranden komplizierter und zwingt zu schärferen Annahmen.

Hilfssatz 2: *Es sei f stetig in $B \times U$, und es sei* $\operatorname{Tr} f \cap (B \times K)$ *kompakt für jede kompakte Menge $K \subset U$. Dann ist auch Tf stetig in $B \times U$.*

Existieren zusätzlich $\frac{\partial f}{\partial z}$, $\frac{\partial f}{\partial \bar{z}}$ und sind sie stetig in $B \times U$, so gilt:

$$\frac{\partial}{\partial z}(Tf) = T\frac{\partial f}{\partial z}\,, \qquad \frac{\partial}{\partial \bar{z}}(Tf) = T\frac{\partial f}{\partial \bar{z}}\,.$$

Beweis: Wir stellen Tf durch die Gleichung (3′) dar:

$$Tf = \frac{1}{2\pi i} \iint_{\mathbb{C}} \frac{\tilde{f}(z+\eta, u)}{\eta} d\eta \wedge d\bar{\eta}.$$

Wegen der über $\mathrm{Tr} f$ gemachten Voraussetzung ist der Integrand hier stetig in $\mathbb{C} \times U$ und auf $\mathbb{C} \times B \times U$ (wo $\eta \in \mathbb{C}$, $z \in B$, $u \in U$) wieder (lokal in U) gleichmäßig L-beschränkt. Nach [DI], p. 60 ist Tf daher stetig in $B \times U$.

Die zusätzlichen Voraussetzungen implizieren, daß der Integrand auch (lokal in U) gleichmäßig L-beschränkte, über $\mathbb{C}$ integrierbare Ableitungen nach $z, \bar{z}$ hat. Daher gelten dann auch die Vertauschungsregeln bzgl. z und $\bar{z}$. □

Insgesamt folgt nun

Lemma 3: *Es sei $f \in \mathscr{E}(B \times U)$, und es sei* $\mathrm{Tr} f \cap (B \times K)$ *kompakt für jede kompakte Menge $K \subset U$. Dann gilt:*

$$Tf \in \mathscr{E}(B \times U),$$

$$\frac{\partial}{\partial z}(Tf) = T\frac{\partial f}{\partial z}, \quad \frac{\partial}{\partial \bar{z}}(Tf) = T\frac{\partial f}{\partial \bar{z}}, \quad \frac{\partial}{\partial u_\mu}(Tf) = T\frac{\partial f}{\partial u_\mu}, \quad 1 \le \mu \le d.$$

Beweis: Für *alle* (auch höheren) partiellen Ableitungen g von f ist $\mathrm{Tr} g \cap (B \times K)$ stets kompakt. Daher gelten nach den Hilfssätzen die Vertauschungsregeln, zugleich sind auch alle ersten partiellen Ableitungen von Tf stetig in $B \times U$. Durch iterierte Anwendung folgt $Tf \in \mathscr{E}(B \times U)$. □

3. Cauchysche Integralformel und die Gleichung $T\frac{\partial f}{\partial \bar{z}} = f$. – Funktionen der Gestalt Tf treten als „Korrekturglied" in der verallgemeinerten Cauchyschen Integralformel auf. Ist G ein beschränkter Bereich in $\mathbb{C}$ mit stückweise glattem Rand ∂G, so gilt nach dem Satz von Stokes die Gleichung

$$\int_{\partial G} h(\zeta)\, d\zeta = \iint_G dh \wedge d\zeta = \iint_G \frac{\partial h}{\partial \bar{\zeta}}(\zeta)\, d\bar{\zeta} \wedge d\zeta$$

für jede in $\bar{G}$ stetig differenzierbare (komplex-wertige) Funktion h. Für Integranden der Form

$$h(\zeta) = \frac{f(\zeta)}{\zeta - z}, \qquad z \in G, \qquad f \text{ stetig differenzierbar in } \bar{G},$$

gilt diese Gleichung nicht mehr, vielmehr liefert die Singularität in z einen zusätzlichen Beitrag, der einfach zu bestimmen ist. Man legt um z einen abgeschlossenen Kreis $K_\varepsilon(z) \subset G$ vom Radius $\varepsilon > 0$ und kann dann, da h in $\overline{G \setminus K_\varepsilon(z)}$ stetig differenzierbar ist, den Satz von Stokes auf $G \setminus K_\varepsilon(z)$ statt G anwenden. Da neben ∂G noch der Rand von $K_\varepsilon(z)$ zu berücksichtigen ist, und da $\frac{\partial h}{\partial \bar{\zeta}} = \frac{\partial f}{\partial \bar{\zeta}} \cdot (\zeta - z)^{-1}$ wegen der Holomorphie von $(\zeta - z)^{-1}$ in $G \setminus \{z\}$ gilt, so folgt:

$$(*)\qquad \iint\limits_{G\setminus K_\varepsilon(z)} \frac{\partial f}{\partial\bar\zeta}(\zeta)\cdot(\zeta-z)^{-1}\,d\bar\zeta\wedge d\zeta = \int\limits_{\partial G}\frac{f(\zeta)}{\zeta-z}\,d\zeta - \int\limits_{\partial K_\varepsilon(z)}\frac{f(\zeta)}{\zeta-z}\,d\zeta\,.$$

Hieraus ergibt sich durch Grenzübergang $\varepsilon\to 0$ schnell:

Satz 4 (Cauchysche Integralformel): *Für jede in $\bar G$ stetig differenzierbare Funktion f gilt:*

$$\frac{1}{2\pi i}\iint\limits_G \frac{\partial f}{\partial\bar\zeta}(\zeta)(\zeta-z)^{-1}\,d\zeta\wedge d\bar\zeta = f(z) - \frac{1}{2\pi i}\int\limits_{\partial G}\frac{f(\zeta)}{\zeta-z}\,d\zeta\,,\qquad z\in G\,.$$

Beweis: In Polarkoordinaten $\zeta-z=\varepsilon e^{i\varphi}$ ist

$$\int\limits_{\partial K_\varepsilon(z)}\frac{f(\zeta)}{\zeta-z}\,d\zeta = i\int\limits_0^{2\pi} f(z+\varepsilon e^{i\varphi})\,d\varphi\,,\quad \text{also}\quad \lim_{\varepsilon\to 0}\int\limits_{\partial K_\varepsilon(z)}\frac{f(\zeta)}{\zeta-z}\,d\zeta = 2\pi i f(z)\,.$$

Setzt man dies in $(*)$ ein, so folgt (wegen $d\bar\zeta\wedge d\zeta = -d\zeta\wedge d\bar\zeta$) die Behauptung. □

Bemerkung: Ist f holomorph in $\bar G$, so gilt $\dfrac{\partial f}{\partial\bar z}=0$ und wir haben die Cauchysche Formel der klassischen Funktionentheorie.

Wir benutzen Satz 4, um zu zeigen, daß der Operator T für Funktionen mit kompaktem Träger ein Linksinverses der Differentiation $\dfrac{\partial}{\partial\bar z}$ ist.

Lemma 5: *Es sei f stetig differenzierbar im beschränkten Bereich $B\subset\mathbb{C}$ und es sei $\operatorname{Tr} f$ kompakt. Dann gilt:*

$$T\frac{\partial f}{\partial\bar z} = f \quad \textit{in}\quad B\,.$$

Beweis: Sei $z\in B$ fest gewählt. Mit f hat auch $\dfrac{\partial f}{\partial\bar\zeta}$ einen kompakten Träger in B. Daher gilt

$$\left(T\frac{\partial f}{\partial\bar z}\right)(z) = \frac{1}{2\pi i}\iint\limits_G \frac{\partial f}{\partial\bar\zeta}(\zeta)\cdot(\zeta-z)^{-1}\,d\zeta\wedge d\bar\zeta$$

für jeden relativ-kompakt in B liegenden Bereich G, der z und $\operatorname{Tr}\dfrac{\partial f}{\partial\bar\zeta}$ umfaßt. Wählt man G mit stückweise glattem Rand und $\operatorname{Tr} f\subset G$, so verschwindet das Kurvenintegral $\int\limits_{\partial G} f(\zeta)(\zeta-z)^{-1}\,d\zeta$, da f auf ∂G null ist. Die Behauptung folgt nun aus der Cauchyschen Formel. □

4. Lemma von Grothendieck. – Es kann nun gezeigt werden, daß T für alle vernünftigen Funktionen f rechtsinvers zu $\dfrac{\partial}{\partial\bar z}$ ist, d.h. $g:=Tf$ löst die Differentialgleichung $\dfrac{\partial g}{\partial\bar z}=f$.

Satz 6 (Grothendieck): *Es sei $f \in \mathscr{E}(B \times U)$, und es sei jede partielle Ableitung von f auf jeder Menge $B \times K$, K kompakt in U, beschränkt. Dann gilt:*

1) $|Tf|_{B \times u} \leq 2\rho |f|_{B \times u}$, $\quad u \in U$, $\quad \rho =$ *Durchmesser von* B,

2) $\frac{\partial}{\partial u_\mu}(Tf) = T\frac{\partial f}{\partial u_\mu}$ *in* $B \times U$, $\quad \mu = 1, \ldots, d$,

3) $\frac{\partial}{\partial \bar{z}}(Tf) = f$ *in* $B \times U$,

4) $Tf \in \mathscr{E}(B \times U)$.

Beweis: Die Aussage 1) wurde bereits im Abschnitt 1) bewiesen; die Aussage 2) folgt aus Hilfssatz 1. Um die Aussagen 3) und 4) zu beweisen, sei $z_0 \in B$ fest gewählt. Wir wählen ein kompaktes Rechteck $R \subset B$ mit $z_0 \in \mathring{R}$. Es gibt

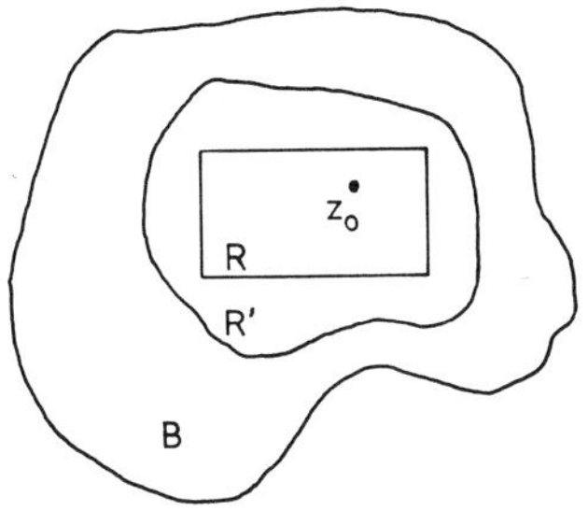

eine Funktion $r \in \mathscr{E}(\mathbb{C})$, die auf R identisch 1 ist und außerhalb einer relativkompakt in B liegenden Umgebung R' von R identisch verschwindet (vgl. Kap. A, § 4.2). Wir setzen

$$f_1 := (1-r)f, \qquad f_2 := rf.$$

Dann gilt $f_1, f_2 \in \mathscr{E}(B \times U)$ und $f = f_1 + f_2$. Da mit f auch f_1 und f_2 auf jeder Menge $B \times K$ beschränkt sind, so existieren Tf_1 und Tf_2 in $B \times U$, und es gilt:

$$Tf = Tf_1 + Tf_2.$$

Da f_1 nach Wahl von r identisch in $R \times U$ verschwindet, so gilt

$$(Tf_1)(z,u) = \frac{1}{2\pi i} \iint_{B \setminus R} \frac{f_1(\zeta,u)}{\zeta - z} d\zeta \wedge d\bar{\zeta}, \qquad (z,u) \in B \times U.$$

Dieses Integral ist aber als Funktion in z harmlos, solange z in $\mathring{R}$ variiert und vom Rand ∂R entfernt bleibt. Dann ist der Integrand beliebig oft nach $z, \bar{z}$ und allen u_μ differenzierbar und alle Ableitungen bleiben beschränkt. Es folgt $Tf_1 | \mathring{R} \times U \in \mathscr{E}(\mathring{R} \times U)$, und man kann Differentiation und Integration vertauschen. Für $\bar{z}$ ergibt sich

$$\frac{\partial f}{\partial \bar{z}}(Tf_1) = 0 \quad \text{in} \quad \mathring{R} \times U, \quad \text{da der Integrand holomorph in } z \text{ ist.}$$

Wir betrachten nun das Integral Tf_2, dessen Integrand eine Singularität in z hat. Nach Konstruktion von f_2 ist $\operatorname{Tr} f_2 \cap (B \times K)$ für jedes Kompaktum $K \subset U$ kompakt. Nach Lemma 3 ist daher $Tf_2 \in \mathscr{E}(B \times U)$, und es gilt $\frac{\partial}{\partial \bar{z}}(Tf_2) = T\frac{\partial f_2}{\partial \bar{z}}$. Wegen Lemma 5 folgt hieraus:

$$\frac{\partial}{\partial \bar{z}}(Tf_2) = f_2 \quad \text{in} \quad B \times U, \quad \text{also} \quad \frac{\partial}{\partial \bar{z}}(Tf_2) = f \quad \text{in} \quad \mathring{R} \times U \quad (\text{da hier } f_2 = f).$$

Wegen $Tf = Tf_1 + Tf_2$ folgen nun 3) und 4) aus den hergeleiteten Eigenschaften von Tf_1 und Tf_2. □

Bemerkung zu Satz 6: Ist f *reell-analytisch* in $B \times U$, so wird man fragen, ob eine in $B \times U$ reell-analytische Funktion g existiert, so daß gilt:

$$\frac{\partial g}{\partial \bar{z}} = f \quad \text{in} \quad B \times U.$$

Für unbeschränkte Bereiche B gibt es Gegenbeispiele: so erhielten wir von A. Andreotti mündlich Kunde von einer in $\mathbb{C} \times \mathbb{R}$ reell-analytischen Funktion f, für die es in $\mathbb{C} \times \mathbb{R}$ kein solches g gibt. Es scheint unbekannt, ob auch im Fall *konform beschränkter* Bereiche B solche Beispiele möglich sind.

Bei den Anwendungen von Satz 6 im nächsten Paragraphen ist U stets eine offene Menge im *komplexen* Zahlenraum $\mathbb{C}^d$ der Variablen $w_1, \ldots, w_d$. Die Vertauschbarkeitsgleichungen 2) gelten dann für die Realteil- und Imaginärteilvariable jedes w_i, was die Gleichungen

$$\frac{\partial}{\partial \bar{w}_i}(Tf) = T\frac{\partial f}{\partial \bar{w}_i}, \qquad i = 1, \ldots, d,$$

zur Folge hat. Damit ist klar:

Zusatz zu Satz 6: *Es sei U offen im Raum $\mathbb{C}^d$ der Variablen $w_1, \ldots, w_d$ und $f \in \mathscr{E}(B \times U)$ erfülle dieselben Voraussetzungen wie im Satz 5. Ist dann f holomorph in der Variablen w_i, so ist auch Tf holomorph in w_i.*

§ 4. Dolbeaultsche Cohomologietheorie

Für jede komplexe Mannigfaltigkeit X wurden im § 2.3 mittels der Operatoren $\bar{\partial}, \partial$ und d Garbensequenzen konstruiert (vgl. Graphik auf p. 71). Im folgenden wird gezeigt, daß diese Sequenzen jeweils *Auflösungen* der Garben $\Omega^p, \bar{\Omega}^p$ und $\mathbb{C}$ sind, im Falle von $\Omega^p, \bar{\Omega}^p$ handelt es sich dabei um *azyklische* Auflösungen. Hieraus folgt u.a. die fundamentale Dolbeault-Isomorphie.

Ausgangspunkt der Überlegungen ist Satz 1, der für kompakte Produktmengen in Zahlenräumen die $\bar{\partial}$-Integrabilität aller $\bar{\partial}$-geschlossenen (p,q)-Formen, $q \geq 1$, sicherstellt; der Beweis dieses Satzes benutzt entscheidend die Ergebnisse des § 3 über die Lösbarkeit der Differentialgleichung $\frac{\partial g}{\partial \bar{z}} = f$.

1. Lösung des $\bar{\partial}$-Problems für kompakte Produktmengen. – Eine Differentialform $\varphi \in \mathscr{A}(M)$ über einer Teilmenge $M \subset X$ heißt *$\bar{\partial}$-geschlossen* (über M), wenn $\bar{\partial}\varphi = 0$ gilt, sie heißt *$\bar{\partial}$-integrabel* oder auch *$\bar{\partial}$-exakt* (über M), wenn es eine Form $\psi \in \mathscr{A}(M)$ mit $\bar{\partial}\psi = \varphi$ gibt. Wegen $\bar{\partial} \circ \bar{\partial} = 0$ sind $\bar{\partial}$-integrable Formen stets $\bar{\partial}$-geschlossen. Das $\bar{\partial}$-Problem besteht darin, die Teilmengen M von X zu charakterisieren, über denen jede $\bar{\partial}$-geschlossene (p,q)-Form integrabel ist, $q \geq 1$. Der folgende Satz löst dieses Problem für kompakte Produktmengen.

Satz 1 (Dolbeault-Grothendieck): *Es seien $K_1, \ldots, K_m$ kompakte Mengen in $\mathbb{C}$ und $K := K_1 \times \cdots \times K_m$ ihr Produkt im $\mathbb{C}^m$. Dann ist jede $\bar{\partial}$-geschlossene (p,q)-Form, $q \geq 1$, über K stets $\bar{\partial}$-integrabel.*

Beweis: Wir bezeichnen mit Γ_e den $\mathbb{C}$-Vektorraum aller (p,q)-Formen über K, die (bzgl. der Basis in den $dz_i, d\bar{z}_j$) frei von $d\bar{z}_{e+1}, \ldots, d\bar{z}_m$ sind, $0 \leq e \leq m$. Es gilt $\Gamma_m = \mathscr{A}^{p,q}(K)$. Wir zeigen durch Induktion nach e, daß jedes $\varphi \in \Gamma_e$ mit $\bar{\partial}\varphi = 0$ ein $\bar{\partial}$-Urbild $\psi \in \mathscr{A}^{p,q-1}(K)$ hat. Ist $e = 0$, so gilt $\varphi = 0$ wegen $q \geq 1$ und $\psi := 0$ leistet das Verlangte.

Sei $e \geq 1$. Wir sammeln in φ alle Summanden, die $d\bar{z}_e$ enthalten und gewinnen so eine Gleichung

$$\varphi = \alpha \wedge d\bar{z}_e + \beta$$

mit Formen $\alpha \in \mathscr{A}^{p,q-1}(K)$, $\beta \in \mathscr{A}^{p,q}(K)$, die frei von $d\bar{z}_e, \ldots, d\bar{z}_m$ sind; speziell gilt also:

$$\beta \in \Gamma_{e-1}.$$

Nach Voraussetzung ist:

$$0 = \bar{\partial}\varphi = \bar{\partial}\alpha \wedge d\bar{z}_e + \bar{\partial}\beta.$$

Hieraus folgt, da $d\bar{z}_e, \ldots, d\bar{z}_m$ in α nicht vorkommen, durch eine leichte Rechnung, daß für jeden Koeffizienten $f \in \mathscr{E}(K)$ von α gilt:

$$\frac{\partial f}{\partial \bar{z}_\mu} = 0 \quad \text{für} \quad \mu = e+1, \ldots, m.$$

Jeder solcher Koeffizient f ist also holomorph in $z_{e+1}, \ldots, z_m$. Wir wenden nun das Lemma von Grothendieck mit $z := z_e$ nebst Zusatz an auf eine (offene) Umgebung $B \times U$ von K mit $B \supset K_e$, $U \supset \prod_{\mu \neq e} K_\mu$, in der f noch nebst allen Ableitungen beschränkt und holomorph in $z_{e+1}, \ldots, z_m$ ist. Wir gewinnen zu jedem

Koeffizienten f von α eine in $z_{e+1}, \ldots, z_m$ holomorphe Funktion $\tilde{f} \in \mathscr{E}(B \times U)$, für die in $B \times U$ gilt $\frac{\partial \tilde{f}}{\partial \bar{z}_e} = f$. Indem man f jeweils durch eine solches $\tilde{f}$ ersetzt, erhält man aus α eine Form $\tilde{\alpha} \in \mathscr{A}^{p,q-1}(K)$, für welche man sofort nachrechnet, daß gilt:

$$\bar{\partial}\tilde{\alpha} = \alpha \wedge d\bar{z}_e + \gamma \quad \text{mit} \quad \gamma \in \Gamma_{e-1}.$$

Für die (p,q)-Form $\delta := \varphi - \bar{\partial}\tilde{\alpha} = \beta - \gamma \in \Gamma_{e-1}$ gilt $\bar{\partial}\delta = 0$, also existiert nach Induktionsannahme ein $\tilde{\delta} \in \mathscr{A}^{p,q-1}(K)$ mit $\bar{\partial}\tilde{\delta} = \delta$. Die Form $\psi := \tilde{\alpha} + \tilde{\delta} \in \mathscr{A}^{p,q-1}(K)$ ist nun ein $\bar{\partial}$-Urbild von φ über K. Damit ist wegen $\Gamma_m = \mathscr{A}^{p,q}(K)$ der Satz bewiesen. □

Korollar zu Satz 1: *Über jeder kompakten Produktmenge $K \subset \mathbb{C}^m$ ist die Sequenz*

$$0 \longrightarrow \Omega^p(K) \xrightarrow{i} \mathscr{A}^{p,0}(K) \xrightarrow{\bar{\partial}} \mathscr{A}^{p,1}(K) \xrightarrow{\bar{\partial}} \cdots \xrightarrow{\bar{\partial}} \mathscr{A}^{p,m}(K) \longrightarrow 0$$

für jedes $p \geq 0$ exakt.

Beweis: Die Exaktheit an der Stelle $\mathscr{A}^{p,0}(K)$ folgt aus Satz 2.6, die Exaktheit an allen übrigen Stellen folgt aus Satz 1. □

Der hier wiedergegebene Beweis von Satz 1, der sich wesentlich auf den Integraloperator T stützt, stammt von Grothendieck und wurde am 15. 5. 1954 von Serre mitgeteilt ([ENS$_2$], Exposé XVIII).

Wegen $\overline{\partial\psi} = \bar{\partial}\bar{\psi}$ ist klar, daß auch alle Sequenzen

$$0 \longrightarrow \bar{\Omega}^p(K) \xrightarrow{i} \mathscr{A}^{0,p}(K) \xrightarrow{\partial} \mathscr{A}^{1,p}(K) \xrightarrow{\partial} \cdots \xrightarrow{\partial} \mathscr{A}^{m,p}(K) \longrightarrow 0$$

exakt sind.

Es soll bereits an dieser Stelle gesagt werden, daß Satz 1 auch für *offene* Produktmengen gilt: man kann solche Bereiche durch kompakte Produktmengen ausschöpfen und hat dann einen Limesprozeß zu vollziehen. Ein solcher Grenzübergang wird später in einer viel allgemeineren Situation in der Theorie der Steinschen Räume durchgeführt (Kap. IV, § 4); dann wird sich u.a. zeigen, daß Satz 1 für jede Steinsche Mannigfaltigkeit richtig ist (Kap. V, Satz 4.6, vgl. auch den nächsten Abschnitt dieses Paragraphen).

2. Dolbeaultsche Cohomologiegruppen. – Über jeder m-dimensionalen komplexen Mannigfaltigkeit X gilt es nach § 2.3 zu jeder natürlichen Zahl $p \geq 0$ den $\mathbb{C}$-Garbenkomplex

$$(*) \qquad 0 \longrightarrow \Omega^p \xrightarrow{i} \mathscr{A}^{p,0} \xrightarrow{\bar{\partial}} \mathscr{A}^{p,1} \xrightarrow{\bar{\partial}} \cdots \xrightarrow{\bar{\partial}} \mathscr{A}^{p,m} \longrightarrow 0;$$

weiter hat man über jeder *abgeschlossenen* Menge M in X den $\mathbb{C}$-*Komplex* $\mathscr{A}^{p,\cdot}(M)$ der Schnittflächen

$$\mathscr{A}^{p,0}(M) \xrightarrow{\bar{\partial}} \mathscr{A}^{p,1}(M) \xrightarrow{\bar{\partial}} \cdots \xrightarrow{\bar{\partial}} \mathscr{A}^{p,m}(M) \longrightarrow 0.$$

Aus den bisherigen Überlegungen folgt mühelos

Satz 2: *Der $\mathbb{C}$-Garbenkomplex $(*)$ ist für jedes $p=0,1,\ldots,m$ eine Auflösung der Garbe Ω^p der Keime der holomorphen p-Formen auf X.*

Über jeder abgeschlossenen Menge M in X ist die induzierte Auflösung von $\Omega^p|M$ azyklisch, daher sind für alle p die Cohomologiegruppen $H^q(M,\Omega^p)$ isomorph zu den Cohomologiegruppen des Komplexes $\mathscr{A}^{p,\cdot}(M)$:

$$H^0(M,\Omega^p)\cong \operatorname{Ker}(\bar\partial|\mathscr{A}^{p,0}(M)),\quad H^q(M,\Omega^p)\cong \operatorname{Ker}(\bar\partial|\mathscr{A}^{p,q}(M))/(\bar\partial\mathscr{A}^{p,q-1}(M)),\quad q\geq 1.$$

Beweis: Da jeder Punkt $x\in X$ eine kompakte Produktmenge ist, so ist $(*)$ nach Satz 1 eine Auflösung von Ω^p. Da alle Garben $\mathscr{A}^{p,q}$ über jeder abgeschlossenen Menge $M\subset X$ *weich* sind (nach Kap. A, Satz 4.5), so folgt die Azyklität nach Kap. B, § 1.3. Die Isomorphieaussage ergibt sich dann aus dem formalen De Rhamschen Lemma. □

Man nennt den Komplex $\mathscr{A}^{p,\cdot}(M)$ häufig den *Dolbeaultkomplex* und seine Cohomologie die *Dolbeault-Cohomologie* von M in X. Auf Grund von Satz 2 gilt:

Für zwei natürliche Zahlen $p\geq 0$, $q\geq 1$ gilt $H^q(M,\Omega^p)=0$ genau dann, wenn jede $\bar\partial$-geschlossene (p,q)-Form über M stets $\bar\partial$-integrabel ist.

Satz 1 besagt nun:

Satz 3: *Für jede kompakte Produktmenge $K\subset\mathbb{C}^m$ gilt:*

$$H^q(K,\Omega^p)=0 \quad \text{für} \quad p\geq 0, \quad q\geq 1.$$

Speziell:

$$H^q(K,\mathcal{O})=0 \quad \text{für} \quad q\geq 1.$$

Wir werden diese letzte Aussage für den Fall von kompakten Quadern im Kap. III, § 3.2 entscheidend heranziehen. □

Da $\mathscr{A}^{p,q}=0$, sobald $\max(p,q)>m=\dim_{\mathbb{C}}X$, so verschwinden für alle diese p,q die Dolbeaultschen Cohomologiegruppen von X. Aus Satz 2 folgt daher

Für jede m-dimensionale komplexe Mannigfaltigkeit X gilt:

$$H^q(X,\Omega^p)=0 \quad \text{für alle} \quad q>m,$$

speziell:

$$H^q(X,\mathcal{O})=0 \quad \text{für alle} \quad q>m. \qquad \square$$

Wegen $\overline{\partial\psi}=\bar\partial\bar\psi$ ist auf Grund von Satz 2 auch jede mittels des Operators ∂ gebildete $\mathbb{C}$-Sequenz $0\longrightarrow\bar\Omega^p\xrightarrow{i}\mathscr{A}^{0,p}\xrightarrow{\partial}\mathscr{A}^{1,p}\xrightarrow{\partial}\cdots\xrightarrow{\partial}\mathscr{A}^{m,p}\xrightarrow{\partial}0$ über jeder abgeschlossenen Menge $M\subset X$ eine *azyklische Auflösung* von $\bar\Omega^p|M$. Die Gruppen $H^q(M,\bar\Omega^p)$ sind daher isomorph zu den Cohomologiegruppen des Schnittkomplexes $\mathscr{A}^{\cdot,p}(M)$, also:

$$H^0(M,\bar\Omega^p)\cong \operatorname{Ker}(\partial|\mathscr{A}^{0,p}(M)),\quad H^q(M,\bar\Omega^p)\cong \operatorname{Ker}(\partial|\mathscr{A}^{q,p}(M))/(\partial\mathscr{A}^{q-1,p}(M)),\quad q\geq 1.$$

Im nächsten Anschnitt werden noch die zu d gehörenden Sequenzen der Graphik von p. 71 betrachtet.

3. Analytische De Rham Theorie. – Für jede differenzierbare Mannigfaltigkeit hat man nach der differenzierbaren De Rhamschen Theorie die azyklische Auflösung $0 \longrightarrow \mathbb{C} \xrightarrow{i} \mathscr{E} \xrightarrow{d} \mathscr{A}^1 \xrightarrow{d} \mathscr{A}^2 \longrightarrow \cdots$ der konstanten Garbe $\mathbb{C}$ durch den Komplex der differenzierbaren Formen (§ 1.8). Für m-dimensionale, komplexe Mannigfaltigkeiten X haben wir nach § 2.3 auch die Sequenz

$$(\circ) \qquad 0 \longrightarrow \mathbb{C} \xrightarrow{i} \mathcal{O} \xrightarrow{d} \Omega^1 \xrightarrow{d} \Omega^2 \xrightarrow{d} \cdots \xrightarrow{d} \Omega^m \longrightarrow 0 .$$

Da wieder das Poincarésche Lemma gilt ([AS], p. 176), so folgt:

Die Sequenz $(\circ)$ *ist eine Auflösung von* $\mathbb{C}$ *über* X.

Diese Auflösung ist jedoch im Fall $m \geq 1$ *nicht* mehr *azyklisch*: die Garben Ω^p sind *nicht weich*, sondern *kohärent*. Wir wollen aber festhalten:

Satz 4: *Es sei* X *eine komplexe Mannigfaltigkeit, derart, daß gilt* $H^q(X,\Omega^p)=0$ *für alle* $p \geq 0$, $q \geq 1$. *Dann gibt es natürliche* $\mathbb{C}$*-Isomorphismen*

$$H^0(X,\mathbb{C}) \cong \operatorname{Ker} d\,|\,\mathcal{O}(X), \qquad H^q(X,\mathbb{C}) \cong \operatorname{Ker} d\,|\,\Omega^q(X)/d\Omega^{q-1}(X), \qquad q \geq 1 .$$

Speziell gilt in diesem Falle:

$$H^q(X,\mathbb{C})=0 \quad \textit{für} \quad q>m=\dim_{\mathbb{C}} X .$$

Beweis: Die behaupteten Isomorphien folgen aus dem formalen De Rhamschen Lemma; die Aussage über die komplexe Cohomologie von X ist dann trivial, da $\Omega^q=0$ für alle $q>m$ gilt. □

Das Verschwinden der komplexen Cohomologie einer reell $2m$-dimensionalen Mannigfaltigkeit X von der Dimension $m+1$ an ist eine einschränkende topologische Bedingung an X, die z.B. für kompakte Mannigfaltigkeiten nie erfüllt ist (dann gilt $H^{2m}(X,\mathbb{C}) \cong \mathbb{C}$). *Zu einer kompakten komplexen Mannigfaltigkeit* X *gibt es also stets natürliche Zahlen* $p \geq 0, q \geq 1$, *so daß gilt* $H^q(X,\Omega^p) \neq 0$. Für Steinsche Mannigfaltigkeiten ist die im Satz 4 gemachte Voraussetzung über die Cohomologie aller Ω^p stets erfüllt, vgl. hierzu auch Kap. V, § 4.5.

Abschließend sei noch gesagt, daß wegen $\overline{\partial\psi} = \bar{\partial}\bar{\psi}$ mit $(\circ)$ auch die Sequenz $0 \longrightarrow \mathbb{C} \xrightarrow{i} \bar{\mathcal{O}} \xrightarrow{d} \bar{\Omega}^1 \xrightarrow{d} \bar{\Omega}^2 \longrightarrow \cdots \xrightarrow{d} \bar{\Omega}^m \longrightarrow 0$ eine (nicht azyklische) Auflösung von $\mathbb{C}$ ist. Damit sind alle Sequenzen der Graphik von p. 71 als exakt nachgewiesen.

Supplement zu § 4.1. Ein Satz von Hartogs

Es bezeichne $Z(s) := \{(z_1, \ldots, z_m) \in \mathbb{C}^m, |z_\mu| < s\}$ den Polyzylinder vom Radius $s>0$ um $0 \in \mathbb{C}^m$. Mit elementaren Schlüssen (Laurententwicklungen, vgl. [EFV], p. 22, Satz 5.5) überzeugt man sich von der Gültigkeit folgender Aussage:

Satz 1: *Sei* $m \geq 2$, $s > r > 0$. *Dann ist jede im Ringgebiet*

$$Z(s) \setminus \overline{Z(r)} = \{(z_1, \ldots, z_m) \in \mathbb{C}^m,\ r < |z_\mu| < s\}$$

holomorphe Funktion in den Polyzylinder $Z(s)$ *holomorph fortsetzbar.*

Hieraus und aus Satz 4.1 folgt unmittelbar:

Satz 2: *Es sei* $m \geq 2$ *und* $\varphi = \sum_{\mu=1}^{m} a_\mu d\bar{z}_\mu \in \mathscr{A}^{0,1}(\mathbb{C}^m)$ *eine geschlossene* (0,1)-*Form mit kompaktem Träger* $\operatorname{Tr}\varphi = \bigcup_{\mu=1}^{m} \operatorname{Tr} a_\mu$. *Dann gibt es eine Funktion* $g \in \mathscr{E}(\mathbb{C}^m)$ *mit kompaktem Träger, so daß gilt:* $\bar{\partial} g = \varphi$.

Beweis: Es sei $Z(r)$, $r > 0$, ein Polyzylinder mit $\operatorname{Tr}\varphi \subset Z(r)$. Wir wählen $s > r$ und bestimmen nach Satz 4.1 zu $\varphi | \overline{Z(s)} \in \mathscr{A}^{0,1}(\overline{Z(s)})$ eine Funktion $v \in \mathscr{E}(\overline{Z(s)})$ mit $\bar{\partial} v = \varphi | \overline{Z(s)}$. Dann gilt

$$\bar{\partial} v = 0 \quad \text{in} \quad \overline{Z(s)} \setminus \operatorname{Tr}\varphi\,,$$

d. h. v ist in $\overline{Z(s)} \setminus \operatorname{Tr}\varphi$ und also wegen $\operatorname{Tr}\varphi \subset \overline{Z(r)}$ speziell im Ringgebiet $Z(s) \setminus \overline{Z(r)}$ holomorph. Nach Satz 1 ist $v | Z(s) \setminus \overline{Z(r)}$ zu einer holomorphen Funktion $h \in \mathcal{O}(Z(s))$ fortsetzbar. Für $w := v - h \in \mathscr{E}(Z(s))$ gilt dann $\bar{\partial} w = \varphi | Z(s)$. Da v und h in $Z(s) \setminus \overline{Z(r)}$ übereinstimmen, so gilt $\operatorname{Tr} w \subset \overline{Z(r)}$. Die triviale Fortsetzung g von w auf $\mathbb{C}^m$ ist eine gesuchte Funktion. □

Aus Satz 2 gewinnt man schnell:

Satz 3 (Hartogscher Kugelsatz, [EFV], p. 36): *Es sei* G *ein Gebiet im* $\mathbb{C}^m$, $m \geq 2$, *und* K *eine kompakte Menge in* G, *derart, daß* $G \setminus K$ *zusammenhängt. Dann ist der Einschränkungshomomorphismus* $\mathcal{O}(G) \to \mathcal{O}(G \setminus K)$ *surjektiv.*

Beweis: Wir wählen eine kompakte Menge $L \subset G$ mit $K \subset \mathring{L}$. Ist dann $f \in \mathcal{O}(G \setminus K)$ beliebig vorgegeben, so ist $f | G \setminus L$ jedenfalls zu einer differenzierbaren Funktion $v \in \mathscr{E}(G)$ fortsetzbar (man wählt nach Kap. A, Satz 4.4, ein $r \in \mathscr{E}(G)$ mit $r | K \equiv 1$ und $r | (G \setminus \mathring{L}) \equiv 0$, und setzt dann $(1-r) f \in \mathscr{E}(G \setminus K)$ trivial nach K fort. Mit v bilden wir: $\psi := \bar{\partial} v \in \mathscr{A}^{0,1}(G)$. Da $\psi = \bar{\partial} f = 0$ auf $G \setminus L$, so erhält man aus ψ durch triviale Fortsetzung auf $\mathbb{C}^m \setminus G$ eine (0,1)-Form $\varphi \in \mathscr{A}^{0,1}(\mathbb{C}^m)$ mit kompaktem Träger. Nach Satz 2 gibt es ein $g \in \mathscr{E}(\mathbb{C}^m)$ mit kompaktem Träger und $\bar{\partial} g = \varphi$. Da φ auf $\mathbb{C}^m \setminus L$ verschwindet, gilt $g | \mathbb{C}^m \setminus L \in \mathcal{O}(\mathbb{C}^m \setminus L)$. Da g außerhalb seines kompakten Trägers identisch verschwindet, so gilt nach dem Identitätssatz sogar $g | W \equiv 0$, wo W *die* unbeschränkte Zusammenhangskomponente von $\mathbb{C}^m \setminus L$ bezeichnet. Es ist $U := W \cap G$ nicht leer (denn jede Zusammenhangskomponente von $\mathbb{C}^m \setminus L$ hat Punkte von L in ihrem Rand und trifft daher G). In G betrachten wir nun die Funktion

$$h := v - g | G\,.$$

Wegen $\varphi|G=\psi$ gilt $\bar{\partial}h=\bar{\partial}v-\bar{\partial}g|G=\psi-\varphi|G=0$, also $h\in\mathcal{O}(G)$. Da $g|U\equiv 0$, $v|(G\setminus L)\equiv f$ und $U\subset G\setminus L$, so folgt weiter: $h|U=f|U$. Da $G\setminus K$ zusammenhängt, ergibt sich hieraus (wieder nach dem Identitätssatz):

$$h|G\setminus K=f|G\setminus K\,,$$

d.h. h ist eine holomorphe Fortsetzung von f nach G. □

Wegen weiterer Anwendungen von Satz 4.1 sei der Leser auf [ARC], p. 134ff. verwiesen.

Kapitel III. Theoreme A und B für kompakte Quader im $\mathbb{C}^m$

In diesem Kapitel werden die Hauptsätze der Theorie der kohärenten analytischen Garben für kompakte Quader Q in Zahlenräumen bewiesen (vgl. § 3.2). Benutzt werden die Standardtechniken der kohärenten Garben und der Cohomologietheorie, insbesondere der Verschwindungssatz $H^q(Q, \mathcal{S})=0$ für große q (vgl. Kap. B, § 2.5 und § 3.4). Darüber hinaus werden die Gleichungen $H^q(Q, \mathcal{O})=0$, $q \geq 1$, herangezogen. Neu hinzu tritt ein Heftungslemma für analytische Garbenepimorphismen (Satz 2.3). Der Beweis dieses Lemmas stützt sich auf ein Heftungslemma von H. Cartan für Matrizen nahe bei der Einheitsmatrix (Satz 1.4) und den Rungeschen Approximationssatz (Satz 2.1).

§ 1. Heftungslemmata von Cousin und Cartan

Das Lemma von Cousin löst ein *additives* Heftungsproblem für holomorphe Funktionen; zunächst wird mittels differenzierbarer Funktionen geheftet, dann wird die „Abweichung" von der Analytizität unter Heranziehung der im Kap. II, § 3 gelösten Differentialgleichung $\frac{\partial g}{\partial \bar{z}} = f$ korrigiert.

Das Lemma von Cartan löst ein *multiplikatives* Heftungsproblem für quadratische holomorphe Matrizen, die nahe bei der Einsmatrix liegen. Die Heftungsmatrizen werden vermöge Cousinheftung durch ein Iterationsverfahren gewonnen.

1. Lemma von Cousin. – Wir arbeiten im $\mathbb{C}^m$ der Variablen $z=(z_1, \ldots, z_m)$. Wir setzen $x := \operatorname{Re} z_1$, $y := \operatorname{Im} z_1$ und bezeichnen mit

$$E = \{z_1 \in \mathbb{C}\colon a < x < b,\ c < y < d\}$$

ein offenes, nichtleeres Rechteck in der z_1-Ebene. Weiter seien $a', b' \in \mathbb{R}$ gegeben mit $a < a' < b' < b$. Dann gilt

$$E = E' \cup E'' \quad \text{mit} \quad E' := \{z_1 \in E\colon x < b'\}, \quad E'' := \{z_1 \in E\colon a' < x\}.$$

Es sei $U \neq \emptyset$ offen im Raum $\mathbb{C}^{m-1}$ der $z_2, \ldots, z_m$ und

$$B := E \times U, \quad B' := E' \times U, \quad B'' := E'' \times U, \quad D := (E' \cap E'') \times U.$$

Dann gilt $B=B'\cup B''$, $D=B'\cap B''$. Wir zeigen:

Satz 1 (Cousinsches Heftungslemma): *Es gibt eine relle Konstante K, so daß man zu jeder in D beschränkten holomorphen Funktion $f\in\mathcal{O}(D)$ beschränkte holomorphe Funktionen $f'\in\mathcal{O}(B')$, $f''\in\mathcal{O}(B'')$ finden kann mit folgenden Eigenschaften:*

1) $f=f'|D+f''|D$,
2) $|f'|_{B'}\le K|f|_D$, $|f''|_{B''}\le K|f|_D$.

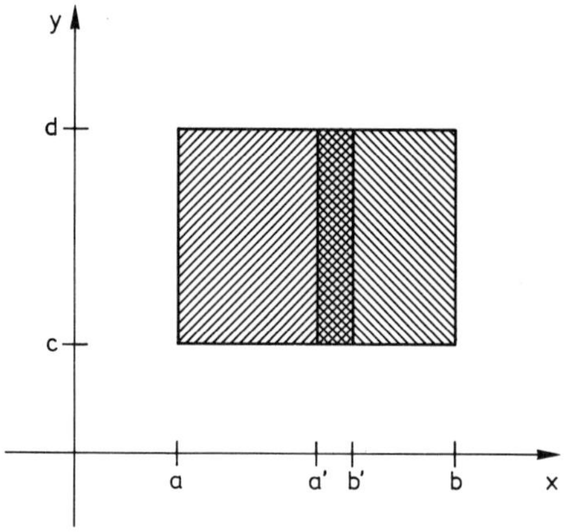

Beweis: Wir wählen eine positive reelle Zahl $\delta<\frac{1}{2}(b'-a')$ und eine beliebig oft differenzierbare reellwertige Funktion $r(x)$ mit Werten zwischen 0 und 1, so daß gilt:

$$r(x)=0 \quad \text{für} \quad x<a'+\delta, \qquad r(x)=1 \quad \text{für} \quad x>b'-\delta.$$

Wir setzen dann

$$p(z):=\begin{cases} r(x)f(z) & \text{für } z\in D\\ 0 & \text{für } z\in B'\setminus D,\end{cases} \qquad q(z):=\begin{cases}(1-r(x))f(z) & \text{für } z\in D\\ 0 & \text{für } z\in B''\setminus D.\end{cases}$$

Es gilt $p\in\mathscr{E}(B')$, $q\in\mathscr{E}(B'')$, beide Funktionen sind holomorph in $z_2,\dots,z_m$. Weiter ist

$$f=p|D+q|D, \qquad |p|_{B'}\le|f|_D, \qquad |q|_{B''}\le|f|_D.$$

Es bestehen die Gleichungen:

$$\frac{\partial p}{\partial\bar z_1}(z)=\frac{1}{2}\frac{dr}{dx}(x)\cdot f(z),\quad z\in B'; \qquad \frac{\partial q}{\partial\bar z_1}(z)=-\frac{1}{2}\frac{dr}{dx}(x)\cdot f(z),\quad z\in B''.$$

Durch

$$h(z):=\frac{1}{2}\frac{dr}{dx}(x)\cdot f(z), \qquad z\in B=B'\cup B'',$$

wird daher eine Funktion $h \in \mathscr{E}(B)$ definiert, die in $z_2, \ldots, z_m$ holomorph ist. Es gilt:

$$|h|_B \leq M|f|_D, \quad \text{wobei} \quad M := \sup_{x \in \mathbb{R}} \left| \frac{1}{2} \frac{dr}{dx}(x) \right|.$$

Nach Satz II.3.5 nebst Zusatz gibt es eine Funktion $\hat{h} \in \mathscr{E}(B)$, die in $z_2, \ldots, z_m$ holomorph ist, so daß gilt:

$$\frac{\partial \hat{h}}{\partial \bar{z}_1} = h, \quad |\hat{h}|_B \leq 2\rho |h|_B, \quad \rho := \text{Durchmesser von } E.$$

Für die Funktionen

$$f' := p - \hat{h}|B' \in \mathscr{E}(B'), \quad f'' := q + \hat{h}|B'' \in \mathscr{E}(B'')$$

gilt dann wieder $f = f'|D + f''|D$; überdies bestehen die Gleichungen

$$\frac{\partial f'}{\partial \bar{z}_1} = 0, \quad \frac{\partial f''}{\partial \bar{z}_1} = 0, \quad \text{d.h.} \quad f' \in \mathcal{O}(B') \quad \text{und} \quad f'' \in \mathcal{O}(B'').$$

Mit $K := 1 + 2\rho M$ hat man schließlich die Abschätzung

$$|f'|_{B'} \leq |p|_{B'} + |\hat{h}|_B \leq |f|_D + 2\rho M |f|_D = K|f|_D.$$

Da Gleiches auch für $|f''|_{B''}$ gilt, ist Satz 1 bewiesen.

2. Beschränkte holomorphe Matrizen. – Es seien $p, q \geq 1$ fest vorgegebene natürliche Zahlen und $V \neq \emptyset$ offen im $\mathbb{C}^m$. Ist dann

$$a = a(z) = (a_{ik}(z))_{1 \leq i \leq p,\, 1 \leq k \leq q}, \quad z \in V,$$

eine (p,q)-Matrixfunktion in V, so werde gesetzt:

$$|a| := \max_{i,k} |a_{ik}|_V;$$

es gilt $|a| < \infty$ genau dann, wenn alle Funktionen $a_{ik}(z)$ beschränkt in V sind.

$|\ \ |$ ist eine Norm auf dem Vektorraum aller in V beschränkten (p,q)-Matrizen, die zugehörige Konvergenz ist die gleichmäßige Konvergenz aller Komponentenfunktionen in V.

Ist a bzw. b eine in V beschränkte (p,q)-Matrix bzw. (q,r)-Matrix, so ist $a \cdot b$ eine in V beschränkte (p,r)-Matrix, es gilt:

$$|a \cdot b| \leq q|a| \cdot |b|,$$

insbesondere ist die Matrizenmultiplikation stetig bzgl. der Norm $|\ \ |$.

Mit $e=(\delta_{ik})$ bezeichnen wir die (q,q)-Einheitsmatrix und bemerken sogleich:

Es ist $s:=q^{-1}-(2q^2)^{-1}>0$. *Es existiert zu jeder (q,q)-Matrix a in V mit $|a-e|\leq s$ die inverse Matrixfunktion a^{-1} in V, und es gilt:*

$$|a^{-1}|\leq 3\,.$$

Beweis: Für $h:=e-a$ gilt $|h^i|\leq q^{i-1}|h|^i\leq q^{-1}(sq)^i$ für alle $i\geq 1$. Wegen $sq<1$ existiert daher $a^{-1}:=\sum_{i=0}^{\infty}h^i$ in V, und es ist

$$|a^{-1}|\leq\sum_{i=0}^{\infty}|h^i|\leq 1+\frac{s}{1-sq}\leq 3 \quad \text{nach Definition von } s. \qquad \square$$

Wir benötigen weiter:

Für jede Folge a_ν von (q,q)-Matrizen in V mit $2\sum_{\nu=0}^{\infty}|a_\nu-e|\leq q^{-1}$ gilt:

$$(\#) \qquad |a_0a_1\dots a_n-e|\leq 2\sum_{\nu=0}^{n}|a_\nu-e| \quad \textit{für alle} \quad n\geq 0\,.$$

Der Beweis ergibt sich unmittelbar aus der Gleichung

$$a_0a_1\dots a_na_{n+1}-e=(a_0a_1\dots a_n-e)(a_{n+1}-e)+(a_0a_1\dots a_n-e)+(a_{n+1}-e)$$

durch vollständige Induktion nach n. $\square$

Eine (p,q)-Matrixfunktion $a(z)=(a_{ik}(z))$ heißt *holomorph* in V, wenn alle Komponenten $a_{ik}(z)$ holomorph in V sind. Der $\mathbb{C}$-Vektorraum aller in V holomorphen *beschränkten* (p,q)-Matrizen ist ein Banachraum bzgl. der Norm $|\ \ |$.

Im folgenden ist stets $p=q$. Die in V holomorphen, beschränkten (q,q)-Matrizen bilden eine $\mathbb{C}$-Algebra $B(V)$; man beachte, daß $|\ \ |$ *keine* Algebranorm ist. Die invertierbaren Elemente der $\mathbb{C}$-Algebra $B(V)$ bezeichnen wir mit $B^*(V)$. Da die Inversen holomorpher Matrizen stets holomorph sind, so gilt nach dem oben Gezeigten:

$$\{a\in B(V)\colon |a-e|\leq s\}\subset B^*(V)\,.$$ [10]

Für eine spätere Konstruktion (im Beweise des Cartanschen Lemmas) stellen wir nun bereit

Hilfssatz 2: *Es seien $g_\nu, h_\nu\in B(V)$ Folgen mit*

$$2\sum_0^{\infty}|g_\nu|\leq s\,,\qquad 2\sum_0^{\infty}|h_\nu|\leq s\,.$$

---

[10] Ein $a\in B(V)$ kann ein nicht beschränktes holomorphes Inverses a^{-1} über V haben, d.h. die Inklusion $B^*(V)\subset GL(q,\mathcal{O}(V))\cap B(V)$ ist echt.

Dann konvergieren die Produktfolgen

$$u_n := (e+g_0)(e+g_1)\dots(e+g_{n-1})(e+g_n) \in B(V),$$
$$v_n := (e+h_n)(e+h_{n-1})\dots(e+h_1)(e+h_0) \in B(V)$$

gleichmäßig in V gegen invertierbare Matrizen $u, v \in B^*(V)$. Es gilt:

$$|u-e| \leq 2 \sum_{\nu=0}^{\infty} |g_\nu|, \qquad |v-e| \leq 2 \sum_{\nu=0}^{\infty} |h_\nu|.$$

Beweis: Es genügt, die Aussagen für die Folge u_n zu verifizieren. Nach ($\#$) gilt (beachte $s \leq q^{-1}$):

$$|(e+g_i)\dots(e+g_j)-e| \leq 2 \sum_{\rho=i}^{j} |g_\rho| \quad \text{für alle} \quad j \geq i \geq 0,$$

speziell also $|u_n - e| \leq 2\sum_0^n |g_\rho| \leq s$. Die Folge $|u_n|$ ist daher durch $1+s$ beschränkt und es folgt:

$$|u_\mu - u_\nu| = |u_\nu\{(e+g_{\nu+1})\dots(e+g_\mu)-e\}| \leq 2q(1+s) \sum_{\rho=\nu+1}^{\mu} |g_\rho|$$

für alle $\mu \geq \nu \geq 0$. Mithin konvergiert u_n (als Cauchyfolge) gleichmäßig gegen eine in V holomorphe Matrix u. Wegen $|u_n - e| \leq s$ gilt auch $|u-e| \leq s$ und also $u \in B^*(V)$ nach Wahl von s.

3. Lemma von Cartan. – Wir verwenden wieder die Bezeichnungen $B = E \times U$, B', B'', D des Abschnittes 1; mit K wird die Konstante des Cousinschen Lemmas bezeichnet. Alle auftretenden Matrizen sind (q,q)-Matrizen, wir schreiben wieder $s = q^{-1} - (2q^2)^{-1}$. Normen über B', B'', D unterscheiden wir durch $|\ |_{B'}$, $|\ |_{B''}$, $|\ |_D$. Dem Heftungslemma schicken wir einen Hilfssatz voraus, der ein Iterationsverfahren zur Konvergenz zwingt.

Hilfssatz 3: *Es sei $\varepsilon \in \mathbb{R}$, $0 < \varepsilon < sK^{-1}$ und $t := 9q^3K^2\varepsilon < 1$. Dann gibt es zu jeder holomorphen Matrix $a = e + b \in B(D)$ mit $|b|_D \leq \varepsilon$ holomorphe Matrizen*

$$a' = e + b' \in B(B'), \qquad a'' = e + b'' \in B(B''), \qquad \tilde{a} = e + \tilde{b} \in B(D)$$

mit folgenden Eigenschaften:

1) $|b'|_{B'} \leq K|b|_D, \qquad |b''|_{B''} \leq K|b|_D, \qquad |\tilde{b}|_D \leq t|b|_D.$

2) *Über D gilt: $a = a' \cdot \tilde{a} \cdot a''$.*

Beweis: Nach dem Lemma von Cousin, angewendet auf die q^2 Komponenten von b, gibt es Matrizen $b' \in B(B')$, $b'' \in B(B'')$ mit $b = b'|D + b''|D$, so daß die ersten beiden Abschätzungen aus 1) bestehen. Wir setzen $a' := e + b'$, $a'' := e + b''$. Dann gilt über D:

$$(*) \qquad a' \cdot a'' = a + b' \cdot b''.$$

Da $K|b|_D \leq s$ nach Wahl von ε, so ist a' bzw. a'' *invertierbar* über B' bzw. B'' nach Nr. 2, und es ist

$$(**) \qquad |a'^{-1}|_{B'} \leq 3\,, \qquad |a''^{-1}|_{B''} \leq 3\,.$$

Für $\tilde{a} := (a'|D)^{-1} \cdot a \cdot (a''|D)^{-1} \in B(D)$ gilt 2). Für $\tilde{b} := \tilde{a} - e \in B(D)$ gilt über D:

$$a = a' \cdot (e + \tilde{b}) \cdot a'' = a' \cdot a'' + a' \cdot \tilde{b} \cdot a''\,,$$

also wegen $(*)$: $\tilde{b} = -a'^{-1} \cdot b' \cdot b'' \cdot a''^{-1}$. Hieraus folgt unter Verwendung von $(**)$ und der Abschätzungen für $|b'|$ und $|b''|$:

$$|\tilde{b}|_D \leq 9q^3 K^2 \cdot |b|_D^2\,,$$

d.h. die letzte Ungleichung in 1) wegen $9q^3 K^2 |b|_D \leq t$. □

Wir zeigen nun:

Satz 4 (Cartansches Heftungslemma): *Es gibt zu jedem $q \geq 1$ eine reelle Konstante $\varepsilon > 0$ mit folgender Eigenschaft:*

Zu jeder Matrix $a \in B(D)$ mit $|a - e|_D \leq \varepsilon$ gibt es invertierbare Matrizen $c' \in B^*(B')$, $c'' \in B^*(B'')$, so daß gilt:

$$a = (c'|D) \cdot (c''|D)\,,$$
$$|c' - e|_{B'} \leq 4K|a - e|_D\,, \qquad |c'' - e|_{B''} \leq 4K|a - e|_D\,.$$

Beweis: Zusätzlich zu den im Hilfssatz 3 an ε gestellten Forderungen verlangen wir noch, daß gilt: $2t \leq 1$ und $4K\varepsilon \leq s$. Wir setzen $a = e + b$ und $L := |b|_D$. Induktiv werden nun drei Folgen

$$a_\nu = e + b_\nu \in B(D)\,, \qquad a'_\nu = e + b'_\nu \in B(B')\,, \qquad a''_\nu = e + b''_\nu \in B(B'')$$

konstruiert mit den folgenden Eigenschaften:

$$(\circ) \qquad |b_\nu|_D \leq Lt^\nu\,, \qquad |b'_{\nu-1}|_{B'} \leq KLt^{\nu-1}\,, \qquad |b''_{\nu-1}|_{B''} \leq KLt^{\nu-1}\,,$$
$$(\circ\circ) \qquad a_{\nu-1} = (a'_{\nu-1}|D) \cdot a_\nu \cdot (a''_{\nu-1}\,|D)\,.$$

Sei $a_0 := a$. Sind $a'_{\nu-1}$, $a''_{\nu-1}$, a_ν schon konstruiert, so gilt $|b_\nu| \leq Lt^\nu \leq \varepsilon$ und wir können zu a_ν Matrizen a'_ν, a''_ν und $a_{\nu+1} := \tilde{a}_\nu$ gemäß Hilfssatz 3 wählen. Dann gilt $(\circ\circ)$ mit ν anstelle von $\nu - 1$ und weiter:

$$|b_{\nu+1}|_D \leq t|b_\nu|_D\,, \qquad |b'_\nu|_{B'} \leq K|b_\nu|_D\,, \qquad |b''_\nu|_{B''} \leq K|b_\nu|_D$$

nach Hilfssatz 3. Da $(\circ)$ nach Induktionsannahme für b_ν gilt, folgt hieraus die Gültigkeit von $(\circ)$ für $b_{\nu+1}$, b'_ν und b''_ν.

Wir setzen nun

$$\begin{aligned} u_n &:= (e+b_0')(e+b_1')\ldots(e+b_{n-1}')(e+b_n') \in B(B') \\ v_n &:= (e+b_n'')(e+b_{n-1}'')\ldots(e+b_1'')(e+b_0'') \in B(B'') \end{aligned}, \quad n \geq 0 .$$

Aus (∘∘) ergibt sich: $a = (u_n|D) \cdot a_{n+1} \cdot (v_n|D)$ für alle $n \geq 0$. Wegen (∘) und $L = |a-e|_D \leq \varepsilon$ und $t \leq \frac{1}{2}$ gilt:

$$(*) \qquad 2\sum_{\nu=0}^{\infty} |b_\nu'|_{B'} \leq 2KL \sum_{\nu=0}^{\infty} t^\nu \leq 4K|a-e|_D \leq 4K\varepsilon \leq s .$$

Nach Hilfssatz 2 konvergiert daher die Folge u_n über B' gegen eine invertierbare Matrix $c' \in B^*(B')$, für welche gilt:

$$|c'-e|_{B'} \leq 2\sum_{\nu=0}^{\infty} |b_\nu'|_{B'} \leq 4K|a-e|_D .$$

Da die Abschätzung (∗) auch für die Matrizen b_ν'' über B'' gilt, so konvergiert ebenso die Folge v_n über B'' gegen eine Matrix $c'' \in B^*(B'')$ mit $|c''-e|_{B''} \leq 4K|a-e|_D$. Da die Folge $a_{n+1} = e + b_{n+1}$ nach (∘) über D gegen e konvergiert, folgt weiter:

$$a = (\lim u_n|D) \cdot (\lim a_{n+1}) \cdot (\lim v_n|D) = c'|D \cdot c''|D . \qquad \square$$

Im eben bewiesenen Satz werden nur Matrizen, die nahe bei der Einsmatrix liegen, geheftet. Das Heftungslemma gilt indessen für beliebige *invertierbare* Matrizen. Da wir es in dieser Allgemeinheit zum Beweis der Theoreme A und B nicht benötigen, gehen wir nicht weiter darauf ein. Es sei noch bemerkt, daß die im Cartanschen Lemma gewonnenen Normabschätzungen für c' und c'' im folgenden nirgends benutzt werden.

§ 2. Verheftung von Garbenepimorphismen

Wir beweisen zunächst in einer speziellen geometrischen Situation (durch Zurückführung des Cauchyintegrals auf Riemannsche Summen) einen Approximationssatz für holomorphe Funktionen. Mittels dieses Approximationssatzes sowie des Matrizenheftungslemmas von Cartan verheften wir dann analytische Garbenepimorphismen. Der Approximationssatz wird auch später noch (vgl. Kap. IV, § 4.4) entscheidend herangezogen.

In diesem Paragraphen schreiben wir oft $z = x + iy$ für z_1 und z' für $(z_2, \ldots, z_m)$. Es bezeichnet stets

$$R := \{z \in \mathbb{C},\ a \leq x \leq b,\ c \leq y \leq d\} \subset \mathbb{C}$$

ein kompaktes Rechteck $\neq \emptyset$ (mit evtl. leerem offenen Kern $\mathring{R}$) und $K' \neq \emptyset$ ein Kompaktum im z'-Raum $\mathbb{C}^{m-1}$. Wir setzen

$$K := R \times K'.$$

1. Approximationssatz von Runge. – Durch Übertragung einer bekannten Methode aus der klassischen Funktionentheorie zeigen wir:

Satz 1 (Runge): *Sei $\delta > 0$ beliebig. Dann existiert zu jedem $f \in \mathcal{O}(K)$ ein Polynom $\hat{f}$ in z mit in K' holomorphen Koeffizienten, so daß gilt:*

$$|f - \hat{f}|_K \leq \delta.$$

Beweis: Wir dürfen $\mathring{R} \neq \emptyset$ annehmen. Es gibt ein offenes Rechteck $E \supset R$ und ein $\tilde{f} \in \mathcal{O}(\bar{E} \times K')$ mit $\tilde{f} | K = f$. Nach der Cauchyschen Integralformel gilt dann, wenn ∂E der orientierte Rand von E ist und w für (z, z') gesetzt wird:

$$f(w) = \frac{1}{2\pi i} \int_{\partial E} \frac{\tilde{f}(\zeta, z')}{\zeta - z} d\zeta, \qquad w \in K.$$

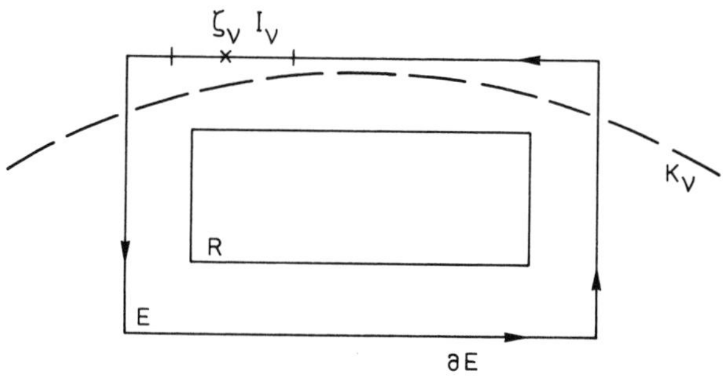

Der Integrand $k(\zeta, w) := (2\pi i(\zeta - z))^{-1} \tilde{f}(\zeta, z')$ ist auf dem Kompaktum $\partial E \times K$ gleichmäßig stetig; es gibt daher ein $\rho > 0$, so daß für alle $\zeta, \zeta' \in \partial E$ mit $|\zeta - \zeta'| \leq \rho$ und alle $w \in K$ gilt:

$$|k(\zeta, w) - k(\zeta', w)| \leq \frac{\delta}{2L} \quad \text{mit} \quad L := \text{Umfang von } E.$$

Wir zerlegen nun ∂E in Intervalle I_ν, $1 \leq \nu \leq n$; die Differenz der Eckpunkte von I_ν sei ρ_ν, es gelte stets: $|\rho_\nu| \leq \rho$. Wir fixieren jeweils einen Punkt $\zeta_\nu \in I_\nu$. Dann ist $k(\zeta_\nu, w)$ holomorph in $(\mathbb{C} \setminus \zeta_\nu) \times K'$ und

$$g(w) := \sum_{\nu=1}^{n} k(\zeta_\nu, w) \rho_\nu$$

ist eine Riemannsche Näherungssumme für das Cauchyintegral; genauer gilt:

$$f(w)-g(w)=\sum_{\nu=1}^{n}\int_{I_\nu}(k(\zeta,w)-k(\zeta_\nu,w))d\zeta\,, \qquad w\in K\,,$$

und daher

$$|f-g|_K\leq\sum_{\nu=1}^{n}\frac{\delta}{2L}|\rho_\nu|=\frac{\delta}{2}\,.$$

Zu jedem Punkt $\zeta_\nu\in\partial E$ bestimmen wir einen offenen Kreis $K_\nu\subset\mathbb{C}$ mit $R\subset K_\nu$ und $\zeta_\nu\notin\overline{K_\nu}$. Wir wählen das Taylorpolynom $t_\nu(z)\in\mathbb{C}[z]$ aus der Taylorentwicklung von $\rho_\nu(2\pi i(\zeta_\nu-z))^{-1}$ um den Mittelpunkt von K_ν derart, daß gilt:

$$|\rho_\nu(2\pi i(\zeta_\nu-z))^{-1}-t_\nu(z)|_R\leq\frac{\delta}{2nM_\nu}, \qquad \text{wo} \quad M_\nu:=|\tilde{f}(\zeta_\nu,z')|_{K'}\,.$$

Dann ist

$$\hat{f}(w):=\sum_{\nu=1}^{n}\tilde{f}(\zeta_\nu,z')t_\nu(z)\,, \qquad z\in\mathbb{C}\,, \qquad z'\in K'$$

ein Polynom in z mit in K' holomorphen Koeffizienten. Es gilt:

$$g(w)-\hat{f}(w)=\sum_{\nu=1}^{n}\tilde{f}(\zeta_\nu,z')[\rho_\nu(2\pi i(\zeta_\nu-z))^{-1}-t_\nu(z)]\,, \qquad w\in K\,,$$

also

$$|g-\hat{f}|_K\leq\sum_{\nu=1}^{n}M_\nu\frac{\delta}{2nM_\nu}=\frac{\delta}{2}\,.$$

Insgesamt folgt: $|f-\hat{f}|_K\leq\delta$. □

Für eine spätere Anwendung notieren wir noch ein Korollar. Unter einem (kompakten) Quader im komplexen $(z_1,\dots,z_m)$-Raum $\mathbb{C}^m$ verstehen wir einen kompakten Quader im reellen Raum $\mathbb{R}^{2m}$ der Real- und Imaginärteile $\operatorname{Re} z_1$, $\operatorname{Im} z_1,\dots,\operatorname{Re} z_m$, $\operatorname{Im} z_m$.

Korollar (Approximationssatz für Quader): *Sei $\varepsilon>0$ und sei $Q\subset\mathbb{C}^m$ ein kompakter Quader. Dann gibt es zu jedem $f\in\mathcal{O}(Q)$ ein Polynom $\check{f}\in\mathbb{C}[z_1,\dots,z_m]$, so daß gilt:*

$$|f-\check{f}|_Q\leq\varepsilon\,.$$

Beweis (durch Induktion nach m): Der Fall $m=1$ ist klar nach Satz 1. Sei $m>1$. Es gilt $Q=R\times Q'$, wo R ein kompaktes Rechteck und Q' ein kompakter Quader im $\mathbb{C}^{m-1}$ ist. Nach Satz 1 gibt es ein Polynom $\hat{f}=\sum_{i=0}^{n}f_i z_1^i$, $f_i\in\mathcal{O}(Q')$, mit $|f-\hat{f}|_Q \leq \frac{\varepsilon}{2}$. Zu jedem f_i existiert nach Induktionsannahme ein Polynom $\check{f}_i \in \mathbb{C}[z_2, \ldots, z_m]$ mit

$$|f_i - \check{f}_i|_{Q'} \leq \frac{\varepsilon}{2(n+1)T}, \quad \text{wo} \quad T > \max_{0 \leq i \leq n} |z_1^i|_R .$$

Für $\check{f} := \sum_{i=0}^{n} \check{f}_i z_1^i \in \mathbb{C}[z_1, z_2, \ldots, z_m]$ gilt nun

$$|\hat{f} - \check{f}|_Q \leq \sum_{i=0}^{n} |f_i - \check{f}_i|_{Q'} |z_1^i|_R \leq \frac{\varepsilon}{2} .$$

Insgesamt folgt: $|f-\check{f}|_Q \leq \varepsilon$. □

Bemerkung: Im Satz 1 kann das Rechteck R durch jede kompakte *konvexe* Menge in $\mathbb{C}$ ersetzt werden (dann funktioniert ebenfalls noch die Konstruktion der Kreise K_ν, die R enthalten und ζ_ν nicht). Entsprechend gilt das Korollar für beliebige kompakte, konvexe Produktmengen im $\mathbb{C}^m$.

2. Heftungslemma für Garbenepimorphismen. – Wie im vorangehenden Abschnitt ist $K = R \times K'$ das Produkt eines kompakten Rechtecks $R = \{z \in \mathbb{C}, a \leq x \leq b, c \leq y \leq d\}$ mit einem Kompaktum K' im z'-Raum $\mathbb{C}^{m-1}$. Zu gegebenem $e \in [a, b]$ definieren wir die kompakten Teilrechtecke

$$R^- := \{z \in R, x \leq e\}, \qquad R^+ := \{z \in R, x \geq e\} .$$

Wir setzen dann

$$K^- := R^- \times K', \qquad K^+ := R^+ \times K', \qquad P := K^- \cap K^+ = (R^- \cap R^+) \times K' .$$

Wir betrachten analytische Garben über K. Dabei heißt eine Garbe $\mathscr{S}$ *analytisch* über einer Menge M im $\mathbb{C}^m$ oder allgemeiner in einem komplexen Raum X, wenn $\mathscr{S}$ über einer offenen Umgebung von M definiert und analytisch ist. Entsprechend sind Schnittflächen, Homomorphismen, exakte Sequenzen usw. stets über Umgebungen von M definiert.

Im Beweise des folgenden Satzes werden der Approximationssatz und das Cartansche Heftungslemma benutzt.

Satz 2 (Verheftung von Schnittflächen): *Es sei $\mathscr{S}$ eine analytische Garbe über K; es seien $t_1^-, \ldots, t_p^- \in \mathscr{S}(K^-)$ und $t_1^+, \ldots, t_q^+ \in \mathscr{S}(K^+)$ Schnittflächen, deren Beschränkungen auf P denselben $\mathcal{O}(P)$-Untermodul von $\mathscr{S}(P)$ erzeugen:*

$$\sum_{i=1}^{p} \mathcal{O}(P) t_i^- | P = \sum_{j=1}^{q} \mathcal{O}(P) t_j^+ | P .$$

Dann gibt es über K^- eine invertierbare, holomorphe (p,p)-Matrix $a^- \in GL(p, \mathcal{O}(K^-))$ und Schnitte $t_1, \ldots, t_p \in \mathscr{S}(K)$, so daß gilt:

$$(t_1|K^-, \ldots, t_p|K^-) = (t_1^-, \ldots, t_p^-) a^- .$$

Beweis: Nach Voraussetzung bestehen Gleichungen

$$t_i^-|P=\sum_{\alpha=1}^{q}(t_\alpha^+|P)\cdot u_{\alpha i},\quad t_j^+|P=\sum_{\beta=1}^{p}(t_\beta^-|P)\cdot v_{\beta j},\quad i=1,\dots,p;\quad j=1,\dots,q$$

mit Koeffizienten $u_{\alpha i}, v_{\beta j}\in\mathcal{O}(P)$. Wir schreiben die Schnitte t_i^- bzw. t_j^+ als Zeilenvektoren $t^-\in\mathcal{S}^p(K^-)$ bzw. $t^+\in\mathcal{S}^q(K^+)$ und fassen die Koeffizienten $u_{\alpha i}$ bzw. $v_{\beta j}$ zu einer über P holomorphen (q,p)-Matrix u bzw. (p,q)-Matrix v zusammen. Dann gilt also

$$(1)\qquad t^-|P=(t^+|P)\cdot u,\qquad t^+|P=(t^-|P)\cdot v\,.$$

Mit $\rho>0$ setzen wir:

$$E:=\{z\in\mathbb{C},\ a-\rho<x<b+\rho,\ c-\rho<y<d+\rho\},$$
$$E':=\{z\in E,\ x<e+\rho\},\qquad E'':=\{z\in E,\ x>e-\rho\}\,.$$

Ist dann U eine beschränkte offene Umgebung von K' im $\mathbb{C}^{m-1}$, so ist

$$D:=(E'\cap E'')\times U$$

eine beschränkte offene Umgebung von P. Wir wählen U und ρ so klein, daß alle Funktionen $u_{\alpha i}, v_{\beta j}$ und somit die Matrizen u,v noch in einer im $\mathbb{C}^m$ offenen

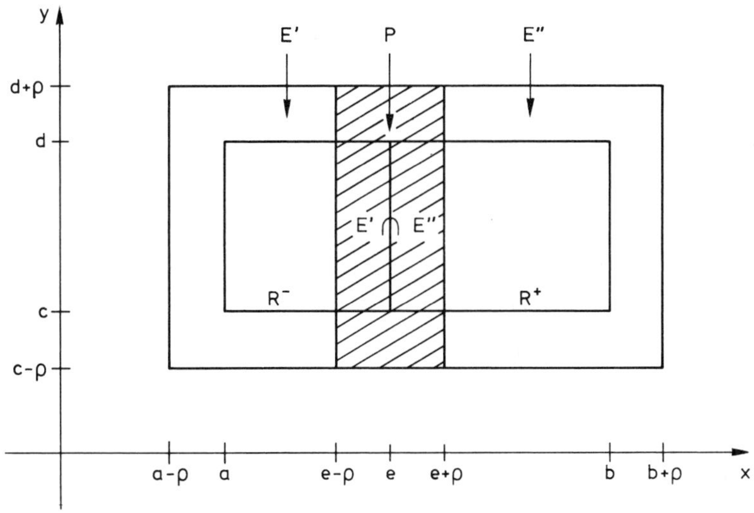

Umgebung des Kompaktums $\bar{D}=\overline{(E'\cap E'')}\times\bar{U}$ holomorph sind. Da $\overline{E'\cap E''}$ ein kompaktes Rechteck ist, so gibt es nach dem Approximationssatz 1 zu jedem $\delta>0$ holomorphe Funktionen $\hat{u}_{\alpha i}\in\mathcal{O}(\mathbb{C}\times\bar{U})$ (Polynome in z), so daß gilt:

$$|\hat{u}_{\alpha i}-u_{\alpha i}|_{\bar{D}}\le\delta,\qquad \alpha=1,\dots,q\,;\qquad i=1,\dots,p\,.$$

Aus diesen Funktionen bilden wir über $\overline{E'' \times U}$ die holomorphe (q,p)-Matrix $\hat{u} := (\hat{u}_{\alpha i})$ und weiter über $K^+ \subset E'' \times U$ die Schnittfläche

$$\hat{t}^+ := t^+ \cdot \hat{u} | K^+ \in \mathscr{S}^p(K^+) .$$

Für die Differenz $\hat{t}^+|P - t^-|P$ gilt dann über P auf Grund der Gleichungen (1):

$$\hat{t}^+|P - t^-|P = (t^+|P) \cdot (\hat{u} - u)|P = (t^-|P) \cdot (v|P) \cdot (\hat{u} - u)|P .$$

Führt man die in $\bar{D}$ holomorphe (p,p)-Matrix

$$a := e + v(\hat{u} - u) , \qquad e := \text{Einheitsmatrix}$$

ein, so gilt also

$$(2) \qquad \hat{t}^+|P = (t^-|P) \cdot (a|P) .$$

Da $\hat{u}$ dicht bei u liegt, so liegt a dicht bei e; genauer hat man (vgl. § 1.2):

$$|a - e|_{\bar{D}} \leq q\,|v|_{\bar{D}}\,|\hat{u} - u|_{\bar{D}} \leq q\,|v|_{\bar{D}}\,\delta$$

nach Konstruktion von $\hat{u}$. Wird δ klein genug gewählt, so ist $|a - e|_D$ also kleiner als das ε des Cartanschen Heftungslemmas. Es folgt alsdann die Existenz zweier holomorpher, invertierbarer Matrizen

$$c' \in GL(p, \mathcal{O}(E' \times U)), \qquad c'' \in GL(p, \mathcal{O}(E'' \times U)) ,$$

für welche gilt:

$$(3) \qquad a|D = (c'|D) \cdot (c''|D) .$$

Wir setzen nun:

$$a^- := c'|K^- \in GL(p, \mathcal{O}(K^-)) , \qquad c := c''^{-1}|K^+ \in GL(p, \mathcal{O}(K^+)) ,$$
$$\tilde{t}^+ := \hat{t}^+ c \in \mathscr{S}^p(K^+) .$$

Dann gilt $a^-|P = (a|P) \cdot (c|P)$ wegen (3) und weiter nach (2):

$$\tilde{t}^+|P = (t^-|P) \cdot (a^-|P) .$$

Daher ist

$$t := \begin{cases} t^- a^- & \text{über } K^- \\ \tilde{t}^+ & \text{über } K^+ \end{cases}$$

ein Schnitt $t \in \mathscr{S}^p(K)$ mit $t|K^- = t^- a^-$. □

Bemerkung: Unter den Voraussetzungen von Satz 2 gibt es ebenso eine (q,q)-Matrix $a^+ \in GL(q, \mathcal{O}(K^+))$, so daß $(t_1^+, \ldots, t_q^+) a^+$ zu einem Element von

$\mathscr{S}^q(K)$ fortsetzbar ist. Das ergibt sich analog wie eben, nur daß man jetzt v durch eine Matrix $\hat{v}$ approximiert und diese über $\overline{E' \times U}$ betrachtet.

Mittels Satz 2 folgt nun schnell[11]:

Satz 3 (Heftungslemma für Garbenepimorphismen): *Es sei $\mathscr{S}$ eine analytische Garbe über K, und es seien*

$$h^-: \mathcal{O}^p|K^- \to \mathscr{S}|K^-, \qquad h^+: \mathcal{O}^q|K^+ \to \mathscr{S}|K^+$$

analytische Epimorphismen, derart, daß über $P = K^- \cap K^+$ gilt:

$$\operatorname{Im}(h^-|P)_* = \operatorname{Im}(h^+|P)_* .$$

Dann gibt es einen analytischen Epimorphismus

$$h: \mathcal{O}^{p+q}|K \to \mathscr{S} .$$

Beweis: Es genügt, zwei $\mathcal{O}$-Homomorphismen

$$\varphi: \mathcal{O}^p|K \to \mathscr{S}, \qquad \psi: \mathcal{O}^q|K \to \mathscr{S}$$

zu konstruieren, deren Beschränkungen

$$\varphi|K^-: \mathcal{O}^p|K^- \to \mathscr{S}|K^-, \qquad \psi|K^+: \mathcal{O}^q|K^+ \to \mathscr{S}|K^+$$

beide surjektiv sind: alsdann ist $h := \varphi \oplus \psi$ ein Epimorphismus von $\mathcal{O}^{p+q}|K$ nach $\mathscr{S}$.

Wir konstruieren φ (die Konstruktion von ψ verläuft analog). Es seien $t_1^-, \ldots, t_p^- \in \mathscr{S}(K^-)$ bzw. $t_1^+, \ldots, t_q^+ \in \mathscr{S}(K^+)$ die Bilder der kanonischen Erzeugenden von $\mathcal{O}^p(K^-)$ bzw. $\mathcal{O}^q(K^+)$ bzgl. h_*^- bzw. h_*^+. Diese Schnittflächen erzeugen wegen $\operatorname{Im}(h^-|P)_* = \operatorname{Im}(h^+|P)_*$ über P denselben $\mathcal{O}(P)$-Untermodul von $\mathscr{S}(P)$. Nach Satz 2 gibt es daher ein $a^- \in GL(p, \mathcal{O}(K^-))$ und Schnitte $t_1, \ldots, t_p \in \mathcal{O}(K)$, so daß gilt:

$$(t_1|K^-, \ldots, t_p|K^-) = (t_1^-, \ldots, t_p^-)a^- .$$

Da a^- in jedem Punkt $x \in K^-$ einen invertierbaren holomorphen Matrizenkeim $a_x^- \in GL(p, \mathcal{O}_x)$ induziert, so erzeugen $t_{1x}, \ldots, t_{px}$ für jedes $x \in K^-$ denselben $\mathcal{O}_x$-Untermodul von $\mathscr{S}_x$ wie $t_{1x}^-, \ldots, t_{px}^-$. Für den von $t_1, \ldots, t_p$ über K definierten Garbenhomomorphismus

$$\varphi: \mathcal{O}^p|K \to \mathscr{S}, \qquad (f_{1x}, \ldots, f_{px}) \to \sum_{i=1}^{p} f_{ix} t_{ix}, \qquad x \in K,$$

---

[11] Ist $\varphi: \mathscr{S}_1 \to \mathscr{S}_2$ ein Garbenhomomorphismus über einem Raum X, so bezeichnen wir im folgenden und auch im § 3 mit φ_* den induzierten Schnittflächenhomomorphismus $\mathscr{S}_1(X) \to \mathscr{S}_2(X)$. Da in diesem Kapitel keine Bildgarben betrachtet werden, ist diese Notation ungefährlich.

gilt daher

$$\varphi(\mathcal{O}_x^p) = \sum_{i=1}^{p} \mathcal{O}_x t_{ix} = \sum_{i=1}^{p} \mathcal{O}_x t_{ix}^- = h^-(\mathcal{O}_x^p), \qquad x \in K^- .$$

Die Surjektivität von h^- hat die Surjektivität von $\varphi | K^-$ zur Folge. □

§ 3. Theoreme A und B

Mit Q wird – wie bereits im letzten § 2.1 – ein nichtleerer kompakter Quader im $\mathbb{C}^m$ bezeichnet. Es gilt also

$$Q = R \times Q',$$

wo $R = \{z \in \mathbb{C},\ a \le x \le b,\ c \le y \le d\}$ ein kompaktes Rechteck in der $z = z_1$-Ebene und Q' ein kompakter Quader im $z' = (z_2, \ldots, z_m)$-Raum $\mathbb{C}^{m-1}$ ist. Die *Dimension* $d(Q)$ wird induktiv definiert durch

$$d(Q) := d(R) + d(Q),$$

wobei der Induktionsbeginn $m = 1$ durch

$$d(R) := \begin{cases} 0, & \text{wenn } a = b \text{ und } c = d \\ 2, & \text{wenn } a < b \text{ und } c < d \\ 1 & \text{sonst} \end{cases}$$

gegeben ist. Es gilt

$$0 \le d(Q) \le 2m,$$

natürlich ist $d(Q)$ gerade die *topologische Dimension des Quaders* Q.

Falls $a < b$, so ist für jedes $e \in [a, b]$ die Menge

$$Q(e) := R(e) \times Q' \quad \text{mit} \quad R(e) := \{z \in R,\ \mathrm{Re}\, z = e\}$$

ein kompakter Quader im $\mathbb{C}^m$, dessen Dimension um genau 1 kleiner ist als $d(Q)$; dies ermöglicht im folgenden einen Induktionsbeweis nach $d(Q)$.

1. Kohärente analytische Garben über kompakten Quadern. – Eine über Q analytische Garbe $\mathcal{S}$ heißt *kohärent über* Q, wenn es eine offene Umgebung $U \subset \mathbb{C}^m$ von Q und eine kohärente analytische Garbe $\hat{\mathcal{S}}$ über U gibt, so daß gilt: $\hat{\mathcal{S}} | Q = \mathcal{S}$. Für das Rechnen mit solchen Garben $\mathcal{S}$ gilt:

Sind $\mathcal{S}, \mathcal{T}$ kohärente $\mathcal{O}$-Garben über Q und ist $h \colon \mathcal{S} \to \mathcal{T}$ ein $\mathcal{O}$-Homomorphismus, so sind auch die Garben $\mathcal{K}er\, h$, $\mathcal{I}m\, h$ und $\mathcal{C}oker\, h$ analytisch und kohärent über Q.

Beweis: Es gibt eine offene Umgebung U von Q und über U kohärente analytische Garben $\hat{\mathscr{S}}, \hat{\mathscr{T}}$ mit $\hat{\mathscr{S}}|Q=\mathscr{S}$, $\hat{\mathscr{T}}|Q=\mathscr{T}$. Dann ist $h:\mathscr{S}\to\mathscr{T}$ ein Schnitt $h\in\Gamma(Q,\mathscr{H}om(\hat{\mathscr{S}},\hat{\mathscr{T}}))$. Nach Kap. A, Satz 4.1 gibt es eine offene Umgebung $\hat{U}\subset U$ von Q und einen Schnitt $\hat{h}\in\Gamma(\hat{U},\mathscr{H}om(\hat{\mathscr{S}},\hat{\mathscr{T}}))$ mit $\hat{h}|Q=h$. Damit ist $h:\mathscr{S}\to\mathscr{T}$ zu einem $\mathcal{O}$-Homomorphismus $\hat{h}:\hat{\mathscr{S}}|\hat{U}\to\hat{\mathscr{T}}|\hat{U}$ fortgesetzt. Da nach Kap. A, § 2.3 die Garben $\mathscr{K}er\,\hat{h}$, $\mathscr{I}m\,\hat{h}$, $\mathscr{C}oker\,\hat{h}$ analytisch und kohärent über $\hat{U}$ sind, folgt die Behauptung aus $\mathscr{K}er\,h=\mathscr{K}er\,\hat{h}|Q$ usw. □

Bemerkung: Ist M eine abgeschlossene Teilmenge eines komplexen Raumes X, so hat man allgemeiner die Redeweise der über M kohärenten analytischen Garbe. Die soeben bewiesene Aussage gilt auch in dieser allgemeineren Situation, der Beweis überträgt sich wörtlich.

2. Formulierung der Theoreme A und B. Reduktion von Theorem B auf Theorem A. – Die Hauptsätze für kohärente analytische Garben über kompakten Quadern werden nach Cartan und Serre in zwei Theoremen zusammengefaßt.

Theorem A für kompakte Quader: *Zu jeder kohärenten $\mathcal{O}$-Garbe $\mathscr{S}$ über einem kompakten Quader $Q\subset\mathbb{C}^m$ gibt es eine natürliche Zahl p und eine exakte $\mathcal{O}$-Sequenz*

$$\mathcal{O}^p|Q\to\mathscr{S}\to 0\,.$$

Theorem B für kompakte Quader: *Für jede kohärente $\mathcal{O}$-Garbe $\mathscr{S}$ über einem kompakten Quader $Q\subset\mathbb{C}^m$ gilt:*

$$H^q(Q,\mathscr{S})=0 \quad \textit{für alle} \quad q\geq 1\,.$$

Man kann Theorem A auch so formulieren:

Es gibt p Schnitte in $\mathscr{S}(Q)$, deren Keime in jedem Punkt $z\in Q$ den Halm $\mathscr{S}_z$ über $\mathcal{O}_z$ erzeugen.

Wir notieren sogleich eine wichtige

Folgerung aus Theorem B: *Jede über Q exakte $\mathcal{O}$-Sequenz*

$$\mathscr{S}\xrightarrow{h}\mathscr{T}\longrightarrow 0$$

zwischen kohärenten analytischen Garben induziert eine exakte $\mathcal{O}(Q)$-Sequenz

$$\mathscr{S}(Q)\xrightarrow{h_*}\mathscr{T}(Q)\longrightarrow 0\,.$$

Beweis: Zur exakten Sequenz $0\longrightarrow\mathscr{K}er\,h\longrightarrow\mathscr{S}\xrightarrow{h}\mathscr{T}\longrightarrow 0$ gehört die exakte Cohomologiesequenz

$$\mathscr{S}(Q)\xrightarrow{h_*}\mathscr{T}(Q)\longrightarrow H^1(Q,\mathscr{K}er\,h)\longrightarrow\cdots\,.$$

Nun ist $\mathscr{K}er\,h$ nach Nr. 1 analytisch und kohärent über Q, so daß $H^1(Q,\mathscr{K}er\,h)=0$ nach Theorem B gilt. □

Da Quader spezielle Produktmengen im $\mathbb{C}^m$ sind, so steht uns für die Strukturgarbe $\mathcal{O}$ das Theorem B bereits zur Verfügung (Satz II.4.3). Da allgemein $H^q(X,\mathcal{S}^p)$ isomorph zur p-fachen direkten Summe von $H^q(X,\mathcal{S})$ mit sich selbst ist (vgl. Kap. B, § 1.2), so haben wir also die Gleichungen

$$H^q(Q,\mathcal{O}^p)=0\,, \qquad p,q\geq 1\,.$$

Dieser Spezialfall von Theorem B ermöglicht es bereits, den Allgemeinfall auf Theorem A zu reduzieren.

Satz 1: *Theorem* A *impliziert Theorem* B.

Beweis: Sei $\mathcal{S}$ eine kohärente $\mathcal{O}$-Garbe über Q. Wir werden zeigen: Zu jeder natürlichen Zahl $k\geq 1$ gibt es eine über Q kohärente analytische Garbe $\mathcal{S}_k$ und Isomorphismen

$$H^q(Q,\mathcal{S})\simeq H^{q+k}(Q,\mathcal{S}_k) \quad \text{für alle} \quad q\geq 1\,.$$

Hieraus folgt unmittelbar die Behauptung, da nach dem Verschwindungssatz für kompakte Quader alle Gruppen $H^{q+k}(Q,\mathcal{S}_k)$ mit $k\geq 3^m$ verschwinden.

Es genügt, den Fall $k=1$ zu betrachten, da sich hieraus der Allgemeinfall durch Wiederholung ergibt. Wir wählen gemäß Theorem A ein $p\geq 1$ und einen Epimorphismus $h\colon \mathcal{O}^p|Q\to\mathcal{S}$. Dann ist $\mathcal{S}_1:=\mathcal{K}er\,h$ analytisch und kohärent über Q, und die exakte Sequenz

$$0\to\mathcal{S}_1\to\mathcal{O}^p|Q\to\mathcal{S}\to 0$$

gibt Anlaß zur exakten Cohomologiesequenz

$$\cdots\longrightarrow H^q(Q,\mathcal{O}^p)\longrightarrow H^q(Q,\mathcal{S})\xrightarrow{\delta^q} H^{q+1}(Q,\mathcal{S}_1)\longrightarrow H^{q+1}(Q,\mathcal{O}^p)\longrightarrow\cdots\,.$$

Da für $q\geq 1$ alle Gruppen $H^q(Q,\mathcal{O}^p)$ verschwinden, sind alle Abbildungen δ^q bijektiv. □

3. Beweis von Theorem A. – Auf Grund von Satz 1 ist nur noch Theorem A zu beweisen. Wir führen den Beweis durch vollständige Induktion nach der Dimension $d:=d(Q)$. Für $d=0$ ist die Behauptung trivial, da dann Q ein Punkt $z\in\mathbb{C}^m$ und $\mathcal{S}=\mathcal{S}_z$ ein endlicher $\mathcal{O}_z$-Modul ist. Sei $d\geq 1$.

Wir bezeichnen mit A_d bzw. B_d die entsprechenden Aussagen der Theoreme A und B für alle Quader Q der Dimension $d(Q)\leq d$. Dann impliziert (wörtlich wie eben) die Aussage A_d die Aussage B_d; weiter gilt als Folgerung aus B_d, daß jede exakte Sequenz $\mathcal{S}\to\mathcal{T}\to 0$ kohärenter $\mathcal{O}$-Garben über Q, $d(Q)\leq d$, eine exakte Sequenz $\mathcal{S}(Q)\to\mathcal{T}(Q)\to 0$ induziert. Bezeichnen wir diese Teilaussage von B_d mit F_d, so genügt es also zu zeigen:

A_{d-1} *und* F_{d-1} *implizieren* A_d.

Sei $d(Q)=d$. Ohne Beschränkung der Allgemeinheit dürfen wir annehmen, daß gilt: $a<b$. Für jedes $e\in[a,b]$ ist

$$Q(e)=R(e)\times Q' \quad \text{mit} \quad R(e)=\{z\in R,\ \operatorname{Re} z=e\}$$

ein $(d-1)$-dimensionaler kompakter Quader, und es gibt nach Induktionsannahme A_{d-1} eine natürliche Zahl $p(e)$ und eine exakte $\mathcal{O}$-Sequenz

$$\mathcal{O}^{p(e)}|Q(e) \xrightarrow{\varphi_e} \mathcal{S}|Q(e) \longrightarrow 0.$$

Es gibt eine offene Umgebung $U_e\subset\mathbb{C}^m$ von $Q(e)$, eine kohärente analytische Garbe $\hat{\mathcal{S}}$ über U_e mit $\hat{\mathcal{S}}|U_e\cap Q=\mathcal{S}|U_e\cap Q$ und einen Schnitt $\hat{h}_e\in\Gamma(U_e,\mathcal{H}om(\mathcal{O}^{p(e)},\hat{\mathcal{S}}))$ mit $\hat{h}_e|Q(e)=\varphi_e$. Da die Garbe $\mathcal{C}oker\,\hat{h}_e$ kohärent über U_e ist und ihr Träger $Q(e)$ nicht schneidet, kann man ein $\varepsilon>0$ bestimmen, so daß der d-dimensionale Quader

$$Q(e)_\varepsilon:=R(e)_\varepsilon\times Q', \qquad R(e)_\varepsilon:=\{z\in R,\ e-\varepsilon\leq x\leq e+\varepsilon\}$$

in U_e enthalten ist und der von $\hat{h}_e$ induzierte Homomorphismus

$$h(e)\colon \mathcal{O}^{p(e)}|Q(e)_\varepsilon\to\mathcal{S}|Q(e)_\varepsilon$$

surjektiv ist. Da das Intervall $[a,b]$ kompakt ist, läßt sich Q mit endlich vielen

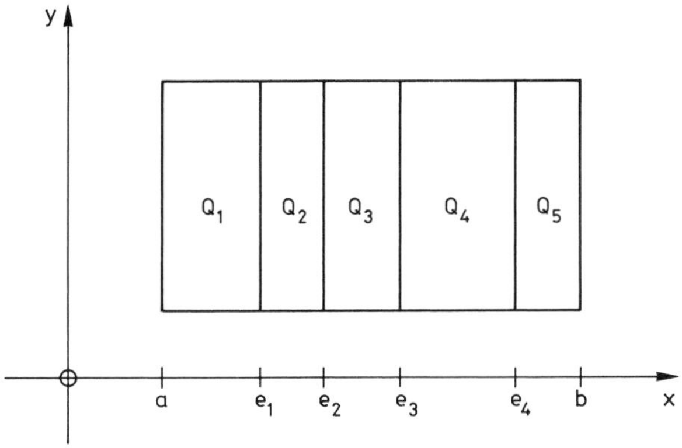

dieser Quader $Q(e)_\varepsilon$, etwa $Q_1,\ldots,Q_l$ überdecken. Wir können erreichen, daß diese Quader durch eine Zerlegung $a=e_0<e_1<\cdots<e_l=b$ des Grundintervalles beschrieben werden, d.h. daß gilt:

$$Q_j=\{(z,z')\in Q,\ e_{j-1}\leq\operatorname{Re} z\leq e_j\}.$$

Zu jedem Q_j haben wir dann ein $p_j>0$ und einen $\mathcal{O}$-Epimorphismus $h_j\colon\mathcal{O}^{p_j}|Q_j\to\mathcal{S}|Q_j$. Wir betrachten zunächst h_1 und h_2. Da $Q_1\cap Q_2=Q(e_1)$ ein

$(d-1)$-dimensionaler Quader ist, sind nach F_{d-1} die induzierten Schnitthomomorphismen

$$\mathcal{O}^{p_1}(Q(e_1)) \xrightarrow{h_{1*}} \mathcal{S}(Q(e_1)), \quad \mathcal{O}^{p_2}(Q(e_2)) \xrightarrow{h_{2*}} \mathcal{S}(Q(e_2))$$

beide surjektiv. Nach Satz 2.3 gibt es daher einen analytischen Epimorphismus

$$h_{1,2}: \mathcal{O}^{p_1+p_2}|Q_1 \cup Q_2 \to \mathcal{S}|Q_1 \cup Q_2 .$$

Die Epimorphismen $h_{1,2}$ und h_3 induzieren über $Q(e_2)=(Q_1 \cup Q_2) \cap Q_3$ nach F_{d-1} wieder Schnittepimorphismen. Sie können also wieder nach Satz 2.3 zu einem Epimorphismus

$$h_{1,2,3}: \mathcal{O}^{p_1+p_2+p_3}|Q_1 \cup Q_2 \cup Q_3 \to \mathcal{S}|Q_1 \cup Q_2 \cup Q_3$$

verheftet werden. So fortfahrend gewinnt man wegen $Q_1 \cup Q_2 \cup \cdots \cup Q_l = Q$ nach $(l-1)$ Schritten einen gewünschten Epimorphismus

$$h_{1,2,\ldots,l}: \mathcal{O}^{p_1+\cdots+p_l}|Q \to \mathcal{S}|Q . \qquad \square$$

Kapitel IV. Steinsche Räume

Steinsche Räume sind komplexe Räume, für die Theorem B richtig ist. Für solche Räume gilt automatisch auch Theorem A. Ein komplexer Raum ist Steinsch, wenn er eine *Steinsche Ausschöpfung* besitzt. Spezielle Steinsche Ausschöpfungen sind die *Quaderausschöpfungen.* Jeder schwach holomorph-konvexe Raum, in dem alle kompakten analytischen Mengen endlich sind, besitzt Quaderausschöpfungen und ist somit Steinsch.

§ 1. Der Verschwindungssatz $H^q(X, \mathscr{S})=0$

Es wird der zentrale Begriff der *Steinschen* Menge eingeführt. Steinsche Kompakta werden aus kompakten Quadern in Zahlenräumen mittels Liftung konstruiert, dabei werden der Kohärenzsatz für endliche holomorphe Abbildungen sowie Theorem B für Quader herangezogen.

Komplexe Räume X, für die alle Cohomologiegruppen $H^q(X, \mathscr{S})$, $q \geq 2$, mit Koeffizienten in kohärenten analytischen Garben $\mathscr{S}$ verschwinden, werden vermöge eines einfachen Ausschöpfungsprozesses von X durch Steinsche Kompakta gewonnen. Überdies wird gezeigt, daß bei Existenz *Steinscher Ausschöpfungen* auch noch die Gruppen $H^1(X, \mathscr{S})$ verschwinden.

1. Steinsche Mengen. Folgerungen aus Theorem B. – Die folgende Redeweise ist bequem:

Definition 1 (Steinsche Menge): *Eine abgeschlossene Teilmenge P eines komplexen Raumes X heißt Steinsch (in X), wenn für P die Aussage von Theorem* B *richtig ist, d.h. wenn für jede über P kohärente analytische Garbe $\mathscr{S}$ gilt:*

$$H^q(P, \mathscr{S})=0 \quad \textit{für alle} \quad q \geq 1 .$$

Nach dieser Definition sind kompakte Quader im $\mathbb{C}^m$ Steinsche Mengen. Aus dem Verschwinden der *ersten* Cohomologiegruppen gewinnt man wörtlich wie im Falle von Quadern (p. 99) den für Anwendungen wichtigen

Satz 1: *Ist P Steinsch in X und $h: \mathscr{S} \to \mathscr{T}$ ein analytischer Epimorphismus zwischen über P kohärenten analytischen Garben, so ist auch der induzierte Schnittflächenhomomorphismus $h_*: \mathscr{S}(P) \to \mathscr{T}(P)$ surjektiv.*

Wir sagen, daß ein Schnittmodul $\mathcal{S}(P)$ einen Halm $\mathcal{S}_x$, $x \in P$, erzeugt, wenn das Bild von $\mathcal{S}(P)$ in $\mathcal{S}_x$ bezüglich der Einschränkung $\mathcal{S}(P) \to \mathcal{S}_x$, $s \mapsto s_x$, den $\mathcal{O}_x$-Modul $\mathcal{S}_x$ erzeugt.

Satz 2 (Theorem A für Steinsche Mengen): *Es sei P Steinsch in X und $\mathcal{S}$ eine kohärente analytische Garbe über P. Dann erzeugt $\mathcal{S}(P)$ jeden Halm $\mathcal{S}_x$, $x \in P$.*

Beweis: Sei $x \in P$ fixiert. Wir bezeichnen mit $\mathcal{I}$ die über X kohärente Idealgarbe aller holomorphen Funktionskeime, die in x verschwinden; es gilt also:

$$\mathcal{I}_p = \mathcal{O}_p \quad \text{für} \quad p \neq x, \qquad \mathcal{I}_x = \mathfrak{m}(\mathcal{O}_x) = \text{maximales Ideal von } \mathcal{O}_x.$$

Dann ist $\mathcal{N} := \mathcal{I}|P$ und also auch $\mathcal{N}\mathcal{S} \subset \mathcal{S}$ kohärent über P. Der Garbenepimorphismus $\mathcal{S} \to \mathcal{S}/\mathcal{N}\mathcal{S}$ induziert mithin nach Satz 1 einen Schnittflächenepimorphismus $\mathcal{S}(P) \xrightarrow{\varepsilon} \mathcal{S}/\mathcal{N}\mathcal{S}(P)$. Nach Konstruktion von $\mathcal{N}$ gilt

$$(\mathcal{S}/\mathcal{N}\mathcal{S})_p = 0 \quad \text{für} \quad p \neq x, \qquad (\mathcal{S}/\mathcal{N}\mathcal{S})_x \simeq \mathcal{S}_x/\mathfrak{m}(\mathcal{O}_x)\mathcal{S}_x,$$

und ε ist die Restriktionsabbildung $\mathcal{S}(P) \to \mathcal{S}_x$, gefolgt vom Restklassenepimorphismus $\mathcal{S}_x \to \mathcal{S}_x/\mathfrak{m}(\mathcal{O}_x)\mathcal{S}_x$.

Sei nun $e_1, \ldots, e_m$ ein Erzeugendensystem des endlich-dimensionalen $\mathbb{C}$-Vektorraumes $\mathcal{S}_x/\mathfrak{m}(\mathcal{O}_x)\mathcal{S}_x$ und seien $s_1, \ldots, s_m \in \mathcal{S}(P)$ Schnittflächen mit $\varepsilon(s_\mu) = e_\mu$, $1 \leq \mu \leq m$. Nach einem bekannten Satz aus der Theorie der Stellenringe erzeugen dann die Keime $s_{1x}, \ldots, s_{mx} \in \mathcal{S}_x$ den $\mathcal{O}_x$-Modul $\mathcal{S}_x$.[12] □

Wird $\mathcal{S}_x$ von $\mathcal{S}(P)$ erzeugt, so gibt es stets ein $p \geq 1$ und einen Garbenhomomorphismus $h: \mathcal{O}^p|P \to \mathcal{S}$, der in einer Umgebung von x surjektiv ist. Diese Bemerkung impliziert sofort

Zusatz zu Satz 2: *Ist P eine kompakte, Steinsche Menge in X, so gibt es zu jeder über P kohärenten analytischen Garbe $\mathcal{S}$ eine natürliche Zahl $p \geq 1$ und einen $\mathcal{O}|P$-Garbenepimorphismus*

$$\mathcal{O}^p|P \xrightarrow{h} \mathcal{S}.$$

Der zugehörige Schnittflächenhomomorphismus $\mathcal{O}^p(P) \xrightarrow{h_*} \mathcal{S}(P)$ ist ebenfalls surjektiv.

Beweis: Da $\mathcal{S}(P)$ nach Satz 2 jeden Halm $\mathcal{S}_x$, $x \in P$, erzeugt, gibt es wegen der Kompaktheit von P nach dem eben Gesagten eine *endliche* offene Überdeckung $\{U_\mu\}_{1 \leq \mu \leq m}$ von P und Garbenhomomorphismen $h_\mu: \mathcal{O}^{p_\mu}|P \to \mathcal{S}$, die über U_μ surjektiv sind. Setzt man $p := \sum_{\mu=1}^{m} p_\mu$, $h := \sum_{\mu=1}^{m} h_\mu$, so ist $h: \mathcal{O}^p|P \to \mathcal{S}$ über ganz P surjektiv.

Die Surjektivität von h_* folgt aus Satz 1.

---

[12] Der in Rede stehende Satz, der eine einfache Folgerung aus dem Lemma von Nakayama ist, lautet (vgl. [AS], p. 213):

Es sei R ein noetherscher Stellenring mit maximalem Ideal $\mathfrak{m}$, und es sei M ein endlich erzeugter R-Modul. Dann erzeugen die Elemente $x_1, \ldots, x_p \in M$ den R-Modul M bereits dann, wenn ihre Restklassen $\bar{x}_1, \ldots, \bar{x}_p \in M/\mathfrak{m}M$ den $R/\mathfrak{m}$-Vektorraum $M/\mathfrak{m}M$ erzeugen.

2. Konstruktion Steinscher Kompakta mittels des Kohärenzsatzes für endliche Abbildungen. – Aus kompakten Quadern in Zahlenräumen gewinnt man durch Liftung neue Steinsche Kompakta, die für den weiteren Aufbau der Theorie sehr wichtig sind.

Satz 3: *Es sei X ein komplexer Raum und $P\subset X$ eine Menge mit folgenden Eigenschaften:*

1) *Es gibt eine offene Umgebung U von P in X und einen Bereich V im $\mathbb{C}^m$ und eine endliche holomorphe Abbildung $\tau: U\to V$.*
2) *Es gibt einen kompakten Quader Q im $\mathbb{C}^m$, so daß gilt:*

$$Q\subset V, \qquad \tau^{-1}(Q)=P.$$

Dann ist P ein Steinsches Kompaktum in X.

Beweis: Zunächst ist P jedenfalls kompakt. Sei $\mathcal{S}$ eine kohärente analytische Garbe über P. Es gibt eine in U enthaltene offene Umgebung U' von P, über der $\mathcal{S}$ noch analytisch und kohärent ist. Da $\tau: U\to V$ endlich ist, gibt es einen Bereich $V'\subset V$ mit $V'\supset Q$ und $\tau^{-1}(V')\subset U'$. Die durch Einschränkung aus τ entstehende Abbildung $\tau^{-1}(V')\to V'$ ist wieder endlich, daher ist die Bildgarbe $\mathcal{T}:=\tau_*(\mathcal{S}|\tau^{-1}(V'))$ über V' kohärent. Wegen $P=\tau^{-1}(Q)$ ist auch die Abbildung $\tau|P: P\to Q$ endlich, nach Satz I.1.5 gibt es daher Isomorphismen $H^q(P,\mathcal{S})\cong H^q(Q,(\tau|P)_*(\mathcal{S}))$, $q\geq 0$. Da $(\tau|P)_*(\mathcal{S})=\tau_*(\mathcal{S}|P)=\mathcal{T}|Q$ kohärent über Q ist, verschwinden alle Gruppen $H^q(Q,\mathcal{T})$, $q\geq 1$, nach Theorem B für kompakte Quader. Es folgt $H^q(P,\mathcal{S})=0$ für alle $q\geq 1$.

3. Ausschöpfung komplexer Räume durch Steinsche Kompakta. – Ist X ein topologischer Raum, so nennt man eine Folge $\{K_\nu\}_{\nu\geq 1}$ von kompakten Mengen $K_\nu\subset X$ *eine Ausschöpfung von X*, wenn folgendes gilt:

1) *Jede Menge K_ν ist im offenen Kern von $K_{\nu+1}$ enthalten:* $K_\nu\subset\mathring{K}_{\nu+1}$.
2) *Der Raum X ist die Vereinigung aller Mengen K_ν:* $X=\bigcup_{\nu=1}^{\infty} K_\nu$.

Alsdann ist *jedes* Kompaktum $K\subset X$ in einer Menge K_ν enthalten, und X selbst ist *lokal-kompakt.*

Mittels Ausschöpfung werden häufig Schnitte in Garben nach folgendem einfachen Prinzip konstruiert:

Sei $\{K_\nu\}_{\nu\geq 1}$ eine Ausschöpfung von X durch Kompakta. Es sei $\mathcal{S}$ eine Garbe (von Mengen) über X und $s_\nu\in\mathcal{S}(K_\nu)$ eine Folge von Schnitten, für welche gilt: $s_{\nu+1}|K_\nu=s_\nu$, $\nu\geq 1$. Dann gibt es genau einen Schnitt $s\in\mathcal{S}(X)$, so daß gilt:

$$s|K_\nu=s_\nu, \qquad \nu\geq 1.$$

Der Beweis ist trivial. □

Ein einfaches Resultat der mengentheoretischen Topologie ist, *daß jeder lokal-kompakte, im Unendlichen abzählbare Raum X Ausschöpfungen besitzt.* Für komplexe Räume gilt offensichtlich:

Ein komplexer Raum X (mit abzählbarer Topologie) ist genau dann durch eine Folge Steinscher Kompakta ausschöpfbar, wenn jedes Kompaktum $K \subset X$ in einem Steinschen Kompaktum $P \subset X$ enthalten ist.

Beispiel: Jeder *offene* Quader im $\mathbb{C}^m$ sowie der $\mathbb{C}^m$ selbst ist durch Steinsche Kompakta, nämlich kompakte Quader, ausschöpfbar.

4. Die Gleichungen $H^q(X,\mathscr{S})=0$ **für** $q \geq 2$. – Die Cohomologiegruppen $H^q(X,\mathscr{S})$ einer Garbe $\mathscr{S}$ von abelschen Gruppen gewinnt man nach Kap. B, §1.3, indem man irgendeine welke Auflösung

$$(*) \qquad 0 \to \mathscr{S} \to \mathscr{S}^0 \to \cdots \to \mathscr{S}^{q-2} \to \mathscr{S}^{q-1} \to \mathscr{S}^q \to \cdots$$

von $\mathscr{S}$ über X hernimmt und die Cohomologiegruppen des zugehörigen Schnittkomplexes ermittelt. Ist $K \subset X$ kompakt, so entsteht durch Einschränkung von $(*)$ auf K eine welke Auflösung von $\mathscr{S}|K$. Man hat ein kommutatives Diagramm

$$({*\atop *}) \qquad \begin{array}{ccccccccccccc} 0 & \longrightarrow & \mathscr{S}(X) & \xrightarrow{i} & \mathscr{S}^0(X) & \xrightarrow{d^0} & \cdots & \longrightarrow & \mathscr{S}^{q-2}(X) & \xrightarrow{d^{q-2}} & \mathscr{S}^{q-1}(X) & \xrightarrow{d^{q-1}} & \mathscr{S}^q(X) \xrightarrow{d^q} \cdots \\ & & \downarrow & & \downarrow & & & & \downarrow & & \downarrow & & \downarrow \\ 0 & \longrightarrow & \mathscr{S}(K) & \longrightarrow & \mathscr{S}^0(K) & \longrightarrow & \cdots & \longrightarrow & \mathscr{S}^{q-2}(K) & \longrightarrow & \mathscr{S}^{q-1}(K) & \longrightarrow & \mathscr{S}^q(K) \longrightarrow \cdots \end{array}$$

der Schnittsequenzen, wo die senkrechten Pfeile die Restriktionsabbildungen sind. Es gilt

$$0 = H^q(K,\mathscr{S}) = \operatorname{Ker}(d^q|K)/\operatorname{Im}(d^{q-1}|K)$$

genau dann, wenn die untere Zeile an der Stelle $\mathscr{S}^q(K)$ exakt ist. Besteht diese Exaktheit für alle Mengen K_ν einer Ausschöpfungsfolge von X, so wird man Exaktheit der oberen Zeile an der Stelle $\mathscr{S}^q(X)$ erwarten. Wir zeigen:

Satz 4: *Es sei X ein topologischer Raum und $\mathscr{S}$ eine Garbe von abelschen Gruppen über X. Es sei $q \geq 2$, und es gebe eine Ausschöpfung $\{K_\nu\}_{\nu \geq 1}$ von X durch Kompakta K_ν, so daß gilt:*

$$H^{q-1}(K_\nu,\mathscr{S}) = H^q(K_\nu,\mathscr{S}) = 0 \quad \textit{für alle} \quad \nu \geq 1 .$$

Dann gilt: $H^q(X,\mathscr{S})=0$.

Beweis: Wir betrachten das Diagramm $({*\atop *})$ für alle $K := K_\nu$. Da $H^q(X,\mathscr{S}) = \operatorname{Ker} d^q/\operatorname{Im} d^{q-1}$, so müssen wir zu jedem Schnitt $\alpha \in \operatorname{Ker} d^q$ ein $\beta \in \mathscr{S}^{q-1}(X)$ mit $d^{q-1}(\beta)=\alpha$ angeben. Es genügt, induktiv eine Folge $\beta_\nu \in \mathscr{S}^{q-1}(K_\nu)$ mit nachstehenden Eigenschaften zu konstruieren:

(1) $\qquad (d^{q-1}|K_\nu)\beta_\nu = \alpha|K_\nu ,$

(2) $\qquad \beta_{\nu+1}|K_\nu = \beta_\nu ,$

dann gibt es nämlich einen Schnitt $\beta\in\mathscr{S}^{q-1}(X)$ mit $\beta|K_\nu=\beta_\nu$ (vgl. Nr. 3). Da $(\substack{*\\*})$ kommutativ ist, folgt:

$$(d^{q-1}\beta)|K_\nu=(d^{q-1}|K_\nu)(\beta|K_\nu)=\alpha|K_\nu$$

für alle ν, d.h. $d^{q-1}\beta=\alpha$.

Wir konstruieren nun die Folge β_ν. Da

$$\alpha|K_\nu\in\operatorname{Ker}(d^q|K_\nu) \quad \text{und} \quad H^q(K_\nu,\mathscr{S})=\operatorname{Ker}(d^q|K_\nu)/\operatorname{Im}(d^{q-1}|K_\nu)=0,$$

so gibt es jedenfalls eine Folge $\beta'_\nu\in\mathscr{S}^{q-1}(K_\nu)$, die (1) erfüllt:

$$(d^{q-1}|K_\nu)\beta'_\nu=\alpha|K_\nu \quad \text{für alle} \quad \nu.$$

Wir setzen $\beta_1:=\beta'_1$. Seien $\beta_1,\dots,\beta_n$ schon konstruiert, $n\geq 1$. Dann gilt $(d^{q-1}|K_n)\beta_n=\alpha|K_n$ und also

$$(d^{q-1}|K_n)((\beta'_{n+1}|K_n)-\beta_n)=0, \quad \text{d.h.} \quad \beta'_{n+1}|K_n-\beta_n\in\operatorname{Ker}(d^{q-1}|K_n).$$

Wegen $H^{q-1}(K_n,\mathscr{S})=\operatorname{Ker}(d^{q-1}|K_n)/\operatorname{Im}(d^{q-2}|K_n)=0$ gibt es daher ein $\gamma'_n\in\mathscr{S}^{q-2}(K_n)$ mit

$$d^{q-2}(\gamma'_n)=(\beta'_{n+1}|K_n)-\beta_n.$$

Da die Garbe $\mathscr{S}^{q-2}$ wegen $q\geq 2$ welk über X ist, läßt sich γ'_n zu einem Schnitt $\gamma_n\in\mathscr{S}^{q-2}(X)$ über ganz X fortsetzen. Wir korrigieren dann β'_{n+1} wie folgt:

$$\beta_{n+1}:=\beta'_{n+1}-((d^{q-2}\gamma_n)|K_{n+1})\in\mathscr{S}^{q-1}(K_{n+1}).$$

Wegen $d^{q-1}\circ d^{q-2}=0$ gilt

$$(d^{q-1}|K_{n+1})\beta_{n+1}=(d^{q-1}|K_{n+1})\beta'_{n+1}=\alpha|K_{n+1};$$

weiter hat man $(d^{q-2}\gamma_n)|K_n=(d^{q-2}|K_n)\gamma'_n=(\beta'_{n+1}|K_n)-\beta_n$ und also

$$\beta_{n+1}|K_n=\beta'_{n+1}|K_n-(d^{q-2}\gamma_n)|K_n=\beta_n. \qquad \square$$

Es folgt nun unmittelbar:

Satz 5: *Es sei X ein komplexer Raum, der durch eine Folge $\{P_\nu\}_{\nu\geq 1}$ Steinscher Kompakta ausschöpfbar ist; und es sei $\mathscr{S}$ eine kohärente analytische Garbe über X. Dann gilt:*

$$H^q(X,\mathscr{S})=0 \quad \textit{für alle} \quad q\geq 2.$$

Beweis: Da $H^q(P_\nu,\mathscr{S})=0$ für alle $q\geq 1$, $\nu\geq 1$ gilt, so folgt die Behauptung aus Satz 4. $\square$

5. Die Gleichung $H^1(X,\mathcal{S})=0$. Steinsche Ausschöpfungen. – Wir wollen analysieren, unter welchen zusätzlichen Voraussetzungen auch das Verschwinden der ersten Cohomologiegruppe mittels der im Beweis von Satz 4 angegebenen Folgenkonstruktion gezeigt werden kann. Sei also X ein komplexer Raum mit einer Ausschöpfung $\{P_\nu\}_{\nu\geq 1}$ durch Steinsche Kompakta. Das kommutative Diagramm

$$\begin{array}{ccccccccc} 0 & \longrightarrow & \mathcal{S}(X) & \xrightarrow{i} & \mathcal{S}^0(X) & \xrightarrow{d^0} & \mathcal{S}^1(X) & \xrightarrow{d^1} & \cdots \\ & & \downarrow & & \downarrow & & \downarrow & & \\ 0 & \longrightarrow & \mathcal{S}(P_\nu) & \xrightarrow{i} & \mathcal{S}^0(P_\nu) & \xrightarrow{d^0|P_\nu} & \mathcal{S}^1(P_\nu) & \xrightarrow{d^1|P_\nu} & \cdots \end{array}$$

ist an den Stellen $\mathcal{S}^0(X)$ und $\mathcal{S}^0(P_\nu)$ exakt; wir fassen im folgenden $\mathcal{S}(X)$ bzw. $\mathcal{S}(P_\nu)$ vermöge i als Untergruppe von $\mathcal{S}^0(X)$ bzw. $\mathcal{S}^0(P_\nu)$ auf, also

$$\mathcal{S}(X)=\operatorname{Ker} d^0, \qquad \mathcal{S}(P_\nu)=\operatorname{Ker} d^0|P_\nu .$$

Um $H^1(X,\mathcal{S})=0$ herzuleiten, hat man zu jedem $\alpha\in\operatorname{Ker} d^1$ ein $\beta\in\mathcal{S}^0(X)$ mit $d^0\beta=\alpha$ zu finden. Die Wahl einer Folge $\beta'_\nu\in\mathcal{S}^0(P_\nu)$ mit $(d^0|P_\nu)\beta'_\nu=\alpha|P_\nu$ kann wegen $H^1(P_\nu,\mathcal{S})=\operatorname{Ker}(d^1|P_\nu)/\operatorname{Im}(d^0|P_\nu)=0$ ebenso geschehen wie oben. Indessen ist die Konstruktion einer Folge $\beta_\nu\in\mathcal{S}^0(P_\nu)$, die neben $(d^0|P_\nu)\beta_\nu=\alpha|P_\nu$ auch zusätzlich die Gleichung $\beta_{\nu+1}|P_\nu=\beta_\nu$ erfüllt, nicht mehr möglich: der Schnitt $(\beta'_{\nu+1}|P_\nu)-\beta_\nu$ liegt in $\operatorname{Ker} d^0|P_\nu=\mathcal{S}(P_\nu)$ und gestattet, da $\mathcal{S}$ *nicht welk* ist, *keine Fortsetzung* zu einem Schnitt in $\mathcal{S}$ über ganz X.

Die Gleichungen $\beta_{\nu+1}|P_\nu=\beta_\nu$ wurden benutzt, um durch sukzessive Fortsetzung einen Schnitt β mit $d^{q-1}\beta=\alpha$ zu gewinnen. Nun läßt sich dies auch dann noch erreichen, wenn man eine Folge $\beta_\nu\in\mathcal{S}^0(P_\nu)$ und eine „Korrekturfolge" $\delta_\nu\in\mathcal{S}(P_{\nu-1})$ so bestimmen kann, daß statt (2) folgendes gilt:

$$(\beta_{\nu+1}+\delta_{\nu+1})|P_{\nu-2}=(\beta_\nu+\delta_\nu)|P_{\nu-2}, \qquad \nu\geq 3 .$$

Dann definiert nämlich das Folgenpaar β_ν, δ_ν nach Nr. 3 einen Schnitt $\beta\in\mathcal{S}^0(X)$ mit $\beta|P_\nu=(\beta_{\nu+2}+\delta_{\nu+2})|P_\nu$. Erfüllt nun β_ν auch noch die Gleichung $(d^0|P_\nu)\beta_\nu=\alpha|P_\nu$, so gilt wegen $\delta_{\nu+1}\in\mathcal{S}(P_\nu)=\operatorname{Ker}(d^0|P_\nu)$:

$$d^0\beta|P_\nu=(d^0|P_\nu)(\beta_{\nu+2}|P_\nu)+(d^0|P_\nu)(\delta_{\nu+2}|P_\nu)=\alpha|P_\nu$$

für alle ν, d.h. $d^0\beta=\alpha$. □

An die Stelle von *Schnittfortsetzung* tritt im folgenden eine *Approximation* von $(\beta'_{\nu+1}|P_\nu)-\beta_\nu\in\mathcal{S}(P_\nu)$ durch Schnitte aus $\mathcal{S}(X)$. Dazu benötigt man indessen – und dadurch wird der Fall $q=1$ ungleich schwieriger als die Fälle $q\geq 2$ – eine Topologie mit guten Eigenschaften auf den $\mathbb{C}$-Vektorräumen $\mathcal{S}(P_\nu)$. In der folgenden Definition sind die entscheidenden Eigenschaften aufgelistet, die benötigt werden, um $H^1(X,\mathcal{S})=0$ herleiten zu können.

Definition 6 (Steinsche Ausschöpfung): *Es sei X ein komplexer Raum und $\mathcal{S}$ eine kohärente Garbe über X. Eine Ausschöpfung $\{P_\nu\}_{\nu\geq 1}$ von X durch Steinsche Kompakta P_ν heißt eine Steinsche Ausschöpfung von X für $\mathcal{S}$, wenn folgendes gilt:*

a) *Jeder $\mathbb{C}$-Vektorraum $\mathcal{S}(P_\nu)$ besitzt eine Seminorm[13] $|\ |_\nu$, derart, daß der Untervektorraum $\mathcal{S}(X)|P_\nu\subset\mathcal{S}(P_\nu)$ dicht in $\mathcal{S}(P_\nu)$ liegt.*

b) *Jede Restriktionsabbildung $\mathcal{S}(P_{\nu+1})\to\mathcal{S}(P_\nu)$ ist beschränkt, d.h. es gibt eine positive reelle Zahl M_ν, so daß gilt $|(s|P_\nu)|_\nu\leq M_\nu|s|_{\nu+1}$ für alle $s\in\mathcal{S}(P_{\nu+1})$, $\nu\geq 1$.*

c) *Ist $(s_j)_{j\in\mathbb{N}}$ eine Cauchyfolge in $\mathcal{S}(P_\nu)$, so hat die eingeschränkte Folge $(s_j|P_{\nu-1})_{j\in\mathbb{N}}$ einen Limes in $\mathcal{S}(P_{\nu-1})$, $\nu\geq 2$.*

d) *Ist $s\in\mathcal{S}(P_\nu)$, $|s|_\nu=0$, so ist $s|P_{\nu-1}=0$, $\nu\geq 2$.*

Man überlegt sich (induktiv) sofort, daß alsdann in b) alle Abbildungen als *kontraktiv* angenommen werden können (d.h. man kann $M_\nu=1$ für alle $\nu\geq 1$ erreichen).

Wir zeigen (unter Beibehaltung der bisher benutzten Notationen):

Satz 7: *Es sei X ein komplexer Raum und $\mathcal{S}$ eine kohärente analytische Garbe über X. Es gebe eine Steinsche Ausschöpfung $\{P_\nu\}$ von X für $\mathcal{S}$.*

Dann gibt es zu jedem Schnitt $\alpha\in\operatorname{Ker} d^1$ zwei Folgen $\beta_\nu\in\mathcal{S}^0(P_\nu)$, $\delta_\nu\in\mathcal{S}(P_{\nu-1})$, $\nu\geq 2$, mit nachstehenden Eigenschaften:

(1) $$(d^0|P_\nu)\beta_\nu=\alpha|P_\nu\,,$$

(2) $$(\beta_{\nu+1}+\delta_{\nu+1})|P_{\nu-2}=(\beta_\nu+\delta_\nu)|P_{\nu-2}\,.$$

Die Folgen β_ν, δ_ν definieren einen Schnitt $\beta\in\mathcal{S}^0(X)$ mit $\beta|P_{\nu-2}=(\beta_\nu+\delta_\nu)|P_{\nu-2}$. Es gilt $d^0\beta=\alpha$.

Speziell ist also: $H^1(X,\mathcal{S})=0$.

Beweis: Wir haben uns oben bereits überzeugt, daß aus der Existenz zweier Folgen β_ν, δ_ν mit den Eigenschaften (1) und (2) die Existenz eines Schnittes β mit $d^0\beta=\alpha$ resultiert. Es ist klar, daß $H^1(X,\mathcal{S})=0$ dann richtig ist.

Die Konstruktion der Folgen β_ν, δ_ν geschieht in drei Schritten; wir setzen alle Restriktionen $\mathcal{S}(P_{\nu+1})\to\mathcal{S}(P_\nu)$ als *kontraktiv* voraus.

1) Wir konstruieren als erstes die Folge β_ν. Wie im Beweis von Satz 4 wählt man zunächst eine Folge $\beta'_\nu\in\mathcal{S}^0(P_\nu)$ mit $(d^0|P_\nu)\beta'_\nu=\alpha|P_\nu$ (man benutzt, daß $H^1(P_\nu,\mathcal{S})=\operatorname{Ker}(d^1|P_\nu)/\operatorname{Im}(d^0|P_\nu)$ verschwindet). Hieraus gewinnt man wieder induktiv die Folge β_ν. Man beginnt mit $\beta_1:=\beta'_1$. Seien $\beta_1,\ldots,\beta_n$ bereits so konstruiert, daß (1) gilt. Für

$$\gamma'_n:=(\beta'_{n+1}|P_n)-\beta_n$$

gilt dann

$$(d^0|P_n)\gamma'_n=\alpha|P_n-\alpha|P_n=0\,,\quad \text{d.h.}\quad \gamma'_n\in\mathcal{S}(P_n)\,.$$

[13] Eine Seminorm hat alle Eigenschaften einer Norm mit der einen Ausnahme, daß aus $|x|=0$ nicht mehr $x=0$ folgt. Seminormierte Vektorräume sind topologische Räume, die nicht notwendig Hausdorffsch sind. *Folgen können also mehrere Limites haben.*

Nach Def. 6, a) ist γ_n' durch Schnitte aus $\mathscr{S}(X)$ approximierbar; wir wählen $\gamma_n \in \mathscr{S}(X)$, so daß gilt:

$$|\gamma_n' - (\gamma_n | P_n)|_n \leq q^n \quad \left(\text{mit } 0 < q < 1, \text{ etwa } q := \frac{1}{2}\right).$$

Wir setzen nun

$$\beta_{n+1} := \beta_{n+1}' - \gamma_n | P_{n+1} \in \mathscr{S}^0(P_{n+1}).$$

Wegen $d^0 \gamma_n = 0$ gilt dann

$$(d^0 | P_{n+1}) \beta_{n+1} = (d^0 | P_{n+1}) \beta_{n+1}' - (d^0 \gamma_n) | P_{n+1} = \alpha | P_{n+1},$$

wie es sein soll.

2) Wir konstruieren die Folge δ_ν. Die Differenzen

$$(\beta_{\nu+1} | P_\nu) - \beta_\nu = \gamma_\nu' - \gamma_\nu | P_\nu \in \mathscr{S}(P_\nu)$$

verschwinden nicht mehr (wie im Satz 4), doch sind sie „klein":

$$(*) \qquad |(\beta_{\nu+1} | P_\nu) - \beta_\nu|_\nu \leq q^\nu.$$

Wir betrachten für jedes $\nu \geq 1$ die Folge

$$s_j^{(\nu)} := (\beta_{\nu+j} | P_\nu) - \beta_\nu \in \mathscr{S}(P_\nu), \qquad j = 0, 1, \ldots.$$

Es bestehen die Gleichungen

$$(\circ) \qquad s_j^{(\nu)} - s_{j-1}^{(\nu+1)} | P_\nu = \beta_{\nu+1} | P_\nu - \beta_\nu \quad \text{für alle} \quad \nu, j,$$

wie man durch Einsetzen links sofort verifiziert.

Wir werden gleich im dritten Beweisschritt zeigen, daß für festes ν jede Folge $s_j^{(\nu)} | P_{\nu-1} \in \mathscr{S}(P_{\nu-1})$ einen Limes in $\mathscr{S}(P_{\nu-1})$ hat, $\nu \geq 1$. Sei δ_ν ein solcher Limes. Da alle Restriktionsabbildungen stetig sind (wegen Def. 6, b)), so gilt

$$\lim_{j \to \infty} s_j^{(\nu+1)} | P_{\nu-1} = \delta_{\nu+1} | P_{\nu-1},$$

so daß sich insgesamt ergibt

$$\lim_{j \to \infty} (s_j^{(\nu)} - s_{j-1}^{(\nu+1)}) | P_{\nu-1} = \delta_\nu - \delta_{\nu+1} | P_{\nu-1}.$$

Zusammen mit $(\circ)$ folgt hieraus:

$$|\delta_\nu - (\delta_{\nu+1} | P_{\nu-1}) - ((\beta_{\nu+1} - \beta_\nu) | P_{\nu-1})|_{\nu-1} = 0.$$

Wegen Def. 6, d) gilt

$$(\beta_{\nu+1} + \delta_{\nu+1}) | P_{\nu-2} = (\beta_\nu + \delta_\nu) | P_{\nu-2} \text{ für alle } \nu \geq 3, \text{ d.h. (2).}$$

3) Es muß noch verifiziert werden, daß jede Folge $s_j^{(\nu)}|P_{\nu-1}$ einen Limes in $\mathscr{S}(P_{\nu-1})$ hat. Dies folgt auf Grund von Def. 6, c), sobald wir zeigen:

Jede Folge $s_j^{(\nu)} \in \mathscr{S}(P_\nu)$ ist eine Cauchyfolge in $\mathscr{S}(P_\nu)$.

Nun gilt für alle Indexpaare i,j mit $j>i$:

$$s_j^{(\nu)} - s_i^{(\nu)} = \beta_{\nu+j}|P_\nu - \beta_{\nu+i}|P_\nu = \sum_{\mu=i+1}^{j} (\beta_{\nu+\mu}|P_\nu - \beta_{\nu+\mu-1}|P_\nu).$$

Da alle Abbildungen $\mathscr{S}(P_{\nu+\mu}) \to \mathscr{S}(P_\nu)$ *kontraktiv* sind, so bestehen wegen (*) die Ungleichungen

$$|(\beta_{\nu+\mu}|P_\nu) - (\beta_{\nu+\mu-1}|P_\nu)|_\nu \leq |(\beta_{\nu+\mu}|P_{\nu+\mu-1}) - \beta_{\nu+\mu-1}|_{\nu+\mu-1} \leq q^{\nu+\mu-1}$$

für alle $\mu \geq 1$. Dies hat zur Folge, daß für alle i,j mit $j>i$ gilt:

$$|s_j^{(\nu)} - s_i^{(\nu)}|_\nu \leq \sum_{\mu=i+1}^{j} q^{\nu+\mu-1} \leq \frac{q^\nu}{1-q} q^i,$$

womit klar ist, daß $s_j^{(\nu)}$ eine Cauchyfolge in $\mathscr{S}(P_\nu)$ ist. □

Eine Ausschöpfung $\{P_\nu\}_{\nu \geq 1}$ von X durch Steinsche Kompakta P_ν heißt eine *Steinsche Ausschöpfung von X* (schlechthin), wenn $\{P_\nu\}_{\nu \geq 1}$ für *jede* kohärente Garbe $\mathscr{S}$ über X eine Steinsche Ausschöpfung von X ist. Dann können wir abschließend formulieren:

Satz 8 (Ausschöpfungssatz): *Jeder komplexe Raum X, der eine Steinsche Ausschöpfung besitzt, ist Steinsch:*

$H^q(X, \mathscr{S}) = 0$ für alle $q \geq 1$ und alle über X kohärenten analytischen Garben $\mathscr{S}$.

§ 2. Schwache Holomorphiekonvexität und Pflaster

In diesem Paragraphen werden (analytische) Pflaster definiert, die im § 4 zur Konstruktion Steinscher Ausschöpfungen herangezogen werden. Zum Begriff des Pflasters gelangt man, wenn man den fundamentalen Begriff der Holomorphiekonvexität eines komplexen Raumes genauer studiert.

1. Holomorph-konvexe Hülle. – Sei X ein komplexer Raum mit Strukturgarbe $\mathcal{O} = \mathcal{O}_X$. Wir bezeichnen mit $\text{red}: \mathcal{O} \to \mathcal{O}_{\text{red}\,X} := \mathcal{O}/\mathfrak{n}(\mathcal{O})$ die Reduktionsabbildung. Da $\mathcal{O}_{\text{red}\,X} \subset \mathscr{C}_X$, so bestimmt jeder Schnitt $h \in \mathcal{O}(X)$ eine *komplex-wertige, stetige Funktion* $\text{red}\,h \in \mathscr{C}(X)$. Für jeden Punkt $x \in X$ ist also der „Wert" $h(x) := (\text{red}\,h)(x) \in \mathbb{C}$ und somit auch der Absolutbetrag

$$|h(x)| := |(\text{red}\,h)(x)| \geq 0$$

wohldefiniert (vgl. Kap. A, § 3.7). Für jede Teilmenge $M \subset X$ existiert folglich

$$|h|_M := \sup_{x \in M} |h(x)|, \qquad 0 \leq |h|_M \leq \infty.$$

Ist M kompakt, so gilt stets $|h|_M < \infty$, da $\operatorname{red} h$ stetig in X ist.

Definition 1 (Holomorph-konvexe Hülle): *Unter der holomorph-konvexen Hülle von M in X versteht man die Menge*

$$\hat{M} := \bigcap_{h \in \mathcal{O}(X)} \{x \in X : |h(x)| \leq |h|_M\}.$$

Oft schreibt man auch präziser $\hat{M}_X$ statt $\hat{M}$. Im folgenden Satz sind elementare Eigenschaften des Hüllenoperators $\hat{}$ zusammengestellt:

Satz 2: *Für jede Teilmenge M von X gilt:*
1) *$\hat{M}$ ist abgeschlossen in X; zu jedem Punkt $p \in X \setminus \hat{M}$ gibt es eine Funktion $h \in \mathcal{O}(X)$, so daß gilt: $|h|_{\hat{M}} < 1 < |h(p)|$.*
2) *$M \subset \hat{M}$, $\hat{\hat{M}} = \hat{M}$.*
3) *Aus $M \subset M'$ folgt $\hat{M} \subset \hat{M}'$.*
4) *Ist $\varphi: Y \to X$ eine holomorphe Abbildung, so gilt:*

$$\widehat{\varphi^{-1}(M)}_Y \subset \varphi^{-1}(\hat{M}_X).$$

Die Beweise sind kanonisch. □

In der Aussage 1) kann man übrigens (durch Potenzieren) die Werte $|h(p)|$ bzw. $|h|_{\hat{M}}$ beliebig groß bzw. klein machen.

Aus 3) folgt insbesondere:

Für beliebige Mengen $M, M' \subset X$ gilt: $\widehat{M \cap M'} \subset \hat{M} \cap \hat{M}'$. Speziell:

$$\widehat{M \cap M'} = M \cap M', \quad \textit{wenn} \quad \hat{M} = M, \quad \hat{M}' = M'.$$

In 4) ist enthalten:

Ist $U \subset X$ ein offener Unterraum von X, der M umfaßt, so gilt: $\hat{M}_U \subset \hat{M}_X$.

Für den Hüllenoperator gilt die

Produktregel: *Ist $X \times X'$ das Produkt der komplexen Räume X, X', so ist*

$$\widehat{M \times M'} \subset \hat{M} \times \hat{M}' \quad \textit{für alle Mengen} \quad M \subset X, \quad M' \subset X'.$$

Beweis: Ersichtlich gilt $\widehat{M \times X'} \subset \hat{M} \times X'$ und analog $\widehat{X \times M'} \subset X \times \hat{M}'$. Wegen $M \times M' \subset (M \times X') \cap (X \times M')$ folgt die Behauptung. □

Im allgemeinen ist $\hat{M}$ *echt* größer als M. Wichtig für uns ist:

Für jeden kompakten Quader Q im $\mathbb{C}^m$ gilt: $\hat{Q} = Q$.

Beweis: Nach der Produktregel genügt es, den Fall $m=1$ zu betrachten. Alsdann gibt es zu jedem Punkt $p\in\mathbb{C}\setminus Q$ einen „Kreis"

$$T:=\{z\in\mathbb{C},\ |z-a|\leq r\},\qquad a\in\mathbb{C},\qquad r>0,$$

mit $Q\subset T$, $p\notin T$. Für $f:=z-a\in\mathcal{O}(\mathbb{C})$ gilt somit $|f(p)|>|f|_Q$, d.h. $p\notin\hat{Q}$. □

2. Holomorph-konvexe Räume. – Die holomorph-konvexe Hülle $\hat{K}$ einer kompakten Menge $K\subset X$ ist keineswegs immer wieder kompakt. Räume mit dieser Eigenschaft werden durch eine Definition hervorgehoben.

Definition 3 (Holomorph-konvex): *Ein komplexer Raum X heißt holomorph-konvex, wenn jedes Kompaktum $K\subset X$ eine kompakte, holomorph-konvexe Hülle $\hat{K}$ in X besitzt.*

Kompakte komplexe Räume sind stets holomorph-konvex; mit X ist natürlich auch die Reduktion $\operatorname{red} X=(X,\mathcal{O}_{\operatorname{red}X})$ von X holomorph-konvex. Weiter gilt:

Sind X, X' holomorph-konvex, so ist auch der Produktraum $X\times X'$ holomorph-konvex.

Dies folgt unmittelbar aus der Produktregel für den Hüllenoperator $\hat{\ }$, da jede in $X\times X'$ kompakte Menge im Produkt $K\times K'$ kompakter Mengen enthalten ist. □

Es gibt eine einfache hinreichende Bedingung für Holomorphiekonvexität.

Satz 4: *Der komplexe Raum X sei so beschaffen, daß es zu jeder in X diskreten, unendlichen Menge D eine in X holomorphe Funktion $h\in\mathcal{O}(X)$ gibt, die auf D unbeschränkt ist: $|h|_D=\infty$. Dann ist X holomorph-konvex.*

Beweis: Ist K kompakt in X, so gilt $|h|_K<\infty$ für alle $h\in\mathcal{O}(X)$. Die Hülle $\hat{K}=\bigcap_h\{x\in X\colon |h(x)|\leq|h|_K\}$ kann daher nach Voraussetzung keine in X diskrete Punktfolge enthalten. Da $\hat{K}$ abgeschlossen in X ist, so ist $\hat{K}$ folgenkompakt und also kompakt. □

Am Schluß dieses Paragraphen sowie im Kap. V, § 6.7 werden wir sehen, daß die Bedingung des Satzes 4 auch notwendig für die Holomorphiekonvexität von X ist; der Beweis ist anspruchsvoller.

Korollar zu Satz 4: *Es sei G ein Bereich im $\mathbb{C}^m$. Zu jedem Randpunkt $p\in\partial G$ gebe es eine holomorphe Funktion f in einer offenen Umgebung U von $\bar{G}$ mit*

$$G\cap\{x\in U,\ f(x)=0\}=\emptyset,\qquad f(p)=0.$$

Dann ist G holomorph-konvex.

Beweis: Wir zeigen, daß für $X:=G$ die Bedingung von Satz 4 erfüllt ist. Sei also D eine unendliche, diskrete Menge in G. Ist D unbeschränkt, so ist eine der Koordinatenfunktionen des $\mathbb{C}^m$ unbeschränkt auf D. Ist D beschränkt, so hat D einen Häufungspunkt $p\in\partial G$. Ist dann f die nach Voraussetzung zu p gehörende Funktion, so ist $h:=f^{-1}|G\in\mathcal{O}(G)$ unbeschränkt auf D. □

Es folgt jetzt unmittelbar, daß *jeder Bereich* G in der Gaußschen Ebene $\mathbb{C}^1$ holomorph-konvex ist. Somit ist auch jeder Produktbereich

$$G_1 \times G_2 \times \cdots \times G_m \subset \mathbb{C}^m, \qquad G_\mu := \text{Bereich in } \mathbb{C},$$

holomorph-konvex, speziell sehen wir:

Jeder offene Quader (:= *offener Kern eines Quaders*) *sowie jeder offene Polyzylinder im* $\mathbb{C}^m$ *ist holomorph-konvex.* □

Bemerkung: Aus dem Korollar folgt weiter, daß jedes *linear-konvexe* Gebiet G im $\mathbb{C}^m$ ($\cong \mathbb{R}^{2m}$) holomorph-konvex ist. Durch jeden Randpunkt $p \in \partial G$ eines solchen Gebietes G gibt es nämlich eine „Stützhyperebene" E mit $G \cap E = \emptyset$. Die Hyperebene E ist durch eine Gleichung $l(z) + \overline{l(z)} = 0$ beschreibbar, wo l eine *lineare, holomorphe* Funktion ist. Es gilt $l(p) = 0$, aber $G \cap \{z \in \mathbb{C}^m, l(z) = 0\} = \emptyset$. □

3. Pflaster. – Für die Belange der Steintheorie ist eine Abschwächung des Begriffes der Holomorphiekonvexität angebracht. Benötigt wird, daß zu jedem Kompaktum K in X eine offene Umgebung W von K in X existiert, so daß $\hat{K} \cap W$ kompakt ist. Um diese Bedingung besser zu verstehen, führen wir vorweg eine vereinfachte Redeweise ein.

Definition 5 (Pflaster): *Ein Paar* (P, π) *heißt ein (analytisches) Pflaster in* X, *wenn folgendes gilt:*

1) P *ist ein nichtleeres Kompaktum in* X, *und* $\pi: X \to \mathbb{C}^m$ *ist eine holomorphe Abbildung von* X *in einen Zahlenraum* $\mathbb{C}^m$.
2) *Es gibt einen (kompakten) Quader* Q *im* $\mathbb{C}^m$ *und eine offene Menge* W *in* X, *so daß gilt:* $P = \pi^{-1}(Q) \cap W$.

Dann ist

$$\hat{P} \cap W = P,$$

denn $P \subset \pi^{-1}(Q)$ impliziert $\hat{P} \subset \pi^{-1}(\hat{Q})$, woraus wegen $\hat{Q} = Q$ folgt: $\hat{P} \cap W \subset \pi^{-1}(Q) \cap W = P$. □

Der offene Kern $\mathring{Q}$ von Q hat bzgl. $\pi | W$ die offene Menge

$$P^0 := \pi^{-1}(\mathring{Q}) \cap W$$

als Urbild. Wir nennen P^0 das *analytische Innere* des Pflasters (P, π); offensichtlich führen alle offenen Mengen W mit $\pi^{-1}(Q) \cap W = P$ zur selben Menge P^0.

Der offene Kern $\mathring{P}$ von P umfaßt P^0; es gilt jedoch nicht notwendig $\mathring{P} = P^0$ (ist z.B. X kompakt und $\pi: X \to \mathbb{C}^m$ konstant, so ist (X, π) ein Pflaster in X; jeder Quader $Q \subset \mathbb{C}^m$ mit $\pi(X) \subset Q$ hat die Eigenschaft 2), es gilt $X^0 = \emptyset$ im Falle $d(Q) < 2m$).

Wir zeigen nun:

Satz 6: *Für ein Kompaktum K in X sind folgende Aussagen äquivalent:*

i) *Es gibt eine offene Umgebung W von K in X, so daß $\hat{K} \cap W$ kompakt ist.*

ii) *Es gibt eine offene, relativ-kompakte Umgebung W von K in X, deren Rand ∂W die Menge $\hat{K}$ nicht schneidet.*

iii) *Es gibt ein Pflaster (P, π) in X mit $K \subset P^0$.*

Beweis: i)$\Rightarrow$ii): Trivial, denn man kann W durch eine Menge $\tilde{W}$ mit $\hat{K} \cap W \subset \tilde{W} \ll W$ ersetzen.

ii)$\Rightarrow$iii): Wegen $\partial W \cap \hat{K} = \emptyset$ gibt es zu jedem Punkt $p \in \partial W$ nach Satz 2, 1) eine holomorphe Funktion $h \in \mathcal{O}(X)$, für die gilt: $|h|_{\hat{K}} < 1 < |h(p)|$. Dann gilt auch: $\max\{|\operatorname{Re} h|_K, |\operatorname{Im} h|_K\} < 1$; überdies darf man annehmen (evtl. ist h durch eine Potenz h^s zu ersetzen): $\max\{|\operatorname{Re} h(p)|, |\operatorname{Im} h(p)|\} > 1$. Wegen der Kompaktheit von ∂W gibt es dann (aus Stetigkeitsgründen) *endlich viele* Schnitte $h_1, \ldots, h_m \in \mathcal{O}(X)$, so daß gilt:

$$(*) \qquad \begin{aligned} &\max_{1 \le \mu \le m} \{|\operatorname{Re} h_\mu|_K, |\operatorname{Im} h_\mu|_K\} < 1, \\ &\max_{1 \le \mu \le m} \{|\operatorname{Re} h_\mu(p)|, |\operatorname{Im} h_\mu(p)|\} > 1 \quad \text{für } \textit{jeden} \text{ Punkt } p \in \partial W. \end{aligned}$$

Bezeichnet nun $Q := \{(z_1, \ldots, z_m) \in \mathbb{C}^m : |\operatorname{Re} z_\mu| \le 1, |\operatorname{Im} z_\mu| \le 1\}$ den „Einheitsquader" im $\mathbb{C}^m$, so hat die durch die Schnitte $h_1, \ldots, h_m \in \mathcal{O}(X)$ bestimmte holomorphe Abbildung

$$\pi: X \to \mathbb{C}^m, \qquad x \mapsto (\operatorname{red} h_1(x), \ldots, \operatorname{red} h_m(x))$$

wegen (*) die folgenden beiden Eigenschaften:

$$\pi(\partial W) \cap Q = \emptyset, \qquad K \subset \pi^{-1}(\mathring{Q}) \cap W.$$

Die erste Gleichung impliziert, daß $P := \pi^{-1}(Q) \cap W$ kompakt ist; die zweite Inklusion besagt: $K \subset P^0$. Mithin ist (P, π) ein gesuchtes Pflaster.

iii)$\Rightarrow$i): Sei $W \subset X$ eine offene Menge zum Pflaster (P, π), für die gilt: $\hat{P} \cap W = P$. Wegen $K \subset P$ zieht dies $\hat{K} \cap W \subset P$ nach sich. Die in W abgeschlossene Menge $\hat{K} \cap W$ ist somit als Teilmenge des Kompaktums $P \subset W$ selbst kompakt. Mithin ist W eine gesuchte Umgebung von K. □

Für Pflaster gilt der wichtige

Satz 7: *Ist (P, π) ein Pflaster in X und Q ein zugehöriger Quader im $\mathbb{C}^m$, so gibt es offene Umgebungen U bzw. V von P bzw. Q in X bzw. $\mathbb{C}^m$ mit $\pi(U) \subset V$ und $P = \pi^{-1}(Q) \cap U$, so daß die induzierte Abbildung $\pi | U: U \to V$ eigentlich ist*[14].

[14] Eine stetige Abbildung f zwischen lokal-kompakten, topologischen Räumen heißt bekanntlich *eigentlich*, wenn das f-Urbild jeder kompakten Menge kompakt ist. Es gilt:

Ist $f: X \to Y$ eine stetige Abbildung zwischen lokal-kompakten, topologischen Räumen, und ist W offen und relativ-kompakt in X, so ist die induzierte Abbildung $W - f^{-1}(f(\partial W)) \to Y - f(\partial W)$ eigentlich. – Der Beweis ist trivial.

Beweis: Sei $W \subset X$ gemäß Def. 5,2) gewählt. Wir dürfen W als relativ-kompakt annehmen. Dann ist ∂W und also auch $\pi(\partial W)$ kompakt. Da $\partial W \cap \pi^{-1}(Q)$ leer ist, so ist $V := \mathbb{C}^m \setminus \pi(\partial W)$ eine offene Umgebung von Q. Die Menge $U := W \cap \pi^{-1}(V) = W \setminus \pi^{-1}(\pi(\partial W))$ ist offen in X. Es ist $\pi(U) \subset V$, und die induzierte Abbildung $\pi|U : U \to V$ ist *eigentlich*[14]. Ferner gilt:

$$\pi^{-1}(Q) \cap U = \pi^{-1}(Q) \cap W \setminus \pi^{-1}(\pi(\partial W)) .$$

Die Menge $\pi^{-1}(Q) \cap \pi^{-1}(\pi(\partial W))$ ist leer, da $Q \cap \pi(\partial W)$ leer ist. Also folgt $\pi^{-1}(Q) \cap U = P$, somit ist U auch eine Umgebung von P. □

4. Pflasterausschöpfungen. Schwach holomorph-konvexe Räume. – Es seien (P,π), $('P,'\pi)$ Pflaster in X mit zugehörigen Abbildungen $\pi: X \to \mathbb{C}^m$, $'\pi: X \to \mathbb{C}^{'m}$ und Quadern $Q, 'Q$.

Definition 8 (Inklusion): *Das Pflaster (P,π) heißt im Pflaster $('P,'\pi)$ enthalten, in Zeichen: $(P,\pi) \subset ('P,'\pi)$, wenn folgendes gilt:*

1) *Die Menge P liegt im analytischen Inneren von $'P$: $P \subset 'P^0$.*
2) *Der Raum $\mathbb{C}^{'m}$ ist ein direktes Produkt $\mathbb{C}^m \times \mathbb{C}^n$; es gibt einen Punkt $q \in \mathbb{C}^n$, so daß gilt: $Q \times q \subset '\mathring{Q}$.*
3) *Es gibt eine holomorphe Abbildung $\varphi: X \to \mathbb{C}^n$, so daß gilt:*

$$'\pi = (\pi, \varphi), \quad d.h. \quad '\pi(x) = (\pi(x), \varphi(x)), \qquad x \in X .$$

Diese Inklusionsrelation ist *transitiv* auf der Menge der analytischen Pflaster in X. Im Falle $(P,\pi) \subset ('P,'\pi)$ gilt stets:

$$P \subset 'P, \qquad P^0 \subset 'P^0, \qquad d(Q) \leq d('Q) .$$

Definition 9 (Pflasterausschöpfung): *Eine Folge $\{(P_\nu, \pi_\nu)\}_{\nu \geq 1}$ von Pflastern in X heißt eine Pflasterausschöpfung von X, wenn folgendes gilt:*

1) $\quad (P_\nu, \pi_\nu) \subset (P_{\nu+1}, \pi_{\nu+1})$ *für alle* $\nu \geq 1$.

2) $\quad \bigcup_{\nu=1}^{\infty} P_\nu^0 = X$.

Wegen $P_\nu^0 \subset P_{\nu+1}^0$ liegt dann jedes Kompaktum $K \subset X$ in einer der offenen Mengen P_j^0.

Satz 10: *Folgende Aussagen über X sind äquivalent:*

i) *Es gibt eine Pflasterausschöpfung $\{(P_\nu, \pi_\nu)\}_{\nu \geq 1}$ von X.*
ii) *Zu jedem Kompaktum $K \subset X$ gibt es eine offene Umgebung W von K in X, so daß $\hat{K} \cap W$ kompakt ist.*

Beweis: i)⇒ii): Da K in einer Menge P_j^0 enthalten ist, folgt die Behauptung aus Satz 6, iii)⇒i).

ii)⇒i): Sei $\{(K_\nu)\}_{\nu \geq 1}$ eine Ausschöpfung von X durch Kompakta. Wir konstruieren induktiv eine Pflasterausschöpfung von X. Sei (P_{j-1}, π_{j-1}) mit

$\pi_{j-1}: X \to \mathbb{C}^{m_{j-1}}$ bereits so konstruiert, daß gilt $K_{j-1} \subset P^0_{j-1}$, sei $Q_{j-1} \subset \mathbb{C}^{m_{j-1}}$ ein zugehöriger Quader. Zur kompakten Menge $K_j \cup P_{j-1}$ gibt es nach Voraussetzung ii) auf Grund von Satz 6 ein Pflaster (P_j, π_j^*) mit $K_j \cup P_{j-1} \subset P_j^0$. Sei $\pi_j^*: X \to \mathbb{C}^n$ und $Q_j^* \subset \mathbb{C}^n$ ein zugehöriger Quader und $W \subset X$ offen, so daß gilt: $P_j = \pi_j^{*-1}(Q_j^*) \cap W$.

Wir wählen einen Quader $Q'_j \subset \mathbb{C}^{m_{j-1}}$ mit $Q_{j-1} \subset \mathring{Q}'_j$, so daß die kompakte Menge $\pi_{j-1}(P_j) \subset \mathbb{C}^{m_{j-1}}$ in $\mathring{Q}'_j$ enthalten ist. Wir setzen nun

$$\pi_j := (\pi_{j-1}, \pi_j^*): X \to \mathbb{C}^{m_{j-1}} \times \mathbb{C}^n, \qquad Q_j := Q'_j \times Q_j^*.$$

Es gilt:

$$\pi_j^{-1}(Q_j) \cap W = \pi_{j-1}^{-1}(Q'_j) \cap (\pi_j^{*-1}(Q_j^*) \cap W) = \pi_{j-1}^{-1}(Q'_j) \cap P_j;$$

da $\pi_{j-1}^{-1}(Q'_j)$ wegen $\pi_{j-1}(P_j) \subset \mathring{Q}'_j$ die Menge P_j umfaßt, so folgt $\pi_j^{-1}(Q_j) \cap W = P_j$, d.h. (P_j, π_j) ist ein Pflaster in X mit Q_j als Quader.

Aus der Konstruktion ist unmittelbar ersichtlich, daß (P_{j-1}, π_{j-1}) in (P_j, π_j) enthalten ist. Da weiter $\bigcup_1^\infty P_\nu^0 \supset \bigcup_1^\infty K_\nu = X$, so ist $\{(P_\nu, \pi_\nu)\}_{\nu \geq 1}$ eine Pflasterausschöpfung von X. □

Wir führen nun folgende Redeweise ein.

Definition 11 (Schwach holomorph-konvex): *Ein komplexer Raum X heißt schwach holomorph-konvex, wenn eine der äquivalenten Bedingungen von Satz* 10 *erfüllt ist.*

In der Literatur nennt man gelegentlich einen komplexen Raum X schwach holomorph-konvex, wenn für jedes Kompaktum $K \subset X$ alle Zusammenhangskomponenten von $\hat{K}$ kompakt sind. Die hier verwendete Definition ist praktischer und schwächer, wir zeigen:

Ist $K \subset X$ kompakt und zusammenhängend, und sind alle Zusammenhangskomponenten von $\hat{K}$ kompakt, so gibt es eine offene Umgebung W von K in X, so daß $\hat{K} \cap W$ kompakt ist.

Den Nachweis stützt man am einfachsten auf folgenden amüsanten, rein topologischen Hilfssatz (zum Beweis vgl. [ARC], p. 234):

Es sei Z ein lokal-kompakter Hausdorffraum, und es sei Z_0 eine kompakte Zusammenhangskomponente von Z. Dann besitzt Z_0 eine Umgebungsbasis, deren Elemente zugleich offen und abgeschlossen in Z sind.

Wir wenden diesen Hilfssatz in obiger Situation an auf $Z := \hat{K}$ und $Z_0 := K$. Ist dann V irgendeine in X offene relativ-kompakte Umgebung von K, so gibt es nach dem Hilfssatz eine in X offene Umgebung $W \subset V$ von K, so daß $\hat{K} \cap W$ eine *abgeschlossene Umgebung von K in $\hat{K}$* ist. Da W *relativ-kompakt in* X liegt, so folgt die Kompaktheit von $\hat{K} \cap W$. □

Unter Heranziehung der über den Rahmen dieses Buches hinausgehenden sog. Reduktionstheorie (vgl. Kap. V, § 6.7) läßt sich übrigens zeigen, daß schwach holomorph-konvexe komplexe Räume bereits holomorph-konvex sind.

5. Holomorphiekonvexität und unbeschränkte holomorphe Funktionen. – Die Aussage von Satz 4 ist umkehrbar; es gilt sogar mehr:

Satz 12: *Es sei X holomorph-konvex und D eine unendliche diskrete Menge in X, jedem Punkt $p\in D$ sei eine reelle Zahl $r_p>0$ zugeordnet. Dann gibt es eine holomorphe Funktion $h\in\mathcal{O}(X)$, so daß gilt:*

$$|h(p)|\geq r_p \quad \textit{für alle} \quad p\in D\,.$$

Dieser Satz wird hier nur für komplexe Mannigfaltigkeiten bewiesen; im Fall beliebiger komplexer Räume hat man ein Konvergenzproblem, das erst im Kap. V, § 6.7 gelöst werden kann.

Um den Beweis von Satz 12 vorzubereiten, wählen wir eine Ausschöpfung $(K_n)_{n\geq 1}$ von X durch Kompakta mit $\hat{K}_n=K_n$. Da D diskret ist, so ist jede Menge

$$D_1:=D\cap K_1\,,\qquad D_{\nu+1}:=D\cap(K_{\nu+1}\setminus K_\nu)\,,\qquad \nu>0\,,$$

endlich; es gilt $D_\mu\cap D_\nu=\emptyset$ für $\mu\neq\nu$ und $D=\bigcup_1^\infty D_\nu$.

Sei $q\in D$ irgendein Punkt, sei $q\in D_t$. Dann gilt $q\notin K_t$ und es gibt ein $g_q\in\mathcal{O}(X)$ mit $|g_q|_{K_t}<1$, $|g_q(q)|>1$. Sei

$$D_t'(q):=\{p\in D_t,\ |g_q(p)|\geq|g_q(q)|\}\,,\qquad D_t''(q):=D_t\setminus D_t'(q)\,.$$

Es gilt $q\in D_t'(q)$; durch Multiplikation von g_q mit einem Skalar kann man erreichen, daß gilt:

$$|g_q|_{K_t}<1,\quad |g_q(p)|>1 \ \text{für alle}\ \ p\in D_t'(q),\quad |g_p(p)|<1 \ \text{für alle}\ \ p\in D_t''(q).$$

Es seien nun $x_{t1},x_{t2},\ldots,x_{tn_t}$ die verschiedenen Punkte von D_t. Wir schreiben dann D als Folge $(x_\nu)_{\nu\geq 0}$ in der Numerierung

$$x_{11},\ldots,x_{1n_1};x_{21},\ldots,x_{2n_2};\ldots;x_{j1},\ldots,x_{jn_j};\ldots\,.$$

Für jedes ν sei $t:=t(\nu)$ der Index mit $x_\nu\in D_t$. Wir behaupten:

Es gibt eine Folge $(h_\nu)_{\nu\geq 0}$, $h_\nu\in\mathcal{O}(X)$, so daß für alle $\nu\geq 0$ gilt:

$$1)\qquad |h_\nu(p)|\geq r_p+2+\sum_{i=1}^{\nu-1}|h_i(p)| \quad \textit{für alle} \quad p\in D_t'(x_\nu)\,,$$

$$2)\qquad |h_\nu|_{K_t}\leq n_t^{-1}2^{-t}\,,\qquad |h_\nu(p)|\leq n_t^{-1}2^{-t} \quad \textit{für alle} \quad p\in D_t''(x_\nu)\,.$$

Beweis (durch Induktion): Seien $h_0,\ldots,h_{\nu-1}$ schon konstruiert. Da die Funktion $g_{x_\nu}\in\mathcal{O}(X)$ in $D_t'(x_\nu)$ größer und in $K_t\cup D_t''(x_\nu)$ kleiner als 1 ist, so ist $h_\nu:=g_{x_\nu}^s\in\mathcal{O}(X)$ bei hinreichend großem s eine Funktion mit den Eigenschaften 1) und 2). □

Wir setzen abkürzend $f_i = \sum_{j=1}^{n_j} h_{ij} \in \mathcal{O}(X)$, wo h_{ij} die zu $x_{ij} = x_k \in D_i$ gehörende Funktion h_k ist. Nach 2) gilt $|h_{ij}|_{K_i} \leq n_i^{-1} 2^{-i}$, also:

3) $\quad |f_i|_{K_i} \leq 2^{-i}, \qquad i = 1, 2, \ldots$.

Nach diesen Vorbereitungen ist klar, daß die gesuchte Funktion h als Grenzfunktion der unendlichen Reihe $\sum_{\nu=0}^{\infty} h_\nu$, die formal mit $\sum_{i=1}^{\infty} f_i$ übereinstimmt, konstruiert werden soll. Hier entsteht jedoch für nicht reduzierte Räume schon bei der Definition der Reihe ein Konvergenzproblem. Daher sei von nun an X reduziert. Dann gilt $\mathcal{O}(X) \subset \mathscr{C}(X)$, und es folgt sogleich aus 3):

$\sum_{i=1}^{\infty} f_i$ konvergiert als Reihe stetiger Funktionen kompakt und absolut in X gegen eine stetige Funktion h. Es gilt:

$$h = \sum_{\nu=0}^{\infty} h_\nu = \sum_{i=1}^{\infty} f_i, \qquad \left| \sum_{i>t}^{\infty} f_i \right|_{K_{t+1}} \leq 2^{-t} \leq 1, \qquad t = 0, 1, \ldots .$$

Wir wollen den Wert von h in einem beliebigen Punkt $p \in D$ abschätzen, etwa in $p = x_{tk} \in D'_t(x_{tk})$. Dann gilt $p \in K_{t+1}$ und somit:

$$(*) \qquad |h(p)| \geq \left| \sum_{i=1}^{t} f_i(p) \right| - \left| \sum_{i>t} f_i(p) \right| \geq \left| \sum_{i=1}^{t} f_i(p) \right| - 1 .$$

Es gibt einen größten Index l mit $p \in D'_t(x_{tl})$, dabei ist $1 \leq k \leq l \leq n_t$. Für alle m mit $l < m \leq n_t$ gilt dann $p \in D''_t(x_{tm})$, also $|h_{tm}(p)| \leq n_t^{-1} 2^{-t}$ nach 2). Damit folgt:

$$\left| \sum_{m>l}^{n_t} h_{tm}(p) \right| \leq \sum_{m>l}^{n_t} n_t^{-1} 2^{-t} < 2^{-t} \leq 1 ,$$

was wegen $f_t = (h_{t1} + \cdots + h_{tl}) + \sum_{m>l}^{n_t} h_{tm}$ impliziert:

$$(**) \qquad \left| \sum_{i=1}^{t} f_i(p) \right| \geq \left| \sum_{i=1}^{t-1} f_i(p) + \sum_{j=1}^{l} h_{tj}(p) \right| - 1 .$$

Nach 1) gilt wegen $p \in D'_t(x_{tl})$ weiter:

$$|h_{tl}(p)| \geq r_p + 2 + \sum_{i=1}^{t-1} \sum_{j=1}^{n_i} |h_{ij}(p)| + \sum_{j=1}^{l-1} |h_{tj}(p)| ,$$

also

$$({}^{*}{}_{*}{}^{*}) \qquad \left| \sum_{i=1}^{t-1} f_i(p) + \sum_{j=1}^{l} h_{tj}(p) \right| \geq |h_{tl}(p)| - \left| \sum_{i=1}^{t-1} \sum_{j=1}^{n_i} h_{ij}(p) + \sum_{j=1}^{l-1} h_{tj}(p) \right| \geq r_p + 2 .$$

Aus den Abschätzungen $(*)$, $(**)$ und $({}^{*}{}_{*}{}^{*})$ ergibt sich insgesamt $|h(p)| \geq r_p$.

Es stellt sich jetzt die Frage, ob die konstruierte Funktion $h \in \mathscr{C}(X)$ in X auch holomorph ist. Für komplexe Mannigfaltigkeiten sind nach einem klassischen Satz Grenzfunktionen kompakt konvergenter Folgen holomorpher Funktionen stets holomorph. Diese Aussage bleibt auch für reduzierte komplexe Räume richtig, wie wir im Kap. V, § 6.6 sehen werden. *Daher ist Satz* 12 *für komplexe Mannigfaltigkeiten X vollständig und für reduzierte komplexe Räume X modulo Satz* 8 *aus* Kap. V, § 6.6 *bewiesen.* Für nicht reduzierte Räume sind Zusatzbetrachtungen nötig (vgl. Kap. V, § 6.7); dabei werden wir folgende Bemerkung heranziehen, die nach den vorangehenden Überlegungen klar ist:

Ist $(h_\nu)_{\nu \geq 0}$ die oben konstruierte Folge und $(m_\nu)_{\nu \geq 0}$ irgendeine monoton wachsende Folge natürlicher Zahlen ≥ 1, so hat auch die Folge $(h_\nu^{m_\nu})_{\nu \geq 0}$ die Eigenschaften 1) *und* 2), *insbesondere konvergiert jede Reihe $\sum_0^\infty (\operatorname{red} h_\nu)^{m_\nu}$ kompakt gegen eine Funktion $g \in \mathscr{C}(X)$ mit $|g(p)| \geq r_p$ für alle $p \in D$.*

§ 3. Holomorph-vollständige Räume

Es wird der Begriff des (analytischen) *Quaders* eingeführt. Komplexe Räume, die Quaderausschöpfungen gestatten, werden *holomorph-vollständig* genannt.

1. Analytische Quader. – Zu jedem Pflaster (P, π) in X mit zugehörigem Quader $Q \subset \mathbb{C}^m$ gibt es nach Satz 2.7 Umgebungen U bzw. V von P in X bzw. Q in $\mathbb{C}^m$ mit $\pi(U) \subset V$ und $P = \pi^{-1}(Q) \cap U$, so daß die induzierte Abbildung $\pi | U : U \to V$ *eigentlich* ist.

Definition 1 (Quader): *Ein Pflaster (P, π) heißt ein (analytischer) Quader in X, wenn U und V so gewählt werden können, daß $\pi | U : U \to V$ endlich ist*[15].

Im Sinne dieser Definition ist jeder Quader $Q \subset \mathbb{C}^m$ ein analytischer Quader (Q, id) im $\mathbb{C}^m$. Fundamental ist nun:

Satz 2: *Ist (P, π) ein Quader in X, so ist P ein Steinsches Kompaktum in X.*

Zum Beweis braucht man lediglich Satz 1.3 auf die Abbildung $\pi | U : U \to V$ anzuwenden. □

Es gibt eine wichtige und einfach zu beschreibende Klasse von Räumen, in denen jedes Pflaster ein Quader ist. Dazu bemerken wir allgemein:

Es sei X ein komplexer Raum, in dem jede kompakte analytische Menge endlich ist. Dann ist jede eigentliche holomorphe Abbildung $f : U \to Y$ eines offenen Teilraumes U von X in einen (beliebigen) komplexen Raum Y endlich.

Beweis: Jede Faser $f^{-1}(y)$, $y \in Y$, ist eine kompakte analytische Menge in U und also auch in X. Daher ist jede f-Faser endlich. □

[15] Endliche Abbildungen sind stets eigentlich.

Es folgt nun unmittelbar:

Satz 3: *Ist jede in X kompakte analytische Menge endlich, so ist jedes Pflaster in X ein Quader.*

2. Holomorph-ausbreitbare Räume. – Wir führen nun einen klassischen Begriff der Steintheorie ein.

Definition 4 (Holomorph-ausbreitbar): *Ein komplexer Raum X heißt holomorph-ausbreitbar, wenn es zu jedem Punkt $p \in X$ endlich viele Funktionen $f_1, \ldots, f_r \in \mathcal{O}(X)$ gibt, so daß p isoliert in der Menge $\{x \in X, f_1(x) = \cdots = f_r(x) = 0\}$ liegt.*

Jeder Bereich im $\mathbb{C}^m$ ist holomorph-ausbreitbar. Allgemeiner gilt, daß jeder *holomorph-separable* komplexe Raum holomorph-ausbreitbar ist (dabei heißt X holomorph-separabel, wenn es zu je zwei Punkten $x_1, x_2 \in X$, $x_1 \neq x_2$, ein $f \in \mathcal{O}(X)$ gibt mit $f(x_1) \neq f(x_2)$). Der Beweis dieser Aussage ist elementar, benutzt indessen Dimensionstheorie und wird hier ausgelassen.

Eine einfache Anwendung des Maximumprinzips ist

Satz 5: *In einem holomorph-separablen bzw. holomorph-ausbreitbaren Raum X ist jede kompakte analytische Menge A endlich.*

Beweis: Ist B eine Zusammenhangskomponente von A, so ist jede Funktion $f|B$, $f \in \mathcal{O}(X)$, konstant auf B nach dem Maximumprinzip. Sei $p \in B$. Ist X holomorph-separabel, so muß $B = p$ gelten, da es sonst zu jedem Punkt $p' \in B \setminus p$ eine Funktion $h \in \mathcal{O}(X)$ mit $h(p') \neq h(p)$ gäbe, was nicht geht.

Ist X holomorph-ausbreitbar, so gibt es Funktionen $f_1, \ldots, f_r \in \mathcal{O}(X)$, so daß p isoliert in der simultanen Nullstellenmenge der f_i, $1 \leq i \leq r$, liegt. Dann gilt $f_i|B = 0$ und also $B = p$. □

Korollar 1: *In einem holomorph-ausbreitbaren Raum X ist jedes Pflaster ein Quader.*

Beweis: Klar nach Satz 3. □

Korollar 2: *Ist A eine kompakte analytische Menge in X und gibt es einen Quader (P, π) in X mit $A \subset P$, so ist A endlich.*

Beweis: Es seien $U \subset X$, $V \subset \mathbb{C}^m$ mit $P \subset U$ so gewählt, daß $\pi|U: U \to V$ endlich ist. Dann ist U holomorph-ausbreitbar (ist nämlich $p \in U$ und gilt $\pi(p) = (c_1, \ldots, c_m) \in \mathbb{C}^m$, so liegt p wegen der Endlichkeit von $\pi|U$ isoliert in der simultanen Nullstellenmenge der gelifteten „Koordinatenfunktionen" $(z_\mu - c_\mu) \circ \pi \in \mathcal{O}(U)$ [16]). Daher ist $A \subset U$ endlich nach Satz 5. □

3. Holomorph-vollständige Räume. – Eine Pflasterausschöpfung $\{(P_\nu, \pi_\nu)\}_{\nu \geq 1}$ von X heißt eine *Quaderausschöpfung*, wenn alle (P_ν, π_ν) Quader in X sind.

---

[16] Allgemein gilt: *Ist $f: X \to Y$ endlich und Y holomorph-ausbreitbar, so ist auch X holomorph-ausbreitbar.*

Satz 7: *Folgende Aussagen über X sind äquivalent:*
i) *Es gibt eine Quaderausschöpfung* $\{(P_\nu, \pi_\nu)\}_{\nu \geq 1}$ *von* X.
ii) X *ist schwach holomorph-konvex, und jede in* X *kompakte analytische Menge ist endlich.*

Beweis: i)$\Rightarrow$ii): Nach Satz 2.10 ist X schwach holomorph-konvex. Jede in X kompakte analytische Menge A ist in einem Quader P_j enthalten und also endlich nach Satz 5, Korollar 2.

ii)$\Rightarrow$i): Nach Satz 2.10 gibt es eine Pflasterausschöpfung $\{(P_\nu, \pi_\nu)\}_{\nu \geq 1}$ von X. Nach Satz 3 ist jedes Pflaster (P_ν, π_ν) ein Quader in X. □

Wir sagen nun:

Definition 8 (Holomorph-vollständig): *Ein komplexer Raum* X *heißt holomorph-vollständig, wenn für ihn eine der äquivalenten Bedingungen von Satz 7 erfüllt sind.*

Jeder holomorph-konvexe Bereich G im $\mathbb{C}^m$, insbesondere also jeder Bereich in $\mathbb{C}$, ist holomorph-vollständig. Im nächsten Paragraph wird gezeigt, daß holomorph-vollständige Räume Steinsch sind.

Man sieht sofort:

Ist X *holomorph-vollständig, so ist* X *holomorph-ausbreitbar.*

Beweis: Sei $p \in X$ und sei (P, π) ein Quader in X mit $p \in P$, so liegt p isoliert in der Menge $\{x \in X, \pi_1(x) = \dots = \pi_m(x) = 0\}$, wobei $\pi_1, \dots, \pi_m$ die Koordinatenfunktionen von π sind.

§ 4. Quaderausschöpfungen sind Steinsch

Sei $\mathscr{S}$ eine kohärente Garbe über dem komplexen Raum X und (P, π) ein Quader in X. Es wird ein Verfahren entwickelt, den $\mathbb{C}$-Vektorraum $\mathscr{S}(P)$ mit einer „guten Seminorm" zu versehen. Die Eigenschaften solcher Seminormen werden ausführlich dargelegt; das Motiv für die Überlegungen sind dabei die Bedingungen a), b), c), d) der Def. 1.6 (Steinsche Ausschöpfung). Insgesamt wird gezeigt, daß Quaderausschöpfungen $\{(P_\nu, \pi_\nu)\}_\nu$, wenn man $\mathscr{S}(P_\nu)$ jeweils mit einer guten Seminorm versieht, Steinsch sind.

1. Gute Seminormen. – Wir benötigen:

Ist X *eine komplexe Mannigfaltigkeit und* $\mathscr{J}$ *eine kohärente Untergarbe von* $\mathcal{O}^l$ *über* X, $1 \leq l < \infty$, *so ist der Schnittmodul* $\mathscr{J}(X)$ *ein abgeschlossener Untervektorraum von* $\mathcal{O}^l(X)$ *bzgl. der Topologie der kompakten Konvergenz.*

Beweis: Sei $f_j \in \mathscr{J}(X)$ eine Folge mit Limes $f \in \mathcal{O}^l(X)$. In jedem Punkt $x \in X$ konvergiert dann die Folge der Keime $f_{jx} \in \mathscr{J}_x$ gegen $f_x \in \mathcal{O}^l_x$ in der „Folgentopologie". Da jeder $\mathcal{O}_x$-Untermodul von $\mathcal{O}^l_x$ abgeschlossen ist (vgl. [AS], p. 87), so folgt $f_x \in \mathscr{J}_x$ für alle $x \in X$ und also $f \in \mathscr{J}(X)$. □

Es sei nun (P,π), $\pi: X\to\mathbb{C}^m$, ein analytischer Quader in einem komplexen Raum X mit zugehörigem Quader $Q\subset\mathbb{C}^m$, sei $\mathring{Q}\neq\emptyset$. Wir wählen gemäß Def. 3.1 Umgebungen U bzw. V von P bzw. Q mit $\pi(U)\subset V$ und $P=\pi^{-1}(Q)\cap U$, so daß die induzierte Abbildung $\tau: U\to V$, $\tau:=\pi|U$ *endlich* ist. Dann ist $P^0=\tau^{-1}(\mathring{Q})$ das analytische Innere von P.

Für jede über X kohärente Garbe $\mathscr{S}$ ist die über V erklärte Bildgarbe

$$\mathscr{T}:=\tau_*(\mathscr{S}|U)$$

kohärent nach dem Kohärenzsatz. Nach Theorem A gibt es ein $l\geq 1$ und einen $\mathcal{O}$-*Epimorphismus*

$$\varepsilon: \mathcal{O}^l|Q\to\mathscr{T}|Q\,,$$

der einen $\mathcal{O}(Q)$-*Epimorphismus*

$$\varepsilon_*: \mathcal{O}^l(Q)\to\mathscr{T}(Q)$$

der Schnittmoduln induziert. Wegen $P=\tau^{-1}(Q)$ gibt es einen kanonischen $\mathbb{C}$-Vektorraumisomorphismus $\iota: \mathscr{S}(P)\simeq\mathscr{T}(Q)$. Für jeden Schnitt $s\in\mathscr{S}(P)$ setzen wir

$$|s|:=\inf\{|f|_Q,\ f\in\mathcal{O}^l(Q) \text{ mit } \varepsilon_*(f)=\iota(s)\}\,.$$

Wir zeigen:

Satz 1: *Die Abbildung* $|\ \ |: \mathscr{S}(P)\to\mathbb{R}$ *ist eine Seminorm auf* $\mathscr{S}(P)$. *Für jeden Schnitt* $s\in\mathscr{S}(P)$ *mit* $|s|=0$ *gilt* $s|P^0=0$.

Beweis: Es ist klar, daß $|\ \ |$ eine Seminorm auf $\mathscr{S}(P)$ ist: es handelt sich um die von $|\ \ |_Q$ induzierte Restklassenseminorm auf $\mathcal{O}^l(Q)/\mathrm{Ker}\,\varepsilon_*=\mathscr{T}(Q)$, die vermöge ι nach $\mathscr{S}(P)$ transportiert ist. Da $\mathrm{Ker}\,\varepsilon_*$ i. allg. kein abgeschlossener Unterraum von $\mathcal{O}^l(Q)$ ist, so liegt i. allg. *keine Norm* vor.

Sei $|s|=0$. Es gibt ein $h\in\mathcal{O}^l(Q)$ mit $\varepsilon_*(h)=\iota(s)$ und eine Folge $h_j\in\mathrm{Ker}\,\varepsilon_*$, so daß gilt:

$$\lim_j|h-h_j|_Q=0\,,\quad \text{speziell also}\quad \lim_j(h_j|\mathring{Q})=h|\mathring{Q}$$

in der Topologie der kompakten Konvergenz auf $\mathcal{O}^l(\mathring{Q})$. Da $\mathscr{K}er\,\varepsilon$ eine kohärente Untergarbe von $\mathcal{O}^l|Q$ ist, so gilt $h|\mathring{Q}\in(\mathscr{K}er\,\varepsilon)(\mathring{Q})$ nach der eingangs gemachten Bemerkung. Es folgt $\iota(s)|\mathring{Q}=\varepsilon_*(h)|\mathring{Q}=0$ und wegen $P^0=\tau^{-1}(\mathring{Q})$ weiter: $s|P^0=0$. □

Wir nennen im folgenden jede Seminorm auf $\mathscr{S}(P)$, die wie eben mittels eines Garbenepimorphismus $\varepsilon: \mathcal{O}^l|Q\to\pi_*(\mathscr{S}|U)|Q$ gewonnen wird, eine *gute Seminorm.*

2. Verträglichkeitssatz. – Neben (P,π) sei nun ein weiterer Quader $('P,'\pi)$, $'\pi: X\to\mathbb{C}^{'m}$, in X gegeben; es sei $'Q\subset\mathbb{C}^{'m}$ der zugehörige euklidische Quader.

Wir fixieren gute Seminormen $|\ \ |, '|\ \ |$ auf $\mathcal{S}(P), \mathcal{S}({}'P)$ und zugehörige $\mathbb{C}$-Vektorraum*epimorphismen*

$$\alpha\colon \mathcal{O}^{l}(Q) \to \mathcal{S}(P), \qquad {}'\alpha\colon \mathcal{O}^{\prime l}({}'Q) \to \mathcal{S}({}'P),$$

die wir für den Rest dieses Paragraphen festhalten.

Im Falle $P \subset {}'P$ stellt sich die Frage, ob die Restriktionsabbildung

$$\rho\colon \mathcal{S}({}'P) \to \mathcal{S}(P), \qquad s \mapsto s|P$$

beschränkt (bzgl. der Seminormen) ist. Falls $\mathbb{C}^{\prime m} = \mathbb{C}^{m} \times \mathbb{C}^{n}$ und $Q \cong Q \times q \subset {}'Q$, so ist ersichtlich die $\mathbb{C}$-lineare Restriktionsabbildung

$$\mathcal{O}^{\prime l}({}'Q) \to \mathcal{O}^{\prime l}(Q), \qquad h \mapsto h|Q$$

kontraktiv. Diese Tatsache impliziert einen grundlegenden

Hilfssatz: *Es sei $P \subset {}'P$, $\mathbb{C}^{\prime m} = \mathbb{C}^{m} \times \mathbb{C}^{n}$, $Q \times q \subset {}'Q$ mit $q \in \mathbb{C}^{n}$. Dann gibt es eine beschränkte $\mathbb{C}$-lineare Abbildung $\eta\colon \mathcal{O}^{\prime l}({}'Q) \to \mathcal{O}^{l}(Q)$, so daß das Diagramm*

$$(*) \qquad \begin{array}{ccc} \mathcal{O}^{\prime l}({}'Q) & \xrightarrow{\ {}'\alpha\ } & \mathcal{S}({}'P) \\ \eta \big\downarrow & & \big\downarrow \rho \\ \mathcal{O}^{l}(Q) & \xrightarrow{\ \alpha\ } & \mathcal{S}(P) \end{array}$$

kommutativ ist: $\alpha \circ \eta = \rho \circ {}'\alpha$.

Beweis: Sei e_μ die μ-te Einheitsschnittfläche in der natürlichen Basis von $\mathcal{O}^{\prime l}({}'Q)$. Wir wählen einen Schnitt $g_\mu \in \mathcal{O}^{l}(Q)$ mit

$$\alpha(g_\mu) = \rho \circ {}'\alpha(e_\mu), \qquad 1 \le \mu \le {}'l.$$

Ersichtlich ist dann

$$\eta\colon \mathcal{O}^{\prime l}({}'Q) \to \mathcal{O}^{l}(Q), \qquad (f_1, \dots f_{'l}) \mapsto \sum_{\mu=1}^{'l} (f_\mu|Q) g_\mu$$

eine gesuchte Abbildung. □

Es folgt nun unmittelbar

Satz 2 (Verträglichkeitssatz): *Falls $P \subset {}'P$, $\mathbb{C}^{\prime m} = \mathbb{C}^{m} \times \mathbb{C}^{n}$ und $Q \times q \subset {}'Q$ mit $q \in \mathbb{C}^{n}$, so ist die Restriktionsabbildung $\rho\colon \mathcal{S}({}'P) \to \mathcal{S}(P)$ beschränkt.*

Beweis: Dies folgt unmittelbar aus dem Diagramm $(*)$ und der Beschränktheit von η, da ${}'\alpha, \alpha$ die Seminormen $'|\ \ |, |\ \ |$ bestimmen (als Schranke für ρ kann jede Schranke von η fungieren). □

3. Konvergenzsatz. – Der hier zu beweisende Satz beruht auf folgendem Faktum:

Es seien Q, Q^* Quader im $\mathbb{C}^m$ mit $Q \subset \mathring{Q}^*$. Ist dann (h_j) eine Cauchyfolge in $\mathcal{O}^l(Q^*)$, so hat die eingeschränkte Folge $(h_j|Q)$ einen Limes in $\mathcal{O}^l(Q)$.

Beweis: Die Folge $h_j|\mathring{Q}^*$ konvergiert gegen ein $h \in \mathcal{O}^l(\mathring{Q}^*)$ in der Topologie der kompakten Konvergenz[17]. Wegen $Q \subset \mathring{Q}^*$ besagt dies speziell:

$$\lim_j |h - h_j|_Q = 0 . \qquad \square$$

Seien nun wieder (P, π) und $('P, '\pi)$ analytische Quader in X. Wir behalten die Bezeichnungen des letzten Abschnittes bei, setzen jetzt jedoch voraus, daß die Bedingungen 1) und 2) der Inklusionsdefinition 2.8 erfüllt sind, d. h. daß gilt:

$$P \subset 'P^0 , \qquad \mathbb{C}^{'m} = \mathbb{C}^m \times \mathbb{C}^n , \qquad Q \times q \subset '\mathring{Q} \quad \text{mit} \quad q \in \mathbb{C}^n .$$

Wir zeigen alsdann:

Satz 3 (Konvergenzsatz): *Ist (s_j) eine Cauchyfolge in $\mathcal{S}('P)$, so hat die eingeschränkte Folge $(s_j|P)$ einen Limes $s \in \mathcal{S}(P)$; der Schnitt $s|P^0$ ist dabei eindeutig bestimmt.*

Beweis: Wegen $Q \times q \subset '\mathring{Q}$ gibt es einen Quader $Q^* \subset \mathbb{C}^m$ mit $Q \subset \mathring{Q}^*$ und $Q^* \times q \subset 'Q$. Man konstruiert nun (analog wie im Hilfssatz zur Abbildung η des Diagramms $(*)$) eine *beschränkte*, $\mathbb{C}$-lineare Abbildung $\eta^* : \mathcal{O}^{'l}('Q) \to \mathcal{O}^l(Q^*)$, so daß η in der Form

$$\mathcal{O}^{'l}('Q) \xrightarrow{\eta^*} \mathcal{O}^l(Q^*) \xrightarrow{\omega} \mathcal{O}^l(Q)$$

faktorisierbar ist, wo ω die Restriktionsabbildung ist.

Zur Cauchyfolge (s_j) gibt es, da $'\alpha$ die Norm auf $\mathcal{S}('P)$ bestimmt, eine Cauchyfolge (h_j) in $\mathcal{O}^{'l}('Q)$ mit $'\alpha(h_j) = s_j$. Dann ist $\eta^*(h_j) \in \mathcal{O}^l(Q^*)$ eine Cauchyfolge in $\mathcal{O}^l(Q^*)$, nach dem zu Beginn dieses Abschnittes angeführten Faktum hat daher die Folge $\eta(h_j) = \eta^*(h_j)|Q$ einen Limes h in $\mathcal{O}^l(Q)$. Dann ist $s := \alpha(h) \in \mathcal{S}(P)$ ein Limes von $\alpha\eta(h_j) = \rho(s_j) = s_j|P$.

Ist $\hat{s} \in \mathcal{S}(P)$ ein weiterer Limes, so gilt $|\hat{s} - s| = 0$ und also $\hat{s}|P^0 = s|P^0$ nach Satz 1. $\square$

4. Approximationssatz. – Seien wieder (P, π) und $('P, '\pi)$ Quader in X; sei weiter $\mathbb{C}^{'m} = \mathbb{C}^m \times \mathbb{C}^n$ und $Q \times q \subset 'Q$. Wir wählen Umgebungen $'U, 'V$ von $'P, 'Q$, so daß $'\pi$ eine endliche Abbildung $'\pi|'U : 'U \to 'V$ mit $'P = '\pi^{-1}('Q) \cap 'U$ induziert und definieren

$$Q_1 := (Q \times \mathbb{C}^n) \cap 'Q , \qquad P_1 := '\pi^{-1}(Q_1) \cap 'U .$$

Ersichtlich ist P_1 kompakt und $'V$ auch eine Umgebung von Q_1. Somit folgt:

$(P_1, '\pi)$ ist ein Quader in X mit zugehörigem Quader $Q_1 \subset \mathbb{C}^{'m}$; es gilt $P_1 \subset 'P$.

[17] Die Räume $\mathcal{O}^l(Q)$ sind normiert, aber nicht vollständig; die Räume $\mathcal{O}^l(\mathring{Q})$ sind vollständig (bzgl. der Topologie der kompakten Konvergenz), aber nicht normierbar (vgl. Kap. V, § 6.1). Diese Diskrepanz mach den Übergang zu Zwischenquadern unvermeidlich.

Sei nun $\mathscr{S}$ eine kohärente Garbe über X und $'\varepsilon\colon \mathcal{O}^{'l}|'Q \to '\pi_*(\mathscr{S}|'U)|'Q$ ein Garbenepimorphismus, der die Abbildung $'\alpha\colon \mathcal{O}^{'l}('Q) \to \mathscr{S}('P)$ und damit die gute Seminorm $'|\ \ |$ induziert. Vermöge Einschränkung auf Q_1 erhält man einen Garbenepimorphismus $\varepsilon_1\colon \mathcal{O}^{'l}|Q_1 \to '\pi_*(\mathscr{S}|'U)|Q_1$, der wegen $'\pi_*(\mathscr{S}|'U)(Q_1) \cong \mathscr{S}(P_1)$ eine $\mathbb{C}$-lineare Surjektion $\alpha_1\colon \mathcal{O}^{'l}(Q_1) \to \mathscr{S}(P_1)$ und somit eine gute Seminorm $|\ \ |_1$ auf $\mathscr{S}(P_1)$ bestimmt. Nach Konstruktion ist das Diagramm

$$\begin{array}{ccc} \mathcal{O}^{'l}('Q) & \xrightarrow{'\alpha} & \mathscr{S}('P) \\ \downarrow & & \downarrow{\scriptstyle \rho_1} \\ \mathcal{O}^{'l}(Q_1) & \xrightarrow{\alpha_1} & \mathscr{S}(P_1), \end{array}$$

wo senkrecht jeweils die Restriktionsabbildungen stehen, kommutativ. Da diese Abbildungen alle stetig sind, und da jede Funktion $f \in \mathcal{O}^{'l}(Q_1)$ nach dem Rungeschen Approximationssatz für Quader (vgl. Kap. III, § 2.1) durch holomorphe Funktionen $'f \in \mathcal{O}^{'l}('Q)$ in der $|\ \ |_{Q_1}$-Norm approximierbar ist, so folgt:

Der Raum $\mathscr{S}('P)|P_1$ liegt dicht im Raum $\mathscr{S}(P_1)$.

Wir setzen nun voraus, daß (P, π) in $('P, '\pi)$ enthalten ist. Dann gilt also $P \subset 'P^0$, und es gibt eine holomorphe Abbildung $\varphi\colon X \to \mathbb{C}^n$, so daß gilt:

$$'\pi(x) = (\pi(x), \varphi(x)) \in \mathbb{C}^m \times \mathbb{C}^n = \mathbb{C}^{'m}, \qquad x \in X.$$

Alsdann läßt sich der Träger P_1 des Quaders $(P_1, '\pi)$ wie folgt zerlegen:

Es gibt eine kompakte, zu P disjunkte Menge $\tilde{P}$ in X, so daß gilt:

$$P_1 = P \cup \tilde{P}.$$

Beweis: Wegen $'\pi = (\pi, \varphi)$ und $Q_1 = (Q \times \mathbb{C}^n) \cap 'Q$ verifiziert man sofort:

$$P_1 = \pi^{-1}(Q) \cap 'P.$$

Da $P \subset 'P$ und $P \subset \pi^{-1}(Q)$, so ist also P in P_1 enthalten. Da es zum Kompaktum P eine Umgebung U in X mit $P = \pi^{-1}(Q) \cap U$ gibt, so ist $\tilde{P} := P_1 \setminus P$ kompakt. □

Die gewonnene Zerlegung von P_1 hat als wichtige (triviale) Konsequenz, daß im Falle $(P, \pi) \subset ('P, '\pi)$ die Restriktionsabbildung $\sigma\colon \mathscr{S}(P_1) \to \mathscr{S}(P)$ *surjektiv* ist. Da diese Abbildung auch *stetig* (bzgl. der Seminormen $|\ \ |_1$, $|\ \ |$) ist (die Voraussetzungen von Satz 2 sind für die Quader (P, π), $(P_1, '\pi)$ wegen $Q \times q \subset Q_1$ erfüllt!), so folgt jetzt schnell ein Rungescher Approximationssatz für kohärente Garben über analytischen Quadern.

Satz 4 (Rungescher Approximationssatz): *Sind (P, π), $('P, '\pi)$ analytische Quader in X und gilt $(P, \pi) \subset ('P, '\pi)$, so liegt für jede kohärente Garbe $\mathscr{S}$ über X der Raum $\mathscr{S}('P)|P$ dicht in $\mathscr{S}(P)$.*

Beweis: Die Restriktionsabbildung $\mathscr{S}('P)\to\mathscr{S}(P)$ faktorisiert sich in die beiden Restriktionsabbildungen

$$\mathscr{S}('P) \xrightarrow{\rho_1} \mathscr{S}(P_1) \quad \text{und} \quad \mathscr{S}(P_1) \xrightarrow{\sigma} \mathscr{S}(P).$$

Wir wissen, daß $\rho_1(\mathscr{S}('P))=\mathscr{S}('P)|P_1$ dicht in $\mathscr{S}(P_1)$ liegt. Da σ surjektiv und stetig ist, so liegt $\sigma\rho_1(\mathscr{S}('P))=\mathscr{S}('P)|P$ dicht in $\mathscr{S}(P)$. □

5. Quaderausschöpfungen sind Steinsch. – Es folgt nun nahezu mühelos

Satz 5: *Jede Quaderausschöpfung* $\{(P_\nu, \pi_\nu)\}_{\nu\geq 1}$ *eines komplexen Raumes* X *ist eine Steinsche Ausschöpfung von* X.

Beweis: Zunächst ist jede Menge P_ν nach Satz 3.2 ein Steinsches Kompaktum in X. Wir fixieren auf jedem Schnittmodul $\mathscr{S}(P_\nu)$ eine gute Seminorm $|\ \ |_\nu$. Dann sind die Bedingungen b), c), d) der Def. 1.6 für jede über X kohärente Garbe $\mathscr{S}$ auf Grund der Sätze 1, 2, 3 erfüllt; wir dürfen annehmen, daß alle Restriktionen $\mathscr{S}(P_{\nu+1})\to\mathscr{S}(P_\nu)$ *kontraktiv* sind.

Es bleibt zu zeigen, daß auch Bedingung a) erfüllt ist, d. h. daß für alle ν der Raum $\mathscr{S}(X)|P_\nu$ dicht in $\mathscr{S}(P_\nu)$ liegt. Es genügt, dies für $\nu:=1$ zu verifizieren. Seien also $s\in\mathscr{S}(P_1)$ und $\delta\in\mathbb{R}$, $\delta>0$, vorgegeben. Wir wählen eine Folge $\delta_i\in\mathbb{R}$, $\delta_i>0$, mit $\sum_{i=1}^{\infty}\delta_i<\delta$ und bestimmen (induktiv) nach dem Approximationssatz 4 eine Folge $s_i\in\mathscr{S}(P_i)$ mit

$$s_1:=s \quad \text{und} \quad |(s_{i+1}|P_i)-s_i|_i<\delta_i, \qquad i=1,2,\ldots.$$

Dann ist $(s_j|P_{i+1})_{j>i}$ jeweils eine Cauchyfolge in $\mathscr{S}(P_{i+1})$; nach dem Konvergenzsatz 3 hat daher die eingeschränkte Folge $(s_j|P_i)$ einen Limes $t_i\in\mathscr{S}(P_i)$. Da alle Restriktionsabbildungen $\mathscr{S}(P_{i+1})\to\mathscr{S}(P_i)$ beschränkt sind, so ist auch $t_{i+1}|P_i$ ein Limes der Folge $(s_j|P_i)$. Die Eindeutigkeitsaussage von Satz 3 erzwingt: $t_{i+1}|P_i^0=t_i|P_i^0$. Da die Mengen $\{P_\nu^0\}$ den Raum X ausschöpfen, bestimmen die Schnitte t_i somit einen globalen Schnitt $t\in\mathscr{S}(X)$ mit $t|P_i^0=t_i$, $i\geq 1$. Die Gleichung

$$(t|P_1)-s=(t_2|P_1)-(s_j|P_1)+\sum_{i=1}^{j-1}((s_{i+1}|P_1)-(s_i|P_1))$$

liefert wegen $|\ \ |_1\leq|\ \ |_i$ die Abschätzung

$$\left|(t|P_1)-s\right|_1\leq\left|(t_2|P_1)-(s_j|P_1)\right|_1+\sum_{i=1}^{j-1}\delta_i,$$

also $|(t|P_1)-s|_1\leq\delta$ für $j\to\infty$. Somit ist jeder Schnitt $s\in\mathscr{S}(P_1)$ durch globale Schnitte $t\in\mathscr{S}(X)$ approximierbar. □

Kombiniert man abschließend Satz 5 mit Satz 1.8 und Def. 3.8, so ist insgesamt der Hauptsatz der Steintheorie bewiesen:

Fundamentaltheorem: *Jeder holomorph-vollständige Raum* $(X, \mathcal{O})$ *ist Steinsch; für jede kohärente analytische Garbe* $\mathcal{S}$ *über* X *gilt also:*

A) *Der Schnittmodul* $\mathcal{S}(X)$ *erzeugt jeden Halm* $\mathcal{S}_x$, $x \in X$, *als* $\mathcal{O}_x$*-Modul.*

B) *Für alle* $q \geq 1$ *gilt:* $H^q(X, \mathcal{S}) = 0$.

Kapitel V. Anwendungen der Theoreme A und B

Wir geben in diesem Kapitel einige signifikante Anwendungen der Theoreme A und B, die sämtlich klassisch sind. Neben den Cousin-Problemen und dem Poincaré-Problem diskutieren wir ausführlich Steinsche Algebren. Ferner beschäftigen wir uns intensiv mit dem Topologisierungsproblem für die Schnittmoduln $\mathcal{S}(X)$ kohärenter Garben.

Es liegt in der Natur der Sache, daß wir Hilfsmittel aus der komplexen Analysis heranziehen müssen, die im Rahmen dieses Buches nicht bewiesen werden können. So verwenden wir insbesondere allgemeine Resultate aus der Dimensionstheorie sowie die Riemannschen Fortsetzungssätze für holomorphe Funktionen in normalen Räumen und den Normalisierungssatz.

§ 1. Beispiele Steinscher Räume

In diesem Paragraph wird der Begriff des Steinschen Raumes durch Konstruktionsrezepte, Beispiele und Gegenbeispiele erläutert und verdeutlicht. Wir werden dabei Resultate aus späteren Paragraphen dieses Kapitels frei verwenden, *insbesondere das Äquivalenzkriterium* 4.3. Über wichtige Sätze kann dabei z.T. nur referiert werden.

1. Standardkonstruktionen. – Sind X_α, $\alpha \in A$, die Zusammenhangskomponenten eines Steinschen Raumes X, so ist für jede Teilmenge $A' \neq \emptyset$, von A auch $X' := \bigcup_{\alpha \in A'} X_\alpha$ ein Steinscher Raum. Wir stellen weitere einfache Rezepte zur Gewinnung Steinscher Räume zusammen.

Satz 1: *Es sei* $(X, \mathcal{O}_X)$ *Steinsch. Dann gilt:*

a) *Jeder offene holomorph-konvexe Unterraum* $(U, \mathcal{O}_U)$ *von* X *ist Steinsch.*

b) *Jeder abgeschlossene komplexe Unterraum* $(Y, \mathcal{O}_Y)$ *von* X *ist Steinsch.*

c) *Ist* $h \in \mathcal{O}_X(X)$, $h \neq 0$ *und* $H := \{x \in X, |h(x)| = 0\}$, *so ist der Restraum* $X \setminus H$ *Steinsch.*

d) *Ist* $f: Z \to X$ *eine endliche, holomorphe Abbildung eines komplexen Raumes* Z *in* X, *so ist* Z *Steinsch.*

e) *Ist* X' *Steinsch, so ist auch das kartesische Produkt* $X \times X'$ *Steinsch.*

Beweis: a) Klar, da mit X auch $U \subset X$ holomorph-ausbreitbar ist.

b) Spezialfall von d), da die Injektion $\iota: Y \to X$ endlich ist.

c) Ist X singularitätenfrei, so ist $h^{-1} \in \mathcal{O}_X(X \setminus H)$ eine Funktion, die bei Annäherung an jeden Punkt von H unbeschränkt ist. Daher ist mit X auch $X \setminus H$ holomorph-konvex. Ist X beliebig, so schließt man genauso.

d) Mit X ist auch Z holomorph-konvex (da f eigentlich ist). Da f endlich ist, so ist mit X auch Z holomorph-ausbreitbar.

e) Mit X, X' ist auch $X \times X'$ holomorph-ausbreitbar. Die Produktregel $\widehat{K_1 \times K_2} \subset \hat{K}_1 \times \hat{K}_2$ für den Hüllenoperator impliziert, daß mit X, X' auch $X \times X'$ holomorph-konvex ist. □

Bemerkungen: 1) Da jeder Zahlenraum $\mathbb{C}^m$, $1 \leq m < \infty$, Steinsch ist, so ist nach Satz 1, b) jede abgeschlossene komplexe Untermannigfaltigkeit eines Zahlenraumes ebenfalls Steinsch. Es läßt sich zeigen, daß man so bereits alle Steinschen Mannigfaltigkeiten erhält; genauer gilt (vgl. [CA], p. 122ff.):

Einbettungssatz: *Jede n-dimensionale Steinsche Mannigfaltigkeit ist biholomorph auf eine abgeschlossene, komplexe Untermannigfaltigkeit des $\mathbb{C}^{2n+1}$ abbildbar.*

Der Einheitskreis ist sogar als singularitätenfreie, abgeschlossene, komplexe Kurve im $\mathbb{C}^2$ realisierbar.

Es gilt folgende Verallgemeinerung des Einbettungssatzes für Steinsche Räume.

Es sei X ein endlich-dimensionaler Steinscher Raum und $p \in X$ ein Punkt. Dann gibt es endlich viele Funktionen $f_1, \ldots, f_n \in \mathcal{O}(X)$ mit folgenden Eigenschaften:

1) *Die holomorphe Abbildung $f: X \to \mathbb{C}^n$, $x \mapsto (f_1(x), \ldots, f_n(x))$ ist injektiv und eigentlich, speziell ist der topologische Unterraum $f(X)$ des $\mathbb{C}^n$ zu X homöomorph.*
2) *Es gibt eine Umgebung U von p in X, die durch $f|U$ biholomorph auf einen abgeschlossenen komplexen Unterraum Y eines Polyzylinders $Z \subset \mathbb{C}^n$ abgebildet wird.*

Die Eigenschaft 2) ist stets erfüllt, sobald $f_{1p}, \ldots, f_{np} \in \mathcal{O}_p$ das Ideal $\mathfrak{m}(\mathcal{O}_p)$ erzeugen (vgl. hierzu § 4.2).

2) Bereits K. Stein [38] hat 1956 gezeigt, daß jede *unverzweigte* und *unbegrenzte Überlagerung*, insbesondere also die *universelle Überlagerung*, eines (reduzierten) Steinschen Raumes wieder Steinsch ist. Diese Aussage wurde von P. Le Barz [2] wesentlich verallgemeinert; er zeigte unter Verwendung der Lösbarkeit des Levischen Problems folgenden

Satz: *Es sei $f: Z \to X$ eine holomorphe Abbildung zwischen komplexen Räumen mit folgender Eigenschaft:*

Jeder Punkt $x \in X$ besitzt eine offene Umgebung U, so daß $\pi^{-1}(U)$ die disjunkte Summe von komplexen Räumen $W_1, W_2, \ldots$ ist, derart, daß jede induzierte Abbildung $\pi | W_\nu: W_\nu \to U$ endlich ist.

Dann ist mit X auch Z Steinsch.

Insbesondere ist also jede *unbegrenzte, lokal-analytisch verzweigte Überlagerung* eines Steinschen Raumes wieder Steinsch.

3) Von Anbeginn hat in der Steintheorie die Frage interessiert, ob ein komplexer Raum X, der durch eine Folge $X_1 \Subset X_2 \Subset X_3 \Subset \cdots \Subset X_n \Subset \cdots$ offener Stein-

scher Unterräume ausschöpfbar ist, selbst Steinsch ist. Jede kompakte analytische Menge eines solchen Raumes X ist gewiß endlich; indessen ist X, wenn nicht einschränkende „Rungebedingungen" an die Räume X_ν gestellt werden, i. allg. nicht holomorph-konvex. So gab E. Fornaess [11] eine 3-*dimensionale, nicht holomorph-konvexe*, komplexe Mannigfaltigkeit M an, die *eine Ausschöpfung* $M_1 \ll M_2 \ll \cdots$ *gestattet durch offene Untermannigfaltigkeiten* M_i, *die sämtlich zur Einheitskugel* B (*bzw. zum Einheitstrizylinder*) *des* $\mathbb{C}^3$ *biholomorph äquivalent sind.*

Die Abbildungen $B \xrightarrow{\sim} M_i$ werden explizit angegeben; entscheidend ist die für jedes reelle $\varepsilon > 0$ definierte Polynomabbildung

$$\psi: \mathbb{C}^3 \to \mathbb{C}^3, \qquad (z,w,t) \mapsto (z, zw + \varepsilon t, (zw-1)w + 2\varepsilon wt),$$

die die Menge $\left\{(z,w,t), |t| < \frac{1}{2\varepsilon}\right\}$ *injektiv* abbildet.

Durch eine Verfeinerung der Konstruktion läßt sich sogar erreichen, daß alle auf der Grenzmannigfaltigkeit M holomorphen Funktionen konstant sind, vgl. [13]. Fornaess hat kürzlich überdies gezeigt (vgl. [12]), daß das von ihm entdeckte Phänomen auch bereits im Fall der komplexen Dimension 2 auftreten kann.

Die Fornaessmannigfaltigkeit M ist zu keinem Gebiet im $\mathbb{C}^3$ isomorph; H. Behnke und K. Stein [4] bewiesen nämlich bereits 1938 folgenden

Ausschöpfungssatz: *Jeder Bereich* B *im* $\mathbb{C}^m$, *der durch eine Folge* $B_1 \ll B_2 \ll \cdots$ *Steinscher Bereiche ausschöpfbar ist, ist Steinsch.*

Dieser Satz gilt allgemeiner für alle *unverzweigten Riemannschen Bereiche* B *über dem* $\mathbb{C}^m$ (zu diesem Begriff vgl. Abschnitt 5 sowie [19], insbesondere Satz D'', p. 161).

1956 zeigte Stein [38]:

Es sei X *ein reduzierter komplexer Raum und* $X_1 \ll X_2 \ll \cdots$ *eine Ausschöpfung von* X *durch Steinsche Bereiche. Jedes Paar* $(X_\nu, X_{\nu+1})$ *sei Rungesch, d. h.* $\mathcal{O}(X_{\nu+1})$ *liege dicht in* $\mathcal{O}(X_\nu)$ *bzgl. der Topologie der kompakten Konvergenz. Dann ist* $X = \bigcup X_\nu$ *Steinsch.*

Kürzlich wurde von A. Markoe [25] bewiesen:

Es sei X *reduziert und* $X_1 \ll X_2 \ll \cdots$ *eine Ausschöpfung von* X *durch Steinsche Bereiche. Dann ist* X *genau dann Steinsch, wenn gilt:* $H^1(X, \mathcal{O}) = 0$.

2. Steinsche Überdeckungen. – Folgendes Faktum ist trivial, aber kräftig:

Sei X *ein komplexer Raum und seien* U_1, U_2 *offene holomorph-konvexe bzw. Steinsche Teilräume von* X. *Dann ist auch* $U_1 \cap U_2$ *holomorph-konvex bzw. Steinsch.*

Beweis: Seien U_1, U_2 holomorph-konvex; sei $K \subset U_1 \cap U_2$ kompakt. Nach Kap. IV, Satz 1.2, 4) gilt

$$\hat{K}_{U_1 \cap U_2} \subset \hat{K}_{U_1} \cap \hat{K}_{U_2}.$$

Da $\hat{K}_{U_1}$ und $\hat{K}_{U_2}$ nach Voraussetzung kompakt und $\hat{K}_{U_1 \cap U_2}$ jedenfalls abgeschlossen in $U_1 \cap U_2$ ist, so ist $\hat{K}_{U_1 \cap U_2}$ kompakt. Mithin ist mit U_1 und U_2 auch $U_1 \cap U_2$ holomorph-konvex.

Sind U_1, U_2 überdies Steinsch, so ist auch $U_1 \cap U_2$ Steinsch. □

Folgende Redeweise ist naheliegend und zweckmäßig.

Definition 2 (Steinsche Überdeckung): *Eine offene Überdeckung $\mathfrak{U} = \{U_i\}, i \in I$, von X heißt Steinsch, wenn $\mathfrak{U}$ lokal-endlich ist, und jeder Raum U_i Steinsch ist.*

Ist $\mathfrak{U}$ eine Steinsche Überdeckung, so sind auch alle Durchschnitte $U(i_0, \ldots, i_q) = U_{i_0} \cap \cdots \cap U_{i_q}$ nach dem eingangs Bemerkten Steinsche Räume; auf Grund von Theorem B ist daher $\mathfrak{U}$ *azyklisch* für jede kohärente $\mathcal{O}$-Garbe $\mathscr{S}$ über X. Aus dem Satz von Leray (vgl. Kap. B, § 3) folgt somit

Satz 3: *Ist $\mathfrak{U}$ eine Steinsche Überdeckung eines beliebigen komplexen Raumes X, so gilt*

$$H^q_a(\mathfrak{U}, \mathscr{S}) = H^q(\mathfrak{U}, \mathscr{S}) = H^q(X, \mathscr{S}), \qquad q \geq 0,$$

für alle über X kohärenten analytischen Garben $\mathscr{S}$.

Besteht insbesondere $\mathfrak{U}$ aus d Mengen $U_1, \ldots, U_d$, so gilt $H^q(X, \mathscr{S}) = 0$ für alle $q \geq d$.

Korollar: *Ist X ein kompakter komplexer Raum, so gibt es eine natürliche Zahl $a = a(X)$, so daß für jede über X kohärente analytische Garbe $\mathscr{S}$ gilt:*

$$H^q(X, \mathscr{S}) = 0 \quad \text{für alle} \quad q \geq a.$$

Beweis: Es gibt *endliche* Steinsche Überdeckungen von X! □

Da jeder Punkt $x \in X$ eine Umgebungsbasis von Steinschen Räumen hat, so gibt es beliebig feine Steinsche Überdeckungen, genauer:

Jede offene Überdeckung $\mathfrak{W}$ von X besitzt eine Verfeinerung $\mathfrak{U}$, die Steinsch ist.

Beweis: Ohne Einschränkung der Allgemeinheit dürfen wir annehmen, daß $\mathfrak{W} = \{W_j\}, j \in J$, bereits lokal-endlich ist, und daß $\bar{W}_j \subset X$ stets kompakt ist. Wir wählen nach dem Schrumpfungssatz eine Überdeckung $\mathfrak{V} = \{V_j\}, j \in J$, von X so daß stets gilt $\bar{V}_j \subset W_j$, also $V_j \ll W_j, j \in J$. Jedes Kompaktum $\bar{V}_j$ besitzt eine *endliche* Überdeckung $\{U_{j1}, \ldots, U_{jn_j}\}$ durch offene Steinsche Mengen $U_{jk} \subset W_j$. Die Kollektion $\{U_{jk}\}$ ist eine gesuchte Überdeckung von X. □

3. Resträume komplexer Räume. – Ist A eine *überall mindestens 2codimensionale* analytische Menge in einem *normalen* komplexen Raum X, so ist nach dem zweiten Riemannschen Fortsetzungssatz (vgl. Kap. A, § 3.8) jede in $X \setminus A$ holomorphe Funktion f nach ganz X holomorph fortsetzbar. Im Fall $A \neq \emptyset$ ist daher der Restraum $X \setminus A$ nie holomorph-konvex, da es zu keinem Punkt $p \in X$ eine in $X \setminus A$ holomorphe Funktion geben kann, die bei Annäherung an p unbeschränkt wird. Wir zeigen allgemein:

Satz 4: *Es sei* $(X, \mathcal{O}_X)$ *irgendein komplexer Raum und* A *eine analytische Menge in* X, *die in wenigstens einem Punkt* $p \in A$ *mindestens 2codimensional ist. Dann ist der Restraum* $(Y, \mathcal{O}_Y)$ *mit* $Y := X \setminus A$, $\mathcal{O}_Y := \mathcal{O}_X | Y$ *nie holomorph-konvex und daher nie Steinsch.*

Beweis: Es genügt zu zeigen, daß die Reduktion $(Y, \mathcal{O}_{\mathrm{red}\, Y})$ nicht holomorph-konvex ist. Sei $(\tilde{X}, \mathcal{O}_{\tilde{X}})$ eine Normalisierung von $(X, \mathcal{O}_{\mathrm{red}\, X})$ und $\xi: \tilde{X} \to X$ die *endliche* Normalisierungsabbildung (vgl. Kap. A, § 3.8). Dann ist $\tilde{A} := \xi^{-1}(A)$ in allen Punkten von $\xi^{-1}(p)$ mindestens 2codimensional in $\tilde{X}$. Für jeden Schnitt $f \in \mathcal{O}_{\mathrm{red}\, Y}(Y)$ ist daher die Funktion $\tilde{f} := f \circ \xi \in \mathcal{O}_{\tilde{X}}(\tilde{X} \setminus \tilde{A})$ holomorph in alle Punkte von $\xi^{-1}(p)$ fortsetzbar. Wegen der Endlichkeit von ξ und der Stetigkeit von $\tilde{f}$ in $\xi^{-1}(p)$ sind daher bei Annäherung an p höchstens die endlich vielen Zahlen der Menge $\tilde{f}(\xi^{-1}(p)) \subset \mathbb{C}$ mögliche Häufungspunkte von f, insbesondere ist also jede Funktion $f \in \mathcal{O}_{\mathrm{red}\, Y}(Y)$ beschränkt um a. Nach Kap. IV, Satz 2.12 ist Y dann nicht holomorph-konvex. □

Ein Restraum $Y := X \setminus A$ einer in X analytischen Menge $A \neq \emptyset$ ist nach Satz 4 höchstens dann Steinsch, wenn A überall 1codimensional ist. Solche analytischen Mengen heißen *analytische Hyperflächen.* In einem reduzierten Raum X ist die Nullstellenmenge jeder kohärenten *Hauptidealgarbe* $\mathcal{J} \neq \mathcal{O}$, die keinen Nullhalm hat, eine analytische Hyperfläche in X (dabei heißt $\mathcal{J}$ eine Hauptidealgarbe, wenn jeder Halm $\mathcal{J}_x$ ein Hauptideal in $\mathcal{O}_x$ ist); in komplexen Mannigfaltigkeiten ist umgekehrt für jede Hyperfläche H das Nullstellenideal $\mathcal{J}$ von H eine kohärente Hauptidealgarbe $\neq \mathcal{O}$ (vgl. Kap. A, § 3.5). Als Anwendung von Theorem A zeigen wir

Satz 5: *Es sei* X *ein reduzierter, komplexer Raum und* H *eine analytische Hyperfläche in* X, *die die Nullstellenmenge einer kohärenten Hauptidealgarbe* $\mathcal{J}$ *ist. Dann ist mit* X *auch* $Y := X \setminus H$ *Steinsch.*

Beweis: Es genügt, zu jedem Punkt $p \in H$ eine Funktion $f \in \mathcal{O}(Y)$ anzugeben, die bei Annäherung an p unbeschränkt wird. Dazu konstruieren wir eine *meromorphe* Funktion $h \in \mathcal{M}(X)$, die in Y holomorph ist, und für deren Keim $h_p \in \mathcal{M}_p$ gilt $a_p h_p = 1$ mit $a_p \in \mathfrak{m}(\mathcal{O}_p)$ (dann ist $f := h | Y$ eine gesuchte Funktion).

Durch $\mathcal{S} := \bigcup_{x \in X} \mathcal{S}_x$ mit $\mathcal{S}_x := \{f_x \in \mathcal{M}_x, f_x \mathcal{J}_x \subset \mathcal{O}_x\}$ wird eine $\mathcal{O}$-Untergarbe von $\mathcal{M}$ definiert, es gilt $\mathcal{S}_x = \mathcal{O}_x$ für alle $x \in Y$, da dann stets $\mathcal{J}_x = \mathcal{O}_x$ wegen $H = \mathrm{Tr}(\mathcal{O}/\mathcal{J})$ gilt. Da $\mathcal{J}$ Hauptidealgarbe ist, gibt es zu jedem Punkt $p \in H$ eine Umgebung U von p in X, so daß gilt $\mathcal{J}_U = \mathcal{O}_U g$ mit $g \in \mathcal{O}(U)$. Wegen $\mathcal{J}_p \neq \mathcal{O}_p$ gilt $g_p \in \mathfrak{m}(\mathcal{O}_p)$. Da X reduziert ist und H als 1codimensionale analytische Menge nirgends dicht in X liegt, so ist kein Keim g_x, $x \in U$, ein Nullteiler in $\mathcal{O}_x$. Es folgt $g^{-1} \in \mathcal{M}(U)$ und $\mathcal{S}_U = \mathcal{O}_U g^{-1} \cong \mathcal{O}_U$, da offensichtlich $\mathcal{S}_x = g_x^{-1} \mathcal{O}_x$ für alle $x \in U$. Die Garbe $\mathcal{S} = \mathcal{M}$ ist somit lokal-frei und also kohärent.

Da X Steinsch ist, gibt es zu jedem Punkt $p \in H$ nach Theorem A einen Schnitt $h \in \mathcal{S}(X)$, der den Halm $\mathcal{S}_p$ erzeugt, d. h. für den gilt $g_p^{-1} = v_p h_p$ mit $v_p \in \mathcal{O}_p$. Da $\mathcal{S}$ und $\mathcal{O}$ über Y gleich sind, folgt $h | Y \in \mathcal{O}(Y)$. Da $g_p \in \mathfrak{m}(\mathcal{O}_p)$, so folgt $1 = a_p h_p$ mit $a_p := v_p g_p \in \mathfrak{m}(\mathcal{O}_p)$. □

Es sei bemerkt, daß Satz 5 auch für beliebige komplexe Räume gültig ist, allerdings muß obiger Beweis modifiziert werden (die Keime g_x können dann Nullteiler in $\mathcal{O}_x$ sein, bleiben aber sog. „aktive" Elemente).

Die im Satz 5 über die Hyperfläche H gemachte Annahme ist, falls X keine komplexe Mannigfaltigkeit ist, sehr einschränkend. So ist in einem normalen komplexen Raum X eine Hyperfläche lokal i. allg. nicht die genaue Nullstellenmenge einer *einzigen* holomorphen Funktion. Das instruktive Beispiel hierfür (und für andere Phänomene) ist im $\mathbb{C}^4$ die zum Polynom $q := z_1^2 + z_2^2 + z_3^2 + z_4^2$ gehörende *affine Quadrik* Q^3. Das Paar

$$(Q^3, \mathcal{O}_{Q^3}) \quad \text{mit} \quad Q^3 := \{z \in \mathbb{C}^4, q(z) = 0\}, \qquad \mathcal{O}_{Q^3} := (\mathcal{O}_{\mathbb{C}^4}/\mathcal{O}_{\mathbb{C}^4} q) | Q^3$$

ist ein 3dimensionaler, normaler Steinscher Raum, dessen einzige Singularität der Nullpunkt 0 ist. Die zwei Gleichungen $z_1 = i z_2$, $z_3 = i z_4$ definieren auf Q^3 eine Hyperfläche H, die um $0 \in Q^3$ *nicht* durch eine einzige holomorphe Gleichung beschreibbar ist. Der Restraum $Q^3 \setminus H$ ist *nicht Steinsch*. Eine ausführliche Diskussion dieses Beispiels und der höherdimensionalen Segrekegel findet der Leser in [20].

Ohne Beweis sei hier noch angegeben:

Ist X ein normaler Steinscher Raum und H eine Hyperfläche in X, so ist $X \setminus H$ Steinsch in folgenden zwei Fällen:

1) $\dim X = 2$.

2) *H ist lokal überall die Nullstellenmenge einer holomorphen Funktion.*

Der Fall 1) wurde von R. R. Simha (On the complement of a curve on a Stein space of dimension two, Math. Z. **82**, 63–66 (1963)) mittels Desingularisierung bewiesen.

4. Die Räume $\mathbb{C}^2 \setminus 0$ und $\mathbb{C}^3 \setminus 0$. – Seien $m \geq 2$ und $d \geq 2$ natürliche Zahlen, sei $d \leq m$. Im Raum $\mathbb{C}^m$ der Veränderlichen $z_1, \ldots, z_m$ betrachten wir den zur $(m-d)$-dimensionalen analytischen Ebene

$$E^{m-d} := \{(z_1, \ldots, z_m) \in \mathbb{C}^m, z_1 = \cdots = z_d = 0\}$$

gehörenden Restraum $\mathbb{C}^m \setminus E^{m-d}$. Wegen $d \geq 2$ ist dieser Raum *nicht* Steinsch (Satz 4). Jede Menge

$$U_i := \{(z_1, \ldots, z_m) \in \mathbb{C}^m, z_i \neq 0\}, \qquad 1 \leq i \leq d,$$

ist ein *offener Steinscher Unterraum von* $\mathbb{C}^m \setminus E^{m-d}$, die d Mengen $U_1, \ldots, U_d$ bilden eine *Steinsche und also azyklische Überdeckung* $\mathfrak{U}$ von $\mathbb{C}^m \setminus E^{m-d}$. Daher gilt nach Satz 3:

$$H^q(\mathbb{C}^m \setminus E^{m-d}, \mathcal{O}) \cong H^q_a(\mathfrak{U}, \mathcal{O}) \quad \text{für alle} \quad q = 0, 1, \ldots;$$

insbesondere also

$$H^q(\mathbb{C}^m \setminus E^{m-d}, \mathcal{O}) = 0 \quad \text{für alle} \quad q \geq d.$$

Die für $q=1,\ldots,d-1$ verbleibenden Gruppen können (z. B. auf Grund von Satz 5.2) nicht alle verschwinden, in der Tat läßt sich zeigen:

$$H^{d-1}(\mathbb{C}^m \setminus E^{m-d}, \mathcal{O}) \neq 0, \quad H^q(\mathbb{C}^m \setminus E^{m-d}, \mathcal{O}) = 0 \text{ für alle } q=1,\ldots,d-2.$$

Wir wollen zwei Spezialfälle durchrechnen. Sei von nun an $d=m$, also $E^{m-d}=0$. Wir betrachten die erste Cohomologiegruppe

$$H^1(\mathbb{C}^m \setminus 0, \mathcal{O}) = H^1_a(\mathfrak{U}, \mathcal{O}) = Z^1_a(\mathfrak{U}, \mathcal{O})/B^1_a(\mathfrak{U}, \mathcal{O}), \quad \text{wobei } \mathfrak{U} = \{U_1, \ldots, U_m\}.$$

a) *Sei* $m=2$. Es gilt $Z^1_a(\mathfrak{U},\mathcal{O}) \subset C^1_a(\mathfrak{U},\mathcal{O}) = \mathcal{O}(D)$ mit $D := U_1 \cap U_2$; da $C^2_a(\mathfrak{U},\mathcal{O})=0$, so folgt $Z^1_a(\mathfrak{U},\mathcal{O}) = \mathcal{O}(D)$. Weiter ist $C^0_a(\mathfrak{U},\mathcal{O}) = \mathcal{O}(U_1) \oplus \mathcal{O}(U_2)$, und die Corandabbildung $d_a: C^0_a(\mathfrak{U},\mathcal{O}) \to C^1_a(\mathfrak{U},\mathcal{O})$ wird durch $(f_1, f_2) \mapsto f_2|D - f_1|D$ gegeben. Hier sind f_1 bzw. f_2 *konvergente Laurentreihen* in $U_1 = \mathbb{C}^2 \setminus \{z_1=0\}$ bzw. $U_2 = \mathbb{C}^2 \setminus \{z_2 = 0\}$, sie haben notwendig die spezielle Form

$$f_1 = \sum_{\mu,\nu \in \mathbb{Z}} a_{\mu\nu} z_1^\mu z_2^\nu \quad \text{mit} \quad a_{\mu\nu} = 0 \quad \text{für alle} \quad \nu < 0,$$

$$f_2 = \sum_{\mu,\nu \in \mathbb{Z}} b_{\mu\nu} z_1^\mu z_2^\nu \quad \text{mit} \quad b_{\mu\nu} = 0 \quad \text{für alle} \quad \mu < 0.$$

Die Funktionen aus $\mathcal{O}(D)$ sind alle in $D = \mathbb{C}^2 \setminus \{z_1 z_2 = 0\}$ konvergenten Laurentreihen

$$f = \sum_{\mu,\nu \in \mathbb{Z}} c_{\mu\nu} z_1^\mu z_2^\nu,$$

wobei die $c_{\mu\nu}$ keine zusätzlichen Bedingungen erfüllen müssen. Da eine solche Reihe genau dann zu $B^1_a(\mathfrak{U},\mathcal{O}) = \operatorname{Im} d_a$ gehört, wenn sie sich in der Form $f_2|D - f_1|D$ schreiben läßt, so gilt:

$$B^1_a(\mathfrak{U},\mathcal{O}) = \Big\{ f = \sum_{\mu,\nu \in \mathbb{Z}} c_{\mu\nu} z_1^\mu z_2^\nu \in \mathcal{O}(D),\ c_{\mu\nu} = 0 \text{ für alle } \mu, \nu \text{ mit } \mu < 0,\ \nu < 0 \Big\}.$$

Der unendlich-dimensionale $\mathbb{C}$-Vektorraum

$$V := \Big\{ h = \sum_{\mu,\nu \in \mathbb{Z}} d_{\mu\nu} z_1^\mu z_2^\nu \in \mathcal{O}(D),\ d_{\mu\nu} = 0 \text{ für alle } \mu \geq 0 \text{ oder } \nu \geq 0 \Big\}$$

ist also komplementär zu $B^1_a(\mathfrak{U},\mathcal{O})$ in $\mathcal{O}(D)$; es folgt:

$$H^1_a(\mathfrak{U},\mathcal{O}) = \mathcal{O}(D)/B^1_a(\mathfrak{U},\mathcal{O}) \cong V.$$

Wir sehen insbesondere:

Der $\mathbb{C}$*-Vektorraum* $H^1(\mathbb{C}^2 \setminus 0, \mathcal{O})$ *ist nicht endlich-dimensional.*

Im nächsten Beispiel zeigen wir, daß die erste Cohomologiegruppe mit Koeffizienten in $\mathcal{O}$ für nicht Steinsche Gebiete im $\mathbb{C}^3$ sehr wohl verschwinden kann.

b) *Sei* $m=3$. Wie früher schreiben wir $U_{ij}=U_i\cap U_j$, $U_{ijk}=U_{ij}\cap U_k$. Es ist

$$C_a^0(\mathfrak{U},\mathcal{O})=\bigoplus_{i=1}^{3}\mathcal{O}(U_i),\qquad C_a^1(\mathfrak{U},\mathcal{O})=\mathcal{O}(U_{12})\oplus\mathcal{O}(U_{23})\oplus\mathcal{O}(U_{31}),$$

$$C_a^2(\mathfrak{U},\mathcal{O})=\mathcal{O}(U_{123}).$$

Die Abbildung $d_a^1\colon C_a^1(\mathfrak{U},\mathcal{O})\to C_a^2(\mathfrak{U},\mathcal{O})$ wird gegeben durch

$$(f_{12},f_{23},f_{31})\mapsto f_{12}|U_{123}+f_{23}|U_{123}+f_{31}|U_{123},$$

wenn $f_{12}\in\mathcal{O}(U_{12})$, $f_{23}\in\mathcal{O}(U_{23})$, $f_{31}\in\mathcal{O}(U_{31})$. Es folgt

$$Z_a^1(\mathfrak{U},\mathcal{O})=\{(f_{12},f_{23},f_{31})\in C_a^1(\mathfrak{U},\mathcal{O})\colon f_{12}+f_{23}+f_{31}=0 \text{ auf } U_{123}\}.$$

Die Abbildung $d_a^0\colon C_a^0(\mathfrak{U},\mathcal{O})\to C_a^1(\mathfrak{U},\mathcal{O})$ wird gegeben durch

$$(f_1,f_2,f_3)\mapsto(f_{12},f_{23},f_{31}):=(f_2|U_{12}-f_1|U_{12},f_3|U_{23}-f_2|U_{23},f_1|U_{31}-f_3|U_{31}),$$

wenn $f_i\in\mathcal{O}(U_i)$. Wir zeigen nun die 1937 von Cartan [8] angegebene Gleichung

$$H^1(\mathbb{C}^3\setminus 0,\mathcal{O})=H_a^1(\mathfrak{U},\mathcal{O})=Z_a^1(\mathfrak{U},\mathcal{O})/\operatorname{Im} d_a^0=0.$$

Beweis: Wir müssen zu jedem Tripel $(f_{12},f_{23},f_{31})\in C_a^1(\mathfrak{U},\mathcal{O})$ mit $f_{12}+f_{23}+f_{31}=0$ auf U_{123} Funktionen $f_i\in\mathcal{O}(U_i)$, $1\le i\le 3$, finden, so daß gilt:

$$f_{12}=f_2-f_1,\qquad f_{23}=f_3-f_2,\qquad f_{31}=f_3-f_1.$$

Wir entwickeln die f_{ij} in Laurentreihen

$$f_{12}=\sum a_{\mu\nu\rho}z_1^\mu z_2^\nu z_3^\rho,\qquad f_{23}=\sum b_{\mu\nu\rho}z_1^\mu z_2^\nu z_3^\rho,\qquad f_{31}=\sum c_{\mu\nu\rho}z_1^\mu z_2^\nu z_3^\rho.$$

Da $f_{12}\in\mathcal{O}(U_{12})$ auf der Ebene $z_3=0$ konvergiert, verschwinden alle $a_{\mu\nu\rho}$ für $\rho<0$. Entsprechend verschwinden Koeffizienten von f_{23} und f_{31}, genauer hat man:

$$(*)\qquad a_{\mu\nu\rho}=0 \text{ für } \rho<0,\qquad b_{\mu\nu\rho}=0 \text{ für } \mu<0,\qquad c_{\mu\nu\rho}=0 \text{ für } \nu<0.$$

Wegen $f_{12}+f_{23}+f_{31}=0$ gilt stets $a_{\mu\nu\rho}+b_{\mu\nu\rho}+c_{\mu\nu\rho}=0$, hieraus folgt weiter:

$$\binom{*}{*}\qquad \begin{aligned} a_{\mu\nu\rho}&=0, &&\text{wenn zugleich } \mu<0 \text{ und } \nu<0,\\ b_{\mu\nu\rho}&=0, &&\text{wenn zugleich } \nu<0 \text{ und } \rho<0,\\ c_{\mu\nu\rho}&=0, &&\text{wenn zugleich } \rho<0 \text{ und } \mu<0. \end{aligned}$$

Für jede Laurentreihe $g=\sum g_{\mu\nu\rho}z_1^\mu z_2^\nu z_3^\rho$ bezeichne g^{+++}, g^{+-+}, g^{-+-} usf. diejenige Teilreihe, die aus allen Monomen von g besteht, für die gilt $\mu\ge 0$, $\nu\ge 0$, $\rho\ge 0$ bzw. $\mu\ge 0$, $\nu<0$, $\rho\ge 0$ bzw. $\mu<0$, $\nu\ge 0$, $\rho<0$ usf. Mit diesen Bezeichnungen besagen die Gleichungen $(*)$ und $\binom{*}{*}$:

$$
(\circ)\qquad
\begin{aligned}
f_{12} &= f_{12}^{+++} + f_{12}^{+-+} + f_{12}^{-++}, \\
f_{23} &= f_{23}^{+++} + f_{23}^{+-+} \qquad\qquad + f_{23}^{++-}, \\
f_{31} &= f_{31}^{+++} \qquad\qquad + f_{31}^{-++} + f_{31}^{++-}.
\end{aligned}
$$

Wegen $f_{12}+f_{23}+f_{31}=0$ hat man folgende Identitäten

$$
(\substack{\circ\\ \circ})\qquad
\begin{aligned}
&f_{12}^{+++} = -(f_{23}^{+++} + f_{31}^{+++}), \quad -f_{31}^{-++} = f_{12}^{-++}, \quad -f_{12}^{+-+} = f_{23}^{+-+}, \\
&-f_{23}^{++-} = f_{31}^{++-}.
\end{aligned}
$$

Wir setzen nun

$$
f_1 := f_{31}^{+++} + f_{31}^{-++}, \qquad f_2 := -f_{23}^{+++} + f_{12}^{+-+}, \qquad f_3 := f_{23}^{++-}.
$$

Da $f_{31}^{+++} \in \mathcal{O}(\mathbb{C}^3)$ und $f_{31}^{-++} \in \mathcal{O}(U_1)$, so gilt $f_1 \in \mathcal{O}(U_1)$. Analog folgt $f_2 \in \mathcal{O}(U_2)$ und $f_3 \in \mathcal{O}(U_3)$. Wegen $(\circ)$ und $(\substack{\circ\\ \circ})$ gilt dann:

$$
\begin{aligned}
f_2 - f_1 &= -(f_{23}^{+++} + f_{31}^{+++}) + f_{12}^{+-+} - f_{31}^{-++} = f_{12}^{+++} + f_{12}^{+-+} + f_{12}^{-++} = f_{12}, \\
f_3 - f_2 &= f_{23}^{++-} + f_{23}^{+++} - f_{12}^{+-+} = f_{23}^{++-} + f_{23}^{+++} + f_{23}^{+-+} = f_{23}, \\
f_1 - f_3 &= f_{31}^{+++} + f_{31}^{-++} - f_{23}^{++-} = f_{31}^{+++} + f_{31}^{-++} + f_{31}^{++-} = f_{31}. \qquad \square
\end{aligned}
$$

Da $H^1(\mathbb{C}^3\setminus 0, \mathcal{O})=0$ und, wie oben bemerkt, auch alle Gruppen $H^q(\mathbb{C}^3\setminus 0, \mathcal{O})$, $q \geq 3$, verschwinden, so folgt aus Satz 5.2, daß gelten muß

$$
H^2(\mathbb{C}^3\setminus 0, \mathcal{O}) \neq 0,
$$

in der Tat ist dieser Raum sogar unendlich-dimensional.

Die Gleichung $H^1(\mathbb{C}^3\setminus 0, \mathcal{O})=0$ ist ein Spezialfall folgender Aussage:

Für jede komplexe Mannigfaltigkeit Y, die aus einer Steinschen Mannigfaltigkeit durch Herausnahme von Stücken mindestens 3codimensionaler, analytischer Mengen entsteht, gilt $H^1(Y, \mathcal{O})=0$.

Diese wiederum ist enthalten in der folgenden cohomologischen Verallgemeinerung des 2. Riemannschen Fortsetzungssatzes (vgl. [33]):

Es sei X eine komplexe Mannigfaltigkeit und A eine mindestens r-codimensionale analytische Menge in X. Dann sind für jede über X lokal-freie analytische Garbe $\mathcal{S}$ die $r-1$ Einschränkungshomomorphismen

$$
H^q(X\setminus A, \mathcal{S}) \to H^q(X, \mathcal{S}), \qquad q=0,1,\ldots,r-2
$$

bijektiv.

5. Klassische Beispiele. – In der Funktionentheorie einer Variablen hat man trotz kräftiger Methoden und trotz intensiver Bemühungen vieler ausgezeichneter Mathematiker lange Zeit nicht zeigen können, daß auf jeder nichtkompakten Riemannschen Fläche wenigstens eine nichtkonstante holomorphe Funktion existiert (Carathéodorysche Vermutung). Erst 1948 erschien in den Mathematischen

Annalen eine bereits 1943 fertiggestellte Arbeit von H. Behnke und K. Stein, die u. a. folgende Verallgemeinerung des klassischen Rungeschen Approximationssatzes enthält ([5], p. 445):

Es sei X eine nicht kompakte Riemannsche Fläche und B ein Bereich in X, so daß $X \setminus B$ keine kompakte Zusammenhangskomponente hat. Dann ist jede in B holomorphe Funktion kompakt approximierbar durch in X holomorphe Funktionen.

Hieraus folgt unmittelbar:

Jede nicht kompakte Riemannsche Fläche ist Steinsch.

Den Beweis des Approximationssatzes stützen Behnke und Stein auf eine verallgemeinerte Cauchysche Integralformel $f(z) = \frac{1}{2\pi i} \int f(\zeta) A(\zeta, z) d\zeta$; die Schwierigkeiten der Konstruktion der meromorphen Differentialform $A(\xi, z) d\xi$, die den klassischen Cauchykern $\frac{d\zeta}{\zeta - z}$ zu ersetzen hat, werden mit Hilfsmitteln aus der Theorie der kompakten Riemannschen Flächen überwunden (Schottky-Verdopplung). Inzwischen gibt es Beweise, die Methoden der reellen Analysis verwenden; so wird z. B. in [ARC], p. 239, ein von Malgrange stammender Beweis mitgeteilt.

Mit den Methoden und Aussagen ihrer Arbeit [5] zeigten Behnke und Stein 1948 in [6], daß der Mittag-Lefflersche Partialbruchreihensatz sowie der Weierstraßsche Produktsatz für beliebige nichtkompakte Riemannsche Flächen gelten (Cousinsche Sätze), in dieser Arbeit findet sich auch ganz am Schluß der sog.

Hilfssatz C: *Es sei D eine diskrete Menge in einer nicht kompakten Riemannschen Fläche X, jedem Punkt $p \in D$ sei bzgl. einer in p zentrierten Ortsuniformisierenden τ_p ein Laurent-Taylorterm $h_p = \sum_{\nu = -m_p}^{n_p} a_\nu \tau_p^\nu$, $0 \leq m_p$, $n_p < \infty$, zugeordnet. Dann gibt es eine in X meromorphe Funktion H, die in $X \setminus D$ holomorph ist, und deren Laurententwicklung in p bzgl. τ_p bis zum n_p-ten Glied mit h_p übereinstimmt.*

Ausführliche Darstellungen der zu diesem Themenkreis gehörenden Fragen findet der Leser im Vorlesungsskriptum von A. Huckleberry: Riemann Surfaces: A View Toward Several Complex Variables, Math. Inst. Münster, WS 1974/1975 sowie im Heidelberger Taschenbuch 184 von O. Forster: Riemannsche Flächen, Springer-Verlag Heidelberg 1977. □

Ein Bereich B des $\mathbb{C}^m$ heißt bekanntlich ein *Holomorphiebereich*, wenn es eine Funktion $f \in \mathcal{O}(B)$ gibt, die in *jedem* Randpunkt $p \in \partial B$ *voll singulär* ist (vgl. [EFV], p. 38ff.). Der klassische Satz von Cartan-Thullen besagt:

Genau dann ist $B \subset \mathbb{C}^m$ ein Holomorphiebereich, wenn B Steinsch ist. □

Ein reduzierter komplexer Raum X zusammen mit einer *offenen* holomorphen Abbildung $\varphi: X \to \mathbb{C}^m$ heißt ein *Riemannscher Bereich über dem* $\mathbb{C}^m$, wenn jede Faser $\varphi^{-1}(\varphi(x))$, $x \in X$ *diskret* in X ist; ist zusätzlich φ lokal-topologisch, so heißt X *unverzweigt*.

Jeder Riemannsche Bereich über dem $\mathbb{C}^m$ ist holomorph-ausbreitbar. Darüber hinaus gilt (vgl. [20], p. 121):

Jeder Steinsche, Riemannsche Bereich X über dem $\mathbb{C}^m$ ist ein Holomorphiebereich (d. h. es gibt eine Funktion $f \in \mathcal{O}(X)$, die in keinen X „echt umfassenden" Riemannschen Bereich holomorph fortsetzbar ist).

Diese Aussage ist *nicht* umkehrbar, so wird in [20] gezeigt:

Es gibt über dem $\mathbb{C}^3$ verzweigte, 2blättrige Holomorphiegebiete X, die nicht Steinsch sind (dabei kann X als komplexe Mannigfaltigkeit gewählt werden).

Es scheint nach wie vor offen zu sein, ob es solche Gebiete auch bereits über dem $\mathbb{C}^2$ gibt.

Von Oka wurde 1953 in seiner neunten Arbeit [32] gezeigt:

Jeder unverzweigte Holomorphiebereich über dem $\mathbb{C}^m$ ist Steinsch.

Neben Holomorphiebereichen hat man in der klassischen Theorie auch bereits *Meromorphiebereiche* betrachtet ([BT], p. 17). Der Okasche Satz überträgt sich, d. h.:

Jeder unverzweigte Meromorphiebereich über dem $\mathbb{C}^m$ ist Steinsch.

Demgegenüber wurde in [18] gezeigt:

Es gibt eine nichtkompakte, 2dimensionale komplexe Mannigfaltigkeit Y mit folgenden Eigenschaften:

1) *Y ist ein verzweigtes, endlich-blättriges Meromorphiegebiet über der komplex-projektiven Ebene $\mathbb{P}_2$.*
2) *Jede auf Y holomorphe Funktion ist konstant, speziell ist Y kein Holomorphiegebiet und nicht holomorph-konvex.*

In den Beweisen all dieser Aussagen spielen die Begriffe der *Pseudokonvexität* eine entscheidende Rolle. Wir können darauf hier nicht näher eingehen. □

Die einfachsten *nicht Steinschen Gebiete* im $\mathbb{C}^2$ sind die *nicht vollkommenen, eigentlich Reinhardtschen Körper* (vgl. [BT], p. 52). So ist der gekerbte Dizylinder

$$D^* := \{(z_1, z_2) \in \mathbb{C}^2, |z_1| < 1, |z_2| < 1\} \setminus \left\{(z_1, z_2) \in \mathbb{C}^2, (|z_1| - 1)^2 + \left(|z_2| - \frac{1}{2}\right)^2 < \frac{1}{16}\right\}$$

eine zur 4dimensionalen Zelle homöomorphe holomorph-separable komplexe Mannigfaltigkeit, die nicht Steinsch ist. Es ist einfach, komplexe Mannigfaltigkeiten X anzugeben, die zur 4-Zelle homöomorph sind und überhaupt keine nichtkonstanten holomorphen Funktionen haben. Man nehme die komplex-projektive Ebene $\mathbb{P}_2$ und „verbeule" darin eine komplexe Gerade lokal zu einer reell 2dimensionalen *differenzierbaren, nicht komplex-analytischen* Fläche F. Dann ist der Bereich $X := \mathbb{P}_2 \setminus F \subset \mathbb{P}_2$ zum $\mathbb{R}^4$ homöomorph. Jede nicht konstante Funktion $h \in \mathcal{O}(X)$ müßte singulär auf F sein. Da nach einem Satz von Hartogs die Singularitätengebilde holomorpher Funktionen, wenn sie überhaupt 2codimensionale topologische Mannigfaltigkeiten bilden, analytische Hyperflächen sein müssen, kann es außer Konstanten keine holomorphen Funktionen auf X geben.

6. Steinsche Gruppen. – Es liegt auf der Hand, eine *komplexe Liesche Gruppe* G eine *Steinsche Gruppe* zu nennen, wenn die G unterliegende komplexe Mannigfaltigkeit Steinsch ist. Jede zusammenhängende, *abelsche*, komplexe Liesche Gruppe A ist komplex-analytisch zu einer direkten Produktgruppe $\mathbb{C}^m \times \mathbb{C}^{*n} \times T$ isomorph, wo T eine sog. *toroide* Gruppe ist, d. h. $\mathcal{O}(T) = \mathbb{C}$. Komplexe Tori sind toroid, es gibt jedoch auch nichtkompakte toroide Gruppen. Es gilt nun:

Genau dann ist $A \cong \mathbb{C}^m \times \mathbb{C}^{*n} \times T$ *holomorph-konvex bzw. Steinsch, wenn der toroide Anteil* T *kompakt bzw.* 0 *ist.*

Alle einfach-zusammenhängenden, zusammenhängenden, *auflösbaren*, komplexen Lieschen Gruppen sind als komplexe Mannigfaltigkeiten zu einem Zahlenraum $\mathbb{C}^m$ isomorph und also Steinsch. Jede lineare komplexe Gruppe $GL(m, \mathbb{C})$ ist Steinsch; jede *halb-einfache*, zusammenhängende komplexe Liesche Gruppe ist komplex-analytisch isomorph zu einer *abgeschlossenen*, komplexen Untergruppe einer Gruppe $GL(m, \mathbb{C})$ und also Steinsch.

Steinsche Gruppen wurden intensiv von Y. Matsushima [26, 27] studiert, er gab insbesondere eine Liealgebraische Charakterisierung solcher Gruppen. Wir bezeichnen für jede komplexe Liesche Gruppe G mit $Z^0(G)$ die Zusammenhangskomponente ihres Zentrums durch $e \in G$ und notieren

Theorem: *Folgende Aussagen über eine komplexe Liesche Gruppe* G *sind äquivalent:*

i) G *ist holomorph-konvex, bzw. Steinsch.*

ii) *Der toroide Anteil von* $Z^0(G)$ *ist kompakt* (= *komplexer Torus*), *bzw.* 0 (*d. h.* $Z^0(G) \cong \mathbb{C}^m \times \mathbb{C}^{*n}$).

Man sieht insbesondere, daß G genau dann Steinsch ist, wenn G holomorph-ausbreitbar ist.

Es läßt sich noch zeigen:

Ist G *zusammenhängend und Steinsch, so ist die* G *unterliegende komplexe Mannigfaltigkeit affin-algebraisch.*

§ 2. Cousin-Probleme und Poincaré-Problem

Die Cousin-Probleme und das Poincaré-Problem sind klassische Probleme der komplexen Analysis aus dem 19. Jahrhundert; sie haben die Entwicklung der Funktionentheorie mehrerer Variabler entscheidend geprägt. Die garbentheoretische Formulierung und Lösung dieser Probleme findet der Leser in den 1953 publizierten Arbeiten [9], [35], deren Lektüre nachdrücklich empfohlen sei.

1. Cousin I-Problem. – Für jeden komplexen Raum X ist die *$\mathcal{O}$-Garbe der Keime der meromorphen Funktionen auf X* definiert als die *Quotientengarbe*

$$\mathcal{M} := \mathcal{O}_N \quad \text{mit} \quad \mathcal{M}_x = (\mathcal{O}_x)_{N_x}, \qquad x \in X,$$

der Garbe $\mathcal{O}$ bezüglich der multiplikativen Menge N der Nichtnullteiler (vgl. Kap. A, § 3.8). Man beachte, daß $\mathcal{M}$ *keine* kohärente $\mathcal{O}$-Garbe ist.

Die Strukturgarbe $\mathcal{O}$ ist eine $\mathcal{O}$-Untergarbe von $\mathcal{M}$. Die Restklassengarbe

$$\mathcal{H} := \mathcal{M}/\mathcal{O}$$

heißt die *Garbe der Keime der Hauptteilverteilungen auf X*, die Elemente von $\mathcal{H}(X)$ heißen Hauptteilverteilungen in X. Zur exakten Sequenz $0 \to \mathcal{O} \to \mathcal{M} \to \mathcal{H} \to 0$ gehört die exakte Cohomologiesequenz

$$0 \longrightarrow \mathcal{O}(X) \longrightarrow \mathcal{M}(X) \xrightarrow{\varphi} \mathcal{H}(X) \xrightarrow{\zeta} H^1(X,\mathcal{O}) \longrightarrow H^1(X,\mathcal{M}) \longrightarrow \cdots,$$

die speziell jeder in X meromorphen Funktion $h \in \mathcal{M}(X)$ ihre Hauptteilverteilung $\varphi(h) \in \mathcal{H}(X)$ zuordnet. Zu jeder Hauptteilverteilung $s \in \mathcal{H}(X)$ gibt es eine Überdeckung $\mathfrak{U} = \{U_i\}$ von X und meromorphe Funktionen $h_i \in \mathcal{M}(U_i)$ mit $\varphi(h_i) = s \mid U_i$. Über U_{ij} gilt $g_{ij} := h_j - h_i \in \mathcal{O}(U_{ij})$, die Familie (g_{ij}) ist ein (alternierender) 1-Cozyklus aus $Z^1_a(\mathfrak{U},\mathcal{O})$, der die Cohomologieklasse $\zeta(s) \in H^1(X,\mathcal{O})$ repräsentiert.

Jede Familie $\{U_i, h_i\}$, $h_i \in \mathcal{M}(U_i)$, mit $h_j - h_i \in \mathcal{O}(U_{ij})$ bestimmt eine Hauptteilverteilung $s \in \mathcal{H}(X)$, man nennt $\{U_i, h_i\}$ eine s repräsentierende *Cousin I-Verteilung*. Ein $h \in \mathcal{M}(X)$ mit $\varphi(h) = s$ finden heißt, eine in X meromorphe Funktion h konstruieren, so daß $h - h_i$ in U_i stets holomorph ist (vgl. hierzu auch die Einleitung, Abschnitt 2).

Das klassische *Cousin I-Problem*, auch *additives Cousin-Problem* genannt, besteht darin, diejenigen Hauptteilverteilungen in X zu charakterisieren, die zu einer meromorphen Funktion gehören. Die exakte Cohomologiesequenz gibt sofort eine Antwort:

Genau dann ist eine Hauptteilverteilung $s \in \mathcal{H}(X)$ die Hauptteilverteilung einer meromorphen Funktion $h \in \mathcal{M}(X)$, wenn das ζ-Bild von s in $H^1(X,\mathcal{O})$ verschwindet.

Man sagt, daß das erste Cousinsche Problem in X *universell lösbar* ist, wenn φ surjektiv ist. Dies gilt wegen $\operatorname{Im}\varphi = \operatorname{Ker}\zeta$ genau dann, wenn $\zeta: \mathcal{H}(X) \to H^1(X,\mathcal{O})$ die Nullabbildung ist; dies trifft genau dann zu, wenn die Abbildung $H^1(X,\mathcal{O}) \to H^1(X,\mathcal{M})$ injektiv ist. Wir sehen somit:

Satz 1: *Das Cousin I-Problem ist für einen komplexen Raum X genau dann universell lösbar, wenn der natürliche Homomorphismus $H^1(X,\mathcal{O}) \to H^1(X,\mathcal{M})$ injektiv ist.*

Insbesondere ist das Cousin I-Problem universell lösbar für alle Räume X mit $H^1(X,\mathcal{O}) = 0$.

Auf Grund von Theorem B ist somit das additive Cousin-Problem für alle Steinschen Räume lösbar; dieser Satz wurde für Holomorphiegebiete im $\mathbb{C}^m$ erstmals von Oka [30] bewiesen, für nichtkompakte Riemannsche Flächen handelt es sich um den Satz von Mittag-Leffler, vgl. [6].

Die zur universellen Lösbarkeit des Cousin I-Problems hinreichende Bedingung $H^1(X,\mathcal{O})=0$ ist auch erfüllt für alle kompakten, kählerschen Mannigfaltigkeiten X, deren erste Bettizahl verschwindet. Speziell ist das erste Cousinsche Problem daher universell lösbar für alle projektiven rationalen Mannigfaltigkeiten, hierzu gehören insbesondere die komplex-projektiven Räume $\mathbb{P}_m$.

Nach § 1.4 gilt $H^1(\mathbb{C}^3\setminus 0,\mathcal{O})=0$, daher ist in der *nicht* Steinschen Mannigfaltigkeit $\mathbb{C}^3\setminus 0$ das Cousin I-Problem universell lösbar. Dagegen gibt es im $\mathbb{C}^2\setminus 0$, wo $H^1(\mathbb{C}^2\setminus 0,\mathcal{O})\neq 0$ ist, Hauptteilverteilungen, die nicht zu meromorphen Funktionen gehören. Im Falle der Dimension 2 gilt allgemein (vgl. hierzu Satz 5.2):

Das erste Cousinsche Problem ist für einen Bereich $B\subset\mathbb{C}^2$ genau dann universell lösbar, wenn B Steinsch ist.

Hierin ist enthalten, daß für Bereiche $B\subset\mathbb{C}^2$ die nach Satz 1 hinreichende Bedingung $H^1(B,\mathcal{O})=0$ auch notwendig für die universelle Lösbarkeit des Cousin I-Problems ist.

2. Cousin II-Problem. – Wir bezeichnen mit $\mathcal{O}_x^*$ bzw. $\mathcal{M}_x^*$ die Gruppe der Einheiten in den Ringen $\mathcal{O}_x$ bzw. $\mathcal{M}_x$. Die Mengen

$$\mathcal{O}^* := \bigcup_{x\in X} \mathcal{O}_x^*, \qquad \mathcal{M}^* := \bigcup_{x\in X} \mathcal{M}_x^*$$

liegen offen in $\mathcal{O}$ bzw. $\mathcal{M}$ und sind Garben von abelschen Gruppen bzgl. der Multiplikation, dabei ist $\mathcal{O}^*$ eine Untergarbe von $\mathcal{M}^*$, die Schnitte in $\mathcal{O}^*$ sind genau die *nullstellenfreien* Funktionen $f\in\mathcal{O}(X)$. Die Restklassengarbe

$$\mathcal{D} := \mathcal{M}^*/\mathcal{O}^*$$

heißt die *Garbe der Keime der Divisoren in X*, die Schnitte in $\mathcal{D}$ heißen *Divisoren*. Die Divisorengruppe $\mathcal{D}(X)$ wird *additiv* geschrieben!

Zur exakten Sequenz $1\to\mathcal{O}^*\to\mathcal{M}^*\to\mathcal{D}\to 0$ gehört die exakte Cohomologiesequenz

$$0 \longrightarrow \mathcal{O}^*(X) \longrightarrow \mathcal{M}^*(X) \xrightarrow{\psi} \mathcal{D}(X) \xrightarrow{\eta} H^1(X,\mathcal{O}^*) \longrightarrow H^1(X,\mathcal{M}^*) \longrightarrow \cdots,$$

die speziell jeder meromorphen Funktion $h\in\mathcal{M}^*(X)$ ihren Divisor $\psi(h)\in\mathcal{D}(X)$ zuordnet. Die Divisoren $\psi(h)$ meromorpher Funktionen heißen *Hauptdivisoren*, sie werden in klassischer Notation mit (h) bezeichnet; es gilt

$$(gh)=(g)+(h) \quad \textit{für alle} \quad g,h\in\mathcal{M}^*(X).$$

Zu jedem Divisor $D\in\mathcal{D}(X)$ gibt es eine Überdeckung $\mathfrak{U}=\{U_i\}$ von X und meromorphe Funktionen $h_i\in\mathcal{M}^*(U_i)$ mit $\psi(h_i)=D|U_i$. Über U_{ij} gilt $g_{ij}:=h_j h_i^{-1}\in\mathcal{O}(U_{ij})$, die Familie (g_{ij}) ist ein (alternierender) 1-Cozyklus aus $Z_a^1(\mathfrak{U},\mathcal{O}^*)$, der die Cohomologieklasse $\eta(D)\in H^1(X,\mathcal{O}^*)$ repräsentiert.

Jede Familie $\{U_i, h_i\}$, $h_i \in \mathcal{M}^*(U_i)$, mit $h_j h_i^{-1} \in \mathcal{O}^*(U_{ij})$ bestimmt einen Divisor $D \in \mathcal{D}(X)$, man nennt $\{U_i, h_i\}$ eine D repräsentierende *Cousin* II-*Verteilung*. Ein $h \in \mathcal{M}^*(X)$ mit $\psi(h) = D$ finden heißt, eine in X meromorphe Funktion $h \in \mathcal{M}^*(X)$ konstruieren, so daß $h h_i^{-1}$ in U_i eine Einheit in $\mathcal{O}(U_i)$ ist.

Ein Divisor D heißt *positiv*, in Zeichen $D \geq 0$, wenn es eine D repräsentierende Cousin II-Verteilung $\{U_i, h_i\}$ gibt, so daß stets gilt: $h_i \in \mathcal{O}(U_i)$. Es gilt:

Genau dann ist $h \in \mathcal{M}^*(X)$ holomorph, wenn $(h) \geq 0$.

Das klassische *Cousin* II-*Problem*, auch *multiplikatives Cousin-Problem* genannt, besteht darin, die Hauptdivisoren in $\mathcal{D}(X)$ zu charakterisieren. Die exakte Cohomologiesequenz gibt sofort eine Antwort:

Genau dann ist $D \in \mathcal{D}(X)$ der Divisor einer meromorphen Funktion $h \in \mathcal{M}^*(X)$, wenn das η-Bild von D in $H^1(X, \mathcal{O}^*)$ verschwindet.

Wir betrachten allgemein die Gruppe $\operatorname{Im}\psi = \operatorname{Ker}\eta \subset \mathcal{D}(X)$ der Hauptdivisoren. Man sagt, daß das zweite Cousinsche Problem in X *universell lösbar* ist, wenn ψ surjektiv ist. In Analogie zum Cousin I-Problem gilt:

Satz 2: *Das Cousin* II-*Problem ist für einen komplexen Raum X genau dann universell lösbar, wenn der natürliche Homomorphismus $H^1(X, \mathcal{O}^*) \to H^1(X, \mathcal{M}^*)$ injektiv ist.*

Insbesondere ist das Cousin II-*Problem universell lösbar für alle Räume X mit $H^1(X, \mathcal{O}^*) = 0$.*

Wir werden im Abschnitt 4 die Gruppe $H^1(X, \mathcal{O}^*)$ näher untersuchen und insbesondere sehen, daß sie im Fall $H^1(X, \mathcal{O}) = H^2(X, \mathbb{Z}) = 0$ stets verschwindet. □

Wir wollen die Divisorengruppe $\mathcal{D}(X)$ noch geometrisch interpretieren. Dazu sei X ein *reduzierter* Raum, der *in jedem Punkt* $x \in X$ *irreduzibel* ist. Dann ist jeder Halm $\mathcal{M}_x$ der Quotientenkörper des Integritätsringes $\mathcal{O}_x$, und es gilt: $\mathcal{M}_x^* = \mathcal{M}_x \setminus \{0\}$; die Keime aus $\mathcal{O}_x^*$ haben um x holomorphe, nirgends verschwindende Repräsentanten. Jeder Divisor D auf X wird jetzt lokal durch eine Funktion $\frac{f}{g}$ mit holomorphen Funktionen $f \neq 0$, $g \neq 0$ repräsentiert und ist lokal modulo *nirgends verschwindender* holomorpher Funktionen bestimmt. Die Funktionen f, g besitzen wohlbestimmte Nullstellenhyperflächen positiver Ordnung (evtl. leer). Zählt man die Ordnungen von g negativ, so kann man also jeden Divisor $D \in \mathcal{D}(X)$ auffassen als eine analytische Hyperfläche H in X, deren (höchstens abzählbar viele) irreduzible Komponenten H_i mit ganzzahligen Vielfachheiten gezählt werden. Die Familie $\{H_i\}$ ist dabei *lokal-endlich*, d. h. jede relativ-kompakte offene Menge $U \subset X$ wird nur von endlich vielen H_i getroffen. Ist X zusätzlich so beschaffen, daß *jede Hyperfläche in X lokal jeweils die Nullstellenfläche* 1. *Ordnung einer holomorphen Funktion ist* – dies trifft z. B. für komplexe Mannigfaltigkeiten stets zu – so ist die Divisorengruppe $\mathcal{D}(X)$ kanonisch isomorph zur *additiven* Gruppe aller (endlichen und unendlichen) Linearkombinationen $\sum_i n_i H_i$, $n_i \in \mathbb{Z}$, $n_i \neq 0$, wo die $\{H_i\}$ irgendeine lokal-endliche Familie irreduzibler analytischer Hyperflächen in X mit $H_i \neq H_j$ für $i \neq j$ ist. Wir nennen die H_i die *Primkomponenten* von D.

3. Poincaré-Problem. – Bereits 1883 zeigte H. Poincaré in seiner Arbeit „Sur les fonctions de deux variables", Acta Math. **2**, p. 97–113, daß jede im $\mathbb{C}^2$ meromorphe Funktion der Quotient zweier im $\mathbb{C}^2$ holomorpher Funktionen ist. Der Körper $\mathcal{M}(\mathbb{C}^2)$ ist also der Quotientenkörper des Ringes $\mathcal{O}(\mathbb{C}^2)$. Man sagt allgemein, daß für einen komplexen Raum X der Satz von Poincaré gilt, wenn $\mathcal{M}(X)$ der Quotientenring von $\mathcal{O}(X)$ bzgl. der Menge der Nichtnullteiler von $\mathcal{O}(X)$ ist.

Wir betrachten hier der Einfachheit halber nur komplexe Mannigfaltigkeiten X. Nach Abschnitt 2 ist dann jeder Divisor $D \in \mathcal{D}(X)$ eindeutig darstellbar als Linearkombination $\sum_i n_i H_i$ seiner Primkomponenten. Für jede offene Menge $U \neq \emptyset$ in X gewinnt man die Einschränkung $D|U \in \mathcal{D}(U)$ wie folgt: ist $H_i \cap U = \bigcup_j H_{ij}$ *die* Zerlegung von $H_i \cap U$ in irreduzible Komponenten in U, so gilt $D|U = \sum_{i,j} n_{ij} H_{ij}$ mit $n_{ij} := n_i$. Sind $D, D' \in \mathcal{D}(X)$ und haben $D|U$, $D'|U$ für eine offene Menge $U \neq \emptyset$ eine Primkomponente gemeinsam, so haben bereits D und D' nach dem Identitätssatz für analytische Mengen (Kap. A, § 3.5) eine gemeinsame Primkomponente.

Der Divisor $D = \sum_i n_i H_i$ ist genau dann positiv, d. h. $D \geq 0$, wenn $n_i \geq 0$ für alle i gilt. Jeder Divisor ist eindeutig darstellbar als Differenz zweier positiver Divisoren, die keine gemeinsame Primkomponente haben:

$$D = D^+ - D^- \quad \text{mit} \quad D^+ := \sum_{n_i \geq 0} n_i H_i, \qquad D^- := -\sum_{n_i < 0} n_i H_i .$$

Nach diesen Vorbereitungen folgt schnell:

Satz 3: *Es sei X eine komplexe Mannigfaltigkeit, in der das Cousin* II-*Problem universell lösbar ist. Dann gilt für X der Satz von Poincaré in folgender scharfen Form:*

Jede meromorphe Funktion $h \in \mathcal{M}(X)$, $h \neq 0$ ist der Quotient $\frac{f}{g}$ zweier holomorpher Funktionen $f, g \in \mathcal{O}(X)$, deren Keime $f_x, g_x \in \mathcal{O}_x$ im (faktoriellen) Ring $\mathcal{O}_x$ stets teilerfremd sind, $x \in X$.

Beweis: Wir dürfen X als zusammenhängend annehmen. Dann gilt $h \in \mathcal{M}^*(X)$ und $(h) \in D(X)$ ist wohldefiniert. Es sei $(h) = D^+ - D^-$ mit $D^+ \geq 0$, $D^- \geq 0$. Zu D^- gibt es nach Voraussetzung ein $g \in \mathcal{M}^*(X)$ mit $(g) = D^- \geq 0$. Hieraus folgt $g \in \mathcal{O}(X)$. Für $f := gh \in \mathcal{M}^*(X)$ folgt weiter $(f) = (g) + (h) = D^+ \geq 0$, also ebenfalls $f \in \mathcal{O}(X)$. Wir sehen: $h = \frac{f}{g}$ mit $f, g \in \mathcal{O}(X)$.

Gäbe es einen Punkt $x_0 \in X$, wo f_{x_0} und g_{x_0} eine Nichteinheit als gemeinsamen Teiler hätten, so hätte man in einer Umgebung U von x_0 Gleichungen

$$f_U = p\tilde{f}, \quad g_U = p\tilde{g} \quad \text{mit} \quad \tilde{f}, \tilde{g}, p \in \mathcal{O}(U).$$

Dann wäre

$$D^+|U = (f_U) = (p) + (\tilde{f}), \qquad D^-|U = (g_U) = (p) + (\tilde{g}),$$

wobei der Divisor $(p) \in \mathscr{D}(U)$ positiv und *nicht* der Nulldivisor ist. Da $(\tilde{f}) \geq 0$ und $(\tilde{g}) \geq 0$, so hätten $D^+|U$ und $D^-|U$ und also auch D^+ und D^- gemeinsame Primkomponenten, was nach dem oben Gesagten nicht der Fall ist. □

Wir werden im nächsten Abschnitt sehen, daß für jede Steinsche Mannigfaltigkeit X mit $H^2(X, \mathbb{Z}) = 0$ das zweite Cousinsche Problem universell lösbar ist. Hieraus und aus Satz 3 folgt dann:

Für jede Steinsche Mannigfaltigkeit X mit $H^2(X, \mathbb{Z}) = 0$ gilt der Satz von Poincaré in der scharfen Form.

Unter Verwendung von Theorem A zeigen wir noch:

Satz 4: *Der Satz von Poincaré gilt für jede Steinsche Mannigfaltigkeit X.*

Beweis: Sei wieder X zusammenhängend, sei $h \in \mathscr{M}^*(X)$. Die $\mathcal{O}$-Garben $\mathcal{O}$, $\mathcal{O}h$ und $\mathcal{O} + \mathcal{O}h$ sind kohärente Untergarben von $\mathscr{M}$ [18], daher ist auch $\mathcal{O} \cap \mathcal{O}h$ eine kohärente $\mathcal{O}$-Garbe (vgl. Kap. A, § 2.3c)). Da $\mathscr{M}_x$ der Quotientenkörper von $\mathcal{O}_x$ ist, so gilt $(\mathcal{O} \cap \mathcal{O}h)_x \neq 0$ für alle $x \in X$. Der $\mathcal{O}$-Epimorphismus $\varphi: \mathcal{O} \to \mathcal{O}h$, $f_x \mapsto f_x h_x$, $x \in X$, bestimmt ein kohärentes Ideal $\mathscr{I} := \varphi^{-1}(\mathcal{O} \cap \mathcal{O}h)$ mit lauter Halmen $\mathscr{I}_x \neq 0$, $x \in X$. Nach Theorem A gibt es daher globale Schnitte $g \neq 0$ in $\mathscr{I}$ über X. Für jeden solchen Schnitt gilt $g_x \neq 0$, $x \in X$, und $f := gh \in \mathcal{O}(X)$. □

Das Poincarésche Problem hat die Entwicklung der Funktionentheorie mehrerer komplexer Veränderlicher bahnbrechend beeinflußt. Um die Poincarésche Frage zu lösen, hat Cousin 1895 in seiner Arbeit „Sur les fonction de n variables complexes", Acta Math. **19**, 1–62, die beiden nach ihm benannten Probleme formuliert und in wichtigen Spezialfällen, z. B. für Produktbereiche $X = B_1 \times \cdots \times B_m$ im $\mathbb{C}^m$, gelöst. Im Fall des Cousin II-Problems muß dabei allerdings, wie Gronwall 1917 in seiner Arbeit „On the expressibility of a uniform function of several complex variables as a quotient of two functions of entire character", Trans. Amer. Math. Soc. **18**, 50–64, bemerkte, noch zusätzlich angenommen werden, daß alle Bereiche B_μ bis auf höchstens einen einfach-zusammenhängend sind (dann liegt der Fall $H^2(X, \mathbb{Z}) = 0$ vor, vgl. hierzu den nächsten Abschnitt). Gronwall gab

---

[18] Allgemein gilt: *Sind $h_1, \ldots h_t \in \mathscr{M}(X)$, so ist $\mathscr{S} := \mathcal{O}h_1 + \cdots + \mathcal{O}h_t \subset \mathscr{M}$ kohärent.* Jeder Punkt $x \in X$ hat nämlich eine Umgebung U, so daß gilt $h_i|U = \frac{p_i}{q}$ mit $p_i, q \in \mathcal{O}(U)$, $q_u \neq 0$ für alle $u \in U$. Multiplikation mit dem Hauptnenner q gibt einen $\mathcal{O}_U$-Monomorphismus $\sigma: \mathscr{S}_U \to \mathscr{S}_U$, ersichtlich gilt

$$\mathscr{I}m\,\sigma = \mathcal{O}_U p_1 + \cdots + \mathcal{O}_U p_t \subset \mathcal{O}_U.$$

Daher ist $\mathscr{I}m\,\sigma$ und also auch $\mathscr{S}_U$ kohärent.

bereits das Produktgebiet $\mathbb{C}^* \times \mathbb{C}^* \subset \mathbb{C}^2$ als Beispiel einer Steinschen Mannigfaltigkeit, für die das Cousin II-Problem *nicht universell lösbar* ist, und für die auch *nicht der Satz von Poincaré in seiner scharfen Form* gilt.

In der folgenden Tabelle sind die 8 Möglichkeiten, welche Kombinationen unserer 3 Probleme gelten können, zusammengestellt (vgl. [3], p. 192):

	Cousin I	Cousin II	Poincaré	Möglich?
1	+	+	+	+
2	+	+	–	–
3	+	–	+	+
4	+	–	–	+
5	–	+	+	+
6	–	+	–	–
7	–	–	+	+
8	–	–	–	+

Alle zugehörigen Beispiele sind durch Gebiete im $\mathbb{C}^2$ realisierbar bis auf den Fall 4), der wegen Satz 4 nach Abschnitt 1 im $\mathbb{C}^2$ nicht eintreten kann. So wird z. B. Fall 5) durch das Gebiet

$$G := \{(z_1, z_2) \in \mathbb{C}^2, 0 < |z_1| < 1, |z_2| < 1\} \cup \left\{(z_1, z_2) \in \mathbb{C}^2, z_1 = 0, |z_2| < \frac{1}{2}\right\}$$

demonstriert; der Fall 7) wird belegt durch den gekerbten Dizylinder

$$D^* := \{(z_1, z_2) \in \mathbb{C}^2, |z_1| < 1, |z_2| < 1\} \setminus \left\{(z_1, z_2) \in \mathbb{C}^2, (|z_1| - 1)^2 + \left(|z_2| - \frac{1}{2}\right)^2 < \frac{1}{16}\right\}.$$

4. Die exakte Exponentialsequenz $0 \to \mathbb{Z} \to \mathcal{O} \to \mathcal{O}^* \to 1$. – In diesem Abschnitt bezeichnet X wieder einen beliebigen komplexen Raum. Die Cohomologiegruppe $H^1(X, \mathcal{O}^*)$, die nach Satz 2 für die Lösbarkeit des Cousin II-Problems die entscheidende Rolle spielt, ist weitaus schwieriger zu handhaben als die Gruppe $H^1(X, \mathcal{O})$. Wir werden sehen, daß $H^1(X, \mathcal{O}^*)$ *topologische* Informationen über den Raum X enthält. Das Hilfsmittel dazu liefert die klassische Exponentialabbildung, deren hier relevanten Eigenschaften in folgendem Lemma enthalten sind.

Lemma: *Für jeden komplexen Raum X existiert ein Exponential(garben)-homomorphismus $\vartheta: \mathcal{O} \to \mathcal{O}^*$. Zu ϑ gehört die exakte Garbensequenz*

$$0 \longrightarrow \mathbb{Z} \longrightarrow \mathcal{O} \xrightarrow{\vartheta} \mathcal{O}^* \longrightarrow 1,$$

wo $\mathbb{Z}$ die über X konstante Garbe der ganzen Zahlen bezeichnet.

Beweis: Für jede offene Menge $U \subset X$ ist $\mathcal{O}(U)$ eine Fréchetalgebra, vgl. § 6. Jede Reihe $\sum_0^\infty \frac{f^\nu}{\nu!}$, $f \in \mathcal{O}(U)$, konvergiert gegen ein Element $\exp f \in \mathcal{O}(U)$, dabei gilt stets $\exp(f+g) = \exp f \cdot \exp g$, speziell $\exp f \in \mathcal{O}^*(U)$. Die Abbildung

$$\vartheta_U: \mathcal{O}(U) \to \mathcal{O}^*(U), \qquad f \mapsto \exp 2\pi i f,$$

ist dabei ein Homomorphismus. Die Familie $\{\vartheta_U\}$ bestimmt einen Garbenhomomorphismus $\vartheta: \mathcal{O} \to \mathcal{O}^*$.

Es gilt $\mathcal{K}er\,\vartheta \supset \mathbb{Z}$. Um Gleichheit zu zeigen, genügt es nachzuweisen, daß jeder Keim $f \in \mathfrak{m}_x$ mit $\exp f = 1$ der Nullkeim ist. Nun hat $\exp f = 1$ die Gleichung $f = -\sum_{\nu=2}^\infty \frac{f^\nu}{\nu!} = f^2 \cdot g$ mit $g := \frac{1}{2!} + \frac{f}{3!} + \cdots \in \mathcal{O}_x$ zur Folge. Aus $f = gf^2 = g^2 f^3 = \cdots = g^j f^{j+1} = \cdots$ folgt $f \in \bigcap_{j=1}^\infty \mathfrak{m}_x^j$, also $f = 0$ nach dem Durchschnittssatz. Damit ist $\mathcal{K}er\,\vartheta = \mathbb{Z}$ verifiziert.

Jede Einheit $e := 1 + f$, $f \in \mathfrak{m}_x$, hat einen Logarithmus

$$h := \ln(1+f) := \sum_{\nu=1}^\infty \frac{(-1)^{\nu+1}}{\nu} f^\nu \quad \text{mit} \quad \exp h = e.$$

Hieraus folgt, daß ϑ surjektiv ist. □

Zur Exponentialsequenz gehört eine exakte Cohomologiesequenz, die wir nun exploitieren. Man bemerkt zunächst, daß im Fall $H^1(X, \mathbb{Z}) = 0$ der von ϑ induzierte Homomorphismus $\mathcal{O}(X) \to \mathcal{O}^*(X)$ surjektiv ist, dies ist der klassische Satz, daß in einem homologisch einfach-zusammenhängenden Bereich jede nullstellenfreie holomorphe Funktion einen Logarithmus besitzt. Wichtiger für uns ist der folgende Abschnitt

$$\cdots \longrightarrow H^1(X, \mathcal{O}) \longrightarrow H^1(X, \mathcal{O}^*) \xrightarrow{\delta} H^2(X, \mathbb{Z}) \longrightarrow H^2(X, \mathcal{O}) \longrightarrow \cdots$$

aus der Cohomologiesequenz; ihm entnehmen wir sofort, daß im Falle $H^1(X, \mathcal{O}) = 0$ die Gruppe $H^1(X, \mathcal{O}^*)$ zu einer Untergruppe von $H^2(X, \mathbb{Z})$ isomorph ist. Aus Satz 2 folgt nun unmittelbar:

Satz 5: *Ist X ein komplexer Raum mit $H^1(X, \mathcal{O}) = 0$ und $H^2(X, \mathbb{Z}) = 0$, so ist das Cousin* II*-Problem universell lösbar in X.*

Für jede nichtkompakte Riemannsche Fläche X gilt $H^2(X,\mathbb{Z})=0$, daher ist für alle nichtkompakten Riemannschen Flächen das Cousin II-Problem universell lösbar (verallgemeinerter Weierstraßscher Produktsatz, vgl. [6]).

Hier wird bereits die große Bedeutung der Gruppe $H^2(X,\mathbb{Z})$ für die Lösbarkeit des Cousin II-Problems ersichtlich. In den 30er Jahren hatte man noch geglaubt, daß der Fundamentalgruppe $\pi_1(X)$ in diesem Zusammenhang eine große Bedeutung zukäme (z. B. auf Grund der Gronwallschen Arbeit). So wird z. B. in [BT], p. 102, gesagt, daß es noch vollkommen offen sei, ob man das Cousin I-Problem und das Cousin II-Problem nicht wenigstens für einfach-zusammenhängende Holomorphiegebiete stets lösen könne. Erst Serre gab 1953 in [35] explizit das Gebiet

$$G:=\{z\in\mathbb{C}^3, |z_1^2+z_2^2+z_3^2-1|<1\}\subset\mathbb{C}^3$$

als Gegenbeispiel an: G ist analytisch isomorph zum direkten Produkt des Einheitskreises mit der affinen Quadrik $Q:=\{z\in\mathbb{C}^3, z_1^2+z_2^2+z_3^2=1\}$; da Q auf die 2-Sphäre S^2 retrahierbar ist, gilt $\pi_1(G)=0$ und $H^2(G,\mathbb{Z})=\mathbb{Z}$. In G ist das Cousin II-Problem nicht universell lösbar: die durch die Gleichung $z_2=iz_1$ gegebene komplexe Ebene zerfällt in G in zwei Komponenten H, H', weder H noch H' ist der Divisor einer in G meromorphen Funktion.

Es ist leicht, Satz 5 zu verallgemeinern. Dazu komponieren wir den Homomorphismus δ aus der obigen Cohomologiesequenz mit dem Homomorphismus $\mathscr{D}(X)\xrightarrow{\eta}H^1(X,\mathcal{O}^*)$ aus der zu $1\to\mathcal{O}^*\to\mathcal{M}^*\to\mathscr{D}\to 0$ gehörenden Cohomologiesequenz. Wir erhalten einen Gruppenhomomorphismus

$$c:\mathscr{D}(X)\xrightarrow{\eta}H^1(X,\mathcal{O}^*)\xrightarrow{\delta}H^2(X,\mathbb{Z}), \qquad D\mapsto\delta(\eta(D)),$$

der jedem Divisor D eine 2dimensionale, ganzzahlige Cohomologieklasse $c(D)\in H^2(X,\mathbb{Z})$, die sog. *charakteristische Klasse* (*Chernsche Klasse*) *von D*, zuordnet. Ist X eine m-dimensionale komplexe Mannigfaltigkeit, so ist $c(D)$ dual zur $(2m-2)$-dimensionalen ganzzahligen Homologieklasse, die zur D bestimmenden Hyperfläche gehört. Die grundlegende Bedeutung der charakteristischen Klasse $c(D)$ zeigt

Satz 6: *Ein Divisor D auf X ist höchstens dann ein Hauptdivisor, wenn seine Chernsche Klasse $c(D)$ verschwindet.*

Falls $H^1(X,\mathcal{O})=0$, so sind alle Divisoren D mit $c(D)=0$ Hauptdivisoren.

Beweis: Nach Absch. 2 ist D genau dann ein Hauptdivisor, wenn $\eta(D)=0$. Für Hauptdivisoren gilt daher sicher $c(D)=\delta(\eta(D))=\delta(0)=0$.

Ist $H^1(X,\mathcal{O})=0$, so ist δ injektiv; es gilt alsdann $c(D)=0$ genau dann, wenn $\eta(D)=0$ gilt, d.h. wenn D Hauptdivisor ist. □

Wir werden im § 3 sehen (Satz 3), daß in einem irreduziblen, reduzierten Steinschen Raum X jede Cohomologieklasse aus $H^2(X,\mathbb{Z})$ in der Tat als Chernsche Klasse eines Divisors aus $\mathscr{D}(X)$ auftritt; darin ist dann insbesondere enthalten:

In einem irreduziblen, reduzierten Steinschen Raum X ist das Cousin II-*Problem genau dann universell lösbar, wenn gilt:* $H^2(X,\mathbb{Z})=0$.

5. Okasches Prinzip. – In reduzierten komplexen Räumen X ist die Strukturgarbe $\mathcal{O}$ eine Untergarbe der Garbe $\mathcal{C}$ der Keime der stetigen Funktionen. Man definiert in Analogie zu $\mathcal{O}^*$ die Garbe $\mathcal{C}^*$ der Keime der nirgends verschwindenden stetigen Funktionen, es gilt $\mathcal{O}^* \subset \mathcal{C}^*$. Man hat wieder eine exakte Exponentialsequenz und ein kommutatives Diagramm

$$\begin{array}{ccccccccc} 0 & \longrightarrow & \mathbb{Z} & \longrightarrow & \mathcal{O} & \longrightarrow & \mathcal{O}^* & \longrightarrow & 1 \\ & & \| & & \downarrow & & \downarrow & & \\ 0 & \longrightarrow & \mathbb{Z} & \longrightarrow & \mathcal{C} & \longrightarrow & \mathcal{C}^* & \longrightarrow & 1\,. \end{array}$$

Hierzu gehört ein kommutatives Diagramm der exakten Cohomologiesequenzen

$$\begin{array}{ccccccccccc} \cdots & \longrightarrow & H^q(X,\mathcal{O}) & \longrightarrow & H^q(X,\mathcal{O}^*) & \longrightarrow & H^{q+1}(X,\mathbb{Z}) & \longrightarrow & H^{q+1}(X,\mathcal{O}) & \longrightarrow & \cdots \\ & & \downarrow & & \downarrow & & \| & & \downarrow & & \\ \cdots & \longrightarrow & H^q(X,\mathcal{C}) & \longrightarrow & H^q(X,\mathcal{C}^*) & \longrightarrow & H^{q+1}(X,\mathbb{Z}) & \longrightarrow & H^{q+1}(X,\mathcal{C}) & \longrightarrow & \cdots. \end{array}$$

Da die Garbe $\mathcal{C}$ *weich* ist (Kap. A, § 4.2), so gilt $H^i(X,\mathcal{C})=0$ für alle $i\geq 1$ (Kap. B, § 1.2). Daher folgt:

Es sei X ein reduzierter komplexer Raum, es sei $q\geq 1$ *und es gelte* $H^q(X,\mathcal{O})=H^{q+1}(X,\mathcal{O})=0$, *z.B. sei X Steinsch. Dann induziert die Injektion* $\mathcal{O}^*\to\mathcal{C}^*$ *einen Isomorphismus* $H^q(X,\mathcal{O}^*)\simeq H^q(X,\mathcal{C}^*)$.

Dies ist eine rudimentäre Form des wichtigen „Okaschen Prinzips", das in vager Form so beschrieben werden kann:

In einem reduzierten Steinschen Raum X haben holomorphe Probleme, die cohomologisch formulierbar sind, nur topologische Hindernisse; solche Probleme sind stets dann holomorph lösbar, wenn sie stetig lösbar sind.

Wir illustrieren dieses Prinzip am berühmten

Satz von Oka ([31], 1939): *Eine Cousin* II-*Verteilung* $\{U_i, h_i\}$ *in X hat eine holomorphe Lösung, wenn sie eine stetige Lösung hat.*

Beweis: Das Lösbarkeitshindernis ist der Cozyklus $(g_{ij})\in Z^1_a(\mathfrak{U},\mathcal{O}^*)$, wo $\mathfrak{U}=\{U_i\}$ und $g_{ij}:=h_j h_i^{-1}\in\mathcal{O}^*(U_{ij})$, der die Cohomologieklasse $\eta(D)$ des zugehörigen Divisors D repräsentiert. Gibt es nun eine *stetige Lösung* $s\in\mathcal{C}(X)$, d.h. gilt stets $s_i:=h_i(s|U_i)^{-1}\in\mathcal{C}^*(U_i)$, so ist der Cozyklus (g_{ij}) wegen $g_{ij}=s_j s_i^{-1}$ in $Z^1_a(\mathfrak{U},\mathcal{C}^*)$ cohomolog null. Da $H^1(X,\mathcal{O}^*)$ und $H^1(X,\mathcal{C}^*)$ kanonisch isomorph sind, folgt $\eta(D)=0$, so daß auch eine holomorphe Lösung existiert. □

Die Literatur zum Okaschen Prinzip ist sehr umfangreich. Wir begnügen uns hier damit, auf den Bericht [15] von O. Forster und die dort angegebene Literatur zu verweisen.

§ 3. Divisorenklassen und lokal-freie analytische Garben vom Rang 1

In komplexen Räumen X, in denen das Cousin II-Problem nicht universell lösbar ist, wird man naturgemäß die Restklassengruppe

$$DK(X) := \mathscr{D}(X)/\mathrm{Im}\,\psi$$

der Divisorengruppe nach der Untergruppe der Hauptdivisoren betrachten. Man nennt $DK(X)$ die *Divisorenklassengruppe* von X, die Elemente von $DK(X)$ heißen Divisorenklassen.

Die Gruppen $DK(X)$ und $H^1(X,\mathcal{O}^*)$ erweisen sich als isomorph zu Gruppen analytischer Isomorphieklassen von über X analytischen, lokal-freien Garben des Ranges 1. Diese Isomorphismen gestatten es, nichttriviale Aussagen über solche Garben einerseits und über die Divisorenklassengruppe andererseits herzuleiten.

1. Divisoren und lokal-freie Garben vom Rang 1. – Jedem Divisor $D \in \mathscr{D}(X)$ eines komplexen Raumes X wird wie folgt eine $\mathcal{O}$-Untergarbe $\mathcal{O}(D)$ der Garbe $\mathscr{M}$ der meromorphen Funktionenkeime zugeordnet: ist $\{U_i, h_i\}$ eine Cousin II-Verteilung in X zu D, so gilt $h_j h_i^{-1} \in \mathcal{O}^*(U_{ij})$, also $(\mathcal{O}|U_{ij})h_i^{-1}|U_{ij} = (\mathcal{O}|U_{ij})h_j^{-1}|U_{ij}$. Es gibt somit eine $\mathcal{O}$-Untergarbe $\mathcal{O}(D)$ von $\mathscr{M}$ mit $\mathcal{O}(D)|U_i = (\mathcal{O}|U_i)h_i^{-1}$. Da stets $(\mathcal{O}|U_i)h_i^{-1} \cong \mathcal{O}|U_i$ wegen $h_i \in \mathscr{M}^*(U_i)$, so ist $\mathcal{O}(D)$ über X *lokal-frei vom Rang* 1. Ersichtlich ist $\mathcal{O}(D)$ unabhängig von der Wahl der Cousin II-Verteilung eindeutig durch D bestimmt, verschiedene Divisoren bestimmen verschiedene Garben.

Die Gesamtheit $G(\mathscr{M})$ aller $\mathcal{O}$-Untergarben von $\mathscr{M}$, die über X lokal-frei vom Rang 1 sind, bildet eine *Halbgruppe*: mit $\mathscr{L}, \mathscr{L}' \in G(\mathscr{M})$ gilt $\mathscr{L} \cdot \mathscr{L}' \in G(\mathscr{M})$, wobei $\mathscr{L} \cdot \mathscr{L}'$ die *Produktgarbe* mit den Halmen $(\mathscr{L} \cdot \mathscr{L}')_x = \mathscr{L}_x \cdot \mathscr{L}'_x$ ist. Die Garbe $\mathscr{L} \cdot \mathscr{L}'$ ist isomorph zum Tensorprodukt $\mathscr{L} \otimes_{\mathcal{O}} \mathscr{L}'$.

Zu jeder Garbe $\mathscr{L} \in G(\mathscr{M})$ gibt es eine Überdeckung $\{U_i\}$ von X, so daß $\mathscr{L}|U_i = (\mathcal{O}|U_i)f_i$ mit $f_i \in \mathscr{M}^*(U_i)$. Es gilt $f_i f_j^{-1} \in \mathcal{O}^*(U_i)$ wegen $(\mathcal{O}|U_{ij})(f_i|U_{ij}) = \mathscr{L}|U_{ij} = (\mathcal{O}|U_{ij})(f_j|U_{ij})$. Somit ist $\{U_i, f_i^{-1}\}$ eine Cousin II-Verteilung in X, die einen Divisor $D \in \mathscr{D}(X)$ mit $\mathcal{O}(D) = \mathscr{L}$ repräsentiert. Wir sehen:

$G(\mathscr{M})$ ist eine Gruppe; die Abbildung $\mathscr{D}(X) \to G(\mathscr{M})$, $D \mapsto \mathcal{O}(D)$ ist ein Gruppenisomorphismus: $\mathcal{O}(D+D') = \mathcal{O}(D) \cdot \mathcal{O}(D') \cong \mathcal{O}(D) \otimes_{\mathcal{O}} \mathcal{O}(D')$.

Genau dann gilt $D = (h)$ mit $h \in \mathscr{M}^*(X)$, wenn $\mathcal{O}(D) = \mathcal{O}h^{-1}$, d.h. wenn h^{-1} ein Schnitt in $\mathcal{O}(D)$ ist. Genau dann hat $\mathscr{L} \in G(\mathscr{M})$ einen Schnitt $s \in \mathscr{L}(X)$ mit $\mathscr{L}_x = \mathcal{O}s_x$ für alle $x \in X$, wenn $\mathscr{L}$ zu $\mathcal{O}$ isomorph ist (ein Isomorphismus $\varphi: \mathcal{O} \to \mathscr{L}$ bestimmt einen solchen Schnitt $s := \varphi(1) \in \mathscr{L}(X) \cap \mathscr{M}^*(X)$, jeder solche Schnitt bestimmt vermöge $\mathcal{O} \to \mathscr{L}$, $f_x \mapsto f_x s_x$ einen Isomorphismus). Damit ist klar:

Genau dann ist D ein Hauptdivisor, wenn $\mathcal{O}(D)$ zu $\mathcal{O}$ isomorph ist.

Zwei Garben $\mathscr{L}', \mathscr{L} \in G(\mathscr{M})$ sind genau dann (analytisch) isomorph, wenn $\mathscr{L}' \cdot \mathscr{L}^{-1}$ zu $\mathcal{O}$ isomorph ist. Nennt man nach klassischem Vorbild zwei Divisoren D', D *linear äquivalent*, wenn $D' - D$ ein Hauptdivisor ist, so folgt aus den bisherigen Überlegungen:

Zwei Divisoren $D, D' \in \mathscr{D}(X)$ *sind genau dann linear äquivalent, wenn ihre Garben* $\mathcal{O}(D)$, $\mathcal{O}(D')$ *isomorph sind.*

Führt man die Gruppe

$$LF(\mathscr{M}) := G(\mathscr{M})/\text{Untergruppe der zu } \mathcal{O} \text{ isomorphen Garben}$$

der (*analytischen*) *Isomorphieklassen der über X lokal-freien Untergarben von* $\mathscr{M}$ *vom Rang* 1 *ein*, so können wir zusammenfassend sagen:

Der Isomorphismus $\mathscr{D}(X) \to G(\mathscr{M})$, $D \mapsto \mathcal{O}(D)$ *induziert einen Isomorphismus*

$$DK(X) \simeq LF(\mathscr{M})$$

der Divisorenklassengruppe auf die Gruppe der Isomorphieklassen der Garben aus $G(\mathscr{M})$.

2. Der Isomorphismus $H^1(X, \mathcal{O}^*) \simeq LF(X)$. – Auf Grund der zu $1 \to \mathcal{O}^* \to \mathscr{M}^* \to \mathscr{D} \to 0$ gehörenden Cohomologiesequenz hat man eine natürliche Isomorphie $DK(X) = \mathscr{D}(X)/\operatorname{Im}\psi \cong \operatorname{Im}\eta \subset H^1(X, \mathcal{O}^*)$. Wir identifizieren die Gruppen $DK(X)$ und $\operatorname{Im}\eta$. Jede Divisorenklasse aus $DK(X) = \operatorname{Im}\eta \subset H^1(X, \mathcal{O}^*)$ bestimmt nach dem Vorangehenden eine Isomorphieklasse von über X lokal-freien Garben vom Rang 1. Diese Konstruktion läßt sich für *alle* Cohomologieklassen aus $H^1(X, \mathcal{O}^*)$ durchführen: wir gehen aus von einer Überdeckung $\mathfrak{U} = \{U_i\}_{i \in I}$ von X. Für jeden Cozyklus $(g_{ij}) \in Z_a^1(\mathfrak{U}, \mathcal{O}^*)$ gilt:

$$g_{ij} \in \mathcal{O}^*(U_{ij}), \quad g_{ij} g_{jk} = g_{ik} \quad \text{in} \quad U_{ijk}.$$

Durch $\Theta_{ij}: \mathcal{O}|U_{ij} \to \mathcal{O}|U_{ij}$, $f_x \mapsto g_{ijx} f_x$, wird ein analytischer Garbenautomorphismus definiert, dabei gilt $\Theta_{ij}^{-1} \circ \Theta_{jk}^{-1} = \Theta_{ik}^{-1}$ über allen U_{ijk}. Nach Kap. A, § 0.9 existiert über X die *Verklebung* $\mathscr{L} = (\mathscr{L}, \vartheta_i)$ der Garben $\mathcal{O}|U_i$ bzgl. der Θ_{ij}^{-1}, dabei ist $\vartheta_i: \mathscr{L}|U_i \simeq \mathcal{O}|U_i$ ein Isomorphismus mit $\Theta_{ij} = \vartheta_j \vartheta_i^{-1}$, d. h. $g_{ij} = \vartheta_j \vartheta_i^{-1}(1)$. Die ϑ_i können als $\mathcal{O}|U_i$-Isomorphismen aufgefaßt werden, daher ist $\mathscr{L}$ eine über X analytische Garbe, die lokal-frei vom Rang 1 ist. Wir nennen $\mathscr{L}$ die *Verklebungsgarbe bzgl. des Cozyklus* (g_{ij}).

Ist $D \in \mathscr{D}(X)$ ein durch eine Cousin II-Verteilung $\{U_i, h_i\}$, $h_i \in \mathscr{M}^*(U_i)$, repräsentierter Divisor, so wird $\eta(D)$ durch den Cozyklus (g_{ij}), $g_{ij} := h_j h_i^{-1}$ repräsentiert, und die zugehörige Verklebungsgarbe ist isomorph zur Garbe $\mathcal{O}(D)$, denn man kann jetzt für $\mathscr{L}|U_i$ die Garbe $(\mathcal{O}|U_i) h_i^{-1}$ und für ϑ_i die Homothetie $\mathscr{L}|U_i \to \mathcal{O}|U_i$, $f_x \mapsto h_{ix} f_x$, wählen.

Ist $\mathfrak{U}'$ eine zweite Überdeckung von X und $(g'_{rs}) \in Z_a^1(\mathfrak{U}', \mathcal{O}^*)$ ein Cozyklus mit zugehöriger Verklebungsgarbe $\mathscr{L}'$, so verifiziert man direkt, daß die Garben $\mathscr{L}$ und $\mathscr{L}'$ genau dann $\mathcal{O}$-isomorph sind, wenn die Cozyklen (g_{ij}) und (g'_{rs}) dieselbe Cohomologieklasse von $H^1(X, \mathcal{O}^*)$ repräsentieren. Bezeichnet nun $LF(X)$ die *Menge aller Isomorphieklassen der über X analytischen, lokal-freien Garben vom Rang* 1, so haben wir also eine *Injektion*

$$\gamma: H^1(X, \mathcal{O}^*) \to LF(X)$$

definiert, die einer Divisorenklasse $\eta(D) \in H^1(X, \mathcal{O}^*)$ die Isomorphieklasse der Garbe $\mathcal{O}(D)$ zuordnet.

Die Abbildung γ ist *surjektiv*: zu jeder über X lokal-freien Garbe $\mathcal{L}$ vom Rang 1 gibt es nämlich eine Überdeckung $\mathfrak{U} = \{U_i\}$ von X und Isomorphismen $\vartheta_i: \mathcal{L}|U_i \simeq \mathcal{O}|U_i$, die Familie (g_{ij}) mit $g_{ij} := \vartheta_j \vartheta_i^{-1}(1) \in \mathcal{O}(U_{ij})$ ist dann ein Cozyklus, dessen Verklebungsgarbe zu $\mathcal{L}$ isomorph ist.

Das Tensorprodukt $\mathcal{L} \otimes_{\mathcal{O}} \mathcal{L}'$ lokal-freier Garben vom Rang 1 ist wieder eine lokal-freie Garbe vom Rang 1, dabei gilt: sind $\vartheta_i: \mathcal{L}|U_i \simeq \mathcal{O}|U_i$, $\vartheta_i': \mathcal{L}'|U_i \simeq \mathcal{O}|U_i$ Isomorphismen, so sind

$$\hat{\vartheta}_i := \vartheta_i \otimes \vartheta_i': \mathcal{L}|U_i \otimes_{\mathcal{O}|U_i} \mathcal{L}'|U_i \to \mathcal{O}|U_i \otimes_{\mathcal{O}|U_i} \mathcal{O}|U_i$$

Isomorphismen, für die gilt: $\hat{\vartheta}_j \hat{\vartheta}_i^{-1} = \vartheta_j \vartheta_i^{-1} \otimes \vartheta_j' \vartheta_i'^{-1}$. Da $\mathcal{O} \otimes_{\mathcal{O}} \mathcal{O} = \mathcal{O} \cdot \mathcal{O} = \mathcal{O}$, so folgt $\hat{g}_{ij} = g_{ij} \cdot g_{ij}'$ für die zugehörigen Cozyklen. Somit ist $\mathcal{L} \otimes_{\mathcal{O}} \mathcal{L}'$ isomorph zur Verklebungsgarbe bzgl. des Produktcozyklus. Da isomorphe Garben isomorphe Tensorproduktgarben liefern, so ist in $LF(X)$ ebenfalls ein Tensorprodukt definiert und wir haben soeben gesehen, daß $\gamma(vv') = \gamma(v) \otimes \gamma(v')$ für alle $v, v' \in H^1(X, \mathcal{O}^*)$ gilt. Wir haben insgesamt bewiesen:

Satz 1: *Die Menge $LF(X)$ der (analytischen) Isomorphieklassen der über X analytischen lokal-freien Garben vom Rang 1 ist bzgl. des Tensorproduktes eine Gruppe; die Abbildung $\gamma: H^1(X, \mathcal{O}^*) \to LF(X)$ ist ein Gruppenisomorphismus.*

Die Divisorenklassengruppe $DK(X) \subset H^1(X, \mathcal{O}^*)$ wird vermöge γ abgebildet auf die Untergruppe $LF(\mathcal{M}) \subset LF(X)$ derjenigen Isomorphieklassen, die durch $\mathcal{O}$-Untergarben von $\mathcal{M}$ repräsentiert werden, dabei liegt für jeden Divisor $D \in \mathcal{D}(X)$ die Garbe $\mathcal{O}(D)$ in der Isomorphieklasse $\gamma(\eta(D))$.

Als Korollar notieren wir:

Ist X ein komplexer Raum und gilt $H^1(X, \mathcal{O}) = H^2(X, \mathbb{Z}) = 0$, so ist jede über X analytische, lokal-freie Garbe vom Rang 1 frei, d.h. zur Strukturgarbe $\mathcal{O}$ isomorph.

Beweis: Es ist $H^1(X, \mathcal{O}^*) = 0$ auf Grund der Exponentialsequenz. Also besteht $LF(X)$ nur aus der einen Isomorphieklasse, in der $\mathcal{O}$ liegt.

3. Divisorenklassengruppe Steinscher Räume. – Die Gruppe $LF(\mathcal{M})$ ist i. allg. eine *echte* Untergruppe von $LF(X)$. Es gibt eine einfache hinreichende Bedingung dafür, daß eine Isomorphieklasse aus $LF(X)$ zu $LF(\mathcal{M})$ gehört.

Lemma: *Es sei X reduziert, und es sei $\mathcal{L}$ eine über X analytische, lokal-freie Garbe vom Rang 1, die einen globalen Schnitt $s \in \mathcal{L}(X)$ besitzt, dessen Nullstellenmenge nirgends dicht in X liegt. Dann gibt es einen positiven Divisor $D \in \mathcal{D}(X)$, so daß $\mathcal{L}$ zu $\mathcal{O}(D)$ isomorph ist.*

Beweis: Wir dürfen annehmen, daß $\mathcal{L}$ die Verklebungsgarbe $(\mathcal{L}, \vartheta_i)$ eines Cozyklus $(g_{ij}) \in Z_a^1(\mathfrak{U}, \mathcal{O}^*)$ ist, also $g_{ij} = \vartheta_j \vartheta_i^{-1}(1)$. Dann liegen die Nullstellen von $f_i := \vartheta_i(s|U_i) \in \mathcal{O}(U_i)$ nirgends dicht in U_i, daher gilt $f_i \in \mathcal{M}^*(U_i)$. Über U_{ij} ist

$$g_{ij} f_i = \vartheta_j \vartheta_i^{-1}(f_i) = \vartheta_j(s) = f_j, \quad \text{also} \quad g_{ij} = f_j f_i^{-1} \in \mathcal{O}^*(U_{ij}).$$

Mithin ist $\{U_i, f_i\}$ eine Cousin II-Verteilung in X, der zugehörige Divisor D ist wegen $f_i \in \mathcal{O}(U_i)$ *positiv*. Da $\mathcal{L}$ und $\mathcal{O}(D)$ beide zum Cozyklus (g_{ij}) gehören, so sind sie isomorph. □

Als Anwendung von Theorem A ergibt sich nun unmittelbar:

Satz 2: *Für jeden irreduziblen, reduzierten Steinschen Raum X gilt:*

$$LF(\mathcal{M}) = LF(X),$$

genauer gibt es zu jeder über X analytischen, lokal-freien Garbe $\mathcal{L}$ vom Rang 1 einen positiven Divisor $D \in \mathcal{D}(X)$, so daß $\mathcal{L}$ und $\mathcal{O}(D)$ isomorph sind.

Beweis: Nach Theorem A gibt es einen Schnitt $s \neq 0$ in $\mathcal{L}(X)$. Da X irreduzibel ist, liegt die Nullstellenmenge von s nirgends dicht in X; die Behauptung folgt daher aus dem Lemma. □

Der Isomorphismus $\gamma: H^1(X, \mathcal{O}^*) \cong LF(X)$ mit $\gamma(DK(X)) = LF(\mathcal{M})$ übersetzt die eben bewiesene Aussage unmittelbar in folgenden

Satz 2': *Für jeden irreduziblen, reduzierten Steinschen Raum X gilt:*

$$DK(X) = H^1(X, \mathcal{O}^*).$$

Jeder Divisor $D \in \mathcal{D}(X)$ ist zu einem positiven Divisor linear äquivalent.

Aus diesem Satz resultiert nun sogleich:

Satz 3: *In einem irreduziblen, reduzierten Steinschen Raum X ist jede 2dimensionale, ganzzahlige Cohomologieklasse aus $H^2(X, \mathbb{Z})$ die charakteristische Klasse $c(D)$ eines positiven Divisors $D \in \mathcal{D}(X)$.*

Beweis: Sei $v \in H^2(X, \mathbb{Z})$ beliebig. Da $\delta: H^1(X, \mathcal{O}^*) \to H^2(X, \mathbb{Z})$ wegen $H^2(X, \mathcal{O}) = 0$ surjektiv ist, gibt es ein $u \in H^1(X, \mathcal{O}^*)$ mit $\delta(u) = v$. Nach Satz 2' gibt es einen positiven Divisor $D \in \mathcal{D}(X)$ mit $\eta(D) = u$. Es folgt $c(D) = \delta\eta(D) = v$.

Bereits K. Stein hat – allerdings in homologischer Sprache – in seinen Arbeiten [36, 37] die Frage behandelt, welche Cohomologieklassen aus $H^2(X, \mathbb{Z}) \cong H_{2n-2}(X, \mathbb{Z})$ bei Steinschen Mannigfaltigkeiten X als charakteristische Klassen positiver Divisoren vorkommen. In seiner 1941 publizierten Habilitationsschrift [36], die das erfolgreiche Eindringen von Methoden der algebraischen Topologie in die komplexe Analysis signalisierte, löste er das Problem für Polyzylinder; in der 10 Jahre später veröffentlichten Arbeit [37] wurde die Frage für „unendlich divisible" Elemente $u \in H^2(X, \mathbb{Z})$ bei beliebigen Steinschen Mannigfaltigkeiten positiv entschieden. Satz 3 wurde von Serre [35] bewiesen und gibt den Steinschen Resultaten eine finale und optimale Form.

§ 4. Garbentheoretische Charakterisierung Steinscher Räume

Für einen Steinschen Raum verschwinden per definitionem für jede über X kohärente analytische Garbe $\mathscr{S}$ alle Gruppe $H^q(X, \mathscr{S})$, $q \geq 1$. Wir werden nun Sätze angeben, die zeigen, daß ein Raum X bereits dann Steinsch ist, wenn nur *gewisse* Cohomologiegruppen $H^q(X, \mathscr{S})$ null sind.

1. Zykeln und globale holomorphe Funktionen. – Folgende Redeweise ist bequem:

Definition 1 (Zykel): *Eine Abbildung* $o: X \to \mathbb{N}$ *in* $\mathbb{N} := \{0, 1, 2, \ldots\}$ *heißt Zykel auf* X*, wenn ihr „Träger"* $\mathrm{Tr}\, o := \{x \in X, \, o(x) \neq 0\}$ *diskret in* X *liegt (genauer wäre die Redeweise: 0dimensionaler, nicht negativer Zykel).*

Jeder Zykel o bestimmt die analytische Idealgarbe

$$\mathscr{L}(o) := \bigcup_{x \in X} \mathscr{L}(o)_x, \quad \mathscr{L}(o)_x := \mathfrak{m}_x^{o(x)} \quad (\mathfrak{m}_x := \text{maximales Ideal in } \mathcal{O}_x).$$

Es gilt $\mathscr{L}(o)_x = \mathcal{O}_x$ für alle $x \notin \mathrm{Tr}\, o$. Wir zeigen

Satz 1: *Das Ideal* $\mathscr{L}(o)$ *ist kohärent.*

Beweis: Der Einsschnitt $1 \in \mathscr{L}(o)(X \setminus \mathrm{Tr}\, o) = \mathcal{O}(X \setminus \mathrm{Tr}\, o)$ erzeugt $\mathscr{L}(o)$ über $X \setminus \mathrm{Tr}\, o$. Sei $p \in \mathrm{Tr}\, o$ und $r := o(p) \geq 1$. Es gibt eine Umgebung U von p in X mit $U \cap \mathrm{Tr}\, o = p$, so daß $(U, \mathcal{O}_U)$ isomorph zu einem komplexen Unterraum eines Bereiches $B \subset \mathbb{C}^m$ ist: wir identifizieren $(U, \mathcal{O}_U)$ mit diesem Unterraum. Es gibt dann ein kohärentes Ideal $\mathscr{J} \subset \mathcal{O}_B$, so daß gilt: $\mathcal{O}_U = (\mathcal{O}_B/\mathscr{J})|U$. Sind nun $z_1, \ldots, z_m$ in p zentrierte Koordinaten des $\mathbb{C}^m$, so erzeugen die Monome $q_{i_1 \ldots i_m} = z_1^{i_1} \cdots z_m^{i_m}, i_1 + \cdots + i_m = r$, das Ideal $\mathfrak{m}(\mathcal{O}_{B,p})^r$, ihre Restklassen $\bar{q}_{i_1 \ldots i_m} \in \mathcal{O}_B/\mathscr{J}$ erzeugen daher das Ideal $\mathfrak{m}(\mathcal{O}_B/\mathscr{J})_p^r = \mathfrak{m}(\mathcal{O}_{U,p})^r = \mathfrak{m}_p^{o(p)}$. Da die Monome $q_{i_1 \ldots i_m}$ über $B \setminus p$ alle Halme von $\mathcal{O}_B$ erzeugen, so erzeugen die Funktionen $\bar{q}_{i_1 \ldots i_m}|U \in \mathcal{O}_U(U)$ alle Halme $\mathcal{O}_{U,x}, x \in U \setminus p$. Da $\mathscr{L}(o)_x = \mathcal{O}_{U,x}$ für alle $x \in U \setminus p$ wegen $U \cap \mathrm{Tr}\, o = p$ gilt, so erzeugen die Funktionen $\bar{q}_{i_1 \ldots i_m}|U$ die Garbe $\mathscr{L}(o)_U$. $\qquad \square$

Wir zeigen weiter:

Satz 2 (Existenzkriterium): *Es sei* o *ein Zykel auf* X*, so daß der Restklassenhomomorphismus* $\mathcal{O}(X) \to (\mathcal{O}/\mathscr{L}(o))(X)$ *surjektiv ist. Zu jedem Punkt* $p \in \mathrm{Tr}\, o$ *sei willkürlich ein Keim* $g_p \in \mathcal{O}_p$ *vorgegeben. Dann existiert eine Funktion* $f \in \mathcal{O}(X)$*, so daß gilt:*

$$f_p - g_p \in \mathfrak{m}_p^{o(p)} \quad \textit{für alle Punkte} \quad p \in \mathrm{Tr}\, o.$$

Beweis: Sei $\rho: \mathcal{O} \to \mathcal{O}/\mathscr{L}(o)$ der Restklassenepimorphismus. Es gilt $\mathrm{Tr}(\mathcal{O}/\mathscr{L}(o)) = \mathrm{Tr}\, o$; durch

$$s(p) := \rho(g_p) \quad \text{für} \quad p \in \mathrm{Tr}\, o, \quad s(x) := 0 \quad \text{sonst,}$$

wird ein Schnitt in $\mathcal{O}/\mathcal{Z}(\mathcal{o})$ über X definiert. Nach Voraussetzung induziert ρ einen Epimorphismus $\rho_*: \mathcal{O}(X) \to (\mathcal{O}/\mathcal{Z}(\mathcal{o}))(X)$, es gibt also ein $f \in \mathcal{O}(X)$ mit $\rho_*(f) = s$. Es folgt $\rho(f_p) = \rho(g_p)$, d.h. $f_p - g_p \in \operatorname{Ker} \rho = \mathcal{Z}(\mathcal{o})_p = \mathfrak{m}_p^{\mathcal{o}(p)}$ für alle $p \in \operatorname{Tr} \mathcal{o}$. □

Sind alle Punkte von $\operatorname{Tr} \mathcal{o}$ *uniformisierbar*, so garantiert die Epimorphiebedingung von Satz 2 also, daß man stets eine auf ganz X holomorphe Funktion finden kann, deren *Taylorentwicklung* in jedem Punkt $p \in \operatorname{Tr} \mathcal{o}$ bzgl. lokaler, in p zentrierter Koordinaten bis zur Ordnung $\mathcal{o}(p)$ willkürlich vorgegeben ist. □

Wir betrachten nun komplexe Räume X, die wenigstens eine der folgenden Eigenschaften (S) oder (S′) haben.

(S) *Für jedes kohärente Ideal* $\mathcal{J} \subset \mathcal{O}$ *gilt:* $H^1(X, \mathcal{J}) = 0$.

(S′) *Der Schnittfunktor ist exakt auf der Kategorie der über* X *kohärenten analytischen Garben, d.h. jede exakte Sequenz* $0 \to \mathcal{S}' \to \mathcal{S} \to \mathcal{S}'' \to 0$ *induziert eine exakte* $\mathcal{O}(X)$*-Sequenz* $0 \to \mathcal{S}'(X) \to \mathcal{S}(X) \to \mathcal{S}''(X) \to 0$.

Da $\mathcal{Z}(\mathcal{o})$ nach Satz 1 stets kohärent ist, ist für Räume, die (S) oder (S′) erfüllen, der Homomorphismus $\mathcal{O}(X) \to (\mathcal{O}/\mathcal{Z}(\mathcal{o}))(X)$ stets surjektiv und also Satz 2 anwendbar. Wir notieren zwei Folgerungen für solche Räume.

Folgerung 1: *Es sei* X *ein komplexer Raum, der* (S) *oder* (S′) *erfüllt. Es sei* $(x_n)_{n \geq 0}$ *eine diskrete Folge in* X *und* $(c_n)_{n \geq 0}$ *irgendeine Folge komplexer Zahlen. Dann existiert eine holomorphe Funktion* $f \in \mathcal{O}(X)$ *mit* $f(x_n) = c_n$, $n \geq 0$.

Beweis: Sei $\mathcal{o}(x) := 1$ für alle $x = x_n$, $n \geq 0$, und sei $\mathcal{o}(x) := 0$ sonst. Nach Satz 2 (mit $g_{x_n} := c_n \in \mathcal{O}_{x_n}$) existiert ein f mit $f_{x_n} - c_n \in \mathfrak{m}_{x_n}$, d.h. $f(x_n) = c_n$ für alle $n \geq 0$. □

Folgerung 2: *Es sei* X *ein komplexer Raum, der* (S) *oder* (S′) *erfüllt. Es sei* $p \in X$ *ein Punkt und* $e := \dim_{\mathbb{C}} \mathfrak{m}_p/\mathfrak{m}_p^2$ *die Einbettungsdimension*[19] *von* X *in* p. *Dann gibt es* e *holomorphe Funktionen* $f_1, \ldots, f_e \in \mathcal{O}(X)$, *deren Keime* $f_{1p}, \ldots, f_{ep} \in \mathcal{O}_p$ *ein* $\mathcal{O}_p$*-Erzeugendensystem von* $\mathfrak{m}_p$ *bilden.*

Beweis: Es gibt e Keime $g_{1p}, \ldots, g_{ep} \in \mathfrak{m}_p$, die $\mathfrak{m}_p$ erzeugen. Nach Satz 2 existieren (zu $\mathcal{o}(p) := 2$, $\mathcal{o}(x) := 0$ sonst) Funktionen $f_i \in \mathcal{O}(X)$ mit $f_{ip} - g_{ip} \in \mathfrak{m}_p^2$, $1 \leq i \leq e$. Die Restklassen $\bar{f}_{1p}, \ldots, \bar{f}_{ep} \in \mathfrak{m}_p/\mathfrak{m}_p^2$ erzeugen daher den $\mathbb{C}$-Vektorraum $\mathfrak{m}_p/\mathfrak{m}_p^2$, da die Restklassen $\bar{g}_{1p}, \ldots, \bar{g}_{ep}$ ihn erzeugen. Dann erzeugen $f_{1p}, \ldots, f_{ep}$ aber den $\mathcal{O}_p$-Modul $\mathfrak{m}_p$ (vgl. die Fußnote auf p. 104). □

Ist p ein *uniformisierbarer* Punkt von X, so stimmen Dimension m und Einbettungsdimension von X in p überein; alsdann besagt Folgerung 2, daß für Räume mit der Eigenschaft (S) bzw. (S′) für alle uniformisierbaren Punkte das Steinsche Uniformisierungsaxiom (vgl. Einleitung) erfüllt ist.

2. Äquivalenzkriterium. – Es folgt nun schnell, daß unsere abgeschwächten Axiome bereits mit den Steinschen Axiomen äquivalent sind.

---

[19] Die *Einbettungsdimension von* X *in* p ist die kleinste ganze Zahl $e \geq 0$, so daß $\mathfrak{m}_p$ als $\mathcal{O}_p$-Modul von e Keimen aus $\mathfrak{m}_p$ erzeugbar ist. Vgl. hierzu [AS], Kap. II, § 3.

Satz 3 (Äquivalenzkriterium): *Folgende Aussagen über einen komplexen Raum X (mit abzählbarer Topologie) sind äquivalent:*

i) *X ist holomorph-vollständig (d.h. schwach holomorph-konvex, und jede in X kompakte analytische Menge ist endlich).*

ii) *X ist Steinsch.*

iii) *Für jedes kohärente Ideal $\mathscr{I} \subset \mathcal{O}$ gilt: $H^1(X, \mathscr{I}) = 0$ (Eigenschaft* (S)).

iv) *Der Schnittfunktor ist exakt auf der Kategorie der kohärenten, analytischen Garben über X (Eigenschaft* (S')).

v) *X ist holomorph-konvex, holomorph-separabel, und zu jedem Punkt $x_0 \in X$ gibt es e Funktionen $f_1, \ldots, f_e$, wobei e die Einbettungsdimension von X in x_0 ist, so daß $f_{1x_0}, \ldots, f_{ex_0}$ das maximale Ideal $\mathfrak{m}_{x_0} \subset \mathcal{O}_{x_0}$ erzeugen.*

Beweis: i)$\Rightarrow$ii): Das ist das Fundamentaltheorem des Kap. IV.

ii)$\Rightarrow$iii) und ii)$\Rightarrow$iv): Klar.

iii)$\Rightarrow$v) und iv)$\Rightarrow$v): Ist $D = \{x_n\}_{n \geq 0}$ eine diskrete Menge in X, so gibt es nach Folgerung 1 eine Funktion $h \in \mathcal{O}(X)$ mit $h(x_n) = n$, speziell gilt also $|h|_D = \infty$. Nach Kap. IV, Satz 2.4 ist X daher holomorph-konvex.

Zu zwei Punkten $x_0 \neq x_1$ in X gibt es nach Folgerung 1 ein $f \in \mathcal{O}(X)$ mit $f(x_0) = 0$, $f(x_0) = 1$. Also gilt $f(x_0) \neq f(x_1)$, d.h. X ist holomorph-separabel. Die letzte Aussage von v) ist klar nach Folgerung 2.

v)$\Rightarrow$i): Holomorphiekonvexität impliziert schwache Holomorphiekonvexität; holomorphe Separabilität impliziert, daß alle in X kompakten analytischen Mengen endlich sind (vgl. Kap. IV, Satz 3.5). □

Die Eigenschaft (S) wurde von Serre herausgestellt, vgl. [35], p. 53. Es sei angemerkt, daß es genügen würde, die Gleichung $H^1(X, \mathscr{I}) = 0$ nur für kohärente Ideale, die außerhalb einer diskreten Menge mit $\mathcal{O}$ übereinstimmen, zu fordern.

Wir weisen noch auf eine weitere Konsequenz der Gleichung $H^1(X, \mathscr{I}) = 0$ hin.

Satz 4: *Es sei $(Y, \mathcal{O}_Y)$ ein abgeschlossener komplexer Unterraum eines Steinschen Raumes $(X, \mathcal{O}_X)$. Dann ist jede in Y holomorphe Funktion die Einschränkung auf Y einer in X holomorphen Funktion.*

Beweis: Sei $\mathscr{I} \subset \mathcal{O}_X$ das zu Y gehörende kohärente Ideal, also $Y = \mathrm{Tr}(\mathcal{O}_X / \mathscr{I})$ und $\mathcal{O}_Y = (\mathcal{O}_X / \mathscr{I}) | Y$. Wegen $H^1(X, \mathscr{I}) = 0$ ist der Homomorphismus $\mathcal{O}_X(X) \to (\mathcal{O}_X / \mathscr{I})(X)$ surjektiv. Da $\mathcal{O}_Y(Y)$ kanonisch zu $(\mathcal{O}_X / \mathscr{I})(X)$ isomorph ist, folgt die Behauptung.

3. Reduktionssatz. – Wir betrachten komplexe Räume $X = (X, \mathcal{O}_X)$ und ihre Reduktion $\mathrm{red}\, X = (X, \mathcal{O}_{\mathrm{red}\, X})$. Der Kern des kanonischen $\mathcal{O}_X$-Homomorphismus $\rho: \mathcal{O}_X \to \mathcal{O}_{\mathrm{red}\, X}$ ist das *Nilradikal* $\mathcal{N} := \mathfrak{n}(\mathcal{O}_X)$ von $\mathcal{O}_X$. Da eine Funktion $h \in \mathcal{O}_X(X)$ in jedem Punkt von X denselben komplexen Wert hat wie die reduzierte Funktion $\rho_*(h) \in \mathcal{O}_{\mathrm{red}\, X}(X)$, so ist klar:

Mit X ist jeweils auch $\mathrm{red}\, X$ *schwach holomorph-konvex, holomorph-konvex, holomorph-ausbreitbar, holomorph-separabel, Steinsch.*

Die Umkehrung dieser Aussagen gilt i. allg. nicht, so gab Schuster Beispiele komplexer Räume an, die *nicht* holomorph-konvex bzw. holomorph-separabel sind, deren Reduktionen indessen die entsprechende Eigenschaft besitzen (vgl. [34], p. 285). Trivial ist noch:

Falls $\rho_*\colon \mathcal{O}_X(X)\to\mathcal{O}_{\mathrm{red}\,X}(X)$ *surjektiv ist, so ist mit* $\mathrm{red}\,X$ *jeweils auch* X *schwach holomorph-konvex, holomorph-konvex, holomorph-ausbreitbar, holomorph-separabel, Steinsch.*

Eine schöne Anwendung von Theorem B ist nun:

Ist $\mathrm{red}\,X$ *Steinsch, so ist* $\rho_*\colon \mathcal{O}_X(X)\to\mathcal{O}_{\mathrm{red}\,X}X$ *surjektiv.*

Beweis: Wir betrachten die $\mathcal{O}_X$-Epimorphismen

$$\rho_i\colon \mathcal{O}_X\to\mathcal{H}_i \quad \text{mit} \quad \mathcal{H}_i:=\mathcal{O}_X/\mathcal{N}^i, \qquad i=1,2,\ldots,$$

wobei $\mathcal{N}^i$ das i-fache Produkt von $\mathcal{N}$ mit sich selbst ist. Es gilt $\mathcal{H}_1=\mathcal{O}_{\mathrm{red}\,X}$ und $\rho_1=\rho$. Da $\mathcal{N}^i\subset\mathcal{N}^{i+1}$, so gibt es $\mathcal{O}_X$*-Epimorphismen*

$$\varepsilon_i\colon \mathcal{H}_{i+1}\to\mathcal{H}_i \quad \text{mit} \quad \mathcal{K}er\,\varepsilon_i=\mathcal{N}^i/\mathcal{N}^{i+1} \quad \text{und} \quad \varepsilon_i\rho_{i+1}=\rho_i, \qquad i=1,2,\ldots.$$

Übergang zu Schnittmoduln führt zum kommutativen Diagramm

$$\begin{array}{c}
\mathcal{O}_X(X) \\
\swarrow^{\rho_{i+1*}} \quad \swarrow^{\rho_{i*}} \quad \searrow^{\rho_{2*}} \quad \searrow^{\rho_{1*}=\rho_*} \\
\cdots\longrightarrow\mathcal{H}_{i+1}(X)\xrightarrow{\varepsilon_{i*}}\mathcal{H}_i(X)\longrightarrow\cdots\longrightarrow\mathcal{H}_2(X)\xrightarrow{\varepsilon_{1*}}\mathcal{H}_1(X)=\mathcal{O}_{\mathrm{red}\,X}(X)\,.
\end{array}$$

Mit $\mathcal{N}$ sind auch alle Produkte $\mathcal{N}^i$ kohärente $\mathcal{O}_X$-Ideale (Kap. A, § 2.3). Da $\mathcal{N}\cdot\mathcal{K}er\,\varepsilon_i=\mathcal{N}\cdot(\mathcal{N}^i/\mathcal{N}^{i+1})=0$, so ist $\mathcal{K}er\,\varepsilon_i$ sogar eine kohärente $\mathcal{O}_{\mathrm{red}\,X}$-Garbe (Kap. A, § 2.4). Da $\mathrm{red}\,X$ Steinsch ist, gilt also stets $H^1(X,\mathcal{K}er\,\varepsilon_i)=0$. Mithin sind alle Abbildungen $\varepsilon_{i_*}\colon\mathcal{H}_{i+1}(X)\to\mathcal{H}_i(X)$ surjektiv. Sei nun $h_1\in\mathcal{H}_1(X)$ irgendein Element. Wir wählen sukzessive Funktionen $h_i\in\mathcal{H}_i(X)$ mit $\varepsilon_{i-1*}(h_i)=h_{i-1}$, $i=2,3,\ldots$ und setzen aus ihnen wie folgt ein ρ_*-Urbild $h\in\mathcal{O}_X(X)$ von h_1 zusammen:

Die Mengen $X_i:=\{x\in X, \mathcal{N}_x^i=0\}$ sind offen in X; es gilt $X_1\subset X_2\subset\cdots$. Da zu jedem $x\in X$ ein $i(x)\geq 1$ mit $\mathcal{N}_x^{i(x)}=0$ existiert, gilt weiter $X=\bigcup\limits_1^\infty X_i$. Laut Definitionem von $X_i,\mathcal{H}_i$ und ρ_i gilt:

$$\mathcal{O}_{X_i}=\mathcal{H}_i|X_i, \qquad \rho_i|X_i=\text{Identität, speziell } h_i|X_i\in\mathcal{O}_X(X_i)\,.$$

Da $\mathcal{K}er\,\varepsilon_i|X_i=0$ und $\mathcal{H}_{i+1}|X_i=\mathcal{O}_{X_i}$, so ist $\varepsilon_i|X_i\colon\mathcal{H}_{i+1}|X_i\to\mathcal{H}_i|X_i$ ebenfalls die identische Abbildung $\mathcal{O}_{X_i}\to\mathcal{O}_{X_i}$. Daher gilt

$$h_{i+1}|X_i=h_i|X_i, \qquad i=1,2,\ldots.$$

Die Familie $\{h_i\}$ bestimmt somit einen Schnitt

$$h\in\mathcal{O}_X(X) \quad \text{mit} \quad h|X_i=h_i|X_i, \qquad i=1,2,\ldots.$$

Wegen $\rho_* = \varepsilon_{1*}\varepsilon_{2*}\ldots\varepsilon_{i-1*}\rho_{i*}$ und $\rho_{i*}(h)|X_i = h|X_i = h_i|X_i$ gilt

$$\rho_*(h)|X_i = \varepsilon_{1*}\ldots\varepsilon_{i-1*}(h_i)|X_i = h_1|X_i, \qquad i=1,2,\ldots.$$

also $\rho_*(h) = h_1$. □

Bemerkung: Wir haben offenbar soeben gezeigt, daß für jeden komplexen Raum X, dessen Cohomologiegruppen $H^1(X, \mathcal{N}^i/\mathcal{N}^{i+1})$ verschwinden, $1 \leq i < \infty$, der Schnittmodul $\mathcal{O}_X(X)$ der *projektive* (= *inverse*) *Limes* $\underleftarrow{\lim}(\mathcal{O}_X/\mathcal{N}^i)(X)$ ist, und daß in diesem Falle $\rho_*: \mathcal{O}_X(X) \to \mathcal{O}_{\mathrm{red}\,X}(X)$ stets surjektiv ist. □

In den Überlegungen dieses Abschnittes ist insbesondere enthalten:

Satz 5 (Reduktionssatz): *Ein komplexer Raum X ist genau dann Steinsch, wenn seine Reduktion* $\mathrm{red}\,X$ *Steinsch ist.*

Abschließend sei hier noch gesagt, daß ein reduzierter komplexer Raum X genau dann Steinsch ist, wenn seine *Normalisierung* $\tilde{X}$ Steinsch ist; dies folgt unmittelbar aus der Tatsache, daß die Normalisierungsabbildung $\xi: \tilde{X} \to X$ endlich und außerhalb der singulären Punkte von X biholomorph ist.

4. Differentialformen auf Steinschen Mannigfaltigkeiten. – Für jede komplexe Mannigfaltigkeit X ist die Garbe Ω^p der Keime der holomorphen p-Formen kohärent über X, vgl. Kap. II, § 2.2. Im Steinschen Fall ist $H^q(X, \Omega^p) = 0$ für alle $p \geq 0$, $q \geq 1$. Nach Kap. II, § 4.2 gilt daher

Satz 6: *Es sei X eine Steinsche Mannigfaltigkeit, es sei $p \geq 0$, $q \geq 1$. Dann gibt es zu jeder (p,q)-Form $\varphi \in \mathcal{A}^{p,q}(X)$ mit $\bar{\partial}\varphi = 0$ eine $(p,q-1)$-Form $\psi \in \mathcal{A}^{p,q-1}(X)$, so daß gilt: $\varphi = \bar{\partial}\psi$.*

Nach Kap. II, § 4.3 gilt weiter:

Satz 7: *Für jede Steinsche Mannigfaltigkeit X gibt es natürliche $\mathbb{C}$-Isomorphismen*

$$H^0(X, \mathbb{C}) \cong \mathrm{Ker}(d|\mathcal{O}(X)), \quad H^q(X, \mathbb{C}) \cong \mathrm{Ker}(d|\Omega^q(X))/d\Omega^{q-1}(X), \quad q \geq 1.$$

Da nach dem allgemeinen Satz von De Rham (Kap. II, § 1.8) stets natürliche $\mathbb{C}$-Isomorphismen

$$H^0(X, \mathbb{C}) \cong \mathrm{Ker}(d|\mathcal{E}(X)), \quad H^q(X, \mathbb{C}) \cong \mathrm{Ker}(d|\mathcal{A}^q(X))/d\mathcal{A}^{q-1}(X), \quad q \geq 1,$$

existieren, können also im Steinschen Fall die Cohomologiegruppen $H^q(X, \mathbb{C})$ sowohl mittels *holomorpher* als auch mittels *differenzierbarer* q-Formen bestimmt werden: man hat für jedes $q \geq 1$ das kommutative Diagramm

(D)
$$\begin{array}{ccccccccc} 0 & \longrightarrow & d\Omega^{q-1}(X) & \longrightarrow & \mathrm{Ker}(d|\Omega^q(X)) & \longrightarrow & H^q(X,\mathbb{C}) & \longrightarrow & 0 \\ & & \downarrow & & \downarrow & & \downarrow & & \\ 0 & \longrightarrow & d\mathcal{A}^{q-1}(X) & \longrightarrow & \mathrm{Ker}(d|\mathcal{A}^q(X)) & \xrightarrow{\pi_q} & H^q(X,\mathbb{C}) & \longrightarrow & 0 \end{array}$$

mit exakten Zeilen, wo senkrecht die Inklusionsabbildungen stehen. Diese Situation hat zur Konsequenz

Satz 8: *Es sei X eine Steinsche Mannigfaltigkeit und $\alpha \in \mathscr{A}(X)$ eine differenzierbare Differentialform, deren Differential $d\alpha$ eine holomorphe Differentialform ist. Dann gibt es eine differenzierbare Form $\beta \in \mathscr{A}(X)$, so daß $\alpha - d\beta$ holomorph ist*[20].

Beweis: Es genügt, den Satz für Formen $\alpha \in \mathscr{A}^r(X)$ zu beweisen, $1 \leq r < \infty$. Nach Voraussetzung gilt $d\alpha \in \mathrm{Ker}(d|\Omega^{r+1}(X))$. Da $\pi_{r+1}(d\alpha) = 0 \in H^{r+1}(X, \mathbb{C})$, so gibt es nach (D) eine Form $\delta \in \Omega^r(X)$ mit $d\delta = d\alpha$. Die Form $\alpha - \delta \in \mathrm{Ker}(d|\mathscr{A}^r(X))$ bestimmt eine Cohomologieklasse $\pi_r(\alpha - \delta) \in H^r(X, \mathbb{C})$. Wir wählen eine holomorphe r-Form $\varepsilon \in \mathrm{Ker}(d|\Omega^r(X))$, die dieselbe Klasse bestimmt. Dann gilt $\alpha - \delta - \varepsilon \in \mathrm{Ker}(d|\mathscr{A}^r(X))$ und $\pi_r(\alpha - \delta - \varepsilon) = 0$, daher gibt es eine differenzierbare $(r-1)$-Form $\beta \in \mathscr{A}^{r-1}(X)$ mit $d\beta = \alpha - \delta - \varepsilon$. Es folgt $\alpha - d\beta = \delta + \varepsilon \in \Omega^r(X)$. □

Korollar zu Satz 8: *Auf einer Steinschen Mannigfaltigkeit X gibt es zu jeder d-geschlossenen differenzierbaren Differentialform α eine holomorphe Differentialform γ, so daß $\alpha - \gamma$ eine d-integrable (differenzierbare) Differentialform ist.*

Dies Korollar impliziert z. B., daß auf Steinschen Mannigfaltigkeiten holomorphe Differentialformen mit vorgegebenen Perioden existieren.

Die Voraussetzung „Steinsch" in den Sätzen 6–8 wird gemacht, um die Gleichungen $H^q(X, \Omega^p) = 0$ zur Verfügung zu haben. Es ist nicht bekannt, ob eine komplexe Mannigfaltigkeit X, für welche alle Gruppen $H^q(X, \Omega^p) = 0$, $p \geq 0$, $q \geq 1$, verschwinden, notwendig Steinsch ist.

5. Topologische Eigenschaften Steinscher Räume. – Für jede m-dimensionale komplexe Mannigfaltigkeit X gilt $\Omega^q = 0$ für alle $q > m$. Daher folgt aus Satz 7 unmittelbar:

Satz 9: *Ist X eine m-dimensionale, Steinsche Mannigfaltigkeit, so gilt:*

$$H^q(X, \mathbb{C}) = 0 \quad \textit{für alle} \quad q > m.$$

Dieser 1953 von Serre angegebene Satz gibt eine notwendige, rein topologische Bedingung dafür, daß eine komplexe Mannigfaltigkeit, speziell ein Gebiet im $\mathbb{C}^m$, Steinsch ist. Wir formulieren diese Bedingung homologisch.

Satz 9': *Ist X eine m-dimensionale, Steinsche Mannigfaltigkeit, so sind die ganzzahligen Homologiegruppen $H_q(X, \mathbb{Z})$ Torsionsgruppen für alle $q > m$.*

Beweis: Nach allgemeinen Sätzen der algebraischen Topologie ist $H^q(X, \mathbb{C})$ für jedes q zur Gruppe $\mathrm{Hom}(H_q(X, \mathbb{Z}), \mathbb{C})$ isomorph. Im Falle $H^q(X, \mathbb{C}) = 0$ kann $H_q(X, \mathbb{Z})$ also keine freien Elemente haben, da es sonst nichttriviale Homomorphismen $H_q(X, \mathbb{Z}) \to \mathbb{C}$ gäbe. □

Es bleibt im Satz 9' offen, ob die Gruppen $H_q(X, \mathbb{Z})$ für $q > n$ wirklich $\neq 0$ sein können. Dieses Problem wurde 1958 von A. Andreotti und T. Frankel in

[20] Für Formen $\alpha \in \mathscr{A}^0(X)$ besagt dieser Satz, daß jede differenzierbare Funktion $\alpha \in \mathscr{E}(X)$ mit holomorphem Differential $d\alpha \in \Omega^1(X)$ bereits holomorph ist: $\alpha \in \mathscr{O}(X)$. Diese Aussage ist trivial und für beliebige komplexe Mannigfaltigkeiten richtig, vgl. auch Kap. II, Satz 2.6.

[1] negativ gelöst; sie zeigten unter Verwendung des Einbettungssatzes mit Methoden der Morsetheorie:

Ist X eine m-dimensionale Steinsche Mannigfaltigkeit, so gilt:

$$H_q(X,\mathbb{Z})=0 \quad \textit{für} \quad q>m\,, \qquad H_m(X,\mathbb{Z}) \quad \textit{ist frei}\,.$$

Dieser Satz wurde 1963 von J. Milnor, ebenfalls mit Methoden der Morsetheorie, wie folgt verschärft (vgl. [28], p. 39):

Jede komplexe m-dimensionale Steinsche Mannigfaltigkeit X ist homotopieäquivalent zu einem reell m-dimensionalen CW-Komplex.

Diese Aussage läßt sich noch wesentlich verbessern:

In jeder m-dimensionalen Steinschen Mannigfaltigkeit X liegt ein reell m-dimensionaler, abgeschlossener CW-Komplex $K \subset X$, so daß K ein „starker Deformationsretrakt" von X ist, d.h. es gibt eine stetige Abbildung $f: X \times [0,1] \to X$ mit folgenden Eigenschaften:

$$f(x,0)=x \textit{ für alle } x\in X, \quad f(p,t)=p \textit{ für alle } (p,t)\in K\times[0,1]\,, \quad f(X\times\{1\})=K\,.$$

Es stellt sich die Frage, welche Komplexe als Steinsche Retrakte auftreten. Man kann zeigen (vgl. [17], p. 468ff.):

Schlauchsatz: *Um jede parakompakte, reell m-dimensionale, reell-analytische Mannigfaltigkeit R gibt es einen Steinschen Schlauch X, d.h.*

1) *X ist eine komplex m-dimensionale Steinsche Mannigfaltigkeit und R ist eine reell-analytische Untermannigfaltigkeit von X.*
2) *R ist ein starker Deformationsretrakt von X.*

Man wird fragen, ob bei einer m-dimensionalen Steinschen Mannigfaltigkeit X die niederen Homologiegruppen $H_q(X,\mathbb{Z})$, $1\leq q<m$, beliebig sein können. Dies ist weitgehend der Fall, so wurde 1959 von K.-J. Ramspott gezeigt (Existenz von Holomorphiegebieten zu vorgegebener erster Bettischer Gruppe, Math. Ann. **138**, 342–355):

Zu jeder abzählbaren, torsionsfreien, abelschen Gruppe B gibt es ein Steinsches Gebiet X im $\mathbb{C}^2$, dessen erste Bettische Gruppe, das ist die Restklassengruppe von $H_1(X,\mathbb{Z})$ nach ihrer Torsionsgruppe, zu B isomorph ist.

Ferner hat R. Narasimhan [29] bewiesen:

Zu jeder abzählbaren abelschen Gruppe G und jeder natürlichen Zahl $q\geq 1$ gibt es ein Steinsches Gebiet (sogar ein Rungesches Gebiet) X im $\mathbb{C}^{2q+3}$, so daß $H_q(X,\mathbb{Z})$ zu G isomorph ist.

In [29] wird weiter der Satz von Andreotti-Frankel auf Steinsche Räume verallgemeinert: es ergibt sich mit komplex-analytischen Methoden:

Für jeden m-dimensionalen Steinschen Raum X gilt:

$$H_q(X,\mathbb{Z})=0 \quad \textit{für} \quad q>m\,, \qquad H_m(X,\mathbb{Z}) \quad \textit{ist torsionsfrei}\,.$$

§ 5. Garbentheoretische Charakterisierung Steinscher Bereiche im $\mathbb{C}^m$

Ein Bereich B eines komplexen Zahlenraumes $\mathbb{C}^m$, $1 \leq m < \infty$, ist genau dann Steinsch, wenn er holomorph-konvex ist. Wir zeigen, daß solche Bereiche eine besonders einfache garbentheoretische Charakterisierung gestatten.

1. Induktionsprinzip. – Ausgangspunkt ist ein klassisches

Lemma (Gleichzeitige Fortsetzbarkeit, vgl. [BT], p. 121): *Es sei $B \subset \mathbb{C}^m$ ein nicht holomorph-konvexer Bereich. Dann gibt es einen Punkt $p \in B$ und einen Polyzylinder Z um p mit $Z \not\subset B$ mit folgender Eigenschaft:*

Für jede Funktion $f \in \mathcal{O}(B)$ konvergiert die Taylorreihe von f um p kompakt in Z gegen eine Funktion $F \in \mathcal{O}(Z)$; es gilt $f|W = F|W$ auf der Zusammenhangskomponente W von $B \cap Z$ mit $p \in W$.

Beweis: Da B nicht holomorph-konvex ist, gibt es eine kompakte Menge $K \subset B$, deren Hülle $\hat{K}$ bzgl. B nicht kompakt ist. Bezeichnet $Z_t(c)$ den Polyzylinder $\{(z_1, \ldots, z_m) \in \mathbb{C}^m, |z_\mu - c_\mu| < t, 1 \leq \mu \leq m\}$ vom Radius $t > 0$ um $c = (c_1, \ldots, c_m) \in \mathbb{C}^m$, so gibt es eine reelle Zahl $r > 0$, so daß der Bereich $B' := \bigcup_{a \in K} Z_r(a)$ *relativ-kompakt* in B liegt. Es folgt $|f|_{B'} < \infty$. Die Taylorreihe von $f \in \mathcal{O}(B)$ um $a \in K$ konvergiert in $\overline{Z_r(a)}$, nach den Cauchyschen Koeffizientenabschätzungen gilt daher für alle m-Tupel $(\mu_1, \ldots, \mu_m) \in \mathbb{N}^m$:

$$(*) \qquad |f_{\mu_1 \ldots \mu_m}|_K \leq \frac{|f|_{B'}}{r^{\mu_1 + \cdots + \mu_m}} \quad \text{mit} \quad f_{\mu_1 \ldots \mu_m} := \frac{1}{\mu_1! \ldots \mu_m!} \frac{\partial^{\mu_1 + \cdots + \mu_m} f}{\partial z_1^{\mu_1} \ldots \partial z_m^{\mu_m}} \in \mathcal{O}(B).$$

Da $\hat{K}$ beschränkt ist, gibt es einen Punkt $p \in \hat{K}$, so daß $Z := Z_r(p)$ nicht in B enthalten ist. Wir betrachten die Taylorreihe von f um p (= Nullpunkt):

$$\sum_0^\infty f_{\mu_1 \ldots \mu_m}(p) z_1^{\mu_1} \cdot \ldots \cdot z_m^{\mu_m}.$$

Wegen $p \in \hat{K}$ gilt $|f_{\mu_1 \ldots \mu_m}(p)| \leq |f_{\mu_1 \ldots \mu_m}|_K$, wegen $(*)$ konvergiert diese Potenzreihe also (nach dem Abelschen Lemma) in Z gegen eine holomorphe Funktion $F \in \mathcal{O}(Z)$. Nach dem Identitätssatz stimmen f und F auf der Zusammenhangskomponente W von $B \cap Z$ durch p überein. □

Wir benutzen das Lemma im Beweis des folgenden Satzes, der ein Induktionsprinzip zum Nachweis, daß ein Bereich $B \subset \mathbb{C}^m$ Steinsch ist, liefert.

Satz 1: *Ein Bereich B im $\mathbb{C}^m$ ist genau dann Steinsch, wenn wenigstens eine der folgenden beiden Bedingungen erfüllt ist:*

$*$) *Für jede B treffende $(m-1)$-dimensionale, analytische Ebene $H \subset \mathbb{C}^m$ ist $B \cap H \subset H \cong \mathbb{C}^{m-1}$ Steinsch, und die Einschränkung $\mathcal{O}_B(B) \to \mathcal{O}_{B \cap H}(B \cap H)$ ist surjektiv.*

$\overset{*}{*}$) *Für jede B treffende komplexe Gerade $E \subset \mathbb{C}^m$ ist die Einschränkung $\mathcal{O}_B(B) \to \mathcal{O}_{B \cap E}(B \cap E)$ surjektiv.*

Beweis: Ist B Steinsch, so ist jeder Unterraum $B \cap H$ Steinsch und $\mathcal{O}_B(B) \to \mathcal{O}_{B \cap H}(B \cap H)$ surjektiv nach Satz 4.4. Also gilt $*$).

$*) \Rightarrow {}^*_*)$: Zu E wähle man eine Hyperebene $H \subset \mathbb{C}^m$, die E enthält. Dann ist $\mathcal{O}_B(B) \to \mathcal{O}_{B \cap E}(B \cap E)$ das Produkt der beiden Abbildungen $\mathcal{O}_B(B) \to \mathcal{O}_{B \cap H}(B \cap H)$ und $\mathcal{O}_{B \cap H}(B \cap H) \to \mathcal{O}_{B \cap E}(B \cap E)$. Die erste Abbildung ist surjektiv nach Voraussetzung, die zweite ist surjektiv, da $B \cap H$ Steinsch ist.

Es bleibt zu zeigen, daß ${}^*_*)$ die Holomorphiekonvexität von B impliziert. Wäre das nicht der Fall, so wählen wir p, Z, W wie im Lemma. Es gilt $p \in W$. Sei $q \in Z \setminus B$, und sei E die komplexe Gerade durch p und q. Auf der *reellen* Strecke $\overline{pq} \subset E \cap Z$ von p nach q gibt es einen *ersten* Punkt $y \notin W$. Es gilt: $y \in \partial(W \cap E) \cap Z$. Wir wählen auf $E \cong \mathbb{C}^1$ eine Funktion $\tilde{f}$, die in $E \setminus y$ holomorph ist und in y einen Pol hat. Nach Voraussetzung gibt es eine Funktion $f \in \mathcal{O}_B(B)$ mit $f|B \cap E = \tilde{f}|B \cap E$. Zu f existiert nach dem Lemma ein $F \in \mathcal{O}_Z(Z)$ mit $F|W = f|W$. Dann gilt: $F|W \cap E = \tilde{f}|W \cap E$. Da F in $y \in Z$ holomorph ist, bleibt $\tilde{f}$ also bei Annäherung an $y \in \partial(W \cap E)$ längs $\overline{py}$ beschränkt, was nicht geht, da y ein Pol von $\tilde{f}$ ist. Mithin muß B holomorph-konvex und also Steinsch sein. □

2. Die Gleichungen $H^1(B, \mathcal{O}_B) = \cdots = H^{m-1}(B, \mathcal{O}_B) = 0$. – Als Anwendung von Satz 1, $*$) zeigen wir

Satz 2: *Folgende Aussagen über einen Bereich $B \subset \mathbb{C}^m$ sind äquivalent:*
i) *B ist Steinsch.*
ii) $H^1(B, \mathcal{O}_B) = \cdots = H^{m-1}(B, \mathcal{O}_B) = 0$.

Beweis: Es ist nur die Implikation ii) $\Rightarrow$ i) zu zeigen. Wir gehen induktiv vor, der Fall $m=1$ ist klar. Sei $m>1$; wir wollen zeigen, daß $*$) für B zutrifft. Sei also $H \subset \mathbb{C}^m$ eine B treffende $(m-1)$-dimensionale analytische Ebene. Dann ist $B' := B \cap H$ ein Bereich $\neq \emptyset$ in $H \cong \mathbb{C}^{m-1}$. Wir wählen eine *lineare* Funktion $l \neq 0$ im $\mathbb{C}^m$, die auf H verschwindet. Es gilt $\mathcal{O}_{B'} \cong (\mathcal{O}_B / l\mathcal{O}_B)|B'$ und $H^q(B', \mathcal{O}_{B'}) \cong H^q(B, \mathcal{O}_B / l\mathcal{O}_B)$ für alle $q \geq 0$. Die exakte $\mathcal{O}_B$-Sequenz $0 \longrightarrow \mathcal{O}_B \xrightarrow{\lambda} \mathcal{O}_B \longrightarrow \mathcal{O}_B / l\mathcal{O}_B \longrightarrow 0$, wo λ die Homothetie $h_z \mapsto l_z h_z$, $h_z \in \mathcal{O}_z$, $z \in B$, bezeichnet, bestimmt die exakte Cohomologiesequenz

$$\mathcal{O}_B(B) \to \mathcal{O}_{B'}(B') \to H^1(B, \mathcal{O}_B) \to \cdots \to H^q(B, \mathcal{O}_B) \to H^q(B', \mathcal{O}_{B'}) \to H^{q+1}(B, \mathcal{O}_B) \to \cdots.$$

Hieraus lesen wir wegen ii) ab, daß $\mathcal{O}_B(B) \to \mathcal{O}_{B'}(B')$ surjektiv ist, und daß ferner gilt: $H^1(B', \mathcal{O}_{B'}) = \cdots = H^{m-2}(B', \mathcal{O}_{B'}) = 0$. Nach Induktionsannahme ist daher B' Steinsch. Somit gilt Satz 1, $*$) für B und wir folgern, daß B Steinsch ist. □

Bemerkung: Die im Satz 2 gemachte Voraussetzung, daß B ein Bereich eines Zahlenraumes ist, ist wesentlich. Es gibt sehr wohl *nicht Steinsche* Mannigfaltigkeiten X, für die alle Gruppen $H^q(X, \mathcal{O})$, $q \geq 1$, verschwinden, z.B. ist jeder kompakte komplex-projektive Raum $\mathbb{P}_m$ eine solche Mannigfaltigkeit. Indessen wurde bereits 1966 von H. B. Laufer: On sheaf cohomology and envelopes of holomorphy, Ann. Math. **84**, 102–118, folgende Verallgemeinerung von Satz 2 gezeigt:

Jeder Teilbereich B einer m-dimensionalen, Steinschen Mannigfaltigkeit X, dessen Cohomologiegruppen $H^\mu(B, \mathcal{O})$, $1 \leq \mu < m$, sämtlich verschwinden, ist Steinsch.

Der Beweis benutzt u.a., daß jeder Punkt $p \in X$ die genaue Nullstellenmenge von m Funktionen aus $\mathcal{O}(X)$ ist. □

Die Bedingung $*$) von Satz 1 läßt sich weiter exploitieren. Dazu zeigen wir vorab:

Es sei B ein Bereich im $\mathbb{C}^m$, für den das Cousin I-*Problem universell lösbar ist. Dann ist für jede B treffende $(m-1)$-dimensionale analytische Ebene $H \subset \mathbb{C}^m$ die Einschränkung $\mathcal{O}_B(B) \to \mathcal{O}_{B \cap H}(B \cap H)$ surjektiv.*

Beweis: (vgl. hierzu [3], p. 183/4): Sei $H = \{(z_1, \ldots, z_m) \in \mathbb{C}^m, z_1 = 0\}$. Wir wählen zu jedem Punkt $z \in B$ einen offenen Polyzylinder $U_z \subset B$, so daß $U_z \cap H \neq \emptyset$ für alle $z \notin H$ gilt. Für jede Funktion $g(z_2, \ldots, z_m) \in \mathcal{O}_{B \cap H}(B \cap H)$ ist dann die Familie $\{U_z, f^z\}_{z \in B}$, wo

$$f^z(z_1, \ldots, z_m) := \frac{g(z_2, \ldots, z_m)}{z_1} \mid U_z \in \mathcal{M}_B(U_z), \quad \text{wenn} \quad z \in H,$$

$$f^z(z_1, \ldots, z_m) := 0 \in \mathcal{O}_B(U_z), \quad \text{wenn} \quad z \notin H,$$

eine Cousin I-Verteilung in B, denn für alle $z, z' \in B$ ist $f^z - f^{z'}$ nach Konstruktion holomorph in $U_z \cap U_{z'}$. Es gibt mithin nach Voraussetzung eine meromorphe Funktion F in B, so daß für alle $z \in B$ gilt: $r^z := F \mid U_z - f^z \in \mathcal{O}_B(U_z)$. Wir setzen $G := z_1 F$. Mit F ist auch G holomorph in $B \setminus H$. Für alle $z \in H$ gilt aber:

$$G \mid U_z = z_1 r^z + g \mid U_z \in \mathcal{O}_B(U_z).$$

Es folgt $G \in \mathcal{O}_B(B)$ und $G \mid B \cap H = g$. Mithin ist $\mathcal{O}_B(B) \to \mathcal{O}_{B \cap H}(B \cap H)$ surjektiv.

Es folgt nun schnell:

Satz 3: *Folgende Aussagen über einen Bereich $B \subset \mathbb{C}^m$ sind äquivalent.*

i) *B ist Steinsch.*

ii) *Für B ist das Cousin* I-*Problem universell lösbar; und für jede B treffende $(m-1)$-dimensionale analytische Ebene $H \subset \mathbb{C}^m$ ist $B \cap H$ Steinsch.*

Beweis: i)$\Rightarrow$ii): Klar nach Satz 2.1 und Satz 1.1 b).

ii)$\Rightarrow$i): Nach dem Vorausgehenden ist klar, daß B die Eigenschaft $*$) von Satz 1 hat. Daher ist B Steinsch. □

Im Falle $m = 2$ besagt Satz 3, daß ein Bereich $B \subset \mathbb{C}^2$ genau dann Steinsch ist, wenn für B das Cousin I-Problem universell lösbar ist (Cartan [7], 1934).

3. Darstellung der Eins. – Sind $f_1, \ldots, f_l$ holomorphe Funktionen in einem komplexen Raum X, so gilt eine Gleichung $1 = \sum_{i=1}^{l} g_i f_i$ mit Funktionen $g_i \in \mathcal{O}(X)$ höchstens dann, wenn $f_1, \ldots, f_l$ keine gemeinsame Nullstelle in X haben. In Steinschen Räumen gilt die Umkehrung, dazu zeigen wir vorbereitend:

Satz 4: *Es sei $\mathcal{S}$ eine kohärente Garbe über einem Steinschen Raum X, und es sei $\mathcal{S}'$ eine von endlich vielen Schnitten $s_1, \ldots, s_l \in \mathcal{S}(X)$ erzeugte $\mathcal{O}$-Untergarbe von $\mathcal{S}$. Dann erzeugen $s_1, \ldots, s_l$ den $\mathcal{O}(X)$-Modul $\mathcal{S}'(X)$.*

Wird insbesondere jeder Halm $\mathcal{S}_x$ als $\mathcal{O}_x$-Modul von den Keimen $s_{1x}, \ldots, s_{lx} \in \mathcal{S}_x$ erzeugt, so erzeugen $s_1, \ldots, s_l$ den $\mathcal{O}(X)$-Modul $\mathcal{S}(X)$.

Beweis: Es gilt $\mathcal{S}' = \mathcal{I}m\,\sigma$ für den von $s_1, \ldots, s_l$ über X definierten $\mathcal{O}$-Homomorphismus $\sigma: \mathcal{O}^l \to \mathcal{S}$. Da X Steinsch ist, ist dann der induzierte $\mathcal{O}(X)$-Homomorphismus $\mathcal{O}^l(X) \to \mathcal{S}'(X)$ surjektiv.

Erzeugen $s_{1x}, \ldots, s_{lx}$ jeweils $\mathcal{S}_x$, $x \in X$, so gilt $\mathcal{S}'(X) = \mathcal{S}(X)$. □

Als Anwendung von Satz 4 erhalten wir

Satz 5 (Darstellung der 1 durch überall lokal teilerfremde Funktionen): *Es sei X ein Steinscher Raum, es seien $f_1, \ldots, f_l \in \mathcal{O}(X)$ holomorphe Funktionen in X ohne gemeinsame Nullstellen in X. Dann gibt es holomorphe Funktionen $g_1, \ldots, g_l \in \mathcal{O}(X)$, so daß gilt:*

$$1 = \sum_{i=1}^{l} g_i f_i .$$

Beweis: Das Ideal $\mathcal{I} := \mathcal{O} f_1 + \cdots + \mathcal{O} f_l$ ist kohärent; für alle $x \in X$ gilt $\mathcal{I}_x = \mathcal{O}_x$, da $f_1, \ldots, f_l$ keine gemeinsame Nullstelle in X haben. Aus Satz 4 folgt $\mathcal{I}(X) = \mathcal{O}(X)$, also $1 \in \mathcal{I}(X) = \mathcal{O}(X) f_1 + \cdots + \mathcal{O}(X) f_l$. □

Die Aussage von Satz 5 ist sehr stark, wie nachstehende partielle Umkehrung zeigt:

Satz 6: *Folgende Aussagen über einen Bereich $B \subset \mathbb{C}^m$ sind äquivalent:*

i) *B ist Steinsch.*

ii) *Sind $f_1, \ldots, f_l \in \mathcal{O}(B)$ beliebige in B holomorphe Funktionen ohne gemeinsame Nullstellen in B, so gilt $1 = \sum_{1}^{l} g_i f_i$ mit $g_i \in \mathcal{O}(B)$.*

Beweis: Es ist nur zu zeigen, daß ii) die Holomorphiekonvexität von B impliziert. Sei D eine diskrete Menge in B. Wir dürfen annehmen, daß D einen Häufungspunkt $c = (c_1, \ldots, c_m) \in \mathbb{C}^m$ hat, da sonst bereits eine der Koordinatenfunktionen $z_1, \ldots, z_m$ unbeschränkt auf D ist. Da $c \notin B$, so haben die m Funktionen $z_\mu - c_\mu$, $1 \leq \mu \leq m$, keine gemeinsame Nullstelle in B, daher gilt eine Gleichung $1 = \sum_{\mu=1}^{m} g_\mu (z_\mu - c_\mu)$ mit Funktionen $g_1, \ldots, g_m \in \mathcal{O}(B)$. Wenigstens eine dieser Funktionen muß unbeschränkt auf D sein, da sonst im Limes $1 = 0$ stehen würde. Also ist B holomorph-konvex nach Kap. IV, Satz 2.4. □

4. Charaktersatz. – Wir zeigen nun einen Satz, der eng mit Satz 6 verwandt ist. Wir nennen jeden $\mathbb{C}$-Algebrahomomorphismus $\chi: \mathcal{O}(X) \to \mathbb{C}$ einen (komplexen) *Charakter* und bezeichnen mit $z_1, \ldots, z_m$ wieder die holomorphen Koordinatenfunktionen des $\mathbb{C}^m$. Dann gilt folgender Satz von J. Igusa [23]:

Satz 7 (Charaktersatz): *Folgende Aussagen über einen Bereich $B \subset \mathbb{C}^m$ sind äquivalent:*

i) *B ist Steinsch.*

ii) *Für jeden Charakter $\chi: \mathcal{O}(B) \to \mathbb{C}$ gilt: $(\chi(z_1), \dots, \chi(z_m)) \in B$.*

iii) *Zu jedem Charakter $\chi: \mathcal{O}(B) \to \mathbb{C}$ gibt es einen Punkt $b \in B$, so daß für alle $f \in \mathcal{O}(B)$ gilt: $\chi(f) = f(b)$.*

Beweis: i)$\Rightarrow$ii): Wäre $(\chi(z_1), \dots, \chi(z_m)) \notin B$, so hätten die m Funktionen $z_\mu - \chi(z_\mu) \in \mathcal{O}(B)$, $1 \le \mu \le m$, keine gemeinsame Nullstelle in B. Nach Satz 6 gilt dann $1 = \sum_{\mu=1}^{m} g_\mu \cdot (z_\mu - \chi(z_\mu))$ mit $g_\mu \in \mathcal{O}(B)$. Es folgt der Widerspruch

$$1 = \chi(1) = \sum_{\mu=1}^{m} \chi(g_\mu) \cdot \chi(z_\mu - \chi(z_\mu)) = \sum_{\mu=1}^{m} \chi(g_\mu) \cdot 0 = 0\,.$$

ii)$\Rightarrow$i): Wäre B nicht holomorph-konvex, so gäbe es nach dem Lemma über die gleichseitige Fortsetzbarkeit aus Abschnitt 1) einen Punkt $p = (p_1, \dots, p_m) \in B$ und einen Polyzylinder Z um p mit $Z \not\subset B$, so daß die Taylorreihe von f um p in Z kompakt gegen eine Funktion $F \in \mathcal{O}(Z)$ konvergiert. Die Abbildung $\mathcal{O}(B) \to \mathcal{O}(Z)$, $f \mapsto F$, ist ein $\mathbb{C}$-Algebrahomomorphismus. Für jeden Punkt $c = (c_1, \dots, c_m) \in Z$ ist daher $\chi_c: \mathcal{O}(B) \to \mathbb{C}$, $f \mapsto F(c)$, ein Charakter. Da $p_\mu + (z_\mu - p_\mu)$ die Taylorreihe von z_μ um p ist, folgt $\chi_c(z_\mu) = c_\mu$, also $c \in B$ wegen ii). Wir haben den Widerspruch $Z \subset B$. Also muß B holomorph-konvex sein.

i)$\wedge$ii)$\Rightarrow$iii): Es gilt $b := (\chi(z_1), \dots, \chi(z_m)) \in B$. Gäbe es ein $f \in \mathcal{O}(B)$ mit $\chi(f) \neq f(b)$, so wären $f - \chi(f)$, $z_1 - \chi(z_1), \dots, z_m - \chi(z_m)$ nullstellenfrei in B, also bestände nach Satz 6 eine Gleichung

$$1 = g \cdot (f - \chi(f)) + \sum_{\mu=1}^{m} g_\mu \cdot (z_\mu - \chi_\mu(z_\mu)) \quad \text{mit} \quad g, g_1, \dots, g_m \in \mathcal{O}(B)\,.$$

Da $\chi(h - \chi(h)) = 0$ für alle $h \in \mathcal{O}(B)$, so folgt der Widerspruch

$$1 = \chi(1) = \chi(g) \cdot 0 + \sum_{\mu=1}^{m} \chi(g_\mu) \cdot 0 = 0\,.$$

iii)$\Rightarrow$ii): Trivial wegen $(\chi(z_1), \dots, \chi(z_m)) = b$. □

Eine schöne Folgerung aus Satz 4 ist

Satz 8: *Ist $B \subset \mathbb{C}^m$ Steinsch und $b = (b_1, \dots, b_m) \in B$ ein Punkt, so ist jede in B holomorphe Funktion f darstellbar in der Form*

$$f = f(b) + \sum_{\mu=1}^{m} f_\mu \cdot (z_\mu - b_\mu)$$

mit in B holomorphen Funktionen $f_1, \dots, f_m$.

Beweis: Das von den Schnitten $z_1-b_1,\ldots,z_m-b_m\in\mathcal{O}(B)$ erzeugte Ideal $\mathcal{I}\subset\mathcal{O}_B$ ist kohärent. Da B Steinsch ist, gilt nach Satz 4

$$\mathcal{I}(B)=\mathcal{O}(B)\cdot(z_1-b_1)+\mathcal{O}(B)\cdot(z_2-b_2)+\cdots+\mathcal{O}(B)\cdot(z_m-b_m).$$

Da $\mathcal{I}_b=\mathfrak{m}(\mathcal{O}_b)$ und $\mathcal{I}_z=\mathcal{O}_z$ für $z\neq b$, so gilt $f-f(b)\in\mathcal{I}(B)$ für alle $f\in\mathcal{O}(B)$. □

Satz 8 besagt, daß in Steinschen Bereichen $B\subset\mathbb{C}^m$ jedes *Charakterideal* $\operatorname{Ker}\chi_b$, $b\in B$, wo $\chi_b\colon\mathcal{O}(B)\to\mathbb{C}$ durch $\chi_b(f):=f(b)$ definiert ist, von den m Elementen $z_1-\chi_b(z_1),\ldots,z_m-\chi_b(z_m)$ erzeugt wird. Verallgemeinerungen dieser Aussage sowie des Charaktersatzes finden sich im § 7.

§ 6. Topologisierung von Schnittmoduln kohärenter Garben

Das Ziel hier ist, den $\mathbb{C}$-Vektorraum $\mathcal{S}(X)$ der globalen Schnitte in einer kohärenten Garbe $\mathcal{S}$ über einem komplexen Raum X zu einem Fréchetraum zu machen. Es wird sich zeigen, daß diese Fréchettopologie auf $\mathcal{S}(X)$ durch natürliche Forderungen eindeutig bestimmt ist. Hilfsmittel bei der Topologisierung sind analytische Quader. Ist X *reduziert*, so erweist sich diese Fréchettopologie auf $\mathcal{O}(X)$ als die Topologie der kompakten Konvergenz.

Die Ergebnisse dieses Paragraphen werden im Kapitel VI wesentlich benutzt; sie wurden zum Teil auch bereits im Kap. IV, § 2.5 zitiert.

0. Fréchetraume. – Ein topologischer $\mathbb{C}$-Vektorraum V wird üblicherweise ein Fréchetraum genannt, wenn er *lokal-konvex*, *metrisierbar* und *vollständig* ist. Für funktionentheoretische Belange ist folgende Definition mittels Seminormen bequemer.

Definition 1 (Fréchetraum): *Ein topologischer $\mathbb{C}$-Vektorraum V heißt ein Fréchetraum, wenn es eine Folge $|\ |_\nu$, $\nu=1,2,\ldots$ von Seminormen auf V gibt, so daß durch*

$$(*)\qquad d(v,w):=\sum_{\nu=1}^{\infty}2^{-\nu}\frac{|v-w|_\nu}{1+|v-w|_\nu},\qquad v,w\in V,$$

eine vollständige Metrik d auf V gegeben wird, welche die gegebene Topologie induziert.

Bemerkung: Durch $(*)$ wird stets eine (translationsinvariante) *Pseudometrik* auf V definiert; ersichtlich ist d genau dann eine Metrik, wenn gilt:

$$|v|_\nu=0 \quad \text{für alle} \quad \nu\geq 1\Rightarrow v=0.$$

Fréchetraume haben einfache Eigenschaften, so gilt z. B.:

Ist U ein abgeschlossener Unterraum eines Fréchetraumes V, so ist U mit der induzierten und V/U mit der Restklassentopologie ein Fréchetraum.

Ist $\{V_i\}_{i \in \mathbb{N}}$ eine Folge von Frécheträumen, so ist $\prod\limits_{i \in \mathbb{N}} V_i$ mit der Produkttopologie ein Fréchetraum.

Auf einem $\mathbb{C}$-Vektorraum gibt es keine zwei verschiedenen Fréchettopologien, von denen eine feiner als die andere ist. Dies und mehr besagt der

Offenheitssatz von Banach: *Jede $\mathbb{C}$-lineare, stetige Abbildung $\psi: V \to W$ eines Fréchetraumes V auf einen Fréchetraum W ist offen.*

Bzgl. der Beweise sei auf die Standardlehrbücher zur Funktionalanalysis verwiesen.

1. Topologie der kompakten Konvergenz. – Wohlbekannt ist

Satz 2: *Ist X eine komplexe Mannigfaltigkeit (mit abzählbarer Topologie), so ist der Vektorraum $\mathcal{O}(X)$ der auf X holomorphen Funktionen ein Fréchetraum (sogar eine Fréchetalgebra) bzgl. der Topologie der kompakten Konvergenz.*

Ist $\{U_\nu\}_{\nu \geq 1}$ eine abzählbare, offene Überdeckung von X, derart, daß jede Menge $\bar{U}$ kompakt ist, so wird diese Fréchettopologie durch die Folge

$$ | \;\; |_\nu : \mathcal{O}(X) \to \mathbb{R}\,, \quad |f|_\nu := |f|_{\bar{U}_\nu} = \max_{x \in \bar{U}_\nu} |f(x)|\,, \quad f \in \mathcal{O}(X)\,, $$

von Maximumnormen gegeben.

Der Beweis ist wörtlich derselbe wie bei Bereichen in $\mathbb{C}$.

Die Topologie der kompakten Konvergenz ist i. allg. nicht mittels einer (oder endlich vieler) Seminormen beschreibbar. So gilt z. B.:

Es sei X ein lokal-kompakter topologischer Raum und A eine $\mathbb{R}$-Unteralgebra der Algebra $\mathscr{C}(X)$ aller komplex-wertigen stetigen Funktionen auf X; es gebe eine unbeschränkte Funktion $u \in A$. Dann gibt es keine $\mathbb{R}$-Vektorraumnorm auf A, die die Topologie der kompakten Konvergenz auf A induziert.

Beweis: Angenommen, es gäbe eine solche Norm $|\;|$. Die Homothetie $A \to A$, $a \to ua$ ist als stetige, $\mathbb{R}$-lineare Abbildung *beschränkt*, d. h. es gibt ein $M \in \mathbb{R}$, so daß $|ua| \leq M|a|$ für alle $a \in A$ gilt. Für jedes $r > 0$ folgt dann $|ru \cdot a| \leq rM|a|$. Wir wählen r so klein, daß $\varepsilon := rM$ kleiner als 1 ist. Die Funktion $v := ru \in A$ ist ebenfalls unbeschränkt auf X, es gilt $|va| \leq \varepsilon|a|$ für alle $a \in A$. Durch Induktion nach n folgt hieraus

$$ |v^n| \leq \varepsilon^{n-1}|v| \quad \text{für alle} \quad n = 1, 2, \ldots\,. $$

Da $\varepsilon < 1$, so wäre v^n eine Nullfolge in der Topologie der kompakten Konvergenz. Dies ist jedoch unmöglich, da v unbeschränkt ist. $\qquad\qquad\qquad\square$

Ein Korollar des soeben bewiesenen Satzes ist, daß der Raum $\mathcal{O}(X)$ aller holomorphen Funktionen auf einem *nichtkompakten, holomorph-konvexen Raum X* keine Norm trägt, die die Topologie der kompakten Konvergenz induziert.

Die Topologie der kompakten Konvergenz ist bestens verträglich mit der *Folgentopologie* im Ring der konvergenten Potenzreihen (vgl. [AS], p. 58). Es gilt nämlich:

Satz 3 (Verträglichkeitssatz): *Ist X eine komplexe Mannigfaltigkeit und trägt $\mathcal{O}(X)$ die Topologie der kompakten Konvergenz, so ist jede Restriktionsabbildung*

$$\mathcal{O}(X)\to\mathcal{O}_x, \quad f\mapsto f_x, \quad x\in X,$$

stetig, wenn der Ring $\mathcal{O}_x$ (der konvergenten Potenzreihen) die Folgentopologie trägt.

Beweis: Jeder Punkt $x\in X$ liegt im Innern eines kompakten Polyzylinders $Z\subset X$. Die Einschränkung $\mathcal{O}(X)\to\mathcal{O}(Z)$ ist stetig, wenn $\mathcal{O}(Z)$ die Maximumnorm $|\ |_Z$ trägt. Die Einschränkung $\mathcal{O}(Z)\to\mathcal{O}_x$ ist ebenfalls stetig, [AS], p. 58. □

Für jede natürliche Zahl $l\geq 1$ versehen wir den $\mathbb{C}$-Vektorraum

$$\mathcal{O}^l(X)\cong\prod_1^l \mathcal{O}(X)$$

mit der Produkttopologie. Ist dann $\mathcal{J}$ irgendeine kohärente Untergarbe von $\mathcal{O}^l$, so ist der Schnittmodul $\mathcal{J}(X)$ *abgeschlossen* in $\mathcal{O}^l(X)$ (vgl. IV.4.1) und also ein Fréchetunterraum von $\mathcal{O}^l(X)$. Daher ist auch der Restklassenraum $\mathcal{O}^l(X)/\mathcal{J}(X)$ ein Fréchetraum.

2. Eindeutigkeitssatz. – Es sei nun X irgendein komplexer Raum und $\mathcal{S}$ eine kohärente $\mathcal{O}$-Garbe über X. Es gibt keinen unmittelbaren Begriff der kompakten Konvergenz für Schnittfolgen $s_\nu\in\mathcal{S}(X)$. Um zu einer Fréchettopologie auf dem Raum $\mathcal{S}(X)$ zu gelangen, orientieren wir uns an Satz 3. Jeder Halm $\mathcal{S}_x$, $x\in X$, trägt die natürliche Folgentopologie (vgl. [AS], p. 86ff.). Diese Folgentopologie ist stets *hausdorffsch*. Dies hat, zusammen mit dem Satz von Banach, zur Folge, daß die Verträglichkeitseigenschaft des Satzes 3 für Fréchettopologien bereits signifikant ist:

Satz 4 (Eindeutigkeitssatz): *Es gibt höchstens eine Fréchettopologie auf $\mathcal{S}(X)$, so daß alle Restriktionsabbildungen $\mathcal{S}(X)\to\mathcal{S}_x$, $s\mapsto s_x$, $x\in X$, stetig sind, wenn $\mathcal{S}_x$ die Folgentopologie trägt.*

Beweis: Seien zwei solche Topologien auf $\mathcal{S}(X)$ gegeben. Wir bezeichnen mit V bzw. W die so aus $\mathcal{S}(X)$ entstehenden Frécheträume und versehen $V\times W$ mit der Produkttopologie. Dann sind beide Projektionen $V\times W\to V$ und $V\times W\to W$ stetig, und die Diagonale $\Delta\subset V\times W$ wird bijektiv abgebildet. Wir sind fertig, wenn wir Δ als *abgeschlossen* erkennen, denn dann ist Δ mit der induzierten Topologie ein Fréchetraum und nach dem Satz von Banach also zu V und W homöomorph, d. h. die beiden Topologien auf $\mathcal{S}(X)$ stimmen überein.

Da die Restriktionen $V\to\mathcal{S}_x$ und $W\to\mathcal{S}_x$ stetig sind, so ist auch

$$\lambda_x\colon V\times W\to\mathcal{S}_x\times\mathcal{S}_x, \quad (v,w)\mapsto(v_x,w_x)$$

stetig, wenn $\mathcal{S}_x\times\mathcal{S}_x$ die Produkttopologie trägt, $x\in X$. Da $\mathcal{S}_x$ *hausdorffsch* ist, so ist die Diagonale Δ_x in $\mathcal{S}_x\times\mathcal{S}_x$ abgeschlossen. Also ist auch das Urbild $\lambda_x^{-1}(\Delta_x)$ abgeschlossen in $V\times W$, $x\in X$. Alsdann ist auch der Durchschnitt $\Delta=\bigcap_{x\in X}\lambda_x^{-1}(\Delta_x)$ abgeschlossen in $V\times W$.

3. Existenzsatz. – In diesem Abschnitt wird für jede kohärente Garbe $\mathscr{S}$ über einem komplexen Raum X eine mit den Folgentopologien $\mathscr{S}_x$, $x \in X$, verträgliche Fréchettopologie auf $\mathscr{S}(X)$ konstruiert. Ein einfacher Hilfssatz zeigt, daß es sich um ein lokales Problem handelt.

Hilfssatz: *Es sei $(X_\nu)_{\nu \geq 1}$ eine offene Überdeckung von X, derart, daß jeder Raum $\mathscr{S}(X_\nu)$ eine Fréchettopologie trägt, so daß alle Restriktionen $\mathscr{S}(X_\nu) \to \mathscr{S}_x$, $x \in X_\nu$ stetig sind, $\nu \geq 1$. Dann wird $\mathscr{S}(X)$ vermöge*

$$\iota \colon \mathscr{S}(X) \to V := \prod_{\nu=1}^{\infty} \mathscr{S}(X_\nu), \qquad s \mapsto (s|X_\nu)_{\nu \geq 1},$$

$\mathbb{C}$-linear und bijektiv auf einen abgeschlossenen Unterraum des Fréchetraumes V abgebildet. Vermöge ι wird auf $\mathscr{S}(X)$ eine Fréchettopologie induziert, so daß alle Restriktionen $\mathscr{S}(X) \to \mathscr{S}_x$, $x \in X$, stetig sind.

Beweis: Nach 0. ist V mit der Produkttopologie ein Fréchetraum, die Abbildung ι ist $\mathbb{C}$-linear und wegen $\bigcup_1^\infty X_\nu = X$ *injektiv*. Der Bildraum $\operatorname{Im} \iota \subset V$ besteht aus allen Folgen $(s_\nu)_{\nu \geq 1}$, $s_\nu \in \mathscr{S}(X)$, für die $s_{\alpha x} = s_{\beta x}$ stets dann gilt, wenn $x \in X_\alpha \cap X_\beta$. Um diese Menge besser zu beschreiben, betrachten wir für jeden Punkt $x \in X_\nu$ die $\mathbb{C}$-lineare Abbildung $\eta_{\nu x} \colon V \to \mathscr{S}_x$, die durch Komposition der Projektion $V \to \mathscr{S}(X_\nu)$ mit der Restriktion $\mathscr{S}(X_\nu) \to \mathscr{S}_x$ entsteht und daher stetig ist. Setzt man $I := \{(\mu, \nu, x), x \in X_\mu \cap X_\nu\}$, so ist für jedes Tripel aus I die Menge

$$L(\mu, \nu, x) := \{v \in V, \eta_{\mu x}(v) = \eta_{\nu x}(v)\}$$

ein *abgeschlossener* $\mathbb{C}$-*Untervektorraum* von V.[21] Es gilt nun

$$\operatorname{Im} \iota = \bigcap_{(\mu, \nu, x) \in I} L(\mu, \nu, x);$$

daher ist $\operatorname{Im} \iota$ abgeschlossen in V und somit ein Fréchetraum. Wir transportieren die Fréchettopologie von $\operatorname{Im} \iota$ nach $\mathscr{S}(X)$ vermöge ι^{-1}. Dann ist $\mathscr{S}(X)$ ein Fréchetraum, und jede Restriktion $\zeta_x \colon \mathscr{S}(X) \to \mathscr{S}_x$ ist stetig, denn es gilt $\zeta_x = \eta_{\nu x} \circ \iota$, falls $x \in X_\nu$. □

Es bleibt zu zeigen, daß jeder Punkt $p \in X$ eine offene Umgebung W besitzt, so daß $\mathscr{S}(W)$ eine mit den Folgentopologien $\mathscr{S}_x$, $x \in W$, verträgliche Fréchettopologie hat. Zu jedem Punkt $p \in X$ gibt es eine offene Umgebung $U \Subset X$ und eine *holomorphe Einbettung* $\pi \colon U \to V$ von U in einem Bereich V eines Zahlenraumes $\mathbb{C}^m$. Wir wählen einen kompakten Quader $Q \subset V$ mit $\pi(p) \in \mathring{Q}$ und setzen $P := \pi^{-1}(Q)$. Dann ist (P, π) ein (spezieller) analytischer Quader in U mit $p \in P^0$, wo $P^0 := \pi^{-1}(\mathring{Q})$ das analytische Innere von P ist. Wir nennen (P, π) kurz einen *Meßquader* (in X um p) und behaupten:

[21] Sind $\eta_i \colon A \to B$, $i = 1, 2$, stetige Abbildungen zwischen Hausdorffräumen, so ist die Menge $\{a \in A, \eta_1(a) = \eta_2(a)\}$ abgeschlossen in A.

Hilfssatz: *Ist $\mathscr{S}$ kohärent über X und (P,π) ein Meßquader in X, so gibt es eine Fréchettopologie auf $\mathscr{S}(P^0)$, so daß alle Restriktionen $\mathscr{S}(P^0)\to\mathscr{S}_x$, $x\in P^0$, stetig sind.*

Beweis: Es gibt ein $l\geq 1$ und einen $\mathcal{O}$-Epimorphismus $\varepsilon\colon \mathcal{O}^l(Q)\to\pi_*(\mathscr{S}|U)(Q)$. Wir schränken ε auf $\mathring{Q}$ ein; da $\mathring{Q}$ Steinsch und die Kerngarbe $\mathscr{J}:=\mathscr{K}er\,\varepsilon|\mathring{Q}$ kohärent ist, gewinnen wir die kurze exakte Cohomologiesequenz

$$0\longrightarrow \mathscr{J}(\mathring{Q})\longrightarrow \mathcal{O}^l(\mathring{Q})\xrightarrow{\varepsilon_*}\pi_*(\mathscr{S}|U)(\mathring{Q})\cong\mathscr{S}(P^0)\longrightarrow 0.$$

Mithin ist $\mathscr{S}(P^0)$ algebraisch isomorph zum Restklassenraum $\mathcal{O}^l(\mathring{Q})/\mathscr{J}(\mathring{Q})$, der eine natürliche Fréchet-Restklassentopologie trägt (vgl. Nr. 1). Wir erhalten somit eine Fréchettopologie auf $\mathscr{S}(P^0)$.

Wir müssen zeigen, daß jede Restriktion $\rho_x\colon\mathscr{S}(P^0)\to\mathscr{S}_x$, $x\in P^0$, stetig ist. Sei $z:=\pi(x)$, also $x=\pi^{-1}(z)$ wegen der Injektivität von π. Wir haben ein kommutatives Diagramm

$$\begin{array}{ccccc}
\mathcal{O}^l(\mathring{Q}) & \xrightarrow{\varepsilon_*} & \pi_*(\mathscr{S}|U)(\mathring{Q}) & \cong & \mathscr{S}(P^0)\\
\downarrow{\scriptstyle\omega_z} & & & & \downarrow{\scriptstyle\rho_x}\\
\mathcal{O}^l_z & \xrightarrow{\varepsilon_z} & \pi_*(\mathscr{S}|U)_z & \cong & \mathscr{S}_x
\end{array}$$

mit natürlichen $\mathbb{C}$-linearen Abbildungen. Dabei ist ε_* offen und ε_z ein eo ipso stetiger $\mathcal{O}_z$-Epimorphismus. Die Restriktion ω_z ist stetig nach Nr. 1. Die Folgentopologie des $\mathcal{O}_z$-Moduls $\pi_*(\mathscr{S}|U)_z$ stimmt, da $\mathcal{O}_x$ zu einer Restklassenalgebra von $\mathcal{O}_z$ isomorph ist, mit der Folgentopologie des $\mathcal{O}_x$-Moduls $\mathscr{S}_x$ überein (vgl. [AS], p. 95). Dies alles impliziert die Stetigkeit von ρ_x, $x\in P^0$. □

Aus den beiden Hilfssätzen folgt nun unmittelbar:

Satz 5 (Existenzsatz): *Es sei X ein komplexer Raum (mit abzählbarer Topologie) und $\mathscr{S}$ eine kohärente Garbe über X. Dann gibt es eine Fréchettopologie auf $\mathscr{S}(X)$, so daß alle Restriktionen $\mathscr{S}(X)\to\mathscr{S}_x$, $x\in X$, stetig sind.*

Bemerkung: Im Beweis des zweiten Hilfssatzes wurde Theorem B für *offene* Quader benutzt (nämlich $H^1(\mathring{Q},\mathscr{J})=0$). Wenn man unbedingt möchte, kann man allein mit Theorem B für kompakte Quader auskommen. Man benutzt wie oben den Fréchetraum $F:=\mathcal{O}^l(\mathring{Q})/\mathscr{J}(\mathring{Q})\subset\mathscr{S}(P^0)$ (Gleichheit weiß man jetzt nicht!) und kann, da $\varepsilon_*\colon\mathcal{O}^l(Q)\to\pi_*(\mathscr{S}|U)(Q)\cong\mathscr{S}(P)$ surjektiv ist, eine $\mathbb{C}$-lineare Abbildung $\sigma\colon\mathscr{S}(P)\to F$ mit $\operatorname{Ker}\sigma\subset\{s\in\mathscr{S}(P),\, s|P^0=0\}$ konstruieren. Weiter kann man sich stetige lineare Abbildungen $\varphi_x\colon F\to\mathscr{S}_x$, $x\in P$, verschaffen, so daß $\varphi_x\sigma$ jeweils die Restriktion ist. Der Beweis des Existenzsatzes verläuft nun im wesentlichen wie oben, wenn man im ersten Hilfssatz eine Folge $(P_\nu,\pi_\nu)_{\nu\geq 1}$ von Meßquadern mit $\bigcup_1^\infty P_\nu^0=X$ wählt und V als Produkt der entsprechenden Fréchetsräume $F_\nu\subset\mathscr{S}(P_\nu^0)$ erklärt. □

Wir nennen die durch die Sätze 4 und 5 charakterisierte Fréchettopologie die *kanonische Topologie* auf $\mathcal{S}(X)$, wir denken uns $\mathcal{S}(X)$ stets mit dieser Topologie versehen. Aus Satz 3 und 4 folgt:

Ist X eine komplexe Mannigfaltigkeit, so ist die kanonische Topologie von $\mathcal{O}(X)$ die Topologie der kompakten Konvergenz.

Diese Aussage wird in Satz 8 wesentlich verallgemeinert. Für Konvergenzuntersuchungen ist hilfreich:

Es sei $(s_\nu)_{\nu\geq 0}$ eine Folge von Schnitten $s_\nu \in \mathcal{S}(X)$. Zu jedem Punkt $x\in X$ gebe es eine Umgebung U_x, so daß die Folge $(s_\nu|U_x)_{\nu\geq 1}$ in der kanonischen Topologie von $\mathcal{S}(U_x)$ gegen einen Schnitt $s^{(x)}\in\mathcal{S}(U_x)$ konvergiert. Dann konvergiert die Folge $(s_\nu)_{\nu\geq 1}$ in der kanonischen Topologie von $\mathcal{S}(X)$ gegen einen Schnitt $s\in\mathcal{S}(X)$, dabei gilt $s|U_x=s^{(x)}$ für alle $x\in X$.

Dies folgt unmittelbar aus dem ersten Hilfssatz: die Folge X_ν gewinnt man dabei, da X abzählbare Topologie hat, aus den Umgebungen U_x.

4. Eigenschaften der kanonischen Topologie. – Wir beweisen zunächst für beliebige komplexe Räume

Satz 6: *Die kanonische Topologie auf den Schnittmoduln kohärenter Garben hat folgende Eigenschaften:*

a) *Ist $U\subset X$ offen, so ist die Restriktion $\rho_U: \mathcal{S}(X)\to\mathcal{S}(U)$ stetig.*

b) *Ist $\alpha: \mathcal{S}\to\mathcal{T}$ ein analytischer Homomorphismus zwischen über X kohärenten Garben, so ist die induzierte Abbildung $\alpha_X: \mathcal{S}(X)\to\mathcal{T}(X)$ stetig.*

c) *Ist $f: X\to Y$ eine endliche holomorphe Abbildung, so ist für jede über X kohärente Garbe S der natürliche Isomorphismus $i: f_*(\mathcal{S})(Y)\simeq\mathcal{S}(X)$ topologisch.*

Beweis: In allen Fällen gehen wir analog vor wie beim Beweis des Eindeutigkeitssatzes 3. Wir setzen $V:=\mathcal{S}(X)$ und bilden dazu im Falle

a) $W:=\mathcal{S}(U)$, $\quad C:=\text{Graph}\,\rho_U=\{(s,s|U)\}\subset V\times W$,

b) $W:=\mathcal{T}(X)$, $\quad C:=\text{Graph}\,\alpha_X=\{(s,\alpha_X(s))\}\subset V\times W$,

c) $W:=f_*(\mathcal{S})(Y)$, $\quad C:=\text{Graph}\,i^{-1}=\{(s,i^{-1}(s))\}\subset V\times W$.

Dann ist C jeweils ein abgeschlossener Unterraum des Fréchetraumes $V\times W$: dies folgt aus den Darstellungen

a) $$C=\bigcap_{x\in U}\{(v,w)\in V\times W,\ w_x=v_x\},$$

b) $$C=\bigcap_{x\in X}\{(v,w)\in V\times W,\ w_x=\alpha_x(v_x)\},$$

c) $$C=\bigcap_{y\in Y}\{(v,w)\in V\times W,\ \hat f_x(w_y)=v_x \text{ falls } f(x)=y\},$$

von C als Durchschnitt von ersichtlich abgeschlossenen Unterräumen (alle Restriktionen auf Halme sind stetig!). Die stetige Projektion von $V\times W$ auf V (und auf V und W bei c)) induziert eine bijektive Abbildung des Fréchetraumes C, die nach dem Satz von Banach sogar topologisch ist. Somit folgt in allen Fällen die jeweilige Behauptung. □

In der Situation des Satzes 6, b) ist das α_X-Bild von $\mathscr{S}(X)$ in $\mathscr{T}(X)$ i. allg. *nicht abgeschlossen* in $\mathscr{T}(X)$. Dies liegt daran, daß i. allg. nicht jeder globale Schnitt in $\alpha(\mathscr{S}) \subset \mathscr{T}$ Bild eines Schnittes aus $\mathscr{S}(X)$ ist. Wir zeigen:

Abgeschlossenheitssatz: *Ist $\mathscr{S}$ eine kohärente Untergarbe der kohärenten Garbe $\mathscr{T}$, so ist $\mathscr{S}(X)$ ein abgeschlossener Unterraum von $\mathscr{T}(X)$.*

Beweis: Alle Restriktionen $\mathscr{T}(X) \to \mathscr{T}_x$ sind stetig. Da $\mathscr{S}_x$ abgeschlossen in $\mathscr{T}_x$ liegt, so ist jeweils $\mathscr{T}(X) \cap \mathscr{S}_x$ und daher $\bigcap_{x \in X} (\mathscr{T}(X) \cap \mathscr{S}_x) = \mathscr{S}(X)$ abgeschlossen in $\mathscr{T}(X)$. □

Es ergeben sich interessante Korollare.

Korollar 1: *Ist X Steinsch und $\alpha: \mathscr{S} \to \mathscr{T}$ ein analytischer Homomorphismus zwischen über X kohärenten Garben, so ist $\alpha_X(\mathscr{S}(X))$ abgeschlossen in $\mathscr{T}(X)$.*

Beweis: Der von $\mathscr{S} \to \alpha(\mathscr{S}) \subset \mathscr{T}$ induzierte Homomorphismus $\mathscr{S}(X) \to \alpha(\mathscr{S})(X)$ ist surjektiv, da X Steinsch ist. Es gilt also $\alpha_X(\mathscr{S}(X)) = \alpha(\mathscr{S})(X)$, daher folgt die Behauptung aus dem Abgeschlossenheitssatz. □

Korollar 2: *Es sei $\mathscr{S}$ eine kohärente Garbe über einem Steinschen Raum, es seien $s_1, \ldots, s_l \in \mathscr{S}(X)$ endlich viele Schnitte. Dann ist $\mathcal{O}(X)s_1 + \cdots + \mathcal{O}(X)s_l$ ein abgeschlossener $\mathcal{O}(X)$-Untermodul von $\mathscr{S}(X)$.*

Beweis: Nach Satz 5.4 gilt $\mathcal{O}(X)s_1 + \cdots + \mathcal{O}(X)s_l = \mathscr{S}'(X)$, wo $\mathscr{S}'$ die von $s_1, \ldots, s_l$ erzeugte kohärente $\mathcal{O}$-Untergarbe von $\mathscr{S}$ ist. Nach dem Abgeschlossenheitssatz ist $\mathscr{S}'(X)$ abgeschlossen in $\mathscr{S}(X)$.

Wir sehen insbesondere:

Ist X Steinsch, so ist jedes endlich erzeugbare Ideal I von $\mathcal{O}(X)$ abgeschlossen in $\mathcal{O}(X)$.

Ohne Beweis sei noch notiert:

Approximationssatz von Runge: *Es sei X Steinsch, und es sei (P, π) ein analytischer Quader in X. Dann liegt für jede kohärente $\mathcal{O}$-Garbe $\mathscr{S}$ der Bildraum* Im ρ *der Restriktion $\rho: \mathscr{S}(X) \to \mathscr{S}(P^0)$ dicht in $\mathscr{S}(P^0)$.*

5. Topologisierung von $C^q(\mathfrak{U}, \mathscr{S})$ und $Z^q(\mathfrak{U}, \mathscr{S})$. – Es seien $\mathscr{S}, \mathscr{S}'$, kohärent über X und $\mathfrak{U} = \{U_\iota\}$ eine offene (höchstens abzählbare) Überdeckung von X. Dann ist jeder $\mathbb{C}$-Vektorraum $\mathscr{S}(U_{\iota_0 \ldots \iota_q})$, $U_{\iota_0 \ldots \iota_q} = U_{\iota_0} \cap \cdots \cap U_{\iota_q}$, ein Fréchetraum mit der kanonischen Topologie. Der $\mathbb{C}$-Vektorraum

$$C^q(\mathfrak{U}, \mathscr{S}) = \prod_{\iota_0, \ldots, \iota_q} \mathscr{S}(U_{\iota_0 \ldots \iota_q})$$

der q-Coketten ist also ebenfalls ein Fréchetraum mit der Produkttopologie, $0 \leq q < \infty$. Wir fassen die für diese Räume relevanten Aussagen zusammen in

Satz 7: *Jeder Cokettenraum* $C^q(\mathfrak{U},\mathcal{S})$, $q=0,1,2,\ldots$, *ist ein Fréchetraum. Alle Corandabbildungen* $\partial: C^{q-1}(\mathfrak{U},\mathcal{S})\to C^q(\mathfrak{U},\mathcal{S})$ *sind stetig; jeder Cozyklenraum* $Z^q(\mathfrak{U},\mathcal{S})=\operatorname{Ker}\partial$, $q=0,1,\ldots$, *ist ein Unterfréchetraum von* $C^q(\mathfrak{U},\mathcal{S})$.

Ist $\varphi: \mathcal{S}'\to\mathcal{S}$ *ein* $\mathcal{O}_X$*-Homomorphismus, so ist jede induzierte* ($\mathscr{C}$*-lineare*) *Abbildung* $C^q(\mathfrak{U},\mathcal{S}')\to C^q(\mathfrak{U},\mathcal{S})$ *stetig.*

Beweis: Jede Corandabbildung ∂ ist als endliche Summe von Restriktionsabbildungen stetig nach Satz 6, a). Der Raum $Z^q(\mathfrak{U},\mathcal{S})$ ist als Kern von ∂ abgeschlossen in $C^q(\mathfrak{U},\mathcal{S})$ und also ein Unterfréchetraum von $C^q(\mathfrak{U},\mathcal{S})$.

Die von φ induzierte Abbildung $C^q(\mathfrak{U},\mathcal{S}')\to C^q(\mathfrak{U},\mathcal{S})$ ist stetig, da jede induzierte Abbildung $\mathcal{S}'(U_{\iota_0\ldots\iota_q})\to\mathcal{S}(U_{\iota_0\ldots\iota_q})$ nach Satz 6, b) stetig ist. □

Im Kap. VI, § 3.4 werden wir benötigen:

Die Überdeckung $\mathfrak{U}'=\{U'_\iota\}$ *von X sei feiner als die Überdeckung* $\mathfrak{U}=\{U_\iota\}: U'_\iota\subset U_\iota$ *für alle* $\iota\in I$. *Dann ist jede* $\mathbb{C}$*-lineare Restriktionsabbildung* $\rho: C^q(\mathfrak{U},\mathcal{S})\to C^q(\mathfrak{U}',\mathcal{S})$ *stetig.*

Dies ist klar, da nach Satz 6, a) alle Restriktionen $\mathcal{S}(U_{\iota_0\ldots\iota_q})\to\mathcal{S}(U'_{\iota_0\ldots\iota_q})$ stetig sind. □

Bemerkung: Jeder Corandraum $\operatorname{Im}\partial\subset C^q(\mathfrak{U},\mathcal{S})$ ist ein topologischer $\mathbb{C}$-Vektorraum. Somit ist auch jeder Cohomologiemodul $H^q(\mathfrak{U},\mathcal{S})$ ($\cong\operatorname{Ker}\partial/\operatorname{Im}\partial$) ein topologischer Vektorraum. Man gewinnt so (im Limes) natürliche Topologien auf den Räumen $H^q(X,\mathcal{S})$. Im Falle $q>0$ handelt es sich dabei aber i. allg. *nicht* um Fréchettopologien, denn schon die Corandräume $\operatorname{Im}\partial\subset C^q(\mathfrak{U},\mathcal{S})$ sind für $q>0$ in der Regel nicht abgeschlossen in $C^q(\mathfrak{U},\mathcal{S})$ und also keine Fréchetraume.

6. Reduzierte komplexe Räume und kompakte Konvergenz. – In diesem Abschnitt bezeichnet X einen *reduzierten* komplexen Raum. Der $\mathbb{C}$-Vektorraum $\mathcal{O}(X)$ ist dann ein Unterraum des $\mathbb{C}$-Vektorraumes $\mathscr{C}(X)$ der auf X stetigen, komplexwertigen Funktionen und trägt somit neben der kanonischen Topologie des Satzes 5 auch noch die Topologie der kompakten Konvergenz. Wir bezeichnen mit V und W die so aus $\mathcal{O}(X)$ entstehenden topologischen Vektorräume; dann ist V also ein Fréchetraum, während dies für W nicht ohne weiteres klar ist. Unser Ziel ist, die Gleichung $V=W$ zu zeigen. Dazu bemerken wir zunächst:

Die identische Abbildung id: $V\to W$ *ist stetig.*

Beweis: Es sei $f_i\in V$ eine gegen $f\in V$ konvergierende Folge (in der kanonischen Topologie). Bezeichnet S die analytische Menge der singulären Punkte von X, so konvergiert $f_i|X\setminus S$ kompakt gegen $f|X\setminus A$, denn die Restriktion $\mathcal{O}(X)\to\mathcal{O}(X\setminus S)$ ist stetig (bzgl. der kanonischen Topologie nach Satz 6, a)), und über der komplexen Mannigfaltigkeit $X\setminus S$ stimmen kanonische Topologie und Topologie der kompakten Konvergenz überein (Schlußbemerkung in Nr. 3). Da S nirgends dicht in X liegt, impliziert die kompakte Konvergenz auf $X\setminus S$ die kompakte Konvergenz von f_i gegen f auf ganz X. □

Der Satz von Banach hat nun sofort zur Folge:

Ist W *ein Fréchetraum, so gilt* $V=W$. □

Nach bekannten Sätzen der Infinitesimalrechnung ist der Raum $\mathscr{C}(X)$ aller auf X stetigen Funktionen ein Fréchetraum. Alles läuft somit darauf hinaus zu zeigen:

Lemma: *Der Raum* $W=\mathcal{O}(X)\subset\mathscr{C}(X)$ *liegt abgeschlossen in* $\mathscr{C}(X)$.

Beweis: Es sei $f_i\in\mathcal{O}(X)$ eine Folge, die kompakt gegen $f\in\mathscr{C}(X)$ konvergiert. Nach Satz 2 gilt $f|X\setminus S\in\mathcal{O}(X\setminus S)$, wenn S den in X nirgends dichten singulären Ort von X bezeichnet (vgl. Kap. A, § 3.7). Ist nun X bereits normal, so folgt $f\in\mathcal{O}(X)$ nach dem Riemannschen Hebbarkeitssatz (Kap. A, § 3.8). Für normale Räume stimmen somit kanonische Topologie und Topologie der kompakten Konvergenz überein.

Im allgemeinen Fall wählen wir eine Normalisierung $\xi\colon\tilde{X}\to X$ von X. Die geliftete Folge $\tilde{f}_i:=f_i\circ\xi$ konvergiert dann in der kanonischen Topologie von $\mathcal{O}(\tilde{X})$ gegen $\tilde{f}:=f\circ\xi\in\mathcal{O}(\tilde{X})$. Da ξ endlich ist, so ist mithin nach Satz 6, c) der Schnitt $\xi_*(\tilde{f})\in\xi_*(\mathcal{O}_{\tilde{X}})(X)$ der Limes der Folge $\xi_*(\tilde{f}_i)\in\xi_*(\mathcal{O}_{\tilde{X}})(X)$ in der kanonischen Topologie des Vektorraumes $\xi_*(\mathcal{O}_X)(X)$ der globalen Schnitte in der kohärenten $\mathcal{O}_X$-Garbe $\xi_*(\mathcal{O}_X)$. Nun liegt $\mathcal{O}(X)$ bezüglich der kanonischen Topologie abgeschlossen in $\xi_*(\mathcal{O}_{\tilde{X}})(X)$ nach Abschn. 4, denn $\mathcal{O}_X$ ist $\mathcal{O}_X$-Untergarbe von $\xi_*(\mathcal{O}_{\tilde{X}})$. Da $f_i=\xi_*(\tilde{f}_i)$ wegen $f_i\in\mathcal{O}(X)$, so folgt somit $\xi_*(\tilde{f})\in\mathcal{O}(X)$. Nun stimmen die auf X stetigen Funktionen f und $\xi_*(\tilde{f})$ in $X\setminus S$ überein, da ξ hier biholomorph ist. Da S nirgends dicht in X liegt, folgt $f=\xi_*(\tilde{f})$ und also $f\in\mathcal{O}(X)$. □

Insgesamt ist somit bewiesen:

Satz 8: *Ist X ein reduzierter komplexer Raum, so ist die Topologie der kompakten Konvergenz auf dem Vektorraum $\mathcal{O}(X)$ der in X holomorphen Funktionen eine Fréchettopologie, die mit der kanonischen Topologie von $\mathcal{O}(X)$ übereinstimmt.*

7. Konvergente Reihen. – In diesem Abschnitt bezeichnet $(X,\mathcal{O}_X)$ wieder einen beliebigen komplexen Raum und $(X,\mathcal{O}_{\mathrm{red}\,X})$ seine Reduktion. Ist $(f_\nu)_{\nu\geq 1}, f_\nu\in\mathcal{O}_X(X)$, eine Folge, so ist wohldefiniert, was es heißt, daß die Reihe $\sum_{\nu=1}^{\infty} f_\nu$ in der kanonischen Topologie von $\mathcal{O}_X(X)$ gegen $f\in\mathcal{O}_X(X)$ konvergiert. Alsdann konvergiert die „reduzierte" Reihe $\sum_{\nu=1}^{\infty}\mathrm{red}\,f_\nu$, wo $\mathrm{red}\,f_\nu\in\mathcal{O}_{\mathrm{red}\,X}(X)$, kompakt gegen $\mathrm{red}\,f$ (etwa nach Satz 6, b)). Aus der kompakten Konvergenz von $\sum_{\nu=1}^{\infty}\mathrm{red}\,f_\nu$ folgt aber i. allg. keineswegs, daß $\sum_{\nu=1}^{\infty} f_\nu$ in $\mathcal{O}_X(X)$ existiert. Als Beispiel betrachten wir folgenden abgeschlossenen komplexen Unterraum X der z-Ebene $\mathbb{C}$:

$$X:=\bigcup_{n=1}^{\infty}\{x_n\}\subset\mathbb{C}\quad\text{mit}\quad x_n:=n\,,\qquad \mathcal{O}_X=\bigcup_{n=1}^{\infty}\mathcal{O}_{X,x_n}\quad\text{mit}\quad \mathcal{O}_{X,x_n}:=\mathcal{O}_{\mathbb{C},x_n}/(z-x_n)^n\,\mathcal{O}_{\mathbb{C},x_n},$$

und auf X die Folge

$$f_\nu:=(f_{1\nu},\ldots,f_{n\nu},\ldots)\quad\text{mit}\quad f_{n\nu}:=\nu(z-x_n)\ \text{modulo}\ (z-x_n)^n\,\mathcal{O}_{\mathbb{C},x_n}.$$

Dann gilt stets $\operatorname{red} f_\nu = 0$ und also $\sum_{\nu=1}^{\infty} \operatorname{red} f_\nu = 0$, indessen ist keine Reihe $\sum_{\nu=1}^{\infty} f_\nu^m$, $m = 1, 2, \ldots$, konvergent in $\mathcal{O}_X(X)$. Jedoch hat $\sum_{\nu=1}^{\infty} f_\nu^\nu$ in $\mathcal{O}_X(X)$ einen Limes $\neq 0$, da $f_\nu^\nu = (\underbrace{0, \ldots, 0}_{\nu \text{ Stellen}}, *, \ldots)$.

Dies Beispiel ist bereits signifikant für die allgemeine Situation, wir werden nämlich nun zeigen:

Satz 9 (Konvergenzsatz): *Es sei X irgendein komplexer Raum und $(f_\nu)_{\nu \geq 1}$, $f_\nu \in \mathcal{O}_X(X)$, eine Folge, so daß die reduzierte Reihe $\sum_{\nu=1}^{\infty} \operatorname{red} f_\nu$ in $\mathcal{O}_{\operatorname{red} X}(X)$ konvergiert.*

Dann gibt es eine Folge $(m_\nu)_{\nu \geq 1}$ natürlicher Zahlen ≥ 1, so daß jede Reihe $\sum_{\nu=1}^{\infty} f_\nu^{n_\nu}$ in $\mathcal{O}_X(X)$ konvergiert, sobald $n_\nu \geq m_\nu$.

Zum Beweis konstruieren wir eine Folge $(|\ \ |_i)_{i \geq 1}$ von Seminormen auf $\mathcal{O}_X(X)$ und zu jedem i eine Folge $(l_{i\nu})_{\nu \geq 1}$ natürlicher Zahlen ≥ 1, so daß gilt:

1) *Die Seminormen $|\ \ |_i$, $i \geq 1$, bestimmen die Fréchettopologie von $\mathcal{O}_X(X)$.*

2) *Die Reihen $\sum_{\nu=1}^{\infty} |f_\nu^{k_\nu}|_i$ reeller Zahlen konvergieren, sobald $k_\nu \geq l_{i\nu}$.*

Definiert man alsdann

$$m_\nu := \max\{l_{1\nu}, l_{2\nu}, \ldots, l_{\nu\nu}\},$$

so konvergiert jede Reihe $\sum_{\nu=1}^{\infty} f_\nu^{n_\nu}$, $n_\nu \geq m_\nu$, für jede dieser Seminormen $|\ \ |_i$ und also in der Fréchettopologie von $\mathcal{O}_X(X)$.

Jeder Meßquader (P, π) in X (im Sinne von Abschnitt 3) bestimmt wie folgt eine Seminorm $|\ \ |_\pi$ auf $\mathcal{O}_X(X)$: da $\pi\colon U \to V$ eine holomorphe Einbettung einer in X offenen Menge $U \neq \emptyset$ in einen Bereich V eines Zahlenraumes und $P = \pi^{-1}(Q)$ das Urbild eines kompakten Quaders $Q \subset V$ mit $\mathring{Q} \neq \emptyset$ ist, so hat man einen $\mathcal{O}_V$-Epimorphismus

$$\varepsilon\colon \mathcal{O}_V \to \pi_*(\mathcal{O}_U).$$

Da Q Steinsch ist, induziert ε einen Epimorphismus

$$\varepsilon_Q\colon \mathcal{O}_V(Q) \to \pi_*(\mathcal{O}_U)(Q) = \mathcal{O}_U(P)$$

der Schnittmoduln. Man setze:

$$|f|_\pi := \inf\{|g|_Q, g \in \mathcal{O}(Q), \varepsilon_Q(g) = f|P\}, \qquad f \in \mathcal{O}_X(X).\text{[22]}$$

[22] Der Leser bemerke die Analogie dieser Konstruktion zur Konstruktion „guter“ Seminormen im Kap. IV, § 4.1.

Ein Meßquader (P,π) werde *ausgezeichnet* genannt, wenn U relativ-kompakt in X liegt und V ein Steinscher Bereich ist. Da X abzählbare Topologie hat, gibt es eine Folge (P_i,π_i) von ausgezeichneten Meßquadern in X, so daß die relativ kompakten Mengen $\bigcup_{i=1}^{n} P_i^0$, $n=1,2,\ldots$ den Raum X ausschöpfen. Dann ist nach Definition der kanonischen Topologie klar, daß für jede solche Folge die Folge $(|\ \ |_i)_{i\geq 1}$ mit $|\ \ |_i := |\ \ |_{\pi_i}$ die Fréchettopologie von $\mathcal{O}_X(X)$ bestimmt; obige Bedingung 1) ist also mit von ausgezeichneten Meßquadern herrührenden Seminormen erfüllbar.

Wir werden nun folgendes Lemma beweisen:

Lemma: *Es sei* $q := \frac{1}{2}$ *und* (P,π) *ein ausgezeichneter Meßquader in* X. *Dann gibt es ein* $l = l(\pi) \in \mathbb{N}$ *und ein* $t = t(\pi) > 0$ *mit folgender Eigenschaft:*

Zu jeder Funktion $f \in \mathcal{O}_X(U)$ *mit* $|f|_U < t$ *existiert eine Konstante* $M_f > 0$, *so daß gilt:*

$$|f^k|_\pi \leq M_f \cdot q^k \quad \textit{für alle} \quad k > l.$$

Wählt man alsdann $l_\nu > l$ jeweils so groß, daß $M_{f_\nu} \cdot q^{l_\nu} \leq 2^{-\nu}$, $\nu \geq 1$, so gilt $\sum_{\nu=1}^{\infty} |f_\nu^{k_\nu}|_\pi < \infty$, sobald $k_\nu \geq l_\nu$, denn die (kompakte) Konvergenz der reduzierten Reihe $\sum_{\nu=1}^{\infty} \operatorname{red} f_\nu$ impliziert, da U relativ-kompakt in X liegt, die Existenz eines Index $j = j(U)$, so daß $|f_\nu|_U < t$ für alle $\nu \geq j$ gilt; daraus folgt dann $|f_\nu^{k_\nu}|_\pi \leq 2^{-\nu}$ für alle $k_\nu \geq l_\nu$, $\nu \geq j$. Man kann daher auch zusätzlich zu 1) die Bedingung 2) erfüllen.

Wir kommen nun zum Beweis des Lemmas. Wir gehen aus vom Epimorphismus $\varepsilon\colon \mathcal{O}_V \to \pi_*(\mathcal{O}_U)$. Wir identifizieren $\pi_*(\mathcal{O}_U)$ mit $\mathcal{O}_V/\mathcal{I}$, wo $\mathcal{I} := \mathcal{K}er\,\varepsilon$. Dann dürfen wir weiter annehmen: $\pi_*(\mathcal{O}_{\operatorname{red} U}) = \mathcal{O}_V/\operatorname{rad}\mathcal{I}$, wo $\operatorname{rad}\mathcal{I}$ das Nilradikal von $\mathcal{I}$ ist. Da V Steinsch ist, induzieren ε bzw. $\rho\colon \mathcal{O}_V \to \mathcal{O}_V/\operatorname{rad}\mathcal{I}$ Epimorphismen $\varepsilon_V\colon \mathcal{O}_V(V) \to \pi_*(\mathcal{O}_U)(V)$ bzw. $\rho_V\colon \mathcal{O}(V) \to \pi_*(\mathcal{O}_{\operatorname{red} U})(V)$ der Schnittmoduln. Identifiziert man schließlich noch $\pi_*(\mathcal{O}_U)(V)$ mit $\mathcal{O}_X(U)$ und $\pi_*(\mathcal{O}_{\operatorname{red} U})(V)$ mit $\mathcal{O}_{\operatorname{red} X}(U)$, so hat man ein kommutatives Dreieck

$$\begin{array}{ccc} & \mathcal{O}_V(V) & \\ {}^{\varepsilon}\swarrow & & \searrow^{\rho} \\ \mathcal{O}_X(U) & \xrightarrow{\operatorname{red}} & \mathcal{O}_{\operatorname{red} X}(U) \end{array}$$

von *stetigen*, $\mathbb{C}$-*linearen Epimorphismen*, wobei diese Vektorräume jeweils ihre kanonische Fréchettopologie tragen (es bezeichnet red den vom Reduktionsepimorphismus $\mathcal{O}_X \to \mathcal{O}_{\operatorname{red} X}$ über den Steinschen Bereich $U \subset X$ induzierten Schnittmodulepimorphismus, wir schreiben der Einfachheit halber ε, ρ statt ε_V, ρ_V). Wir beginnen mit folgendem

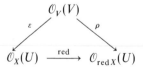

Hilfssatz: *Zu jedem* $r \in \mathbb{R}$, $0<r<1$, *gibt es ein* $t>0$, *so daß zu jedem* $f \in \mathcal{O}_X(U)$ *mit* $|f|_U < t$ *ein* $g \in \mathcal{O}_V(V)$ *existiert mit*

$$\rho(g) = \operatorname{red} f \quad \textit{und} \quad |g|_Q \leq r\,.$$

Beweis: Nach dem Satz von Banach ist ρ offen. Da $W := \{h \in \mathcal{O}_V(V), |h|_Q \leq r\}$ eine Nullumgebung in $\mathcal{O}_V(V)$ ist, so umfaßt $\rho(W)$ eine Nullumgebung von $\mathcal{O}_{\operatorname{red} X}(U)$, d.h. es gibt ein Kompaktum $K \subset U$ und ein $t>0$, so daß gilt: $\{v \in \mathcal{O}_{\operatorname{red} X}(U), |v|_K < t\} \subset \rho(W)$. Insbesondere gibt es dann zu jedem $f \in \mathcal{O}_X(U)$ mit $|f|_U < t$ ein $g \in \mathcal{O}_V(V)$ mit $|g|_Q \leq r$ und $\rho(g) = \operatorname{red} f$. □

Wir beweisen nun das Lemma. Da $Q \subset V$ kompakt ist, gibt es ein $l \geq 1$, so daß gilt $(\operatorname{rad} \mathscr{I})^l | Q \subset \mathscr{I} | Q$. Sei $t>0$ gemäß des Hilfssatzes zu $r := \frac{q}{2}$ gewählt. Sei $f \in \mathcal{O}_X(U)$ beliebig mit $|f|_U < t$. Es gibt ein $h \in \mathcal{O}_V(V)$ mit $\varepsilon(h) = f$ und (nach dem Hilfssatz) ein $g \in \mathcal{O}_V(V)$ mit $\rho(g) = \operatorname{red} f$ und $|g|_Q \leq r$. Für $v := h - g \in \mathcal{O}_V(V)$ gilt $\rho(v) = 0$, d.h. $v \in (\mathscr{K}\!er\, \rho)(V) = (\operatorname{rad} \mathscr{I})(V)$, also

$$v^l | Q \in \mathscr{I}(Q)\,.$$

Dann gilt

$$y_k | Q \in \mathscr{I}(Q) \quad \text{für} \quad y_k := \sum_{\mu > l}^{k} \binom{k}{\mu} g^{k-\mu} v^\mu \in \mathcal{O}_V(V)\,, \qquad k = l+1,\ l+2, \ldots.$$

Setzt man noch

$$x_k := \sum_{\mu=0}^{l} \binom{k}{\mu} g^{k-\mu} v^\mu \in \mathcal{O}_V(V)\,, \qquad k > l\,,$$

so ist

$$h^k = (g+v)^k = x_k + y_k\,, \quad \text{also} \quad f^k = \varepsilon(h^k) = \varepsilon(x_k) + \varepsilon(y_k) \quad \text{für alle} \quad k > l\,.$$

Wegen $y_k | Q \in \mathscr{I}(Q)$ ist $\varepsilon(y_k | Q) = 0$, also $f^k | P = \varepsilon(x_k | Q) = \varepsilon_Q(x_k)$ für $k > l$. Daher folgt

$$|f^k|_\pi \leq |x_k|_Q \quad \text{für alle} \quad k > l$$

nach Definition der Seminorm $|\ \ |_\pi$. Wegen $|g|_Q \leq r$ können wir $|x_k|_Q$ wie folgt abschätzen:

$$|x_k|_Q \leq \sum_{\mu=0}^{l} \binom{k}{\mu} |g|_Q^{k-\mu} \cdot |v|_Q^\mu = r^k \sum_{\mu=0}^{l} \binom{k}{\mu} (|g|_Q^{-1} |v|_Q)^\mu\,.$$

Die Zahl

$$M_f := \max_{1 \leq \mu \leq l} \{(|g|_Q^{-1} |v|_Q)^\mu\} \in \mathbb{R}$$

hängt, da l fixiert ist, nur von f ab, wegen $\sum_{\mu=0}^{l}\binom{k}{\mu}\le\sum_{\mu=0}^{k}\binom{k}{\mu}=2^k$ und $q=2r$ folgt:

$$|x_k|_Q\le r^k M_f 2^k = M_f\cdot q^k \quad \text{für alle} \quad k>l.$$

Damit ist das Lemma und also auch Satz 9 bewiesen. □

Als Anwendung des Konvergenzsatzes zeigen wir nun, daß der im Kap. IV, § 2.5 bewiesene Satz 12 für *beliebige*, holomorph-konvexe Räume X gilt. Wir hatten dort zu einer vorgegebenen unendlichen, diskreten Menge $D\subset X$ und einer Familie $\{r_p\}_{p\in D}$ reeller Zahlen $r_p>0$ eine Folge $(h_\nu)_{\nu\ge 0}$, $h_\nu\in\mathcal{O}(X)$, konstruiert, so daß jede Reihe $\sum_{\nu=0}^{\infty}(\operatorname{red} h_\nu)^{m_\nu}$, $m_\nu\ge 1$ monoton wachsend, kompakt gegen eine Funktion $g\in\mathscr{C}(X)$ konvergiert, so daß gilt $|g(p)|\ge r_p$ für alle $p\in D$ (vgl. die Bemerkung am Schluß von Kap. IV, § 2.5). Nach dem Konvergenzsatz 9 kann man nun die m_ν speziell so wählen, daß die Reihe $\sum_{\nu=0}^{\infty}h_\nu^{m_\nu}$ in $\mathcal{O}(X)$ gegen eine Funktion $h\in\mathcal{O}(X)$ konvergiert. Da $\operatorname{red}\colon\mathcal{O}_X\to\mathcal{O}_{\operatorname{red}X}$ stetig ist, so gilt $\operatorname{red}h=g$ und also $|h(p)|\ge r_p$ für alle $p\in D$, womit alles gezeigt ist. □

Es sei hier noch auf einen zweiten, weitaus anspruchsvolleren Beweis des Satzes 12 aus Kap. IV, § 2.5 hingewiesen. Man stützt sich auf folgenden „Reduktionssatz", zu dessen Beweis allerdings der große Kohärenzsatz benötigt wird:

Zu jedem schwach holomorph-konvexen, komplexen Raum X gibt es eine holomorphe Abbildung $\zeta\colon X\to\check{X}$ von X auf einen Steinschen Raum $\check{X}$, so daß folgendes gilt:

1) *ζ ist eigentlich, alle Fasern $\zeta^{-1}(\zeta(x))$, $x\in X$, sind zusammenhängend.*
2) *ζ induziert einen Isomorphismus $\zeta^*\colon\mathcal{O}_{\check{X}}(\check{X})\to\mathcal{O}_X(X)$.*

Hieraus ergibt sich Satz 12, sogar für schwach holomorph-konvexe Räume X, in drei Zeilen: ist D diskret und unendlich in X, so ist $\zeta(D)$ wegen der Eigentlichkeit von ζ diskret und unendlich in $\check{X}$. Da $\check{X}$ Steinsch ist, gibt es ein $\check{h}\in\mathcal{O}_{\check{X}}(\check{X})$, so daß für jeden Punkt $p\in D$ gilt: $|\check{h}(\zeta(p))|\ge r_p$. Für $h:=\zeta^*(\check{h})\in\mathcal{O}_X(X)$ gilt dann $|h(p)|\ge r_p$ für alle $p\in D$. □

Wir sehen speziell:

Jeder schwach holomorph-konvexe Raum X ist holomorph-konvex.

Diese Aussage geht auf K.-W. Wiegmann zurück: Strukturen auf Quotienten komplexer Räume, Comm. Math. Helv. **44**, 93–116 (1969).

§ 7. Charaktertheorie Steinscher Algebren

Eine $\mathbb{C}$-Algebra heißt eine *Steinsche Algebra*, wenn sie algebraisch isomorph ist zu einer $\mathbb{C}$-Algebra $\mathcal{O}(X)$ der auf einem Steinschen Raum X holomorphen Funktionen. In diesem Paragraph wird mittels Charaktertheorie gezeigt, daß endlich-dimensionale Steinsche Räume *vollständig* durch ihre Steinschen Algebren bestimmt sind.

Es bezeichnet X stets einen komplexen Raum und $T := \mathcal{O}(X)$ die $\mathbb{C}$-Algebra aller auf X holomorphen Funktionen.

1. Charaktere und Charakterideale. – Jeder $\mathbb{C}$-Algebrahomomorphismus $\chi: T \to \mathbb{C}$ heißt ein *Charakter (von T)*, das Ideal $\operatorname{Ker}\chi \subset T$ heißt *Charakterideal.* Charakterideale sind *maximale* Ideale in T, ein Charakter ist eindeutig durch sein Charakterideal bestimmt.

Jeder Punkt $p \in X$ bestimmt den *Punktcharakter* $\chi_p: T \to \mathbb{C}$, $f \mapsto f(p)$, es gilt:

$$\operatorname{Ker}\chi_p = \{f \in T, f_p \in \mathfrak{m}(\mathcal{O}_p)\}.$$

Jeder Punktcharakter χ_p *ist stetig* (wenn T die kanonische Fréchettopologie trägt), denn χ_p ist das Produkt der stetigen Restriktion $\mathcal{O}(X) \to \mathcal{O}_p$ mit der stetigen Restklassenabbildung $\mathcal{O}_p \to \mathcal{O}_p/\mathfrak{m}(\mathcal{O}_p) = \mathbb{C}$.

Verschiedene Punkte können denselben Punktcharakter bestimmen, z. B. bei kompakten Räumen. Trivial ist:

Ist X holomorph-separabel, so gilt $\chi_p \neq \chi_q$ *für alle* $p, q \in X$, $p \neq q$.

Es kann Charaktere geben, die nicht Punktcharaktere sind, dies ist z. B. nach Satz 5.7 für alle nicht Steinschen Bereiche in Zahlenräumen der Fall.

Die folgende Bemerkung ist nützlich:

(∗) *Ist X Steinsch und* $I \neq T$ *ein Ideal in T, so hat jede endliche Menge* $\{f_1, \ldots, f_l\} \subset I$ *wenigstens eine gemeinsame Nullstelle* $p \in X$.

Beweis: Hätten $f_1, \ldots, f_l$ keine gemeinsame Nullstelle, so bestände nach Satz 5.5 eine Gleichung $1 = \sum_{i=1}^{l} g_i f_i$ mit Funktionen $g_i \in T$. Es folgt der Widerspruch $1 \in I$. □

Als unmittelbare Folgerung aus (∗) notieren wir:

Ist X Steinsch, so gibt es zu jedem endlich erzeugbaren maximalen Ideal M in T genau einen Punkt $p \in X$, *so daß gilt:* $M = \operatorname{Ker}\chi_p$.

Beweis: Sei $M = Tf_1 + \cdots + Tf_l$. Nach (∗) haben $f_1, \ldots, f_l$ eine gemeinsame Nullstelle $p \in X$. Es folgt $M \subset \operatorname{Ker}\chi_p$, also $M = \operatorname{Ker}\chi_p$ wegen der Maximalität von M. Da X holomorph-separabel ist, ist p eindeutig bestimmt. □

Wir zeigen nun

Satz 1: *Es sei X ein Steinscher Raum, es sei* $p \in X$ *ein Punkt, und es sei I ein von endlich vielen Funktionen* $h_1, \ldots, h_l \in T$ *erzeugtes Ideal in T. Dann sind folgende Aussagen äquivalent:*

i) *p ist die einzige gemeinsame Nullstelle der* $h_1, \ldots, h_l$, *und die Keime* $h_{1p}, \ldots, h_{lp} \in \mathcal{O}_p$ *erzeugen das Ideal* $\mathfrak{m}(\mathcal{O}_p)$.

ii) $I^s = \{f \in T, f_p \in \mathfrak{m}(\mathcal{O}_p)^s\}$ *für alle* $s = 1, 2, \ldots$.

iii) $I = \operatorname{Ker}\chi_p$.

Beweis: i) ⇒ ii): Sei $s \geq 1$ fest. Für die von den endlich vielen Schnitten $h_1^{\nu_1} \cdot h_2^{\nu_2} \cdot \cdots \cdot h_l^{\nu_l} \in T$, $\nu_1 + \cdots + \nu_l = s$, über X erzeugte Idealgarbe $\mathscr{J}$ gilt dann $\mathscr{J}_p = \mathfrak{m}(\mathcal{O}_p)^s$, $\mathscr{J}_x = \mathcal{O}_x$ für $x \neq p$; also $\mathscr{J}(X) = \{f \in T, f_p \in \mathfrak{m}(\mathcal{O}_p)^s\}$. Die Produkte $h_1^{\nu_1} \cdot h_2^{\nu_2} \cdot \cdots \cdot h_l^{\nu_l}$, $\nu_1 + \cdots + \nu_l = s$, erzeugen in T das Ideal I^s, nach Satz 5.4 folgt: $I^s = \mathscr{J}(X)$.

ii) ⇒ iii): Klar wegen $\operatorname{Ker} \chi_p = \{f \in T, f_p \in \mathfrak{m}(\mathcal{O}_p)\}$.

iii) ⇒ i): Da zu jedem $q \in X \setminus p$ ein $f \in T$ mit $f(q) = 1$, $f(p) = 0$ existiert, so ist p die einzige simultane Nullstelle der $h_1, \ldots, h_l$ in X. Nach Satz 4.3, v) existieren Funktionen $g_1, \ldots, g_t \in T$, deren Keime in p das Ideal $\mathfrak{m}(\mathcal{O}_p)$ erzeugen. Da $g_1, \ldots, g_t \in \operatorname{Ker} \chi_p = I$, so erzeugen auch die Keime $h_{1p}, \ldots, h_{lp}$ das Ideal $\mathfrak{m}(\mathcal{O}_p)$.

2. Endlichkeitslemma für Charakterideale. – Ziel dieses Abschnittes ist der Beweis von

Satz 2 (Endlichkeitslemma): *Es sei X ein endlich-dimensionaler Steinscher Raum. Dann ist jeder Charakter $\chi: T \to \mathbb{C}$ ein Punktcharakter χ_p mit endlich erzeugbarem Charakterideal* $\operatorname{Ker} \chi$.

Den Beweis stützen wir auf folgenden dimensionstheoretischen

Hilfssatz: *Es sei A eine d-dimensionale analytische Menge in einem Steinschen Raum X, $1 \leq d < \infty$. Dann existiert eine holomorphe Funktion $g \in T$, so daß jede Menge $A \cap \{x \in X, g(x) = c\}$, $c \in \mathbb{C}$, höchstens $(d-1)$-dimensional ist.*

Beweis: Es gibt d-dimensionale Primkomponenten von A. Auf jeder solchen Komponente A_i wählen wir 2 verschiedene Punkte p_i, q_i, die keiner anderen Primkomponente von A angehören (vgl. hierzu Kap. A, § 3.5–6). Die Menge D aller dieser Punkte p_i, q_i ist diskret in X. Nach § 4.1 gibt es eine Funktion $g \in T$, die auf D lauter verschiedene Werte hat. Hätte nun eine Menge $A_c := A \cap \{x \in X, g(x) = c\} \subset A$ die Dimension d, so hätten A_c und A eine gemeinsame d-dimensionale Primkomponente A_i. Dann wäre $g(p_i) = g(q_i) = c$, was unmöglich ist. Es folgt $\dim A_c \leq d-1$ für alle $c \in \mathbb{C}$. □

Wir beweisen nun Satz 2. Sei χ irgendein Charakter von T. Sei $m := \dim X$. Falls $m \geq 1$, so sei $g_1 \in T$ zu $A := X$ gemäß des Hilfssatzes gewählt. Es gilt $h_1 := g_1 - \chi(g_1) \in \operatorname{Ker} \chi$, daher ist die Menge $X_1 := \{x \in X, h_1(x) = 0\}$ nicht leer, nach dem Hilfssatz gilt $m_1 := \dim X_1 < m$. Falls $m_1 \geq 1$, so sei $g_2 \in T$ zu $A := X_1$ gemäß des Hilfssatzes gewählt. Mit $h_2 := g_2 - \chi(g_2) \in \operatorname{Ker} \chi$ gilt $X_2 := \{x \in X, h_1(x) = h_2(x) = 0\} \neq \emptyset$ wegen (*); da $X_2 = X_1 \cap \{x \in X, h_2(x) = 0\}$, so folgt $m_2 := \dim X_2 < m_1$. So fortfahrend gewinnt man nach höchstens m Schritten eine 0dimensionale, nichtleere Menge $X_k = \{x \in X, h_1(x) = h_2(x) = \cdots = h_k(x) = 0\}$ mit Funktionen $h_1, \ldots, h_k \in \operatorname{Ker} \chi$. Da X_k diskret in X ist, gibt es nach § 4.1 eine Funktion $g_0 \in T$, die X_k injektiv in $\mathbb{C}$ abbildet. Setzt man noch $h_0 := g_0 - \chi(g_0)$, so besteht die gemeinsame Nullstellenmenge der $h_0, h_1, \ldots, h_k \in \operatorname{Ker} \chi$, die wegen (*) nicht leer ist, aus genau einem Punkt $p \in X$. Dann folgt $h(p) = 0$ für alle $h \in \operatorname{Ker} \chi$ wegen (*), d.h. $\operatorname{Ker} \chi \subset \operatorname{Ker} \chi_p$, d.h. $\operatorname{Ker} \chi = \operatorname{Ker} \chi_p$ wegen der Maximalität von $\operatorname{Ker} \chi$. Wir sehen $\chi = \chi_p$.

Nach Satz 4.3 gibt es weiter endlich viele Funktionen $h_{k+1}, \ldots, h_l \in T$, deren Keime in p das Ideal $\mathfrak{m}(\mathcal{O}_p)$ erzeugen. Nach Satz 1 wird dann $\operatorname{Ker}\chi_p$ von den Elementen $h_0, h_1, \ldots, h_l \in T$ erzeugt. □

Korollar: *Ist X Steinsch und endlich-dimensional, so ist jeder Charakter χ stetig und jedes Charakterideal* $\operatorname{Ker}\chi$ *abgeschlossen in T bzgl. der kanonischen Fréchettopologie von T.*

Dies ist klar, da χ nach Satz 2 ein Punktcharakter ist.

Bemerkung 1: Die im Satz 2 gemachte Voraussetzung, daß X Steinsch ist, ist *unentbehrlich.* So wird in [18] eine 3dimensionale komplexe Mannigfaltigkeit Y konstruiert, die Punkte $p \in Y$ besitzt, deren Charakterideale $\operatorname{Ker}\chi_p$ in $\mathcal{O}(Y)$ *nicht* endlich erzeugbar sind. Die Algebra $\mathcal{O}(Y)$ ist also *keine* Steinsche Algebra. Es gibt in Y eine analytische Menge A, so daß der Restraum $Y \setminus A$ ein verzweigtes holomorph-separables Gebiet über dem $\mathbb{C}^3$ ist, dessen Funktionenalgebra $\mathcal{O}(Y \setminus A)$ zu $\mathcal{O}(Y)$ isomorph ist. Mithin existieren holomorph-separable Gebiete G über dem $\mathbb{C}^3$, deren Algebren $\mathcal{O}(G)$ nicht Steinsch sind.

Bemerkung 2: Die im Satz 2 gemachte Voraussetzung, daß X endlich-dimensional ist, ist *entbehrlich.* In der Tat gilt folgende

Verschärfung von Satz 2: *Ist X ein Steinscher Raum, so sind folgende Aussagen über ein maximales Ideal $M \subset T$ äquivalent:*

i) *M ist abgeschlossen in T bzgl. der kanonischen Fréchettopologie.*
ii) *Es gibt einen Punkt $p \in X$, so daß gilt: $M = \operatorname{Ker}\chi_p$.*
iii) *M ist endlich erzeugbar.*

Wir wollen etwas zum Beweis sagen. Die Hauptschwierigkeit macht die Implikation i) ⇒ ii). Man benötigt folgenden

Satz von H. Cartan: *Es sei X Steinsch und $I \neq T$ ein abgeschlossenes Ideal in T. Dann ist die von I erzeugte Idealgarbe $\mathcal{I}$ kohärent und es gilt: $I = \mathcal{I}(X)$.*

Dieser Satz wird in [CAS] bewiesen; als Korollar erhält man folgende Verschärfung der Aussage (∗) des Abschnittes 1:

($^*_*$) *Ist X Steinsch, so hat jedes abgeschlossene Ideal $I \neq T$ mindestens eine Nullstelle $p \in X$.*

Hätte nämlich I keine Nullstelle, so wäre stets $\mathcal{I}_x = \mathcal{O}_x$, d. h. $\mathcal{I} = \mathcal{O}$ und also $I = T$ nach dem Satz von Cartan, was nicht der Fall ist.

Aus ($^*_*$) folgt i) ⇒ ii) unmittelbar.

Um die Implikation ii) ⇒ iii) zu verifizieren, konstruiert man zunächst zu $p \in X$ endlich viele Funktionen $h_1, \ldots, h_k \in \operatorname{Ker}\chi_p$, die auf dem Vereinigungsraum X' aller durch p laufenden Primkomponenten außer p keine weitere gemeinsame Nullstelle in X' haben (der Raum X' ist Steinsch und endlich-dimensional!). Dazu nimmt man noch eine Funktion $h_{k+1} \in \operatorname{Ker}\chi_p$, die auf $X \setminus X'$ nirgends verschwindet. (Bezeichnet $\tilde{X}$ die Vereinigung aller nicht durch p laufenden Primkomponenten von X, so ist $Y := \{p\} \cup \tilde{X}$ in natürlicher Weise ein abgeschlossener komplexer Unterraum von X, und die Funktion $h \in \mathcal{O}_Y(Y)$ mit $h(p) = Y$ und

$h|\tilde{X}=1$ ist nach Satz 4.4 zu einer Funktion $h_{k+1}\in\mathcal{O}(X)$ fortsetzbar!) Fügt man noch Funktionen $g_1,\ldots,g_t\in\operatorname{Ker}\chi_p$ hinzu, deren Keime in p das Ideal $\mathfrak{m}(\mathcal{O}_p)$ erzeugen, so hat man nach Satz 1 ein endliches Erzeugendensystem von $\operatorname{Ker}\chi_p$.

Die Implikationen iii) $\Rightarrow$ ii) $\Rightarrow$ i) sind klar.

Bemerkung 3: In jeder Steinschen Algebra T, die zu einem komplexen Raum X gehört, der eine diskrete unendliche Menge D besitzt, gibt es maximale Ideale, die nicht endlich erzeugbar sind: die Menge $L := \{f\in T, f(x)=0$ für *fast alle* $x\in D\}$ erzeugt ein nullstellenfreies Ideal $I\neq T$; nach dem *Zornschen Lemma* ist I in einem *maximalen Ideal* $M\subset T$ enthalten; dies Ideal M ist *nicht endlich erzeugbar;* es liegt *dicht* in T, da sonst $\bar{M}\neq T$ ein M echt umfassendes Ideal wäre.

3. Die Homöomorphie $\Xi: X\to X(T)$. – Für jeden komplexen Raum X mit $\mathbb{C}$-Algebra $T=\mathcal{O}(X)$ nennen wir die Menge $X(T)$ aller Charaktere $\chi: T\to\mathbb{C}$ das (*analytische*) *Spektrum* von X. Man hat die kanonische Abbildung

$$\Xi: X\to X(T), \qquad x\mapsto\chi_x;$$

Ξ ist genau dann injektiv, wenn X holomorph-separabel ist.

Wir versehen $X(T)$ mit der sog. *schwachen Topologie:* eine Basis der offenen Umgebungen eines Charakters χ bilden die Mengen

$$V(\chi; f_1,\ldots,f_n;\varepsilon) := \{\varphi\in X(T): |\varphi(f_1)-\chi(f_1)|<\varepsilon,\ldots,|\varphi(f_n)-\chi(f_n)|<\varepsilon\},$$

wo ε alle positiven reellen Zahlen und $\{f_1,\ldots,f_n\}$ alle endlichen Mengen von T durchläuft. Dann folgt sofort:

$\Xi: X\to X(T)$ *ist stetig.*

Beweis: Für jede Menge $V := V(\chi; f_1,\ldots,f_n;\varepsilon)$ gilt

$$\Xi^{-1}(V)=\{x\in X; |f_1(x)-\chi(f_1)|<\varepsilon,\ldots,|f_n(x)-\chi(f_n)|<\varepsilon\}$$

und diese Menge ist offen in X. □

Wir zeigen nun unter Verwendung des verallgemeinerten Einbettungssatzes aus § 1.1:

Satz 3: *Folgende Aussagen über einen endlich-dimensionalen, komplexen Raum X sind äquivalent:*

i) *X ist Steinsch.*

ii) *$\Xi: X\to X(T)$ ist ein Homöomorphismus.*

Beweis: i) $\Rightarrow$ ii): Da Ξ injektiv und nach Satz 2 surjektiv ist, bleibt nur die *Offenheit* von Ξ zu zeigen. Sei also $p\in X$ und U eine Umgebung von p in X. Um ein $V := V(\chi_p; f_1,\ldots,f_n;\varepsilon)$ mit $V\subset\Xi(U)$ anzugeben, haben wir Funktionen $f_1,\ldots,f_n\in T$ und ein $\varepsilon>0$ zu bestimmen, so daß gilt:

$$\{x\in X: |f_1(x)-f_1(p)|<\varepsilon,\ldots,|f_n(x)-f_n(p)|<\varepsilon\}\subset U.$$

Da X endlich-dimensional ist, existieren nach dem verallgemeinerten Einbettungssatz endlich viele Funktionen $f_1, \ldots, f_n \in T$, so daß X durch die Gleichungen $z_\nu = f_\nu(x)$, $\nu = 1, \ldots, n$, homöomorph auf einen abgeschlossenen topologischen Unterraum des $\mathbb{C}^n$ abgebildet wird. Da die Polyzylinder $\{(z_1, \ldots, z_n) \in \mathbb{C}^n, |z_\nu - f_\nu(p)| < r, \nu = 1, \ldots, n\}$, $r > 0$, eine Umgebungsbasis von $(f_1(p), \ldots, f_n(p)) \in \mathbb{C}^n$ bilden, so bilden die Mengen

$$W_r := \{x \in X, |f_\nu(x) - f_\nu(p)| < r, \nu = 1, \ldots, n\}, \quad r > 0$$

eine Umgebungsbasis von p in X. Es gibt daher ein $\varepsilon > 0$ mit $W_\varepsilon \subset U$.

ii) $\Rightarrow$ i): Der Raum X ist holomorph-separabel, da Ξ injektiv ist. Um zu zeigen, daß X holomorph-konvex ist, sei K ein Kompaktum in X und $\hat{K}$ die holomorph-konvexe Hülle von K in X. Um einzusehen, daß $\hat{K}$ kompakt ist, genügt es nachzuweisen, daß jeder Ultrafilter $\mathfrak{F}$ auf $\hat{K}$ eines Limes $p \in X$ hat. Für jedes $f \in T$ ist $f(\mathfrak{F})$ eine Ultrafilterbasis auf der kompakten Kreisscheibe $\{z \in \mathbb{C}, |z| \leq |f|_K < \infty\}$ in $\mathbb{C}$, daher existiert $\lim f(\mathfrak{F}) \in \mathbb{C}$.

Die Abbildung $f \mapsto \lim f(\mathfrak{F})$, $f \in T$, ist offensichtlich ein Charakter, wegen der Surjektivität von Ξ gibt es also einen Punkt $p \in X$, so daß für alle $f \in T$ gilt: $f(p) = \lim f(\mathfrak{F})$. Mithin ist $\Xi(\mathfrak{F})$ eine Ultrafilterbasis in $X(T)$, die in der (schwachen) Topologie von $X(T)$ gegen $\chi_p = \Xi(p)$ konvergiert: $\Xi(p) = \lim \Xi(\mathfrak{F})$. Da Ξ^{-1} stetig ist, folgt $p = \lim \mathfrak{F}$. □

Wir haben oben im Beweis von i) $\Rightarrow$ ii) offenbar auch gezeigt:

Zusatz zu Satz 3: *Ist X ein endlich-dimensionaler Steinscher Raum, so gibt es zu jedem Charakter $\chi \in X(T)$ endlich viele Elemente $h_1, \ldots, h_n \in \mathrm{Ker}\,\chi$, so daß das System $\{U_\delta\}_{\delta > 0}$, $U_\delta := V(\chi; h_1, \ldots, h_n, \delta)$, bereits eine Umgebungsbasis von χ in $X(T)$ bildet (man setze $h_i := f_i - f_i(p)$!).*

Bemerkung 1: Die Implikation ii) $\Rightarrow$ i) des Satzes 3 wurde von R. Iwahashi angegeben. Es sei bemerkt, daß für Bereiche X in Zahlenräumen nach dem Satz von Igusa (Satz 5.7) die Bijektivität von Ξ allein bereits impliziert, daß X Steinsch ist; dann ist Ξ also von selbst eine topologische Abbildung.

Bemerkung 2: Wie im Satz 2 ist auch im Satz 3 die Voraussetzung, daß X endlich-dimensional ist, überflüssig. Im obigen Beweis ii) $\Rightarrow$ i) wird nämlich $\dim X < \infty$ nirgends benutzt, den Beweis der Implikation i) $\Rightarrow$ ii) modifiziert man so: Ξ ist injektiv und nach dem verschärften Satz 2 auch surjektiv. Zum endlich-dimensionalen Steinschen Raum X', der aus der Vereinigung aller Primkomponenten von X durch p besteht, verschafft man sich wie oben Funktionen $f_1, \ldots, f_n \in T$, die X' injektiv und eigentlich in den $\mathbb{C}^n$ abbilden. Dazu nimmt man noch ein $f_{n+1} \in \mathrm{Ker}\,\chi_p$ mit $f_{n+1}|(X \setminus X') \equiv 1$. Für hinreichend kleines $\varepsilon > 0$ liegt dann $\{x \in X, |f_\nu(x) - f_\nu(p)| < \varepsilon, 1 \leq \nu \leq n+1\}$ in U.

Bemerkung 3: Die Verwendung des Einbettungssatzes im Beweis von Satz 3 scheint unumgänglich. Im Beweis von Satz 2 reichte noch der viel schwächere dimensionstheoretische Hilfssatz aus.

4. Komplex-analytische Struktur von $X(T)$. – Es sei $p \in X$ ein beliebiger Punkt des komplexen Raumes X, sei $T = \mathcal{O}(X)$. Der Beschränkungshomomorphismus $\tau: T \to \mathcal{O}_p$ bildet $I := \operatorname{Ker} \chi_p$ in $\mathfrak{m} := \mathfrak{m}(\mathcal{O}_p)$ ab und induziert daher für jedes $n = 1, 2, \ldots$ einen $\mathbb{C}$-Algebrahomomorphismus $\tau_n: T/I^n \to \mathcal{O}_p/\mathfrak{m}^n$, so daß untenstehendes Diagramm (wo die senkrechten Pfeile die Restklassenhomomorphismen bezeichnen) kommutativ ist.

$$\begin{array}{ccc} T & \xrightarrow{\tau} & \mathcal{O}_p \\ \downarrow & & \downarrow \\ T/I^n & \xrightarrow{\tau_n} & \mathcal{O}_p/\mathfrak{m}^n. \end{array}$$

Wir zeigen:

Lemma: *Ist X Steinsch und endlich-dimensional, so ist jede Abbildung $\tau_n: T/I^n \to \mathcal{O}_p/\mathfrak{m}^n$ bijektiv.*

Beweis: Sei n fest. Wir beweisen zunächst, daß τ_n surjektiv ist. Sei $\bar{f}_p \in \mathcal{O}_p/\mathfrak{m}^n$ und $f_p \in \mathcal{O}_p$ ein Urbild. Nach Satz 4.2 gibt es ein $h \in T$ mit $h_p - f_p \in \mathfrak{m}^n$. Für die Restklasse $\bar{h}$ von h in T/I^n folgt $\tau_n(\bar{h}) = \bar{f}_p$.

Wir zeigen weiter, daß τ_n injektiv ist. Sei $\bar{g} \in T/I^n$ und $\tau_n(\bar{g}) = 0$. Wir wählen ein Urbild $g \in T$ von $\bar{g}$. Dann gilt $\tau(g) \in \mathfrak{m}^n$. Da I nach Satz 2 endlich erzeugbar ist, so folgt $g \in I^n$ nach Satz 1, ii), also $\bar{g} = 0$. □

Wir betrachten nun für jeden Charakter $\chi \in X(T)$ die *Komplettierung* $\hat{T}_\chi$ *von* T *bzgl. der* $\operatorname{Ker}\chi$*-adischen Topologie*, also

$$\hat{T}_\chi = \varprojlim T/(\operatorname{Ker}\chi)^n .$$

Die Komplettierung von $\mathcal{O}_p$ bezüglich der $\mathfrak{m}(\mathcal{O}_p)$-adischen Topologie wird mit $\hat{\mathcal{O}}_p$ bezeichnet, also $\hat{\mathcal{O}}_p = \varprojlim \mathcal{O}_p/(\mathfrak{m}(\mathcal{O}_p))^n$. Aus dem Lemma folgt dann

Satz 4: *Es sei X ein endlich-dimensionaler Steinscher Raum und $\chi: T \to \mathbb{C}$ ein Charakter. Dann induziert die Restriktion $T \to \mathcal{O}_{\Xi^{-1}(\chi)}$ einen $\mathbb{C}$-Algebraisomorphismus*

$$\hat{\tau}_\chi: \hat{T}_\chi \simeq \hat{\mathcal{O}}_{\Xi^{-1}(\chi)} .$$

Beweis: Klar, da alle Abbildungen $\tau_n: T/I^n \to \mathcal{O}_p/\mathfrak{m}^n$ Isomorphismen sind. □

Wir setzen nun

$$T_\chi := \hat{\tau}_\chi^{-1}(\mathcal{O}_{\Xi^{-1}(\chi)}), \qquad \tau_\chi := \hat{\tau}_\chi | T_\chi .$$

Dann ist $\tau_\chi: T_\chi \to \mathcal{O}_{\Xi^{-1}(\chi)}$ ein $\mathbb{C}$-Algebrahomomorphismus, insbesondere sind $\hat{T}_\chi$ und T_χ *noethersche* $\mathbb{C}$*-Stellenalgebren.* Der natürliche $\mathbb{C}$-Homomorphismus $j_\chi: T \to \hat{T}_\chi$ hat das Ideal $\bigcap_{\nu=1}^{\infty} (\operatorname{Ker}\chi)^\nu$ zum Kern und *bildet* $\operatorname{Ker}\chi$ *in das maximale Ideal* $\mathfrak{m}(T_\chi)$ *von* T_χ *ab, dabei ist* $j_\chi(\operatorname{Ker}\chi)$ *ein* $\hat{T}_\chi$*-Erzeugendensystem des maximalen*

Ideals $\mathfrak{m}(T_\chi)$ *von* T_χ. Wir haben das untenstehende kommutative Diagramm, wo die senkrechten Pfeile die Injektionen bezeichnen.

$$\begin{array}{ccccc} & & T & & \\ & \swarrow^{j_\chi} & & \searrow^{\tau} & \\ T_\chi & & \xrightarrow[\tau_\chi]{\sim} & & \mathcal{O}_{\Xi^{-1}(\chi)} \\ \downarrow & & & & \downarrow \\ \hat{T}_\chi & & \xrightarrow[\hat{\tau}_\chi]{\sim} & & \hat{\mathcal{O}}_{\Xi^{-1}(\chi)} \, . \end{array}$$

Es ergibt sich nun schnell folgende invariante Beschreibung der Algebren T_χ und $\hat{T}_\chi$.

Satz 5: *Es sei T eine endlich-dimensionale Steinsche Algebra, es sei* $\chi \in X(T)$, *und es seien* $g_1, \ldots, g_n \in j_\chi(\operatorname{Ker} \chi)$. *Dann konvergiert in der* $\mathfrak{m}(\hat{T}_\chi)$*-adischen Topologie jede formale Potenzreihe* $\sum_0^\infty a_{\nu_1 \ldots \nu_n} g_1^{\nu_1} \cdot \cdots \cdot g_n^{\nu_n}$, $a_{\nu_1 \ldots \nu_n} \in \mathbb{C}$, *gegen ein (eindeutig bestimmtes) Element* $g \in \hat{T}_\chi$; *dabei gilt* $g \in T_\chi$ *sicher dann, wenn die Reihe* $\sum_0^\infty a_{\nu_1 \ldots \nu_n} z_1^{\nu_1} \cdot \cdots \cdot z_n^{\nu_n}$ *in einer Umgebung von* $0 \in \mathbb{C}^n$ *kompakt konvergiert.*

Ist $h_1, \ldots, h_l \in \operatorname{Ker} \chi$ *ein Erzeugendensystem von* $\operatorname{Ker} \chi$, *so ist jedes* $f \in \hat{T}_\chi$ *(bzw.* T_χ*) eine formale (bzw. konvergente) Potenzreihe in* $f_1 := j_\chi(h_1), \ldots, f_l := j_\chi(h_l)$.

Beweis: Zu jeder analytischen $\mathbb{C}$-Stellenalgebra $\mathcal{O}_p$ mit Komplettierung $\hat{\mathcal{O}}_p$ gibt es einen $\mathbb{C}$-Epimorphismus einer Algebra $\mathbb{C}[[Y_1, \ldots, Y_t]]$ von formalen Potenzreihen in endlich vielen Unbestimmten $Y_1, \ldots, Y_t$ auf $\hat{\mathcal{O}}_p$, der die $\mathbb{C}$-Unteralgebra der konvergenten Potenzreihen *auf* $\mathcal{O}_p$ abbildet. Aus der elementaren Theorie dieser Restklassenalgebren folgt unmittelbar, daß jede formale Potenzreihe in irgendwelchen Elementen $v_1, \ldots, v_n \in \mathfrak{m}(\mathcal{O}_p)$ in der $\mathfrak{m}(\hat{\mathcal{O}}_p)$-adischen Topologie ein Element $v \in \hat{\mathcal{O}}_p$ darstellt, wobei $v \in \mathcal{O}_p$ sicher dann gilt, wenn eine konvergente Potenzreihe vorliegt. Ist $\{w_1, \ldots, w_l\} \subset \mathfrak{m}(\mathcal{O}_p)$ ein $\hat{\mathcal{O}}_p$-Erzeugendensystem von $\mathfrak{m}(\hat{\mathcal{O}}_p)$, so ist weiter klar, daß jedes $w \in \hat{\mathcal{O}}_p$ bereits eine Potenzreihe in $w_1, \ldots, w_l$ ist.

Beachtet man nun, daß jedes T-Erzeugendensystem von $\operatorname{Ker} \chi$ vermöge j_χ in ein $\hat{T}_\chi$-Erzeugendensystem von $\mathfrak{m}(\hat{T}_\chi)$ überführt wird, so folgen alle Behauptungen von Satz 5 sofort aus obigem Diagramm. □

Es ist nun leicht, das analytische Spektrum $X(T)$ einer endlich-dimensionalen Steinschen Algebra T mit einer komplex-analytischen Strukturgarbe $\mathcal{T}$ zu versehen. Zunächst macht man $X(T)$ zu einem topologischen Raum, indem man $X(T)$ mit der schwachen Topologie versieht. Es sei dann

$$\mathcal{T} := \bigcup_{\chi \in X(T)} T_\chi ,$$

weiter bezeichne $\pi: \mathcal{T} \to X(T)$ die aus den „Halmprojektionen" $T_\chi \to \chi$ gewonnene Abbildung. Wir führen wie folgt eine Topologie in $\mathcal{T}$ ein:

Es sei $\chi \in X(T)$ fest und $\{h_1, \ldots, h_l\}$ ein Erzeugendensystem von $\operatorname{Ker} \chi$. Ist dann $f \in T_\chi$ beliebig, so gibt es nach Satz 5 eine Potenzreihe $P = P(z_1, \ldots, z_l) =$

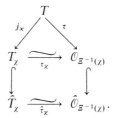

$\sum_0^\infty a_{\nu_1\ldots\nu_l} z_1^{\nu_1}\cdot\cdots\cdot z_l^{\nu_l}$, die in einem Polyzylinder $Z_\varepsilon := \{|z_i| < \varepsilon, 1 \le i \le l\}$ mit von f abhängendem Radius $\varepsilon = \varepsilon(f)$ um $0 \in \mathbb{C}^l$ konvergiert, so daß gilt: $f = P(f_1, \ldots, f_l)$ mit $f_i := j_\chi(h_i)$. Nach dem Zusatz zu Satz 3 bilden bei geeigneter Wahl der $h_1, \ldots, h_l$ die Mengen $U_\delta := \{\varphi \in X(T), |\varphi(h_i)| < \delta, 1 \le i \le l\}$, $\delta > 0$, eine Umgebungsbasis von χ in $X(T)$; für alle $\delta < \varepsilon$ konvergiert die Reihe P um $0 := (\varphi(h_1), \ldots, \varphi(h_l)) \in Z_\varepsilon$. Daher läßt sich P in *eindeutiger Weise* zu einer Potenzreihe $P_\varphi = \sum_0^\infty a_{\nu_1\ldots\nu_l}(\varphi) z_1^{\nu_1}\cdot\cdots\cdot z_l^{\nu_l}$ umordnen, die um $0 \in \mathbb{C}^l$ konvergiert, und für die gilt:

$$P_\varphi(z_1 - \varphi(h_1), \ldots, z_l - \varphi(h_l)) = P(z_1, \ldots, z_l) \quad \text{für alle} \quad (z_1, \ldots, z_l) \text{ nahe bei } 0.$$

Da $h_i - \varphi(h_i) \in \operatorname{Ker} \varphi$, so folgt $f_\varphi := P_\varphi(f_1 - \varphi(h_1), \ldots, f_l - \varphi(h_l)) \in T_\varphi$ nach Satz 5, es ist natürlich $f_\chi = f$. Wir setzen

$$W_\delta(f) := \{f_\varphi, \varphi \in U_\delta\}, \qquad \delta < \varepsilon = \varepsilon(f).$$

Als Topologie in $\mathcal{T}$ wählen wir nun die von all diesen Mengen $W_\delta(f)$, $f \in \mathcal{T}$, erzeugte Topologie. Es ist nun Routine zu zeigen:

$(\mathcal{T}, \pi, X(T))$ ist eine Garbe von $\mathbb{C}$-Stellenalgebren über $X(T)$ mit den Halmen $\mathcal{T}_\chi = T_\chi$.

Wir setzen weiter:

$$\tau^* := \bigcup_{\chi \in X(T)} \tau_\chi, \qquad \text{wobei} \quad \tau_\chi : T_\chi \simeq \mathcal{O}_{\Xi^{-1}(\chi)}.$$

Dann haben wir das kommutative Diagramm

$$\begin{array}{ccc} \mathcal{O} & \xleftarrow{\ \tau^*\ } & \mathcal{T} \\ \big\downarrow & & \big\downarrow \pi \\ X & \xrightarrow{\ \Xi\ } & X(T), \end{array}$$

und (Ξ, τ^*) ist ein Isomorphismus beringter Räume $(X, \mathcal{O}) \to (X(T), \mathcal{T})$. Insgesamt sehen wir so, daß der Raum $(X, \mathcal{O})$ vollständig aus T rekonstruierbar ist:

Satz 6: *Es sei $(X, \mathcal{O})$ ein endlich-dimensionaler Steinscher Raum mit Steinscher Algebra $T = \mathcal{O}(X)$. Dann ist der beringte Raum $(X(T), \mathcal{T})$ kanonisch zu $(X, \mathcal{O})$ isomorph (und also insbesondere Steinsch).*

Es ist im übrigen leicht einzusehen, daß die Zuordnung

$$(X, \mathcal{O}_X) \rightsquigarrow T := \mathcal{O}_X(X), \qquad T \rightsquigarrow (X(T), \mathcal{T})$$

von endlich-dimensionalen Steinschen Räumen zu ihren Algebren einerseits, und von endlich-dimensionalen Steinschen Algebren zu ihren analytischen Spektren andererseits jeweils ein *kontravarianter* Funktor ist. Man gelangt dann schnell zu folgendem Ergebnis:

Die Kategorie der endlich-dimensionalen Steinschen Räume und die Kategorie der endlich-dimensionalen Steinschen Algebren sind antiäquivalent.

Dabei erweist es sich als belanglos, ob man Steinsche Algebren zusätzlich als *Fréchetalgebren* und entsprechend Morphismen zwischen Steinschen Algebren als *stetige* $\mathbb{C}$-Algebrahomomorphismen oder nur als $\mathbb{C}$-Algebrahomomorphismen voraussetzt. Es ist nämlich einfach zu zeigen:

Eine Steinsche Algebra T besitzt genau eine Topologie, so daß T eine Fréchetalgebra ist.

Jeder $\mathbb{C}$-Algebrahomomorphismus einer endlich-dimensionalen Steinschen Algebra in eine zweite Steinsche Algebra ist stetig.

Im obigen Antiäquivalenzsatz ist die Voraussetzung „endlich-dimensional" wieder entbehrlich, wir verweisen den Leser zur vertiefenden Lektüre auf [CAS] und [14].

Kapitel VI. Endlichkeitssatz

Wir wissen nach Kap. V, § 1.2, daß für kohärente Garben $\mathcal{S}$ über *kompakten* komplexen Räumen X fast alle Cohomologiegruppen $H^q(X,\mathcal{S})$ verschwinden. In diesem Kapitel wird bewiesen

Endlichkeitssatz (Cartan, Serre [10, ENS_2]): *Es sei X ein kompakter komplexer Raum. Dann sind für jede über X kohärente Garbe $\mathcal{S}$ alle Cohomologiemoduln $H^q(X,\mathcal{S})$, $0 \leq q < \infty$, endlich-dimensionale $\mathbb{C}$-Vektorräume.*

Die Beweisidee ist einfach zu skizzieren: Sind $\mathfrak{V}, \mathfrak{W}$ zwei Steinsche Überdeckungen von X mit $\mathfrak{V} < \mathfrak{W}$, so sind im kommutativen Diagramm

$$\begin{array}{ccccc} Z^q(\mathfrak{W},\mathcal{S}) & \longrightarrow & Z^q(\mathfrak{V},\mathcal{S}) & & \\ \downarrow{\scriptstyle\psi} & & \downarrow{\scriptstyle\varphi} & & \\ H^q(\mathfrak{W},\mathcal{S}) & \xrightarrow{\sim} & H^q(\mathfrak{V},\mathcal{S}) & \xrightarrow{\sim} & H^q(X,\mathcal{S}) \end{array}$$

die untenstehenden Abbildungen bijektiv. Da ψ surjektiv ist, so folgt

$$\varphi(Z^q(\mathfrak{W},\mathcal{S})|\mathfrak{V}) = H^q(\mathfrak{V},\mathcal{S}).$$

Wir werden nun, *wenn X kompakt ist*, zeigen, daß man zu vorgegebener Garbe $\mathcal{S}$ die Überdeckungen $\mathfrak{V}, \mathfrak{W}$ so wählen kann, daß zu gegebenem $q \geq 0$ *endlich viele* Cozyklen $\xi_1, \ldots, \xi_d \in Z^q(\mathfrak{V},\mathcal{S})$ existieren, so daß gilt:

$$Z^q(\mathfrak{W},\mathcal{S})|\mathfrak{V} \subset \sum_1^d \mathbb{C}\,\xi_i + \partial C^{q-1}(\mathfrak{V},\mathcal{S}).$$

Wegen $\operatorname{Ker}\varphi = \partial C^{q-1}(\mathfrak{V},\mathcal{S})$ gilt dann

$$H^q(\mathfrak{V},\mathcal{S}) = \sum_1^d \mathbb{C}\,\varphi(\xi_i), \quad \text{d. h.} \quad \dim_{\mathbb{C}} H^q(X,\mathcal{S}) \leq d < \infty.$$

Der Beweis in [10], Exp. XVII von Cartan und Serre benutzt ein Endlichkeitslemma von L. Schwartz über vollstetige lineare Abbildungen zwischen Fréchet-Räumen. Der Beweis, der im folgenden mitgeteilt wird, stützt sich statt dessen auf das klassische Schwarzsche Lemma der Funktionentheorie. Anstelle der Maximumnorm wird die einfacher zu handhabende Hilbertnorm im Raum der quadrat-integrierbaren Funktionen verwendet, die auf S. Bergman zurückgeht.

Nach klassischem Vorbild werden *monotone* Orthogonalbasen mittels Minimalfunktionen konstruiert. Die *Glättung von Cozyklen* erfolgt in einfacher Weise mit Hilfe des Banachschen Offenheitssatzes.

Es sei gesagt, daß sich die Methode so ausbauen läßt, daß sie zu einem Beweis des allgemeinen Endlichkeitssatzes über die *Kohärenz der Bildgarben bei eigentlichen holomorphen Abbildungen* führt, dabei wird allerdings die Glättung erheblich komplizierter.

§ 1. Quadrat-integrierbare holomorphe Funktionen

Im Zahlenraum $\mathbb{C}^m$ mit den Koordinaten $z_\mu = x_\mu + i y_\mu$, $1 \le \mu \le m$, wird das euklidische Volumenelement durch $do := dx_1 dy_1 \ldots dx_m dy_m$ gegeben. Für jeden Bereich $B \subset \mathbb{C}^m$ ist der Raum $\mathcal{O}_h(B)$ der bzgl. do in B quadrat-integrierbaren holomorphen Funktionen ein *Hilbertraum;* die Injektion $\mathcal{O}_h(B) \hookrightarrow \mathcal{O}(B)$ ist kompakt, wenn $\mathcal{O}(B)$ die Fréchettopologie trägt (Satz 4). Für die Räume $\mathcal{O}_h^k(B)$ wird ein Schwarzsches Lemma bewiesen.

1. Der Raum $\mathcal{O}_h(B)$. – Für jede Funktion $f \in \mathcal{O}(B)$ setzen wir:

$$\|f\|_B^2 := \int_B |f(z)|^2 \, do \le \infty .$$

Die Menge der in B *quadrat-integrierbaren* holomorphen Funktionen

$$\mathcal{O}_h(B) := \{f \in \mathcal{O}(B), \|f\|_B < \infty\}$$

ist ein *normierter* $\mathbb{C}$-Vektorraum (aber keine $\mathbb{C}$-Algebra!) mit $\| \ \|_B$ als Norm. Es gilt stets:

(1) $\|f\|_B \le \sqrt{\operatorname{vol} B}\, |f|_B$, $\operatorname{vol} B :=$ euklidisches Volumen von B; für beschränkte Bereiche B gehören also alle beschränkten Funktionen aus $\mathcal{O}(B)$ zu $\mathcal{O}_h(B)$.

Aus (1) folgt unmittelbar:

(2) *Ist* $\operatorname{vol} B$ *endlich (etwa B beschränkt), und konvergiert die Folge* $f_j \in \mathcal{O}_h(B)$ *gleichmäßig in B gegen* $f \in \mathcal{O}(B)$, *so gilt:*

$$f \in \mathcal{O}_h(B), \quad \lim_j \|f_j - f\|_B = 0 \quad \textit{und} \quad \lim_j \|f_j\|_B = \|f\|_B .$$

Der Leser beachte, daß kompakte Konvergenz i. allg. nicht $\| \ \|_B$-Konvergenz impliziert; z. B. hat die Monomfolge νz^ν im Einheitskreis E keinen $\| \ \|_E$-Limes.

Aus den vorstehenden Bemerkungen folgt insbesondere:

(3) *Ist B' ein relativ-kompakter Teilbereich eines Gebietes B, so gilt* $\mathcal{O}(B) \subset \mathcal{O}_h(B')$, *und die „Restriktion“* $\mathcal{O}(B) \to \mathcal{O}_h(B')$ *ist stetig (wenn* $\mathcal{O}(B)$ *die Fréchettopologie und* $\mathcal{O}_h(B')$ *die* $\| \ \|_{B'}$*-Topologie trägt).*

Im Raum $\mathcal{O}_h(B)$ wird ein *positiv-definites Hermitesches Skalarprodukt* durch

$$(f,g)_B := \int_B f(z)\overline{g(z)}\,do\,, \qquad f,g \in \mathcal{O}_h(B)\,,$$

definiert; die zugehörige Norm ist $\| \ \|_B$; es gilt die Schwarzsche Ungleichung $|(f,g)_B| \le \|f\|_B \|g\|_B$. Die explizite Berechnung von $(\ ,\ )_B$ ist selten möglich; für Polyzylinder D gilt:

Satz 1 (Orthogonalitätsrelationen): *Es sei* $D := E_1 \times \cdots \times E_m$ *mit*

$$E_j := \{z_j \in \mathbb{C}, |z_j| < r_j\}\,, \qquad r_j > 0\,;$$

es seien $z^\mu := z_1^{\mu_1} \cdot \ldots \cdot z_m^{\mu_m}$, $z^\nu := z_1^{\nu_1} \cdot \ldots \cdot z_m^{\nu_m}$ *zwei Monome,* $\mu_j \ge 0$, $\nu_j \ge 0$. *Dann gilt:*

$$(z^\mu, z^\nu)_D = 0 \quad \textit{für} \quad \mu \neq \nu\,; \qquad \|z^\nu\|_D^2 = \pi^m \frac{r_1^{2\nu_1+2}}{\nu_1+1} \cdot \ldots \cdot \frac{r_m^{2\nu_m+2}}{\nu_m+1}\,.$$

Beweis: Nach dem Satz von Fubini gilt $(z^\mu, z^\nu)_D = \prod_{j=1}^m (z_j^{\mu_j}, z_j^{\nu_j})_{E_j}$; mit $z_j = \rho e^{i\varphi}$ folgt die Behauptung aus den Gleichungen:

$$(z_j^{\mu_j}, z_j^{\nu_j})_{E_j} = \int_0^{r_j} \int_0^{2\pi} \rho^{\mu_j+\nu_j+1} e^{i(\mu_j-\nu_j)\varphi}\, d\varphi\, d\rho\,.$$

2. Bergmansche Ungleichung. – In der Integrationstheorie wird gezeigt:

(4) $$\|f\|_B = \sup_{B' \subset B} \|f\|_{B'}\,, \qquad f \in \mathcal{O}(B)\,,$$

wo B' alle relativ-kompakten Teilbereiche von B durchläuft. Damit folgt schnell:

Satz 2 (Vollständigkeitsrelationen): *Ist D ein Polyzylinder um* $0 \in \mathbb{C}^m$, *so gilt:*

$$\|f\|_D^2 = \sum_0^\infty |a_\nu|^2 \|z^\nu\|_D^2 \quad \textit{für alle} \quad f = \sum_0^\infty a_\nu z^\nu \in \mathcal{O}(D)\,.$$

Beweis: Da die Taylorpolynome $\sum_0^{<\infty} a_\nu z^\nu$ auf jedem konzentrischen Polyzylinder $D' \ll D$ gleichmäßig gegen $f|D'$ konvergieren, so gilt nach (2) und Satz 1:

$$\|f\|_{D'}^2 = \lim \left\| \sum_0^{<\infty} a_\nu z^\nu \right\|_{D'} = \lim \left(\sum_0^{<\infty} |a_\nu|^2 \|z^\nu\|_{D'}^2 \right) = \sum_0^\infty |a_\nu|^2 \|z^\nu\|_{D'}^2\,.$$

Aus (4) folgt die Behauptung

$$\|f\|_D^2 = \sup_{D' \ll D} \sum_0^\infty |a_\nu|^2 \|z^\nu\|_{D'}^2 = \sum_0^\infty |a_\nu|^2 \sup_{D' \ll D} \|z^\nu\|_{D'}^2 = \sum_0^\infty |a_\nu|^2 \|z^\nu\|_D^2\,. \qquad \square$$

Die Vollständigkeitsrelationen, die u. a. beinhalten, daß $\mathcal{O}_h(D)$ ein Hilbertraum mit den Monomen z^ν als Orthogonalbasis ist, liefern „Cauchysche Ungleichungen"

$$|a_\nu| \leq \frac{\|f\|_D}{\|z^\nu\|_D}, \qquad \nu=(\nu_1,\ldots,\nu_m), \qquad \nu_\mu \geq 0,$$

für die $\|\ \|_D$-Norm. Wichtig für uns ist die 0. Ungleichung, die wir wegen $f(0)=a_0$ und $\|1\|_D^2=\pi^m r_1^2\cdot\cdots\cdot r_m^2$ (vgl. Satz 1) so schreiben können:

Ist $D=\{z\in\mathbb{C}^m, |z_1|<r_1,\ldots,|z_m|<r_m\}$, *so gilt*

$$(5) \qquad |f(0)| \leq \frac{1}{(\sqrt{\pi})^m r_1\cdot\cdots\cdot r_m}\|f\|_D \quad \textit{für alle} \quad f\in\mathcal{O}_h(D).$$

Für *beliebige* Bereiche B folgt hieraus

Satz 3 (Bergmansche Ungleichung): *Es sei $K\subset B$ kompakt, es sei d die euklidische Randdistanz von K bzgl. B. Dann gilt:*

$$|f|_K = \frac{(\sqrt{m})^m}{(\sqrt{\pi}\,d)^m}\|f\|_B \quad \textit{für alle} \quad f\in\mathcal{O}_h(B).$$

Beweis: Sei $p\in K$; da do translationsinvariant ist, dürfen wir $p=0$ annehmen. Der Polyzylinder D um p mit dem Polyradius $(r_1,\ldots,r_m)$, $r_\mu:=(\sqrt{m})^{-1}d$, liegt nach Definition von d in B. Wegen $\|f\|_D\leq\|f\|_B$ folgt daher aus (5):

$$|f(p)| \leq \frac{(\sqrt{m})^m}{(\sqrt{\pi}\,d)^m}\|f\|_B \quad \text{für alle Punkte} \quad p\in K.$$

3. Die Hilberträume $\mathcal{O}_h^k(B)$. – Für jede natürliche Zahl $k\geq 1$ betrachten wir die k-fache direkte Summe $\mathcal{O}_h^k(B):=\bigoplus_1^k \mathcal{O}_h(B)$ mit dem Skalarprodukt

$$(f,g)_B := \sum_1^k (f_i,g_i)_B, \quad \text{wenn} \quad f=(f_1,\ldots,f_k),\ g=(g_1,\ldots,g_k); \quad f_i,g_i\in\mathcal{O}_h(B).$$

Wir zeigen

Satz 4: *Für jeden Bereich B ist $\mathcal{O}_h^k(B)$ bzgl. $(\ ,\ )_B$ ein Hilbertraum $1\leq k<\infty$. Die Injektion $\mathcal{O}_h^k(B)\hookrightarrow\mathcal{O}^k(B)$ ist stetig und kompakt (d. h. hier: jede in $\mathcal{O}_h^k(B)$ beschränkte Menge ist relativ-kompakt in $\mathcal{O}^k(B)$).*

Beweis: Es genügt, den Fall $k=1$ zu betrachten. Auf Grund der Bergmanschen Ungleichung hat $\|\ \|_B$-Konvergenz kompakte Konvergenz zur Folge, daher ist $\mathcal{O}_h(B)\hookrightarrow\mathcal{O}(B)$ stetig.

Ist $f_j\in\mathcal{O}_h(B)$ eine Cauchyfolge, so ist f_j auch eine Cauchyfolge in $\mathcal{O}(B)$ und konvergiert daher kompakt gegen ein $f\in\mathcal{O}(B)$. Sei $\varepsilon>0$ beliebig; sei n_0 so gewählt, daß $\|f_i - f_j\|_B \leq \varepsilon$ für alle $i, j \geq n_0$. Für jeden relativ-kompakten Teilbereich B' von B gilt dann nach (1):

$$\|f_j - f\|_{B'} \leq \|f_j - f_i\|_{B'} + \|f_i - f\|_{B'} \leq \varepsilon + (\operatorname{vol} B')^{1/2} |f_i - f|_{B'}$$

für alle $i, j \geq n_0$. Läßt man i wachsen, so folgt im Limes: $\|f_j - f\|_{B'} \leq \varepsilon$ für alle $j \geq n_0$. Da dies für alle $B' \ll B$ gilt, folgt $\|f_j - f\|_B \leq \varepsilon$ für alle $j \geq n_0$ nach (4), d. h. $f \in \mathcal{O}_h(B)$ und $\lim \|f_j - f\|_B = 0$. Somit ist $\mathcal{O}_h(B)$ vollständig.

Jede in $\mathcal{O}_h(B)$ beschränkte Menge ist eine Familie von in B holomorphen Funktionen, die auf jedem Kompaktum $K \subset B$ nach Satz 3 gleichmäßig beschränkt ist; nach dem klassischen Satz von Montel ist jede solche Menge relativkompakt in $\mathcal{O}(B)$. □

Über Satz 4 hinaus kann man noch sagen, daß *jede in $\mathcal{O}_h^k(B)$ beschränkte und abgeschlossene Menge kompakt in $\mathcal{O}^k(B)$ ist.* Dies folgt unmittelbar aus

(6) *Ist $f_j \in \mathcal{O}_h^k(B)$ eine $\|\ \ \|_B$-beschränkte Folge, die kompakt in B gegen $f \in \mathcal{O}^k(B)$ konvergiert, so gilt: $f \in \mathcal{O}_h^k(B)$ und $\|f\|_B \leq \overline{\lim} \|f_j\|_B$.*

Zum Beweis beachte man, daß für alle Bereiche $B' \ll B$ nach (2) gilt: $\|f\|_{B'} = \lim \|f_j\|_{B'}$, und daß $\lim \|f_j\|_{B'}$ nicht größer als $\overline{\lim} \|f_j\|_B$ sein kann.

4. Saturierte Mengen. Minimumprinzip. – Wir nennen eine Teilmenge $S \subset \mathcal{O}_h^k(B)$ *saturiert in* $\mathcal{O}_h^k(B)$, wenn es eine Fréchet-abgeschlossene Menge $T \subset \mathcal{O}^k(B)$ gibt, so daß gilt: $S = T \cap \mathcal{O}_h^k(B)$.

Satz 5 (Minimumprinzip): *Jede nichtleere saturierte Menge $S \subset \mathcal{O}_h^k(B)$ enthält ein Element g mit $\|g\|_B = \inf\{\|v\|_B, v \in S\}$.*

Beweis: Es gibt eine Folge $g_j \in S$ mit $\lim_j \|g_j\|_B = m := \inf\{\|v\|_B, v \in S\}$. Da diese Folge $\|\ \ \|_B$-beschränkt ist, konvergiert eine Teilfolge g_j^* der Folge g_j *kompakt* gegen ein $g \in \mathcal{O}^k(B)$, dabei gilt $\|g\|_B \leq \lim \|g_j^*\|_B = m$ nach (6). Da S saturiert ist, gilt $g \in S$ und dann $\|g\|_B = m$ nach Definition von m. □

5. Lemma von Schwarz. – Das Schwarzsche Lemma der klassischen Funktionentheorie kann wie folgt ausgesprochen werden:

Es seien E', E Kreise um den Nullpunkt der w-Ebene mit Radien $0 < r' < r$. Sei $a := r' r^{-1}$. Die Funktion $h \in \mathcal{O}(E)$ habe im Nullpunkt eine Nullstelle der Ordnung e. Dann gilt:

$$|h|_{E'} \leq a^e |h|_E .$$

Hieraus folgt sofort ein Schwarzsches Lemma für die Maximumnorm in Polyzylindern:

Es seien $D := \{z \in \mathbb{C}^m, |z_\mu| < r\}$, $D' := \{z \in \mathbb{C}^m, |z_\mu| < r'\}$ Polyzylinder im $\mathbb{C}^m$; es gelte $0 < r' < r$. Sei $a := r' r^{-1}$. Die Funktion $f \in \mathcal{O}(D)$ habe im Nullpunkt eine Nullstelle der Ordnung e. Dann gilt:

$$|f|_{D'} \leq a^e |f|_D .$$

Beweis: Sei $c \in D'$, $c \neq 0$. Die komplexe Gerade $L_c := \{z = cw, w \in \mathbb{C}\} \subset \mathbb{C}^m$ schneidet D, D' in konzentrischen Kreisen $E := L_c \cap D$, $E' := L_c \cap D'$, deren Radienverhältnis wieder a ist (falls $c = (c_1, \ldots, c_m)$ und $\gamma := (\max |c_\mu|)^{-1}$, $\delta :=$ euklidische Entfernung von c nach 0, so haben E bzw. E' die Radien $r\gamma\delta$ bzw. $r'\gamma\delta$). Die Funktion $h := f|E$ ist holomorph in E und verschwindet in $0 \in E$ mindestens von der Ordnung e. Wegen $c \in E' \subset E$ gilt deshalb:

$$|h(c)| \leq |h|_{E'} \leq a^e |h|_E \leq a^e |f|_D .$$

Da dies für alle $c \in D'$ gilt, folgt die Behauptung. □

Wir zeigen nun:

Satz 6 (Schwarzsches Lemma für Hilbertnormen): *Es seien*

$$D := \{z \in \mathbb{C}^m, |z_\mu| < r\}, \qquad D' := \{z \in \mathbb{C}^m, |z_\mu| < r'\}, \qquad 0 < r < r',$$

Polyzylinder im $\mathbb{C}^m$; sei $a \in \mathbb{R}$ mit $r r'^{-1} < a < 1$ beliebig. Dann gibt es zu jedem $k \geq 1$ eine (von r, r' und a abhängende) Konstante $M > 0$ mit folgender Eigenschaft: Ist $f \in \mathcal{O}_h^k(D')$ und e die Nullstellenordnung von f im Nullpunkt, so gilt:

$$\|f\|_D \leq a^e M \|f\|_{D'} .$$

Beweis: Es genügt, den Fall $k=1$ zu betrachten. Sei $\tilde{r} := a^{-1} r$ und $\tilde{D} := \{z \in \mathbb{C}^m, |z_\mu| < \tilde{r}\}$. Es gilt $r < \tilde{r} < r'$ und also $D \ll \tilde{D} \ll D'$. Nach Satz 3 gibt es eine Konstante L, so daß

$$|f|_{\tilde{D}} \leq L \|f\|_{D'} \quad \text{für alle} \quad f \in \mathcal{O}_h(D') .$$

Nach dem Schwarzschen Lemma für Maximumnormen (angewendet auf D und $\tilde{D}$) gilt:

$$|f|_D \leq a^e |f|_{\tilde{D}} .$$

Da $\|f\|_D \leq \sqrt{\mathrm{vol}(D)}\, |f|_D$, so leistet $M := L \cdot \sqrt{\mathrm{vol}(D)}$ das Verlangte. □

§ 2. Monotone Orthogonalbasen

Nach klassischem Vorbild werden mittels Minimalfunktionen für saturierte Unterhilberträume von $\mathcal{O}_h^k(B)$, $1 \leq k < \infty$, *monotone* Orthogonalbasen konstruiert. Es bezeichnet B stets ein *Gebiet* im $\mathbb{C}^m$ und $p \in B$ einen Nullpunkt. Es sei $k \geq 1$ eine fest vorgegebene natürliche Zahl, wir schreiben kurz $F := \mathcal{O}^k(B)$.

1. Monotonie. – Für jede Funktion $h \in \mathcal{O}(B)$ bezeichne $o_p(h)$ die *Nullstellenordnung von f* in p, es gilt $n = o_p(h)$ genau dann, wenn $h \in \mathfrak{m}(\mathcal{O}_p)^n$, $h \notin \mathfrak{m}(\mathcal{O}_p)^{n+1}$. Für jeden Vektor $f = (f_1, \dots, f_k) \in F$ setzen wir

$$o_p(f) := \min(o_p(f_1), \dots, o_p(f_k));$$

wir nennen $o_p(f)$ die *Ordnung* von f in p. Da B ein Gebiet ist, so ist klar:

Es gilt $o_p(f) = \infty$ *genau dann, wenn* $f = 0$.

Wir nennen eine Folge $g_1, g_2, \dots$ von Vektoren $g_j \in F$ *monoton in p*, wenn

$$o_p(g_1) \leq o_p(g_2) \leq \dots \leq o_p(g_j) \leq \dots \quad \text{und} \quad \lim_j o_p(g_j) = \infty.$$

Ist H ein Unterhilbertraum von $\mathcal{O}_h^k(B)$, so suchen wir Orthogonalbasen $\{g_1, g_2, \dots\}$ von H, die monoton in p sind. Solche Basen wurden bereits von S. Bergman betrachtet; für Polyzylinder D bilden z. B. die Monome (bei geeigneter Indizierung) eine monotone Orthogonalbasis von $\mathcal{O}_h(D)$ im Nullpunkt. Die Bedeutung monotoner Orthogonalbasen besteht für uns in folgender Aussage, mit deren Hilfe im § 4 Konvergenz erzwungen wird.

Satz 1: *Es seien D, D' Polyzylinder um* $0 \in \mathbb{C}^m$ *mit Radien* $r > r'$, *sei* $a \in \mathbb{R}$ *mit* $r' r^{-1} < a < 1$. *Sei* $k \geq 1$, *und sei* $M > 0$ *die Konstante des Schwarzschen Lemmas. Ist dann H ein Unterhilbertraum von* $\mathcal{O}_h^k(D)$ *mit einer in* 0 *monotonen Orthogonalbasis* $\{g_1, g_2, \dots\}$, *so gibt es zu jedem* $e \in \mathbb{N}$ *ein* $d \in \mathbb{N}$, *so daß für jeden Vektor* $v \in H$ *gilt:*

$$\left\| v - \sum_{i=1}^{d} (v, g_i) g_i \right\|_{D'} \leq M a^e \|v\|_D.$$

Beweis: Die Monotonie im Nullpunkt hat zur Folge, daß es zu jedem $e \in \mathbb{N}$ ein $d \in \mathbb{N}$ gibt, so daß für *alle* v der Vektor $w := v - \sum_{i=1}^{d} (v, g_i) g_i$ im Nullpunkt mindestens von e-ter Ordnung verschwindet. Nach dem Schwarzschen Lemma folgt: $\|w\|_{D'} \leq M a^e \|w\|_D$. Da die $\{g_j\}$ ein Orthogonalsystem bilden, gilt $\|w\|_D \leq \|v\|_D$. □

2. Untergrad. – Zur Konstruktion monotoner Orthogonalbasen benötigen wir eine naheliegende Verallgemeinerung der Ordnungsfunktion o_p. Wir setzen $I := \{1, \dots, k\}$, $\mathbb{N}^m := \{\nu = (\nu_1, \dots, \nu_m), \nu_\mu \geq 0\}$, $A := I \times \mathbb{N}^m$, und $|\nu| := \nu_1 + \dots + \nu_m$. Für zwei Elemente $\alpha = (i, \nu)$, $\alpha' = (i', \nu') \in A$ gelte $\alpha < \alpha'$ genau dann, wenn einer der folgenden 3 Fälle vorliegt:

1) Es gilt $|\nu| < |\nu'|$.
2) Es gilt $|\nu| = |\nu'|$, und es gibt ein j, $1 \leq j \leq m$, mit $\nu_j < \nu'_j$, $\nu_k = \nu'_k$ für $k > j$.
3) Es gilt $i < i'$, $\nu = \nu'$.

Diese Relation $<$ ist eine *lineare Ordnung* auf A, jede nichtleere Teilmenge von A hat ein eindeutig bestimmtes *kleinstes* Element. Für jeden Vektor $f = (f_1, \dots, f_k) \neq 0$

aus F ist daher, wenn $f_i = \sum a_{i\nu} z^\nu$ die Taylorentwicklung um den „Nullpunkt" p ist, $i \in I$, vermöge

$$\omega_p(f) := \min\{(i,\nu) \in A, a_{i\nu} \neq 0\}$$

der *Untergrad* von f in p wohldefiniert. Falls $\omega_p(f) = (i^*, \nu^*)$, so gilt $o_p(f) = |\nu^*|$; daher folgt aus $\omega_p(f) \leq \omega_p(g)$ stets $o_p(f) \leq o_p(g)$. Zu jedem $n \in \mathbb{N}$ gibt es eine Zahl N, so daß höchstens N Elemente g_i existieren mit $o_p(g_i) = n$ und $\omega_p(g_1) < \cdots < \omega_p(g_N)$. Es folgt:

Jede Folge $g_1, g_2, \ldots$ *mit* $\omega_p(g_1) < \cdots < \omega_p(g_j) < \cdots$ *ist monoton in* p.

Wir schreiben im folgenden durchweg ω statt ω_p.

3. Konstruktion monotoner Orthogonalbasen mittels Minimalfunktionen. – Wir behalten die Bezeichnungen des letzten Abschnittes bei und bemerken als erstes:

Für jeden Index $\alpha \in A$ *ist die Menge* $F(\alpha) := \{f \in F, \omega(f) \geq \alpha\} \cup \{0\}$ *ein Unterfréchetraum von* F.

Beweis: Da $\omega(cf) = c\omega(f)$ und $\omega(f+g) \geq \min\{\omega(f), \omega(g)\}$ für alle $c \in \mathbb{C}^*$ und alle $f, g, f+g \in F \setminus \{0\}$ nach Definition der Ordnung in A gilt, so ist $F(\alpha)$ ein Untervektorraum von F. Ersichtlich liegt $F(\alpha)$ Fréchet-abgeschlossen in F. □

Für jeden Index $\alpha = (i^*, \nu^*)$ betrachten wir in $F(\alpha)$ die Menge

$$F(\alpha)^* := \left\{ f = \left(\sum_\nu a_{i\nu} z^\nu\right)_{i \in I} \in F(\alpha), a_{i^*\nu^*} = 1 \right\},$$

dann gilt stets $a_{i\nu} = 0$ für alle $(i,\nu) < (i^*, \nu^*)$. Aus Stetigkeitsgründen ist klar, daß $F(\alpha)^*$ *abgeschlossen in* F ist. □

Ist H ein Untervektorraum von F, so ist die Menge $A_H := \{\omega(f), f \in H, f \neq 0\} \subset A$ höchstens abzählbar und somit von der Form $A_H = \{\alpha_1, \alpha_2, \ldots\}$ mit $\alpha_1 < \alpha_2 < \cdots$. Wir setzen

$$H_j := H \cap F(\alpha_j), \quad H_j^* := H \cap F(\alpha_j)^*, \quad j = 1, 2, \ldots.$$

Es gilt $H = H_1 \supsetneqq H_2 \supsetneqq \cdots$. Keine Menge H_j^* ist leer. Jedes Element $g_j \in H_j^*$ mit $\|g_j\| = \inf\{\|g\|, g \in H_j\}$ heiße eine *Minimalfunktion*. Wir zeigen den

Existenzsatz: *Ist* H *ein saturierter Unterhilbertraum von* $\mathcal{O}_h^k(B)$, *so gibt es in jeder Menge* H_j^* *eine Minimalfunktion.*

Beweis: Da H saturiert ist, existiert eine Fréchet-abgeschlossene Menge T in F mit $H = T \cap F$. Dann gilt $H_j^* = (T \cap F(\alpha_j)^*) \cap F$. Da $T \cap F(\alpha_j)^*$ stets abgeschlossen in F ist, so sind alle Mengen H_j^* saturiert in $\mathcal{O}_h^k(B)$. Nach dem Minimumprinzip gibt es daher in jeder Menge H_j^* eine Minimalfunktion. □

Wir beweisen weiter:

Lemma: *Es sei H ein Unterhilbertraum von $\mathcal{O}_h^k(B)$, derart, daß jede Menge H_j^* eine Minimalfunktion g_j besitzt. Dann ist H_j das Orthokomplement von $\bigoplus_1^{j-1} \mathbb{C} g_\nu$ in H, $j \geq 2$, und g_j ist die einzige Minimalfunktion in H_j^*.*

Beweis: Sei $h \in H$ mit $b := \|h\|^2 > 0$. Wir setzen $a_i := (h, g_i)$, $i = 1, 2, \ldots$. Falls $h \in H_j$, so liegen für $i < j$ alle Vektoren $v := g_i + ch$, $c \in \mathbb{C}$, in H_i^*. Da g_i Minimalfunktion ist, gilt also:

$$\|v\|^2 = \|g_i\|^2 + c a_i + \bar{c} \bar{a}_i + |c|^2 b \geq \|g_i\|^2, \quad \text{d. h.} \quad c a_i + \bar{c} \bar{a}_i + |c|^2 b \geq 0$$

für alle $c \in \mathbb{C}$. Wegen $b > 0$ ist dies nur für $a_i = 0$ möglich. Jedes $h \in H_j$ steht also senkrecht auf $g_1, \ldots, g_{j-1}$.

Sei umgekehrt $a_1 = \cdots = a_{j-1} = 0$. Wir setzen $\alpha_s := \omega(h)$ und normieren h so, daß $h \in H_s^*$. Dann liegen alle Vektoren $w = (1-t) g_s + th$, $t \in \mathbb{R}$, in H_s^*, daher gilt:

$$\|w\|^2 = (1-t)^2 \|g_s\|^2 + t a_s + t \bar{a}_s + t^2 b \geq \|g_s\|^2 \quad \text{für alle} \quad t \in \mathbb{R}.$$

Da $(1-t)^2 \|g_s\|^2 + t^2 b < \|g_s\|^2$ für kleine $t > 0$, so folgt $a_s \neq 0$ und also $s \geq j$, d. h. $h \in H_j$.

Ist $g_j' \in H_j^*$ eine weitere Minimalfunktion, so gilt $u := g_j' - g_j \in H_{j+1}$. Nach dem Bewiesenen folgt $(u, g_j) = 0 = (u, g_j')$ und also $\|u\|^2 = (u, g_j' - g_j) = 0$, d. h. $g_j' = g_j$. □

Es folgt nun schnell:

Satz 2: *Ist H ein saturierter Unterhilbertraum von $\mathcal{O}_h^k(B)$, so besitzt jede Menge H_j^* genau eine Minimalfunktion g_j. Die Familie $\{g_1, g_2, \ldots\}$ ist eine in $p \in B$ monotone Orthogonalbasis von H.*

Beweis: Existenz und Eindeutigkeit der Minimalfunktion $g_j \in H_j^*$ folgen aus dem Existenzsatz und dem Lemma. Nach dem Lemma ist weiter die Familie $\{g_1, g_2, \ldots\}$ ein Orthogonalsystem von H. Da $\omega(g_1) < \omega(g_2) < \cdots$, so ist dies System monoton in p nach dem im Abschnitt 2 Gesagten.

Ist $h \in H$ ein Vektor, der auf allen g_j senkrecht steht, so gilt nach dem Lemma $\omega(h) > \omega(g_j)$ für alle j und also auch $o_p(h) \geq o_p(g_j)$ für alle j. Dies besagt $o_p(h) = \infty$, d. h. $h = 0$, d. h. die Vollständigkeit des Systems $\{g_j\}$. □

Bemerkung: Für $k = m = 1$ und $H = \mathcal{O}_h(B)$ findet sich eine Darstellung der Theorie der Minimalfunktionen im Lehrbuch von H. Behnke und F. Sommer: Theorie der analytischen Funktionen einer komplexen Veränderlichen, Springer-Verlag 1962 (2. Aufl.), p. 270ff.; daneben sei auch auf [BT], p. 170ff. verwiesen.

§ 3. Meßatlanten

Es bezeichnet X stets einen *kompakten* komplexen Raum und $\mathcal{S}$ eine *kohärente* analytische Garbe über X. Ist $\mathfrak{U} = \{U_\iota\}_{1 \leq \iota \leq \iota_*}$ eine endliche offene Überdeckung von X, so ist der Vektorraum $C^q(\mathfrak{U}, \mathcal{S}) = \prod_{\iota_0, \ldots, \iota_q} \mathcal{S}(U_{\iota_0 \ldots \iota_q})$ der q-Coketten als

Produkt von Fréchеträumen selbst ein Fréchetraum, $q \geq 0$, vgl. Kap. V, § 6.5. Um einen Unterraum $C_h^q(\mathfrak{U}, \mathscr{S})$ angeben zu können, der ein Hilbertraum ist, führen wir den Begriff des *Meßatlas* ein. Meßatlanten sind in einem naheliegenden Sinne verfeinerbar.

Die Überlegungen dieses Paragraphen sind sämtlich als Vorbereitungen zum Beweis des Endlichkeitssatzes zu verstehen. Es werden genau *die* Eigenschaften zusammengestellt, die im § 4 benötigt werden; dabei sind die Notationen bereits den späteren Bezeichnungen angepaßt.

1. Existenz. – Ein Tripel (U, Φ, P) heiße eine *Meßkarte* auf X, wenn $U \neq \emptyset$ offen in X und $\Phi: U \to P$ eine *abgeschlossene holomorphe Einbettung* von U in einen „gleichradigen" Polyzylinder

$$P = \{z \in \mathbb{C}^n, |z_1| < r, \ldots, |z_n| < r\}, \qquad r \in \mathbb{R}, \qquad r > 0,$$

um $0 \in \mathbb{C}^n$ ist. Da X kompakt ist, so ist trivial:

Es gibt endlich viele Meßkarten $(U_\iota, \Phi_\iota, P_\iota)$, $\iota = 1, \ldots, \iota_*$ *auf* X *mit* $X = \bigcup_\iota U_\iota$, *so daß alle Polyzylinder* P_ι *gleich sind.*

Jede solche Familie $(U_\iota, \Phi_\iota, P_\iota)_{1 \leq \iota \leq \iota_*}$ nennen wir kurz einen *Atlas von Meßkarten* auf X. Sei $q \geq 0$ fest vorgegeben. Dann ist $P_{\iota_0 \ldots \iota_q} := P_{\iota_0} \times \cdots \times P_{\iota_q}$ der Polyzylinder D um $0 \in \mathbb{C}^m$, $m := n(q+1)$, vom Radius r. Ist $U_{\iota_0 \ldots \iota_q} = U_{\iota_0} \cap \cdots \cap U_{\iota_q}$ nicht leer, so ist

$$\Phi_{\iota_0 \ldots \iota_q}: U_{\iota_0 \ldots \iota_q} \to P_{\iota_0 \ldots \iota_q}, \qquad x \mapsto (\Phi_{\iota_0}(x), \ldots, \Phi_{\iota_q}(x))$$

ebenfalls eine abgeschlossene holomorphe Einbettung[23]. Die Bildgarbe $(\Phi_{\iota_0 \ldots \iota_q})_* (\mathscr{S} | U_{\iota_0 \ldots \iota_q})$ ist daher kohärent über $P_{\iota_0 \ldots \iota_q}$. Es gilt:

$$\mathscr{S}(U_{\iota_0 \ldots \iota_q}) \cong (\Phi_{\iota_0 \ldots \iota_q})_* (\mathscr{S} | U_{\iota_0 \ldots \iota_q})(P_{\iota_0 \ldots \iota_q}).$$

Bemerkung: Alle Polyzylinder $P_{\iota_0 \ldots \iota_q}$ sind zwar der Polyzylinder D vom Radius r um $0 \in \mathbb{C}^m$, doch ist die Indizierung aus evidenten cohomologischen Gründen vorteilhaft.

Wir definieren nun:

Definition 1 (Meßatlas): *Ein System* $\mathfrak{A} = \{U_\iota, \Phi_\iota, P_\iota, \varepsilon_{\iota_0 \ldots \iota_q}\}$ *heißt ein Meßatlas zu* $\mathscr{S}$ *auf* X, *wenn gilt:*

1) $(U_\iota, \Phi_\iota, P_\iota)$, $\iota = 1, \ldots, \iota_*$, *ist ein Atlas von Meßkarten auf* X.

2) *Es gibt ein* $l \in \mathbb{N}$ *und analytische Garbenepimorphismen*

$$\varepsilon_{\iota_0 \ldots \iota_q}: \mathcal{O}^l | P_{\iota_0 \ldots \iota_q} \to (\Phi_{\iota_0 \ldots \iota_q})_* (\mathscr{S} | U_{\iota_0 \ldots \iota_q})$$

für alle $q = 0, 1, \ldots, \iota_* - 1$ *und alle* $\iota_\nu = 1, \ldots, \iota_*$.

Dann ist $\mathfrak{U} = \{U_1, \ldots, U_{\iota_*}\}$ eine *Steinsche* Überdeckung von X. Wir zeigen:

---

[23] Wir benötigen nur, daß $\Phi_{\iota_0 \ldots \iota_q}$ holomorph und *endlich* ist. Ist $U_{\iota_0 \ldots \iota_q}$ leer, so sei $\Phi_{\iota_0 \ldots \iota_q}$ die leere Abbildung.

Satz 2: *Zu jeder über X kohärenten Garbe $\mathscr{S}$ existiert ein Meßatlas.*

Beweis: Wir gehen aus von irgendeinem Atlas von Meßkarten $(\tilde{U}_\iota, \tilde{\Phi}_\iota, \tilde{P}_\iota)$, $\iota = 1, \ldots, \iota_*$, auf X und wählen gleichradige konzentrische Polyzylinder $P_\iota \ll \tilde{P}_\iota$, so daß die Mengen $U_\iota := \tilde{\Phi}_\iota^{-1}(P_\iota)$, $\iota = 1, \ldots, \iota_*$, ebenfalls noch X überdecken (dies ist möglich nach dem Schrumpfungssatz). Die induzierten Abbildungen $\Phi_\iota : U_\iota \to P_\iota$, $\Phi_\iota := \tilde{\Phi}_\iota | U_\iota$, sind wieder abgeschlossene holomorphe Einbettungen. Für alle Indices $\iota_0, \ldots, \iota_q$ gilt:

$$(\tilde{\Phi}_{\iota_0 \ldots \iota_q})_* (\mathscr{S} | \tilde{U}_{\iota_0 \ldots \iota_q}) | P_{\iota_0 \ldots \iota_q} = (\Phi_{\iota_0 \ldots \iota_q})_* (\mathscr{S} | U_{\iota_0 \ldots \iota_q}) .$$

Da $P_{\iota_0 \ldots \iota_q}$ ein relativ-kompakt in $\tilde{P}_{\iota_0} \times \cdots \times \tilde{P}_{\iota_q}$ liegender Polyzylinder ist, so gibt es nach Theorem A analytische Garbenepimorphismen

$$\varepsilon_{\iota_0 \ldots \iota_q} : \mathcal{O}^l | P_{\iota_0 \ldots \iota_q} \to (\Phi_{\iota_0 \ldots \iota_q})_* (\mathscr{S} | U_{\iota_0 \ldots \iota_q}) ;$$

dabei läßt sich die Zahl $l \in \mathbb{N}$ unabhängig von $\iota_0, \ldots, \iota_q$ wählen (da für alle $n \in \mathbb{N}$ Projektionen $\mathcal{O}^{n+1} \to \mathcal{O}^n$, $(f_1, \ldots, f_{n+1}) \mapsto (f_1, \ldots, f_n)$ existieren). Das System $\mathfrak{A} = \{U_\iota, \Phi_\iota, P_\iota, \varepsilon_{\iota_0 \ldots \iota_q}\}$ ist dann ein Meßatlas zu $\mathscr{S}$.

2. Der Hilbertraum $C_h^q(\mathfrak{U}, \mathscr{S})$. – Ist $\mathfrak{A} = \{U_\iota, \Phi_\iota, P_\iota, \varepsilon_{\iota_0 \ldots \iota_q}\}$ ein Meßatlas zu $\mathscr{S}$, so ist $P_{\iota_0 \ldots \iota_q}$ jeweils der Polyzylinder D vom Radius r um $\mathbb{C}^m$ mit $m := n(q+1)$. Daher ist

$$C^q(\mathfrak{A}) := \prod_{\iota_0, \ldots, \iota_q} \mathcal{O}^l(P_{\iota_0 \ldots \iota_q}), \qquad q = 0, 1, \ldots, \iota_* - 1,$$

kanonisch isomorph zu $\mathcal{O}^k(D)$ mit $k := lm$ und also ein *Fréchetraum.*

Jeder Garbenepimorphismus $\varepsilon_{\iota_0 \ldots \iota_q}$ bestimmt eine $\mathbb{C}$-*lineare, stetige* und (nach Theorem B) *surjektive* Abbildung.

$$\varepsilon_{\iota_0 \ldots \iota_q *} : \mathcal{O}^l(P_{\iota_0 \ldots \iota_q}) \to (\Phi_{\iota_0 \ldots \iota_q})_* (\mathscr{S} | U_{\iota_0 \ldots \iota_q}) (P_{\iota_0 \ldots \iota_q}) \cong \mathscr{S}(U_{\iota_0 \ldots \iota_q}),$$

wobei $\mathscr{S}(U_{\iota_0 \ldots \iota_q})$ die kanonische Fréchettopologie trägt. Die induzierte Produktabbildung

$$\varepsilon : C^q(\mathfrak{A}) \to C^q(\mathfrak{U}, \mathscr{S}), \qquad \varepsilon = (\varepsilon_{\iota_0 \ldots \iota_q *})$$

nennen wir die zum Meßatlas $\mathfrak{A}$ gehörende *Vermessung* von $\mathscr{S}$. Dann ist klar:

Die Vermessung $\varepsilon : C^q(\mathfrak{A}) \to C^q(\mathfrak{U}, \mathscr{S})$ ist eine $\mathbb{C}$-lineare, surjektive und stetige Abbildung zwischen Frécheträumen.

Im Fréchetraum $C^q(\mathfrak{A})$ liegt der Hilbertraum

$$C_h^q(\mathfrak{A}) := \prod_{\iota_0, \ldots, \iota_q} \mathcal{O}_h^l(P_{\iota_0 \ldots \iota_q}) \cong \mathcal{O}_h^k(D), \qquad k = ln(q+1),$$

der quadrat-integrierbaren Funktionen; dabei ist die Injektion $C_h^q(\mathfrak{A}) \to C^q(\mathfrak{A})$ stetig und kompakt (Satz 1.4). Wir definieren nun den Raum $C_h^q(\mathfrak{U}, \mathscr{S}) \subset C^q(\mathfrak{U}, \mathscr{S})$ der *„bzgl. $\mathfrak{A}$ quadrat-integrierbaren q-Coketten"* durch die Gleichung

$$C_h^q(\mathfrak{U}, \mathscr{S}) := \varepsilon(C_h^q(\mathfrak{A})) \cong C_h^q(\mathfrak{A}) / \operatorname{Ker} \varepsilon \cap C_h^q(\mathfrak{A}).$$

Wir bezeichnen mit $\| \; \|_D$ die Hilbertnorm von $C_h^q(\mathfrak{A})$ und setzen

$$\|\zeta\|_{\mathfrak{A}} := \inf\{\|v\|_D, \; v \in C_h^q(\mathfrak{A}), \; \varepsilon(v) = \zeta\}, \qquad \zeta \in C_h^q(\mathfrak{U}, \mathscr{S}).$$

Dann folgt sofort:

Satz 3: *Der Raum $C_h^q(\mathfrak{U}, \mathscr{S})$ ist ein Hilbertraum mit $\| \; \|_{\mathfrak{A}}$ als Norm. Die Injektion $C_h^q(\mathfrak{U}, \mathscr{S}) \hookrightarrow C^q(\mathfrak{U}, \mathscr{S})$ ist stetig (und kompakt).*

Beweis: Da ε stetig ist, so ist $\operatorname{Ker} \varepsilon$ abgeschlossen in $C^q(\mathfrak{A})$. Wegen der Stetigkeit der Injektion $C_h^q(\mathfrak{A}) \to C^q(\mathfrak{A})$ ist somit $\operatorname{Ker} \varepsilon \cap C_h^q(\mathfrak{A})$ ein Unterhilbertraum von $C_h^q(\mathfrak{A})$. Daher ist $C_h^q(\mathfrak{U}, \mathscr{S})$ ein Restklassenhilbertraum mit $\| \; \|_{\mathfrak{A}}$ als Hilbertnorm.

Die Stetigkeit (und Kompaktheit) der Injektion $C_h^q(\mathfrak{U}, \mathscr{S}) \to C^q(\mathfrak{U}, \mathscr{S})$ ergibt sich unmittelbar aus untenstehendem Diagramm; es ist offensichtlich kommutativ; die Injektion in der ersten Zeile ist stetig und kompakt, die Projektionen ε sind offen. □

$$\begin{array}{ccc} C_h^q(\mathfrak{A}) & \hookrightarrow & C^q(\mathfrak{A}) \\ \downarrow \varepsilon & & \downarrow \varepsilon \\ C_h^q(\mathfrak{U}, \mathscr{S}) & \hookrightarrow & C^q(\mathfrak{U}, \mathscr{S}). \end{array}$$

3. Der Hilbertraum $Z_h^q(\mathfrak{U}, \mathscr{S})$. – Im Raum $C_h^q(\mathfrak{U}, \mathscr{S})$ definieren wir den Unterhilbertraum $Z_h^q(\mathfrak{U}, \mathscr{S})$ der *„bzgl. $\mathfrak{A}$ quadrat-integrierbaren q-Cozyklen"*. Der Raum $Z^q(\mathfrak{U}, \mathscr{S}) = \operatorname{Ker} \partial$ ist wegen der Stetigkeit von ∂ ein Unterfréchetraum von $C^q(\mathfrak{U}, \mathscr{S})$ (vgl. Kap. V, Satz 6.7). Daher ist

$$Z^q(\mathfrak{A}) := \varepsilon^{-1}(Z^q(\mathfrak{U}, \mathscr{S}))$$

wegen der Stetigkeit von ε ein *Unterfréchetraum von* $C^q(\mathfrak{A})$. Dies hat, da $C_h^q(\mathfrak{A}) \hookrightarrow C^q(\mathfrak{A})$ stetig ist, zur Folge (vgl. § 1.4):

Der Raum $Z_h^q(\mathfrak{A}) := Z^q(\mathfrak{A}) \cap C_h^q(\mathfrak{A})$ ist ein Unterhilbertraum von $C_h^q(\mathfrak{A}) \cong \mathcal{O}_h^k(D)$, der saturiert in $C_h^q(\mathfrak{A}) \cong \mathcal{O}_h^k(D)$ liegt. Die Injektion $Z_h^q(\mathfrak{A}) \hookrightarrow Z^q(\mathfrak{A})$ ist stetig.

Der Raum $Z_h^q(\mathfrak{U}, \mathscr{S})$ nebst Norm $\| \; \|_{\mathfrak{A}}$ wird nun analog zu $C_h^q(\mathfrak{U}, \mathscr{S})$ definiert:

$$Z_h^q(\mathfrak{U}, \mathscr{S}) := \varepsilon(Z_h^q(\mathfrak{A})) \cong Z_h^q(\mathfrak{A}) / \operatorname{Ker} \varepsilon \cap Z_h^q(\mathfrak{A}),$$

$$\|\xi\|_{\mathfrak{A}} := \inf\{\|v\|_D, \; v \in Z_h^q(\mathfrak{A}), \; \varepsilon(v) = \xi\}, \qquad \xi \in Z_h^q(\mathfrak{U}, \mathscr{S}).$$

Es gilt:

Satz 4: *Der Raum* $Z_h^q(\mathfrak{U},\mathscr{S})$ *ist ein Hilbertraum mit* $\|\ \|_{\mathfrak{A}}$ *als Norm. Die Injektion* $Z_h^q(\mathfrak{U},\mathscr{S})\hookrightarrow Z^q(\mathfrak{U},\mathscr{S})$ *ist stetig.*

Zu jedem Vektor $\xi\in Z_h^q(\mathfrak{U},\mathscr{S})$ *existiert ein* ε*-Urbild* $v\in Z_h^q(\mathfrak{A})$ *mit* $\|v\|_D=\|\xi\|_{\mathfrak{A}}$. *Die natürliche Injektion* $Z_h^q(\mathfrak{U},\mathscr{S})\hookrightarrow C_h^q(\mathfrak{U},\mathscr{S})$ *ist isometrisch*[24].

Beweis: Die erste Aussage ist klar, da $\operatorname{Ker}\varepsilon\cap Z_h^q(\mathfrak{A})$ ein Unterhilbertraum von $Z_h^q(\mathfrak{A})$ ist (vgl. den Beweis von Satz 3). Die zweite Aussage folgt (wie im Beweis von Satz 3) aus untenstehendem kommutativen Diagramm, da die Abbildungen ε offen und die Injektion in der ersten Zeile stetig ist.

$$\begin{array}{ccc} Z_h^q(\mathfrak{A}) & \hookrightarrow & Z^q(\mathfrak{A}) \\ \downarrow{\scriptstyle\varepsilon} & & \downarrow{\scriptstyle\varepsilon} \\ Z_h^q(\mathfrak{U},\mathscr{S}) & \hookrightarrow & Z^q(\mathfrak{U},\mathscr{S}) . \end{array}$$

Die letzten beiden Behauptungen von Satz 4 sind unmittelbare Folgerungen aus dem elementaren Faktum, daß jeder Unterhilbertraum M eines Hilbertraumes L ein *Orthokomplement* besitzt. Daher hat jeder Vektor des Restklassenhilbertraumes L/M in L ein Urbild gleicher Länge, weiter ist für jeden Unterhilbertraum L' von L die natürliche Injektion $L'/L'\cap M\to L/M$ isometrisch.

4. Verfeinerungen. – Für jede Verfeinerung $\mathfrak{U}'$ von $\mathfrak{U}$ sind die Gruppen $Z_h^q(\mathfrak{U},\mathscr{S})|\mathfrak{U}'$ definiert. Im folgenden werden besondere Verfeinerungen von $\mathfrak{U}$ eingeführt. Es seien $\mathfrak{A}=\{U_\iota,\Phi_\iota,P_\iota,\varepsilon_{\iota_0\ldots\iota_q}\}$ und $\mathfrak{A}'=\{U'_\iota,\Phi'_\iota,P'_\iota,\varepsilon'_{\iota_0\ldots\iota_q}\}$ zwei Meßatlanten zu $\mathscr{S}$ auf X mit gleichen Indexmengen $\{1,\ldots,\iota_*\}$. Überdies seien die Polyzylinder P_ι, P'_ι beide n-dimensional, und es gelte $l=l'$ bei den Epimorphismen $\varepsilon_{\iota_0\ldots\iota_q}$, $\varepsilon'_{\iota_0\ldots\iota_q}$ (vgl. Def. 1, 2)).

Definition 5 (Verfeinerung): *Der Meßatlas* $\mathfrak{A}'$ *heißt eine Verfeinerung von* $\mathfrak{A}$, *in Zeichen:* $\mathfrak{A}'<\mathfrak{A}$, *wenn gilt:*

1) P'_ι *liegt relativ-kompakt in* P_ι *(d. h.* $r'<r$ *für die Radien).*
2) $U'_\iota=\Phi_\iota^{-1}(P'_\iota)$ *und* $\Phi'_\iota=\Phi_\iota|U'_\iota$, $1\le\iota\le\iota_*$.
3) $\varepsilon'_{\iota_0\ldots\iota_q}=\varepsilon_{\iota_0\ldots\iota_q}|(\mathcal{O}^l|P'_{\iota_0\ldots\iota_q})$ *für alle* $\iota_0,\ldots,\iota_q$ *(mit* $P'_{\iota_0\ldots\iota_q}:=P'_{\iota_0}\times\cdots\times P'_{\iota_q}$).

Die Bed. 3) ist sinnvoll, denn es gilt $P'_{\iota_0\ldots\iota_q}\ll P_{\iota_0\ldots\iota_q}$ wegen 1) und

$$(\Phi_{\iota_0\ldots\iota_q})_*(\mathscr{S}|U_{\iota_0\ldots\iota_q})|P'_{\iota_0\ldots\iota_q}=(\Phi'_{\iota_0\ldots\iota_q})_*(\mathscr{S}|U'_{\iota_0\ldots\iota_q}) \qquad \text{wegen 2).}$$

Es ist leicht zu sehen

Satz 6: *Jeder Meßatlas* $\mathfrak{A}$ *zu* $\mathscr{S}$ *besitzt eine Verfeinerung.*

Beweis: Man schrumpfe die Polyzylinder P_ι so, daß ihre Φ_ι-Urbilder noch X überdecken, und schränke alle Abbildungen auf die echt verkleinerten Urbildmengen ein. □

---

[24] Wir dürfen also in der Tat, wie geschehen, die Restklassennormen von $Z_h^q(\mathfrak{U},\mathscr{S})$ und $C_h^q(\mathfrak{U},\mathscr{S})$ beide mit $\|\ \|_{\mathfrak{A}}$ bezeichnen.

Sind $\mathfrak{A}, \mathfrak{A}^*$ Meßatlanten zu $\mathcal{S}$ mit zugehörigen Überdeckungen $\mathfrak{U}=\{U_\iota\}$, $\mathfrak{U}^*=\{U_\iota^*\}$ und ist $\mathfrak{A}$ eine Verfeinerung von $\mathfrak{A}^*$, so gilt $U_\iota \ll U_\iota^*$ nach 1) und 2) für alle ι. Daher ist $\mathfrak{U}$ eine *Verfeinerung von* $\mathfrak{U}^*$, und man hat (vgl. V, § 6.5) die stetige, $\mathbb{C}$-lineare Restriktionsabbildung $\rho: C^q(\mathfrak{U}^*,\mathcal{S}) \to C^q(\mathfrak{U},\mathcal{S})$. Daneben hat man eine $\mathbb{C}$-lineare und ebenfalls stetige Verfeinerungsabbildung

$$\sigma: C^q(\mathfrak{A}^*) \to C^q(\mathfrak{A}), \qquad v \mapsto v|D,$$

die jeden Vektor aus $C^q(\mathfrak{A}^*) \cong \mathcal{O}^{l n(q+1)}(D^*)$ komponentenweise auf D einschränkt (alle Objekte von $\mathfrak{A}^*$ werden gesternt, also $D^*=P^*_{\iota_0 \ldots \iota_q}$).

Aus den Definitionen von ρ, σ sowie aus Def. 5, 3) folgt, daß das Diagramm

$$(\#) \qquad \begin{array}{ccc} C^q(\mathfrak{A}^*) & \xrightarrow{\sigma} & C^q(\mathfrak{A}) \\ {\scriptstyle \varepsilon^*}\downarrow & & \downarrow{\scriptstyle \varepsilon} \\ C^q(\mathfrak{U}^*,\mathcal{S}) & \xrightarrow{\rho} & C^q(\mathfrak{U},\mathcal{S}), \end{array}$$

wo $\varepsilon^*, \varepsilon$ die Vermessungen von $\mathcal{S}$ bzgl. $\mathfrak{A}^*, \mathfrak{A}$ sind, *kommutativ* ist. Hieraus folgt schnell, wenn wir wie früher $C^q(\mathfrak{U}^*,\mathcal{S})|\mathfrak{U}$ für $\operatorname{Im}\rho$ schreiben:

Satz 7: *Ist* $\mathfrak{A}$ *eine Verfeinerung des Meßatlas* $\mathfrak{A}^*$, *so gilt:*

$$C^q(\mathfrak{U}^*,\mathcal{S})|\mathfrak{U} \subset C^q_h(\mathfrak{U},\mathcal{S}), \qquad Z^q(\mathfrak{U}^*,\mathcal{S})|\mathfrak{U} \subset Z^q_h(\mathfrak{U},\mathcal{S});$$

die induzierten Abbildungen $C^q(\mathfrak{U}^*,\mathcal{S}) \to C^q_h(\mathfrak{U},\mathcal{S})$, $Z^q(\mathfrak{U}^*,\mathcal{S}) \to Z^q_h(\mathfrak{U},\mathcal{S})$ *sind stetig.*

Beweis: Wegen $D \ll D^*$ gilt

$$C^q(\mathfrak{A}^*)|D := \operatorname{Im}\sigma \subset C^q_h(\mathfrak{A}), \qquad Z^q(\mathfrak{A}^*)|D \subset Z^q_h(\mathfrak{A}),$$

und die induzierten Abbildungen $C^q(\mathfrak{A}^*) \to C^q_h(\mathfrak{A})$, $Z^q(\mathfrak{A}^*) \to Z^q_h(\mathfrak{A})$ sind stetig (vgl. § 1.2). Da $\operatorname{Im}\rho = \varepsilon(\operatorname{Im}\sigma)$ nach (#) und $C^q_h(\mathfrak{U},\mathcal{S}) = \varepsilon^*(C^q_h(\mathfrak{A}))$ per definitionem, so folgt $C^q(\mathfrak{U}^*,\mathcal{S})|\mathfrak{U} \subset C^q_h(\mathfrak{U},\mathcal{S})$. Das Diagramm (#) induziert untenstehendes kommutatives Diagramm. Die Abbildung der ersten Zeile ist stetig, weiter sind ε^* und ε (nach Definition der Hilberttopologie als Restklassentopologie) offen. Daher ist die Abbildung in der zweiten Zeile ebenfalls stetig.

$$\begin{array}{ccc} C^q(\mathfrak{A}^*) & \longrightarrow & C^q_h(\mathfrak{A}) \\ {\scriptstyle \varepsilon^*}\downarrow & & \downarrow{\scriptstyle \varepsilon} \\ C^q(\mathfrak{U}^*,\mathcal{S}) & \longrightarrow & C^q_h(\mathfrak{U},\mathcal{S}). \end{array}$$

Die Aussagen über $Z^q(\mathfrak{U}^*,\mathcal{S})$, $Z^q(\mathfrak{U},\mathcal{S})$ werden analog verifiziert. □

§ 4. Beweis des Endlichkeitssatzes

Wie bisher bezeichnet X einen *kompakten*, komplexen Raum und $\mathcal{S}$ eine kohärente Garbe über X.

1. Glättungslemma. – Sind $\mathfrak{A}, \mathfrak{A}'$ Meßatlanten zu S, so werden im Falle $\mathfrak{A}' < \mathfrak{A}$ Coketten aus $C_h^q(\mathfrak{U}, \mathcal{S})$ als „glatter" angesehen als Coketten aus $C_h^q(\mathfrak{U}', \mathcal{S})$ (z.B. ist die Restriktionsabbildung $C_h^q(\mathfrak{U}, \mathcal{S}) \to C_h^q(\mathfrak{U}', \mathcal{S})$ kompakt). Ein wichtiges Problem ist, Cozyklen $\xi' \in Z_h^q(\mathfrak{U}', \mathcal{S})$ so durch Cozyklen $\xi \in Z_h^q(\mathfrak{U}, \mathcal{S})$ zu glätten, daß ξ' und ξ dieselbe Cohomologieklasse in $H^q(X, \mathcal{S})$ bestimmen.

Wir bezeichnen wie im letzten Paragraph die zu einem Meßatlas $\mathfrak{A}'', \mathfrak{A}', \ldots$ gehörende Hilbertnorm in $C_h^q(\mathfrak{U}'', \mathcal{S})$, $C_h^q(\mathfrak{U}', \mathcal{S}), \ldots$ bzw. $Z_h^q(\mathfrak{U}'', \mathcal{S})$, $Z_h^q(\mathfrak{U}', \mathcal{S})$ mit $\| \quad \|_{\mathfrak{A}''}$, $\| \quad \|_{\mathfrak{A}'}, \ldots$ und behaupten:

Glättungslemma: *Es seien $\mathfrak{A}'', \mathfrak{A}', \mathfrak{A}, \mathfrak{A}^*$ Meßatlanten zur über X kohärenten Garbe $\mathcal{S}$, es gelte $\mathfrak{A}'' < \mathfrak{A}' < \mathfrak{A} < \mathfrak{A}^*$. Sei $q \in \mathbb{N}$. Dann gibt es eine reelle Konstante $L > 0$, so daß zu jedem Cozyklus $\xi' \in Z_h^q(\mathfrak{U}', \mathcal{S})$ ein Cozyklus $\xi \in Z_h^q(\mathfrak{U}, \mathcal{S})$ und eine Cokette $\eta \in C_h^{q-1}(\mathfrak{U}'', \mathcal{S})$ existieren, so daß gilt:*

$$\xi' | \mathfrak{U}'' = \xi | \mathfrak{U}'' + \partial \eta, \qquad \|\xi\|_{\mathfrak{A}} \le L \|\xi'\|_{\mathfrak{A}'}, \qquad \|\eta\|_{\mathfrak{A}''} \le L \|\xi'\|_{\mathfrak{A}'}.$$

Beweis: Die Abbildung

$$\alpha: Z^q(\mathfrak{U}^*, \mathcal{S}) \times C^{q-1}(\mathfrak{U}', \mathcal{S}) \to Z^q(\mathfrak{U}', \mathcal{S}), \qquad (\xi^*, \eta') \mapsto \xi^* | \mathfrak{U}' + \partial \eta'$$

ist stetig und, da $\mathfrak{U}^*, \mathfrak{U}'$ Steinsche Überdeckungen sind, surjektiv (vgl. Einleitung zu diesem Kapitel). Nach dem Satz von Banach ist α daher offen.

Die Restriktionen $\beta: Z^q(\mathfrak{U}^*, \mathcal{S}) \to Z_h^q(\mathfrak{U}, \mathcal{S})$, $\gamma: C^{q-1}(\mathfrak{U}', \mathcal{S}) \to C_h^{q-1}(\mathfrak{U}'', \mathcal{S})$ sind stetig (Satz 3.7); daher gibt es eine Umgebung W der 0 in $Z^q(\mathfrak{U}^*, \mathcal{S}) \times C^{q-1}(\mathfrak{U}', \mathcal{S})$, derart, daß $\beta(W)$, $\gamma(W)$ jeweils in der Einheitskugel der Hilberträume $Z_h^q(\mathfrak{U}, \mathcal{S})$, $C_h^{q-1}(\mathfrak{U}'', \mathcal{S})$ liegen. Die Menge $\alpha(W)$ ist eine Umgebung der $0 \in Z^q(\mathfrak{U}', \mathcal{S})$. Da die Injektion $Z_h^q(\mathfrak{U}', \mathcal{S}) \hookrightarrow Z^q(\mathfrak{U}', \mathcal{S})$ stetig ist (Satz 3.4), so ist $\alpha(W) \cap Z_h^q(\mathfrak{U}', \mathcal{S})$ eine Umgebung der $0 \in Z_h^q(\mathfrak{U}', \mathcal{S})$; es gibt also ein $\rho > 0$, so daß gilt:

$$\{\zeta' \in Z_h^q(\mathfrak{U}', \mathcal{S}), \|\zeta'\|_{\mathfrak{A}'} = \rho\} \subset \alpha(W).$$

Wir behaupten, daß $L := \rho^{-1}$ eine gesuchte Konstante ist. Sei also $\xi' \in Z_h^q(\mathfrak{U}', \mathcal{S})$ beliebig $\neq 0$. Wir bestimmen ein $c \in \mathbb{C}$ mit $\|c\xi'\|_{\mathfrak{A}'} = \rho$. Es gibt dann Elemente $\zeta^* \in Z^q(\mathfrak{U}^*, \mathcal{S})$, $\omega' \in C^{q-1}(\mathfrak{U}', \mathcal{S})$ mit

$$c\xi' = \xi^* | \mathfrak{U}' + \partial \omega' \quad \text{und} \quad (\xi^*, \omega') \in W.$$

Für $\zeta := \beta(\xi^*) = \xi^* | \mathfrak{U} \in Z_h^q(\mathfrak{U}, \mathcal{S})$, $\omega := \gamma(\omega') = \omega' | \mathfrak{U}'' \in C_h^{q-1}(\mathfrak{U}'', \mathcal{S})$ gilt:

$$c\xi' | \mathfrak{U}'' = \zeta | \mathfrak{U}'' + \partial \omega \quad \text{und} \quad \|\zeta\|_{\mathfrak{A}} \le 1, \qquad \|\omega\|_{\mathfrak{A}''} \le 1.$$

Für $\xi := c^{-1} \zeta \in Z_h^q(\mathfrak{U}, \mathcal{S})$, $\eta := c^{-1} \omega \in C_h^{q-1}(\mathfrak{U}'', \mathcal{S})$ folgt

$$\xi'|\mathfrak{U}'' = \xi|\mathfrak{U}'' + \partial\eta \quad \text{und} \quad \|\xi\|_{\mathfrak{A}} \leq c^{-1}, \quad \|\eta\|_{\mathfrak{A}''} \leq c^{-1},$$

also wegen $|c|\,\|\xi'\|_{\mathfrak{A}'} = L^{-1}$ die Behauptung.

2. Endlichkeitslemma. – Wir behalten die Notationen des Glättungslemmas bei. Sei q fest gewählt. Wir schreiben abkürzend $\|\ \|$ für die Norm $\|\ \|_D$ in $Z_h^q(\mathfrak{A})$. Da $Z_h^q(\mathfrak{A})$ nach § 3.3 saturiert in $C_h^q(\mathfrak{A}) = \mathcal{O}_h^{ln(q+1)}(D)$ liegt, so besitzt $Z_h^q(\mathfrak{A})$ nach Satz 2.2 eine im Nullpunkt $0 \in D$ *monotone* Orthogonalbasis $\{g_1, g_2, \ldots\}$. Wir dürfen annehmen, daß alle g_j normiert sind: $\|g_j\| = 1$.

Es gilt $r' < r$ für die Radien von $D' \ll D$. Sei $a \in \mathbb{R}$ mit $r'r^{-1} < a < 1$, und seien $M > 0$ und $L > 0$ Konstanten gemäß des Schwarzschen Lemmas bzw. Glättungslemmas. Wir wählen dann $e \in \mathbb{N}$ so groß, daß gilt: $t := LMa^e < 1$.

Nach Satz 2.1 gibt es zu e eine natürliche Zahl $d \geq 1$, so daß für jeden Vektor $v \in Z_h^q(\mathfrak{A})$ der Vektor $w := v - \sum_{i=1}^{d} (v, g_i) g_i$ folgender Ungleichung genügt

(1) $$\|w\|_{D'} \leq Ma^e \|v\|.$$

Die Projektion $Z_h^q(\mathfrak{A}) \xrightarrow{\varepsilon} Z_h^q(\mathfrak{U}, \mathscr{S})$ und Injektion $Z_h^q(\mathfrak{U}, \mathscr{S}) \to Z_h^q(\mathfrak{U}'', \mathscr{S})$, $\xi \mapsto \xi|\mathfrak{U}''$, setzen wir zu der *stetigen* Abbildung $Z_h^q(\mathfrak{A}) \to Z_h^q(\mathfrak{U}'', \mathscr{S})$, $v \mapsto \bar{v} := \varepsilon(v)|\mathfrak{U}''$ zusammen. Wir behaupten nun, daß für die oben bestimmte Zahl d gilt:

Endlichkeitslemma:

$$Z_h^q(\mathfrak{U}, \mathscr{S})|\mathfrak{U}'' = \sum_{i=1}^{d} \mathbb{C}\bar{g}_i + \partial C_h^{q-1}(\mathfrak{U}'', \mathscr{S}), \quad \mathit{wo} \quad \bar{g}_1, \ldots, \bar{g}_d \in Z_h^q(\mathfrak{U}'', \mathscr{S}).$$

Beweis: Sei $\zeta \in Z_h^q(\mathfrak{U}, \mathscr{S})$ vorgegeben. Es genügt, zwei Folgen $v_0, v_1, \ldots$ und $\eta_1, \eta_2, \ldots$ von Vektoren $v_j \in Z_h^q(\mathfrak{A})$, $\eta_j \in C_h^{q-1}(\mathfrak{U}'', \mathscr{S})$ zu konstruieren, so daß mit $w_j := v_j - \sum_{i=1}^{d} (v_j, g_i) g_i$ gilt:

(2) $$\bar{v}_0 = \zeta|\mathfrak{U}'', \quad \bar{w}_j = \bar{v}_{j+1} + \partial\eta_{j+1}, \quad j \geq 0,$$

(3) $$\|v_j\| \leq t^j \|v_0\|, \quad \|\eta_j\|_{\mathfrak{A}''} \leq t^j \|v_0\|, \quad j \geq 1.$$

Alsdann folgt aus (2) sofort:

(4) $$\zeta|\mathfrak{U}'' - \bar{v}_{n+1} = \sum_{j=0}^{n} (\bar{v}_j - \bar{v}_{j+1}) = \sum_{i=1}^{d} \left(\sum_{j=0}^{n} (v_j, g_i) \bar{g}_i \right) + \sum_{j=0}^{n} \partial\eta_{j+1}, \quad n \geq 0.$$

Da $t < 1$, so existiert nach (3)

(5) $$\eta := \sum_{0}^{\infty} \eta_{j+1} \in C_h^{q-1}(\mathfrak{U}'', \mathscr{S});$$

dabei ist $\partial\eta = \sum_0^\infty \partial\eta_{j+1}$ wegen der Stetigkeit von $\partial: C^{q-1}(\mathfrak{U}'', \mathscr{S}) \to C^q(\mathfrak{U}'', \mathscr{S})$, da die Reihe $\sum_0^\infty \eta_{j+1}$ auch in der Fréchettopologie von $C^{q-1}(\mathfrak{U}'', \mathscr{S})$ gegen η konvergiert (nach Satz 3). Weiter gilt nach (3)

(6) $$c_i := \sum_{j=0}^\infty (v_j, g_i) \in \mathbb{C}, \quad 1 \le i \le d, \quad \text{wegen } |(v_j, g_i)| \le \|v_j\| \text{ (Schwarzsche Ungleichung).}$$

Da $\lim v_{n+1} = 0$, so gilt auch $\lim \bar{v}_{n+1} = 0$ aus Stetigkeitsgründen. Somit ergibt sich aus (4), (5) und (6) eine gesuchte Gleichung $\zeta|\mathfrak{U}'' = \sum_{i=1}^d c_i \bar{g}_i + \partial\eta$.

Die Folgen $v_0, v_1, \ldots$ und $\eta_1, \eta_2, \ldots$ werden induktiv gewonnen. Seien v_j, η_j und also $w_j := v_j - \sum_{i=1}^d (v_j, g_i) g_i$ schon konstruiert, $j \ge 0$. Sei $w' := w_j | D' \in Z_h^q(\mathfrak{A}')$ die Einschränkung von w_j auf D', und sei $\varepsilon': Z_h^q(\mathfrak{A}') \to Z_h^q(\mathfrak{U}', \mathscr{S})$ die kontraktive Projektion. Zu $\varepsilon'(w')$ gibt es nach dem Glättungslemma Elemente $\xi \in Z_h^q(\mathfrak{U}, \mathscr{S})$, $\eta_{j+1} \in C_h^{q-1}(\mathfrak{U}'', \mathscr{S})$, so daß gilt:

(7) $$\varepsilon'(w')|\mathfrak{U}'' = \xi|\mathfrak{U}'' + \partial\eta_{j+1} \quad \text{mit} \quad \|\xi\|_{\mathfrak{A}} \le L\,\|\varepsilon'(w')\|_{\mathfrak{A}'}, \; \|\eta_{j+1}\|_{\mathfrak{A}''} \le L\,\|\varepsilon'(w')\|_{\mathfrak{A}'}.$$

Da $Z_h^q(\mathfrak{U}, \mathscr{S})$ die ε-Restklassennorm von $Z_h^q(\mathfrak{A})$ trägt, gibt es ein Urbild $v_{j+1} \in Z_h^q(\mathfrak{A})$ von ξ mit $\|v_{j+1}\| = \|\xi\|$ (vgl. auch § 2.2). Nun ist $\bar{v}_{j+1} = \xi|\mathfrak{U}''$ und $\bar{w}_j = \varepsilon'(w')|\mathfrak{U}''$ wegen der Kommutativität $\varepsilon'(w') = \varepsilon(w)|\mathfrak{U}'$ (vgl. etwa das Diagramm (#) im § 3.4). Da ε' kontraktiv ist, gilt $\|\varepsilon'(w')\|_{\mathfrak{A}'} \le \|w'\|_{D'}$. Da $\|w'\|_{D'} = \|w_j\|_{D'}$, so folgt (2) aus (7) mit folgenden Abschätzungen:

$$\bar{w}_j = \bar{v}_{j+1} + \partial\eta_{j+1}, \quad \|v_{j+1}\| \le L\|w_j\|_{D'}, \quad \|\eta_{j+1}\|_{\mathfrak{A}''} \le L\|w_j\|_{D'}.$$

Da $\|w_j\|_{D'} \le Ma^e \|v_j\|$ nach (1), so ergibt sich mit $t = LMa^e$ weiter:

$$\|v_{j+1}\| \le t\|v_j\|, \quad \|\eta_{j+1}\|_{\mathfrak{A}''} \le t\|v_j\|.$$

Die Induktionsannahme (3) liefert nun die gewünschten Abschätzungen für v_{j+1}, η_{j+1}. □

3. Beweis des Endlichkeitssatzes. – Das Endlichkeitslemma enthält als Korollar den

Endlichkeitssatz: *Ist X ein kompakter komplexer Raum und $\mathscr{S}$ eine kohärente analytische Garbe über X, so ist jeder Cohomologiemodul $H^q(X, \mathscr{S})$, $0 \le q < \infty$, endlich-dimensional.*

Beweis: Nach § 3.3 existieren vier Meßatlanten $\mathfrak{A}'' < \mathfrak{A}' < \mathfrak{A} < \mathfrak{A}^*$ zu $\mathscr{S}$. Nach Satz 3.7 gilt $Z^q(\mathfrak{U}^*, \mathscr{S})|\mathfrak{U} \subset Z_h^q(\mathfrak{U}, \mathscr{S})$. Wegen $Z_h^q(\mathfrak{U}'', \mathscr{S}) \subset Z^q(\mathfrak{U}'', \mathscr{S})$,

$C_h^{q-1}(\mathfrak{U}'', \mathscr{S}) \subset C^{q-1}(\mathfrak{U}'', \mathscr{S})$ gibt es nach dem Endlichkeitslemma eine (von q abhängende) natürliche Zahl d und Cozyklen $\bar{g}_1, \ldots, \bar{g}_d \in Z^q(\mathfrak{U}'', \mathscr{S})$, so daß gilt:

$$Z^q(\mathfrak{U}^*, \mathscr{S})|\mathfrak{U}'' \subset Z_h^q(\mathfrak{U}, \mathscr{S})|\mathfrak{U}'' \subset \sum_1^d \mathbb{C}\bar{g}_i + \partial C^{q-1}(\mathfrak{U}'', \mathscr{S}).$$

Aus dieser Inklusion folgt, daß die von $\bar{g}_1, \ldots, \bar{g}_d$ bestimmten Cohomologieklassen den Raum $H^q(\mathfrak{U}'', \mathscr{S})$ erzeugen; es gilt mithin: $\dim_{\mathbb{C}} H^q(X, \mathscr{S}) \leq d < \infty$ (vgl. auch die Einleitung zu diesem Kapitel, wo $\mathfrak{B} = \mathfrak{U}''$, $\mathfrak{W} = \mathfrak{U}^*$ und $\xi_i = \bar{g}_i$ ist). □

Der Endlichkeitssatz bildet im nächsten Kapitel den Ausgangspunkt für die Theorie der kompakten Riemannschen Flächen. In dieser speziellen Situation spielen nur die Gruppen $H^0(X, \mathscr{S})$ und $H^1(X, \mathscr{S})$ für *lokal-freie* Garben eine Rolle. Ist man von vornherein nur an Riemannschen Flächen interessiert, so ergeben sich ersichtlich bei den Meßatlanten technische Vereinfachungen. Eine Beweisskizze des Endlichkeitssatzes für diesen Spezialfall, der sich am Cartan-Serreschen Beweis orientiert, findet der Leser in R. Gunning: Lectures on Riemann Surfaces, Princeton University Press, 1966, p. 59ff.; statt Fréchetträume werden ebenfalls Hilberträume quadrat-integrierbarer Cozyklen verwendet; statt monotoner Orthogonalbasen wird das Lemma von L. Schwartz für Hilberträume (das wesentlich einfacher als das entsprechende Lemma für Fréchetträume zu beweisen ist) verwendet.

Kapitel VII. Kompakte Riemannsche Flächen

Besonders elegante Anwendungen des Endlichkeitssatzes sind in der Theorie der kompakten Riemannschen Flächen möglich. Von nun an bezeichnet X durchweg eine *zusammenhängende, kompakte* Riemannsche Fläche mit Strukturgarbe $\mathcal{O}$. Mit $\mathcal{S}$ usf. werden wie bisher kohärente analytische Garben über X bezeichnet. Ist der Träger *endlich*, so wird vorwiegend $\mathcal{T}$ geschrieben, für solche Garben ist trivial: $H^1(X,\mathcal{T})=0$. Die Symbole $\mathcal{F},\mathcal{G}$ werden für lokal-freie $\mathcal{O}$-Garben reserviert; der Buchstabe $\mathcal{L}$ wird ausschließlich für lokal-freie Garben vom Rang 1 verwendet. Alle Tensorprodukte werden über $\mathcal{O}$ gebildet.

Da X *eindimensional* ist, so ist jeder Halm $\mathcal{M}_x$ der Garbe $\mathcal{M}$ der Keime meromorpher Funktionen auf X ein *diskret bewerteter Körper* bzgl. der Ordnungsfunktion o_x (für $h\in\mathcal{M}_x$ gilt $o_x(h)=n$, wenn $h=t^n e$, wo $t\in\mathcal{O}_x$ eine Ortsuniformisierende in x und $e\in\mathcal{O}_x$ eine Einheit ist; es gilt $o_x(h)=\infty$ nur für den Nullkeim). Der zu o_x gehörende Bewertungsring ist $\mathcal{O}_x$ mit $\mathfrak{m}_x$ als maximalem Ideal. Es gilt $\mathcal{O}_x^*=\{h\in\mathcal{M}_x, o(h)=0\}$ und $\mathcal{M}_x^*=\mathcal{M}_x\setminus\{0\}$.

Das Ziel dieses Kapitels sind u.a. die Herleitung des Satzes von Riemann-Roch für lokal-freie Garben sowie des Serreschen Dualitätssatzes. Des weiteren wird ein *Spaltungskriterium* für lokal-freie Garben bewiesen, das als Korollar die Klassifizierung aller lokal-freien Garben über der Zahlenkugel liefert.

§ 1. Divisoren und lokal-freie Garben $\mathcal{F}(D)$

Jede lokal-freie Garbe $\mathcal{F}$ ist Untergarbe der $\mathcal{O}$-Garbe

$$\mathcal{F}^\infty := \mathcal{F}\otimes\mathcal{M}$$

der *Keime von meromorphen Schnittflächen* in $\mathcal{F}$. Wir identifizieren jeden Halm $\mathcal{F}_x^\infty$ mit $\mathcal{M}_x\mathcal{F}_x=\bigcup_{n\in Z} t^n\mathcal{F}_x$, $t:=$ Ortsuniformisierende in x. Es ist $\mathcal{O}^\infty=\mathcal{M}$.

Die Garbe $\mathcal{F}^\infty$ ist *nicht* kohärent, enthält aber neben $\mathcal{F}$ wichtige lokal-freie Untergarben, die in diesem Paragraph eingeführt werden. Wir schreiben $\mathcal{F}^\infty(X)^*$, $\mathcal{F}(X)^*$ usf. für die Menge aller Schnitte $\neq 0$ auf $\mathcal{F}^\infty(X)$, $\mathcal{F}(X)$, usf.

0. Divisoren. – Im Kap. V, § 2.2 wurde für komplexe Räume die exakte Sequenz

$$1\to\mathcal{O}^*\to\mathcal{M}^*\to\mathcal{D}\to 0$$

betrachtet, wo $\mathscr{D}=\mathscr{M}^*/\mathscr{O}^*$ die Garbe der Keime der Divisoren ist. Der Epimorphismus $\mathscr{M}_x^*\to\mathbb{Z}$, $h\mapsto o_x(h)$, hat $\mathscr{O}_x^*$ zum Kern und induziert einen kanonischen Isomorphismus $\mathscr{D}_x=\mathscr{M}_x^*/\mathscr{O}_x^*\simeq\mathbb{Z}$, $x\in X$. Jeder Schnitt $s\in\mathscr{D}(U)$ über einer offenen Menge U hat einen diskreten Träger $|s|$ in U (Wolkenkratzereigenschaft von $\mathscr{D}$).

Für eine kompakte Riemannsche Fläche X ist mithin die *Divisorengruppe*

$$\operatorname{Div} X := \mathscr{D}(X)$$

kanonisch isomorph zu der von den Punkten $x\in X$ erzeugten *freien, abelschen* Gruppe; jeder Divisor D ist also von der Form

$$D=\sum_{x\in X} n_x x, \qquad n_x\in\mathbb{Z}, \qquad n_x=0 \quad \text{für } \textit{fast alle } x$$ (vgl. hierzu auch Kap. V, § 2.2).

Wir schreiben durchweg $o_x(D)$ statt n_x. Die Zahl

$$\operatorname{grad} D := \sum o_x(D)\in\mathbb{Z}$$

heißt der *Grad von D*. Die Abbildung

$$\operatorname{Div} X\to\mathbb{Z}, \qquad D\mapsto\operatorname{grad} D$$

ist ein Gruppenepimorphismus.

Ein Divisor D ist *positiv*, wenn $o_x(D)\geq 0$ für alle $x\in X$ gilt. Für Divisoren D_1, D_2 schreiben wir $D_1\leq D_2$, wenn D_2-D_1 positiv ist. Die Divisorengruppe ist bezüglich der Relation $\leq$ *gerichtet*: zu je zwei Divisoren D_1, D_2 existiert ein Divisor D_3 mit $D_1\leq D_3$ und $D_2\leq D_3$.

Die Menge $|D|:=\{x\in X, o_x(D)\neq 0\}$ heißt der *Träger* von D, sie ist stets *endlich*.

1. Divisoren meromorpher Schnittflächen. – Es sei $\mathscr{F}$ eine *fest vorgegebene* lokal-freie Garbe. Jeder Keim $s_x\in\mathscr{F}_x^\infty$ schreibt sich, sobald eine Ortsuniformisierende t in x gegeben ist, eindeutig in der Form

$$s_x=t^m\hat{s}_x, \quad \text{wo} \quad \hat{s}_x\in\mathscr{F}_x, \quad \hat{s}_x\notin\mathfrak{m}_x\mathscr{F}_x.$$

Der Exponent m ist eindeutig durch s_x bestimmt, wir nennen

$$o(s_x):=m$$

die *Ordnung* von s_x bezüglich $\mathscr{F}$ (Nullstelle, falls >0; Polstelle, falls <0; der Fall $o(s_x)=\infty$ gilt nur für den Nullkeim). Es ist

$$\mathscr{F}_x=\{s_x\in\mathscr{F}_x^\infty : o(s_x)\geq 0\}, \qquad \mathfrak{m}_x\mathscr{F}_x=\{s_x\in\mathscr{F}_x^\infty : o(s_x)>0\}.$$

Jeder Schnitt $s \in \mathscr{F}^\infty(X)$ heißt eine *globale meromorphe Schnittfläche in* $\mathscr{F}$. Falls $s \neq 0$, so hat s nur *endlich viele* Null- und Polstellen. Daher können wir definieren:

Definition 1 (Divisor und Grad meromorpher Schnittflächen): *Ist* $s \in \mathscr{F}^\infty(X)$, $s \neq 0$, *so heißt*

$$(s) := \sum_{x \in X} o(s_x)\, x \in \operatorname{Div} X$$

der Divisor von s *(bzgl.* $\mathscr{F}$*).*

Die Zahl $\operatorname{grad}(s) \in \mathbb{Z}$ *heißt der Grad von* s *(bzgl.* $\mathscr{F}$*).*

Es ist (s) genau dann positiv, wenn s keine Polstellen hat, d.h. wenn $s \in \mathscr{F}(X)$.

Warnung: Die Ordnungsfunktionen o und damit die Divisoren (s) von Schnitten $s \in \mathscr{F}^\infty(X)$ hängen wesentlich von der Ausgangsgarbe $\mathscr{F}$ ab. So gehört zum Einschnitt $1 \in \mathcal{O}^\infty(X)$ bzgl. $\mathcal{O}$ der Nulldivisor, hingegen gilt $(1) = D$, wenn man statt $\mathcal{O}$ die Garbe $\mathcal{O}(D)$ zugrunde legt (siehe hierzu Abschnitt 3). Im folgenden geht aus dem Zusammenhang stets eindeutig hervor, bzgl. welcher Bezugsgarbe $\mathscr{F}$ die Divisoren gebildet werden (vgl. hierzu auch § 8).

Zu jeder meromorphen Funktion $h \in \mathcal{O}^\infty(X)^*$ gehört der Hauptdivisor (h). Es gilt die Rechenregel: $(hs) = (h) + (s)$ *für alle* $h \in \mathcal{M}^*(X)$, $s \in \mathscr{F}^\infty(X)^*$.

2. Garben $\mathscr{F}(D)$. – Für jede lokal-freie Garbe $\mathscr{F}$ und jeden Divisor D definieren wir vermöge

$$\mathscr{F}(D)_x := \{s_x \in \mathscr{F}_x^\infty : o(s_x) \geq -o_x(D)\}, \qquad \mathscr{F}(D) := \bigcup_{x \in X} \mathscr{F}(D)_x \subset \mathscr{F}^\infty$$

eine *analytische Untergarbe* $\mathscr{F}(D)$ von $\mathscr{F}^\infty$. Außerhalb des Trägers $|D|$ von D stimmen $\mathscr{F}$ und $\mathscr{F}(D)$ überein, in den Punkten $x \in |D|$ wird $\mathscr{F}_x$ „vergrößert" bzw. „verkleinert" je nachdem ob $o_x(D) > 0$ oder $o_x(D) < 0$; genauer gilt:

Ist t *eine Ortsuniformisierende um* x, *so ist*

$$\mathscr{F}(D)_x = t^{-o_x(D)} \mathscr{F}_x .$$

Durch Multiplikation mit $t^{o_x(D)}$ *wird um* x *eine* $\mathcal{O}$*-Isomorphie* $\mathscr{F}(D) \to \mathscr{F}$ *gegeben; speziell ist* $\mathscr{F}(D)$ *lokal-frei und von gleichem Rang wie* $\mathscr{F}$.

Der Beweis ist trivial. □

Es ist stets $\mathscr{F}(D)^\infty = \mathscr{F}^\infty$. Die unmittelbar aus dem allgemeinen Garbenkalkül resultierenden Rechenregeln stellen wir zusammen in einem

Rechenlemma: *Seien* $\mathscr{F}, \mathscr{F}_1, \mathscr{F}_2$ *lokal-frei und* D, D_1, D_2 *Divisoren. Dann gilt:*

1) *Jede exakte* $\mathcal{O}$*-Sequenz* $0 \to \mathscr{F}_1 \to \mathscr{F} \to \mathscr{F}_2 \to 0$ *bestimmt in natürlicher Weise eine exakte* $\mathcal{O}$*-Sequenz* $0 \to \mathscr{F}_1(D) \to \mathscr{F}(D) \to \mathscr{F}_2(D) \to 0$.
2) *Ist* $\mathscr{F} = \mathscr{F}_1 + \mathscr{F}_2$, *so gilt:* $\mathscr{F}(D) = \mathscr{F}_1(D) + \mathscr{F}_2(D)$.
3) *Es gibt eine natürliche* $\mathcal{O}$*-Isomorphie* $\mathscr{F}(D_1)(D_2) = \mathscr{F}(D_1 + D_2)$.
4) *Falls* $D_1 \leq D_2$, *so ist* $\mathscr{F}(D_1)$ *eine analytische Untergarbe von* $\mathscr{F}(D_2)$.

Der Leser führe die trivialen Beweise aus.

Die Eigenschaft 4) wird im nächsten Paragraph eine wichtige Rolle spielen (vgl. § 2.1).

3. Garben $\mathcal{O}(D)$. – Die vorangehenden Überlegungen gelten insbesondere für $\mathcal{F}=\mathcal{O}$. Alle Garben $\mathcal{O}(D)$, $D\in \operatorname{Div} X$, sind lokal-frei vom Rang 1, nach Kap. V, § 3.1 gilt:

Zwei Garben $\mathcal{O}(D_i)$, $i=1,2$, sind genau dann analytisch isomorph, wenn D_1, D_2 linear äquivalent sind.

Aus den Garben $\mathcal{O}(D)$ gewinnt man alle Garben $\mathcal{F}(D)$ durch Tensorieren; es besteht die natürliche $\mathcal{O}$-Isomorphie

$$\mathcal{F}\otimes\mathcal{O}(D)\simeq\mathcal{F}(D), \qquad s_x\otimes h_x\to h_x s_x .$$

Bemerkung: Bei kohärenter Garbe $\mathcal{S}$ ist jede Garbe $\mathcal{S}(D):=\mathcal{S}\otimes\mathcal{O}(D)$, $D\in\operatorname{Div}X$, kohärent. Der Leser bemerkt, daß die Aussagen 1)–3) des Rechenlemmas (Abschnitt 2) allgemeiner für kohärente Garben gelten.

Für alle Divisoren D_1, D_2 hat man nach Kap. V, § 3.1 natürliche Isomorphismen:

$$\mathcal{O}(D_1+D_2)\cong\mathcal{O}(D_1)\otimes\mathcal{O}(D_2) .$$

Für alle Divisoren D gilt:

$$H^0(X,\mathcal{O}(D))=\{h\in\mathcal{M}^*(X),\ (h)+D\geq 0\}\cup\{0\} .$$

§ 2. Existenz globaler meromorpher Schnittflächen

Es wird gezeigt, daß jede lokal-freie Garbe $\neq 0$ über einer kompakten Riemannschen Fläche „viele" globale meromorphe Schnitte hat. Dies folgt aus einem „Charakteristikensatz", der sich im nächsten Paragraph als eine vorläufige Fassung des Satzes von Riemann-Roch erweisen wird.

Insbesondere gewinnt man zu jedem Punkt $p\in X$ eine in $X\setminus p$ nichtkonstante holomorphe Funktion, die in p einen Pol hat. Damit erweist sich $X\setminus p$ als Steinsch, hieraus folgt der Verschwindungssatz $H^q(X,\mathcal{S})=0$, $q\geq 2$, für alle kohärenten Garben über X.

1. Die Sequenz $0\to\mathcal{F}(D)\to\mathcal{F}(D')\to\mathcal{T}\to 0$. – Sind D, D' Divisoren mit $D\leq D'$, so haben wir für jede lokal-freie Garbe $\mathcal{F}$ vom Rang r eine natürliche exakte Sequenz

$$(*) \qquad 0\to\mathcal{F}(D)\to\mathcal{F}(D')\to\mathcal{T}\to 0 \quad \text{mit} \quad \mathcal{T}:=\mathcal{F}(D')/\mathcal{F}(D) .$$

Diese Sequenz nimmt eine Schlüsselstellung in unseren Betrachtungen ein; wir heben ihre grundlegenden Eigenschaften explizit hervor. Per definitionem gilt:

(1) $$\mathscr{T}_x = \mathbb{C}^{rn_x} \quad \text{mit} \quad n_x := o_x(D') - o_x(D), \qquad x \in X.$$

Der Träger von $\mathscr{T}$ ist also der Träger des Divisors $D' - D$, weiter gilt:

(2) $$\dim_{\mathbb{C}} \mathscr{T}(X) = r \operatorname{grad}(D' - D).$$

Da $\mathscr{T}$ einen *endlichen* Träger hat, so folgt:

(3) $$H^1(X, \mathscr{T}) = 0.$$

Die Cohomologiesequenz zu (*) beginnt somit als *exakte Fünfersequenz*

$$0 \to \mathscr{F}(D)(X) \to \mathscr{F}(D')(X) \to \mathscr{T}(X) \to H^1(X, \mathscr{F}(D)) \to H^1(X, \mathscr{F}(D')) \to 0.$$

Hieraus lesen wir ab:

(4) *Ist* $D \le D'$, *so gilt:* $\dim_{\mathbb{C}} H^1(X, \mathscr{F}(D)) \ge \dim_{\mathbb{C}} H^1(X, \mathscr{F}(D'))$.

2. Charakteristikensatz und Existenztheorem. – Für jede kohärente Garbe $\mathscr{S}$ über X nennen wir die Differenz

$$\chi_0(\mathscr{S}) := \dim_{\mathbb{C}} H^0(X, \mathscr{S}) - \dim_{\mathbb{C}} H^1(X, \mathscr{S})$$

kurz die *Charakteristik* von $\mathscr{S}$ (im Abschnitt 3 wird sich nebenbei ergeben, daß $\chi_0(\mathscr{S})$ die Euler-Poincaré-Charakteristik $\chi(\mathscr{S})$ ist).

Lemma 1 (Charakteristikensatz): *Für jede lokal-freie Garbe $\mathscr{F}$ vom Rang r und jeden Divisor D gilt:*

$$\chi_0(\mathscr{F}(D)) = r \operatorname{grad} D + \chi_0(\mathscr{F}).$$

Beweis: Wir zeigen, daß für alle Divisoren D, D' gilt:

(o) $$\chi_0(\mathscr{F}(D)) - r \operatorname{grad} D = \chi_0(\mathscr{F}(D')) - r \operatorname{grad} D';$$

hieraus folgt die Behauptung mit $D' := 0$.

Sei zunächst $D \le D'$. Die Wechselsumme über die Dimensionen der in obiger Fünfersequenz $0 \to \mathscr{F}(D)(X) \to \cdots \to H^1(X, \mathscr{F}(D')) \to 0$ auftretenden Vektorräume ist null. Dies bedeutet

$$0 = \chi_0(\mathscr{F}(D)) - \chi_0(\mathscr{F}(D')) + \dim_{\mathbb{C}} \mathscr{T}(X).$$

Trägt man Gleichung (2) für $\dim_{\mathbb{C}} \mathscr{T}(X)$ ein, so folgt (o).

Ist D' beliebig, so wähle man ein $D'' \in \operatorname{Div} X$ mit $D \le D''$ und $D' \le D''$. Nach dem schon Gezeigten gilt dann:

$$\chi_0(\mathscr{F}(D)) - r \operatorname{grad} D = \chi_0(\mathscr{F}(D'')) - r \operatorname{grad} D'' = \chi_0(\mathscr{F}(D')) - r \operatorname{grad} D'. \quad \square$$

Nach Definition ist stets $\dim_{\mathbb{C}} \mathscr{F}(D)(X) \geq \chi_0(\mathscr{F}(D))$. Daher ist im Lemma 1 ein qualitatives Existenztheorem enthalten:

Satz 2 (Existenztheorem): *Für jede lokal-freie Garbe $\mathscr{F}$ vom Rang r und jeden Divisor D gilt:*

$$\dim_{\mathbb{C}} \mathscr{F}(D)(X) \geq r \operatorname{grad} D + \chi_0(\mathscr{F}).$$

Speziell:

$$\lim_{n\to\infty} \dim_{\mathbb{C}} \mathscr{F}(nD)(X) = \infty, \quad \textit{falls} \quad \mathscr{F} \neq 0 \quad \textit{und} \quad \operatorname{grad} D > 0.$$

Wir halten explizit fest:

Jede lokal-freie Garbe $\mathscr{F} \neq 0$ hat meromorphe Schnitte $\neq 0$.

Das ist klar nach Satz 2, da stets $\mathscr{F}(D)(X) \subset \mathscr{F}^{\infty}(X)$.

3. Verschwindungssatz. – Für jeden Punkt $p \in X$ gilt die Ungleichung

$$\dim_{\mathbb{C}} \mathcal{O}(np)(X) \geq n + \chi_0(\mathcal{O}) \quad \text{für alle} \quad n \in \mathbb{Z}$$

nach Satz 2. Es gibt also ein $n_0 > 0$, so daß gilt:

$$\mathbb{C} \subsetneqq \mathcal{O}(np)(X) \subset \mathcal{M}(X) \quad \text{für alle} \quad n \geq n_0.$$

Jede Funktion $h \in \mathcal{O}(np)(X) \setminus \mathbb{C}$ ist wegen $(h) + np \geq 0$ holomorph und nichtkonstant in $X \setminus p$ mit einem Pol der Ordnung $\leq n$ in p. Damit ist speziell gezeigt:

Zu jedem Punkt $p \in X$ gibt es eine nichtkonstante meromorphe Funktion auf X, die in $X \setminus p$ holomorph ist[25].

Diese Aussage hat zur Konsequenz:

Für jeden Punkt $p \in X$ ist $X \setminus p$ Steinsch. Insbesondere ist jede kompakte Riemannsche Fläche durch zwei Steinsche Gebiete überdeckbar.

Beweis: Wird h wie oben gewählt, so induziert h eine endliche holomorphe Abbildung $h: X \setminus p \to \mathbb{C}$. Daher ist $X \setminus p$ Steinsch.

Sind $p_1, p_2 \in X$ verschiedene Punkte, so ist $\{X \setminus p_1, X \setminus p_2\}$ eine Steinsche Überdeckung von X. □

Aus der allgemeinen Theorie (Kap. V, Satz 1.3) folgt nun:

Satz 3 (Verschwindungssatz): *Für jede kohärente analytische Garbe $\mathscr{S}$ über X gilt:*

$$H^q(X, \mathscr{S}) = 0, \qquad q \geq 2.$$

---

[25] Mit etwas mehr Aufwand ließe sich an dieser Stelle bereits zeigen, daß zu jedem $p \in X$ ein n_0 existiert, so daß zu jedem $n > n_0$ ein $h \in \mathcal{M}(X)$ existiert, so daß h in $X \setminus p$ holomorph ist und in p einen Pol der Ordnung n hat (Vorläufer des Weierstraßschen Lückensatzes).

Da für jede über einem *kompakten* komplexen Raum X kohärente Garbe $\mathcal{S}$ *fast alle* Gruppen $H^q(X,\mathcal{S})$ verschwinden, so ist auf Grund des Endlichkeitssatzes die *Euler-Poincaré-Charakteristik*

$$\chi(\mathcal{S}):=\sum_{i=0}^{\infty}(-1)^i \dim_{\mathbb{C}} H^i(X,\mathcal{S})\in\mathbb{Z}$$

wohldefiniert. Auf Grund von Satz 3 gilt für kompakte Riemannsche Flächen stets

$$\chi(\mathcal{S})=\chi_0(\mathcal{S}).$$

4. Gradgleichung. – Eine amüsante Folgerung aus der Charakteristikenformel $\chi_0(\mathcal{O}(D))=\operatorname{grad} D+\chi_0(\mathcal{O})$ ist die

Gradgleichung: *Für linear äquivalente Divisoren D, D' gilt:*

$$\operatorname{grad} D=\operatorname{grad} D'.$$

Speziell ist $\operatorname{grad} D=0$ *für alle Hauptdivisoren.*

Beweis: Sind D, D' linear äquivalent, so gilt $\mathcal{O}(D)\cong\mathcal{O}(D')$ nach § 1.3 und also $\chi_0(\mathcal{O}(D))=\chi_0(\mathcal{O}(D'))$. Die Charakteristikenformel liefert:

$$\operatorname{grad} D+\chi_0(\mathcal{O})=\operatorname{grad} D'+\chi_0(\mathcal{O}). \qquad \square$$

Der Leser beachte, daß ein Divisor D mit $\operatorname{grad} D=0$ im Falle $X\neq\mathbb{P}_1$ i. allg. *kein* Hauptdivisor ist.

Bemerkung: Die Gradgleichung kann auch abbildungstheoretisch interpretiert und bewiesen werden: Jede Funktion $h\in\mathcal{M}(X)$ definiert eine *verzweigte Überlagerung* $h: X\to\mathbb{P}_1$ (der Fall $h=\text{const.}$ ist trivial). Es gilt

$$(h)=h^{-1}(0)-h^{-1}(\infty), \quad 0,\infty\in\mathbb{P}_1, \quad 0\neq\infty;$$

wenn jeder Punkt von $h^{-1}(0)$ und $h^{-1}(\infty)$ mit seiner *Verzweigungsvielfachheit* gezählt wird. Da für jeden Punkt $p\in\mathbb{P}_1$ die Summe der Vielfachheiten der Punkte aus $h^{-1}(p)$ die „Blätterzahl“ b der Überlagerung $h: X\to\mathbb{P}_1$ ist, so folgt $\operatorname{grad}(h)=b-b=0$.

§ 3. Der Satz von Riemann-Roch (vorläufige Fassung)

Das klassische Problem von Riemann-Roch besteht darin, bei gegebenem Divisor D die Dimension des $\mathbb{C}$-Vektorraumes $H^0(X,\mathcal{O}(D))$ aller globalen Schnitte (meromorphen Funktionen) in der Garbe $\mathcal{O}(D)$ zu bestimmen. Der Charakteristikensatz gibt eine vorläufige Lösung des Problems.

1. Geschlecht. Satz von Riemann-Roch. – Folgende Notationen sind üblich:

$$l(D):=\dim_{\mathbb{C}} H^0(X,\mathcal{O}(D)), \qquad i(D):=\dim_{\mathbb{C}} H^1(X,\mathcal{O}(D)).$$

Für linear äquivalente Divisoren D, D' gilt $l(D)=l(D')$ und $i(D)=i(D')$. Wir notieren weiter:

Es gilt $l(D)>0$ *genau dann, wenn es einen zu D linear äquivalenten positiven Divisor gibt. Speziell gilt* $l(D)=0$ *für alle D mit* $\operatorname{grad} D<0$.

Beweis: Die erste Aussage ist klar, da genau die Divisoren $(h)+D$, $h\in\mathcal{M}^*(X)$, zu D linear äquivalent sind. Die zweite Aussage folgt aus der ersten, da linear äquivalente Divisoren gleichgradig sind. □

Es ist $l(0)=1$ wegen $\mathcal{O}(X)=\mathbb{C}$. Die natürliche Zahl

$$g := i(0) = \dim_{\mathbb{C}} H^1(X, \mathcal{O})$$

heißt das *Geschlecht* von X. Laut dieser Definition ist g nur eine *komplexanalytische Invariante von X*. Erst im § 7.1 wird sich zeigen, daß g in der Tat das *topologische* Geschlecht von X ist, d.h. daß gilt: $H^1(X,\mathbb{C})\cong\mathbb{C}^{2g}$. □

Für alle Divisoren D gilt:

$$\chi_0(\mathcal{O}(D)) = l(D) - i(D), \quad \text{speziell} \quad \chi_0(\mathcal{O}) = 1 - g.$$

Die Charakteristikenformel $\chi_0(\mathcal{O}(D)) = \operatorname{grad} D + \chi_0(\mathcal{O})$ liest sich nun als

Theorem 1 (Riemann-Roch, vorläufige Fassung): *Für jeden Divisor* $D\in\operatorname{Div} X$ *einer kompakten Riemannschen Fläche X vom Geschlecht g gilt:*

$$l(D) - i(D) = \operatorname{grad} D + 1 - g.$$

Bemerkung: Durch Theorem 1 wird das Problem von Riemann-Roch, d.h. die Bestimmung der Zahl $l(D)$, noch nicht zufriedenstellend gelöst, da als „Störglied" die Dimension $i(D)$ einer 1. Cohomologiegruppe vorkommt. Dieses Störglied läßt sich, wie wir im § 6 sehen werden, mittels des Serreschen Dualitätssatzes als Dimension einer 0. Cohomologiegruppe interpretieren. Die finale Lösung des Problems von Riemann-Roch wird erst durch Theorem 7.2 gegeben.

2. Anwendungen. – Ein Spezialfall von Theorem 1 ist die

Riemannsche Ungleichung: $l(D)\geq \operatorname{grad} D + 1 - g$.

Sie ist der Ausgangspunkt klassischer Existenzsätze; z.B. folgt sogleich, da der Raum $\mathcal{O}(D)(X)$ im Falle $l(D)\geq 2$ notwendig nichtkonstante meromorphe Funktionen enthält:

Zu jedem Divisor D mit $\operatorname{grad} D\geq g+1$ *gibt es eine nichtkonstante meromorphe Funktion h mit* $(h)+D\geq 0$.

Insbesondere gibt es stets nichtkonstante Funktionen, die in einem vorgegebenen Punkt $p\in X$ einen Pol der Ordnung $\leq g+1$ haben und in $X\setminus p$ holomorph sind. Man kann dies auch als einen Überlagerungssatz aussprechen:

Jede kompakte Riemannsche Fläche X vom Geschlecht ist als verzweigte Überlagerung der Zahlenkugel $\mathbb{P}_1$ mit höchstens $(g+1)$ Blättern realisierbar, speziell gilt $X=\mathbb{P}_1$ im Falle $g=0$. Man kann erreichen, daß über dem „unendlich fernen Punkt von $\mathbb{P}_1$“ ein einziger vorgegebener Punkt $p \in X$ liegt.

Da $l(D)=0$ im Falle $\operatorname{grad} D<0$, so gilt nach Theorem 1

$$i(D)=g-1-\operatorname{grad} D \quad \textit{für alle} \quad D \in \operatorname{Div} X \quad \textit{mit} \quad \operatorname{grad} D<0 .$$

Man sieht, daß $H^1(X,\mathcal{O}(D)) \neq 0$ für alle Divisoren negativen Grades gilt mit der einen Ausnahme $g=0$, $\operatorname{grad} D=-1$. Weiter folgt:

$$\lim_{\operatorname{grad} D \to -\infty} \dim_{\mathbb{C}} H^1(X,\mathcal{O}(D))=\infty .$$

Bemerkung: Meromorphe Funktionen, die in genau einem Punkt $p \in X$ einen Pol (hoher Ordnung) haben, existieren nach § 2.3. Der Fortschritt hier besteht darin, daß diese Ordnung – unabhängig vom Punkt p – durch das Geschlecht abgeschätzt wird.

§ 4. Struktur lokal-freier Garben

Wir zeigen, daß jede lokal-freie Garbe $\neq 0$ *lokal-freie Untergarben* des Typs $\mathcal{O}(D)$ enthält. Dieser Satz ist das wichtigste Hilfsmittel beim Studium allgemeiner lokal-freier Garben (vgl. z.B. den Anhang zu diesem Paragraph sowie § 8).

1. Lokal-freie Untergarben. – Die Betrachtungen dieses Abschnittes sind formaler Natur. Folgende Redeweise ist zweckmäßig:

Definition 1 (Lokal-freie Untergarbe): *Eine analytische Untergarbe $\mathcal{F}'$ einer lokal-freien Garbe $\mathcal{F}$ heißt eine lokal-freie Untergarbe von $\mathcal{F}$, wenn gilt:*
0) *$\mathcal{F}'$ ist lokal-frei.*
1) *Die Restklassengarbe $\mathcal{F}/\mathcal{F}'$ ist lokal-frei.*

Für lokal-freie Untergarben $\mathcal{F}'$ von $\mathcal{F}$ gilt die Ranggleichung

$$\operatorname{rg} \mathcal{F} = \operatorname{rg} \mathcal{F}' + \operatorname{rg} \mathcal{F}/\mathcal{F}' ;$$

daher enthält eine lokal-freie Garbe $\mathcal{L}$ vom Rang 1 nur die lokal-freien Untergarben 0 und $\mathcal{L}$.

Die Forderung 1) ist sehr einschränkend. So erzeugt ein Keim $t_x \in \mathcal{F}_x$ zwar stets einen freien Untermodul $\mathcal{O}_x t_x$ von $\mathcal{F}_x$, indessen ist der Restklassenmodul $\mathcal{F}_x/\mathcal{O}_x t_x$ i. allg. nicht frei (Beispiel: $\mathcal{F}=\mathcal{O}$, $o(t_x)>0$). Wir bemerken jedoch sogleich:

Ist $t_x \in \mathcal{F}_x$ und $o(t_x)=0$, so ist $\mathcal{F}_x/\mathcal{O}_x t_x$ ein freier $\mathcal{O}_x$-Modul.

Beweis: Sei $\mathscr{F}_x = \mathcal{O}_x^r$ und $t_x = (t_1, \ldots, t_r)$, $t_i \in \mathcal{O}_x$. Wegen $o(t_x) = 0$ ist ein t_i, etwa t_1, eine Einheit in $\mathcal{O}_x$. Sei $e := t_1^{-1}$. Dann ist

$$\sigma: \mathcal{O}_x^r \to \mathcal{O}_x^{r-1}, \qquad (f_1, \ldots, f_r) \mapsto (f_2 - e f_1 t_2, \ldots, f_r - e f_1 t_r)$$

ein $\mathcal{O}_x$-Epimorphismus mit $\operatorname{Ker} \sigma = \mathcal{O}_x t_x$. □

Es folgt nun schnell

Satz 2: *Es sei $\mathscr{F}$ lokal-frei und D der Divisor einer meromorphen Schnittfläche $s \in \mathscr{F}^\infty(X)$, $s \neq 0$. Dann ist $\mathscr{L} := \mathcal{O}(D) s \cong \mathcal{O}(D)$ eine lokal-freie Untergarbe von $\mathscr{F}$. Es gilt $s \in \mathscr{L}^\infty(X)$ und $s \in \mathscr{L}(X)$, falls $s \in \mathscr{F}(X)$.*

Beweis: Da $o(h_x s_x) = o(h_x) + o_x(D) \geq 0$ für alle $h_x \in \mathcal{O}(D)_x$, so gilt $\mathcal{O}(D)_x s_x \subset \mathscr{F}_x$. Mithin ist $\mathscr{L}$ eine analytische Untergarbe von $\mathscr{F}$. Wegen $s \neq 0$ ist $\mathscr{L}$ zu $\mathcal{O}(D)$ isomorph.

Es gilt $s \in \mathscr{L}(-D)(X) \subset \mathscr{L}^\infty(X)$, speziell $s \in \mathscr{L}(X)$ im Falle $D \geq 0$.

Es ist $\mathcal{O}(D)_x = \mathcal{O}_x g_x$, wo $o(g_x) = -o_x(D)$. Mit $t_x := g_x s_x$ folgt

$$\mathscr{L}_x = \mathcal{O}_x t_x, \qquad o(t_x) = 0, \qquad x \in X.$$

Nach dem oben Bemerkten hat daher $\mathscr{F}/\mathscr{L}$ überall freie Halme. □

Bemerkung: Die Garbe $\mathscr{L} = \mathcal{O}(D)s$ ist die einzige lokal-freie Untergarbe von $\mathscr{F}$ vom Rang 1 *mit $s \in \mathscr{L}^\infty(X)$.* Ist nämlich $\hat{\mathscr{L}}$ eine solche Garbe, so gilt für alle $x \in X$:

$$\hat{\mathscr{L}}_x = \mathcal{O}_x v_x, \qquad v_x \in \mathscr{F}_x; \qquad s_x = m_x v_x, \qquad m_x \in \mathscr{M}_x.$$

Sei $h_x := m_x^{-1}$. Dann ist $v_x = h_x s_x$ und $h_x \in \mathcal{O}(D)_x$ wegen $o(v_x) \geq 0$. Man sieht:

$$v_x \in \mathcal{O}(D)_x s_x, \quad \text{d.h.} \quad \hat{\mathscr{L}}_x \subset \mathscr{L}_x.$$

Der $\mathcal{O}_x$-Modul $\mathscr{F}_x/\hat{\mathscr{L}}_x$ enthält somit einen zu $\mathscr{L}_x/\hat{\mathscr{L}}_x$ isomorphen Untermodul. Da $\mathscr{F}_x/\hat{\mathscr{L}}_x$ frei und $\mathscr{L}_x/\hat{\mathscr{L}}_x$ jedenfalls *endlich* ist, folgt $\mathscr{L}_x/\hat{\mathscr{L}}_x = 0$, d.h. $\hat{\mathscr{L}}_x = \mathscr{L}_x$ für alle $x \in X$, d.h. $\hat{\mathscr{L}} = \mathscr{L}$. □

2. Existenz lokal-freier Untergarben. – Grundlegend für Strukturuntersuchungen lokal-freier Garben ist

Satz 3 (Untergarbensatz): *Jede lokal-freie Garbe $\mathscr{F} \neq 0$ enthält eine zu einer Garbe $\mathcal{O}(D)$, $D \in \operatorname{Div} X$, isomorphe lokal-freie Untergarbe. Für D kann man jeden Divisor (s), $s \in \mathscr{F}^\infty(X)^*$ wählen.*

Beweis: Da es nach § 2.2 globale meromorphe Schnitte $\neq 0$ in $\mathscr{F}$ gibt, ist dies klar nach Satz 2. □

Als Korollar heben wir hervor (vgl. hiermit auch Satz 3.2 aus Kapitel V):

Satz 4 (Struktursatz für lokal-freie Garben vom Rang 1): *Jede lokal-freie Garbe $\mathscr{L}$ vom Rang* 1 *ist zu einer Garbe $\mathcal{O}(D)$, $D \in \operatorname{Div} X$, isomorph. Für D kann man jeden Divisor (s), $s \in \mathscr{L}^\infty(X)^*$, wählen, alsdann gilt $\mathscr{L} = \mathcal{O}(D)s$.*

Beweis: Klar nach Satz 3, da 0 und $\mathscr{L}$ die einzigen lokal-freien Untergarben von $\mathscr{L}$ sind (wegen $\operatorname{rang}\mathscr{L}=1$). □

Auf Grund von Satz 4 ist in der zur Sequenz $1\to\mathcal{O}^*\to\mathcal{M}^*\to\mathcal{D}\to 0$ gehörenden Cohomologiesequenz

$$\cdots\longrightarrow \operatorname{Div} X \xrightarrow{\psi} H^1(X,\mathcal{O}^*)\longrightarrow H^1(X,\mathcal{M}^*)\longrightarrow H^1(X,\mathcal{D})\longrightarrow\cdots$$

der Homomorphismus ψ surjektiv. Man hat somit (vgl. Satz 3.2′ aus Kap. V):

Satz 4′: *Für jede kompakte Riemannsche Fläche X ist die Divisorenklassengruppe $DK(X)=\operatorname{Div}X/\operatorname{Im}\psi$ kanonisch zur Gruppe $H^1(X,\mathcal{O}^*)$ isomorph:*

$$DK(X)=H^1(X,\mathcal{O}^*).$$

Bemerkung: Da ψ surjektiv ist, so ist in obiger Cohomologiesequenz der Homomorphismus $H^1(X,\mathcal{M}^*)\to H^1(X,\mathcal{D})$ *injektiv*. Nun ist leicht zu sehen, daß die 1. Cohomologiegruppe der Wolkenkratzergarbe $\mathcal{D}$ verschwindet. ($\mathcal{D}$ ist eine *weiche* Garbe, d.h. jeder Schnitt in $\mathcal{D}$ über einer in X *abgeschlossenen* Menge ist zu einem Schnitt über ganz X fortsetzbar.) Daher ist Satz 4 äquivalent mit der Gleichung:

$$H^1(X,\mathcal{M}^*)=0 \quad \textit{für jede kompakte Riemannsche Fläche } X.$$

Im Satz 4 ist im übrigen enthalten:

Sind $s_1,s_2\in\mathscr{L}^\infty(X)$ meromorphe Schnitte in einer lokal-freien Garbe $\mathscr{L}$ vom Rang 1, so gibt es eine meromorphe Funktion $h\in\mathcal{M}^*(X)$ mit $s_2=hs_1$.

Beweis: Mit $D_i:=(s_i)$, $i=1,2$, gilt $\mathscr{L}=\mathcal{O}(D_1)s_1=\mathcal{O}(D_2)s_2$, also $\mathcal{O}s_2=\mathcal{O}(D_1-D_2)s_1$. Es folgt $s_2=hs_1$ mit $h\in\mathcal{O}(D_1-D_2)$, $h\neq 0$.

3. Kanonische Divisoren. – Man kann Satz 4 insbesondere anwenden auf die Garbe der Keime von holomorphen 1-Formen über X, die nach Kap. II, § 2.2 lokal-frei vom Rang 1 ist. Es folgt:

Satz 5: *Es gibt meromorphe Differentialformen $\neq 0$ auf X. Ist ω eine solche Form und K ihr Divisor, so gilt $\Omega^1=\mathcal{O}(K)\omega\cong\mathcal{O}(K)$.*

Man nennt K einen *kanonischen Divisor* und seine unabhängig vom speziell gewählten $\omega\neq 0$ eindeutig bestimmte Klasse die *kanonische Divisorenklasse* von X. Die große Bedeutung kanonischer Divisoren wird sich im § 6 zeigen.

Für die Zahlenkugel $X=\mathbb{P}_1$ ist jeder Divisor $-2x_0$, $x_0\in X$, kanonisch, denn ist z eine komplexe Koordinate in $X\setminus x_0$, so ist dz eine Differentialform auf X, die in $X\setminus x_0$ holomorph und nullstellenfrei ist und in x_0 einen Pol 2. Ordnung hat. Für elliptische Kurven ist der *Nulldivisor* kanonisch.

Supplement zu § 4. Satz von Riemann-Roch für lokal-freie Garben

Das verallgemeinerte Problem von Riemann-Roch besteht darin, für jede lokal-freie Garbe $\mathscr{F}$ und jeden Divisor D die Dimension von $H^0(X, \mathscr{F}(D))$ zu bestimmen. Dazu benötigt man eine Übertragung des Gradbegriffes auf lokal-freie Garben.

Wir benutzen, daß χ_0 die Euler-Poincaré-Charakteristik χ ist und verwenden wesentlich, daß χ additiv ist, d.h. daß jede exakte Sequenz $0 \to \mathscr{S}' \to \mathscr{S} \to \mathscr{S}'' \to 0$ kohärenter Garben die Gleichung $\chi(\mathscr{S}) = \chi(\mathscr{S}') + \chi(\mathscr{S}'')$ zur Folge hat.

1. Chernfunktion. – Wir bezeichnen wie im Kap. V, § 3.2 mit $LF(X)$ die Menge der analytischen Isomorphieklassen von lokal-freien Garben über X. Eine Funktion $c: LF(X) \to \mathbb{Z}$ heißt eine *Chernfunktion*, wenn folgendes gilt:

1) $c(\mathcal{O}(D)) = \operatorname{grad} D$, $D \in \operatorname{Div} X$.

2) *Für jede exakte Sequenz* $0 \to \mathscr{F}' \to \mathscr{F} \to \mathscr{F}'' \to 0$ *lokal-freier Garben gilt:* $c(\mathscr{F}) = c(\mathscr{F}') + c(\mathscr{F}'')$.

Es folgt sogleich

Satz 1: *Die Funktion*

3) $c(\mathscr{F}) := \chi(\mathscr{F}) - \operatorname{rg} \mathscr{F} \cdot \chi(\mathcal{O})$, $\mathscr{F} \in LF(X)$,

ist eine Chernfunktion $c: LF(X) \to \mathbb{Z}$.

Beweis: Nach Lemma 2.1 folgt

$$c(\mathcal{O}(D)) = \chi(\mathcal{O}(D)) - \chi(\mathcal{O}) = \operatorname{grad} D, \text{ also } 1).$$

Die Additivität 2) folgt aus $\chi(\mathscr{F}) = \chi(\mathscr{F}') + \chi(\mathscr{F}'')$ und $\operatorname{rg} \mathscr{F} = \operatorname{rg} \mathscr{F}' + \operatorname{rg} \mathscr{F}''$. □

Bemerkung: Die Resultate in § 4.2 implizieren, *daß c die einzige Chernfunktion ist.* Ist nämlich γ eine solche Funktion, so gilt zunächst $\gamma(\mathscr{L}) = c(\mathscr{L})$ für alle Garben $\mathscr{L}$ vom Rang 1, denn nach Satz 4.4 besteht jeweils eine Isomorphie $\mathscr{L} \cong \mathcal{O}(D)$. Sei bereits $\gamma = c$ für alle Garben vom Rang $< r$ bewiesen, $r \geq 2$. Ist dann $\mathscr{F}$ vom Rang r, so gibt es nach Satz 4.3 eine exakte Sequenz

$$0 \to \mathscr{L} \to \mathscr{F} \to \mathscr{G} \to 0$$

mit lokal-freien Garben $\mathscr{L}, \mathscr{G}$ vom Rang $1, r-1$. Es folgt

$$\gamma(\mathscr{F}) = \gamma(\mathscr{L}) + \gamma(\mathscr{G}) = c(\mathscr{L}) + c(\mathscr{G}) = c(\mathscr{F}). \qquad \square$$

2. Eigenschaften der Chernfunktion. – Für Tensorprodukte gilt

4) $c(\mathscr{F} \otimes \mathscr{L}) = \operatorname{rg} \mathscr{F} \cdot c(\mathscr{L}) + c(\mathscr{F})$, falls $\operatorname{rg} \mathscr{L} = 1$.

Beweis: Sei $\mathscr{L} = \mathcal{O}(D)$, also $\mathscr{F} \otimes \mathscr{L} = \mathscr{F}(D)$ und $c(\mathscr{L}) = \operatorname{grad} D$. Die Charakteristikengleichung $\chi(\mathscr{F}(D)) = \operatorname{rg} \mathscr{F} \cdot \operatorname{grad} D + \chi(\mathscr{F})$ zusammen mit 3) liefert die Behauptung. □

Aus 4) folgt speziell $c(\mathscr{L}_1 \otimes \mathscr{L}_2) = c(\mathscr{L}_1) + c(\mathscr{L}_2)$ für alle lokal-freien Garben $\mathscr{L}_1, \mathscr{L}_2$ vom Rang 1; die Abbildung

$$H^1(X, \mathcal{O}^*) \to \mathbb{Z}, \qquad \mathscr{L} \mapsto c(\mathscr{L})$$

der Gruppe der analytischen Isomorphieklassen von lokal-freien Garben vom Rang 1 in $\mathbb{Z}$ ist somit ein Gruppenepimorphismus. Der Leser mache sich klar:

In der zur Exponentialsequenz $0 \longrightarrow \mathbb{Z} \longrightarrow \mathcal{O} \xrightarrow{\exp} \mathcal{O}^* \longrightarrow 1$ gehörenden Cohomologiesequenz

$$\cdots \longrightarrow H^1(X,\mathcal{O}) \longrightarrow H^1(X,\mathcal{O}^*) \xrightarrow{\delta} H^2(X,\mathbb{Z}) \longrightarrow \cdots$$

ist δ die *Chernabbildung*, wenn man $H^2(X,\mathbb{Z})$ in natürlicher Weise mit $\mathbb{Z}$ identifiziert.

Wir notieren noch:

Ist $\mathcal{F}$ lokal-frei vom Rang $r \geq 1$, so gilt:

$$c(\mathcal{F}) = c(\det \mathcal{F}),$$

wo $\det \mathcal{F} := \bigwedge^r \mathcal{F}$ *die zu $\mathcal{F}$ gehörende lokal-freie Determinantengarbe vom Range 1 ist.*

Der Beweis folgt durch Induktion nach r mittels Satz 4.3, wenn man benutzt, daß bei einer exakten Sequenz $0 \to \mathcal{L} \to \mathcal{F} \to \mathcal{G} \to 0$ lokal-freier Garben stets gilt: $\det \mathcal{F} = \mathcal{L} \otimes \det \mathcal{G}$. □

Im übrigen ist $c(\mathcal{F})$ nichts anderes als die erste Chernsche Klasse $c_1(F) \in H^2(X,\mathbb{Z}) = \mathbb{Z}$ des zu $\mathcal{F}$ gehörenden Vektorraumbündels F über X.

3. Satz von Riemann-Roch. – Die Gleichung 3) des Satzes 1 kann als ein Satz von Riemann-Roch gedeutet werden.

Theorem 2 (Riemann-Roch für lokal-freie Garben): *Für jede lokal-freie Garbe $\mathcal{F}$ vom Rang r und jeden Divisor D über einer kompakten Riemannschen Fläche X vom Geschlecht g gilt:*

$$\dim_{\mathbb{C}} H^0(X,\mathcal{F}(D)) - \dim_{\mathbb{C}} H^1(X,\mathcal{F}(D)) = r(\operatorname{grad} D + 1 - g) + c(\mathcal{F}).$$

Beweis: Links steht $\chi(\mathcal{F}(D))$, also $r \operatorname{grad} D + \chi(\mathcal{F})$ nach dem Charakteristikensatz. Schreibt man $r\chi(\mathcal{O}) + c(\mathcal{F})$ für $\chi(\mathcal{F})$, so folgt die Behauptung wegen $\chi(\mathcal{O}) = 1 - g$. □

Für $\mathcal{F} = \mathcal{O}$ geht Theorem 2 wegen $c(\mathcal{O}) = 0$ in Theorem 3.1 über; für $D = 0$ gewinnt man die Gleichung

$$\dim_{\mathbb{C}} H^0(X,\mathcal{F}) - \dim_{\mathbb{C}} H^1(X,\mathcal{F}) = c(\mathcal{F}) + r(1 - g).$$

§ 5. Die Gleichung $H^1(X,\mathcal{M}) = 0$

Die Riemannsche Ungleichung $l(np) \geq n + 1 - g$ aus § 3.2 ist bereits kräftig genug, um zu zeigen, daß für jeden Divisor D auf X und jeden Punkt $p \in X$ die Cohomologiegruppen $H^1(X,\mathcal{O}(D+np))$, $n \gg 0$, verschwinden (wir wissen bereits,

Beweis: a) ist trivial. Ist $F=(f_x)\in R(D+(h))$, also $f_x\in\mathcal{O}(D+(h))_x$, so gilt $o(h_x f_x)\geq -o_x(D)$, also $hF\in R(D)$; hieraus folgt b). □

Wir bezeichnen mit $J(D)$ den Dualraum $I(D)^*$ des $\mathbb{C}$-Vektorraumes $I(D)$. Aus a) und b) folgt:

Jede meromorphe Funktion $h\in\mathcal{M}(X)^*$ bestimmt eine natürliche $\mathbb{C}$-lineare Abbildung

$$J(D)\to J(D+(h)), \quad \lambda\mapsto h\lambda.$$

Beweis: Jedes $\lambda\in J(D)$ ist eine $\mathbb{C}$-Linearform $\lambda: R/(R(D)+\mathcal{M}(X))\to\mathbb{C}$ und somit eindeutig zu einer $\mathbb{C}$-Linearform $\alpha: R\to\mathbb{C}$ liftbar, die auf $R(D)+\mathcal{M}(X)$ verschwindet. Nach a) und b) verschwindet $h\alpha: R\to\mathbb{C}$ auf $R(D+(h))+\mathcal{M}(X)$; folglich induziert $h\alpha$ eine durch λ und h eindeutig bestimmte $\mathbb{C}$-Linearform $h\lambda\in J(D+(h))$. Ersichtlich ist die so gewonnene Abbildung $\lambda\mapsto h\lambda$ linear. □

Da $h\lambda$ nicht wieder in $J(D)$ liegt, gehen wir zur Vereinigungsmenge

$$J:=\bigcup_D J(D)$$

aller Räume $J(D)$, $D\in\operatorname{Div}X$, über. Für zwei Divisoren $D_1\leq D_2$ gilt $R(D_1)\subset R(D_2)$, also:

$$J(D_1)\supset J(D_2), \quad \text{falls} \quad D_1\leq D_2.$$

Dies impliziert unmittelbar:

Jede endliche Teilmenge von J ist bereits in einer Menge $J(D)$ enthalten.

Die Menge J ist somit ein $\mathbb{C}$-Vektorraum, der durch die Unterräume $J(D)$ *filtriert* ist. Die oben konstruierten Abbildungen $J(D)\to J(D+(h))$ fügen sich zu einer wohldefinierten Abbildung $\mathcal{M}(X)\times J\to J$ zusammen. Da $\operatorname{Hom}_{\mathbb{C}}(R,\mathbb{C})$ ein $\mathcal{M}(X)$-Vektorraum ist, so folgt:

Satz 2: *Die Menge J ist bzgl. der Operation $\mathcal{M}(X)\times J\to J$ ein Vektorraum über $\mathcal{M}(X)$.*

Die Durchführung des Beweises im einzelnen sei dem Leser überlassen.

4. Die Ungleichung $\dim_{\mathcal{M}(X)}J\leq 1$. – Angelpunkt des späteren Beweises des Dualitätssatzes ist folgende überraschende Dimensionsabschätzung, die mittels eines asymptotischen Schlußes aus der vorläufigen Form des Satzes von Riemann-Roch gewonnen wird.

Satz 3: *Der $\mathcal{M}(X)$-Vektorraum J ist höchstens 1dimensional.*

Beweis: Seien $\lambda,\mu\in J$. Wir wählen $D\in\operatorname{Div}X$ mit $\lambda,\mu\in J(D)$. Sei $p\in X$ fixiert. Für jedes $f\in\mathcal{O}(np)(X)$ gilt $f\lambda\in J(D+(f))\subset J(D-np)$ wegen $D-np\leq D+(f)$; ebenso ist $g\mu\in J(D-np)$ für $g\in\mathcal{O}(np)(X)$. Die $\mathbb{C}$-lineare Abbildung

(o) $$\mathcal{M}(X)\oplus\mathcal{M}(X)\to J, \quad (f,g)\mapsto f\lambda+g\mu$$

induziert also durch Einschränkung eine $\mathbb{C}$-lineare Abbildung

$$(\mathrm{8})\qquad \mathcal{O}(np)(X)\oplus\mathcal{O}(np)(X)\to J(D-np), \quad n\in\mathbb{Z}.$$

Wären nun λ,μ linear unabhängig über $\mathcal{M}(X)$, so wäre die Abbildung in (o) und also auch die Abbildung in (8) stets *injektiv*. Dies würde bedeuten:

$$(+)\qquad 2\dim_{\mathbb{C}}\mathcal{O}(np)(X)\le\dim_{\mathbb{C}}J(D-np), \quad n\in\mathbb{Z}.$$

Nun gilt nach der Riemannschen Ungleichung (§ 3.2):

$$(++)\qquad \dim_{\mathbb{C}}\mathcal{O}(np)(X)=l(np)\ge\operatorname{grad}(np)+1-g=n+1-g, \quad n\in\mathbb{Z}.$$

Weiter gilt nach § 3.2, sobald $\operatorname{grad}(D-np)=\operatorname{grad}D-n$ negativ ist:

$$\dim_{\mathbb{C}}J(D-np)=\dim_{\mathbb{C}}I(D-np)=i(D-np)=g-1-\operatorname{grad}(D-np).$$

Für große n ist also

$$({}^{+}_{++})\qquad \dim_{\mathbb{C}}J(D-np)=g-1-\operatorname{grad}D+n.$$

Aus (++) und $({}^{+}_{++})$ entnimmt man, daß $2\dim_{\mathbb{C}}\mathcal{O}(np)(X)$ für große n notwendig *größer als* $\dim_{\mathbb{C}}J(D-np)$ ist. Daher ist (+) für große n nicht möglich, d.h. die Linearformen λ,μ sind linear unabhängig über $\mathcal{M}(X)$. □

Bemerkung: Es gibt Divisoren D mit $H^1(X,\mathcal{O}(D))\neq 0$, d.h. $J(D)\neq 0$. Daher gilt $J\neq 0$, so daß J genau *eindimensional* über $\mathcal{M}(X)$ ist.

5. Residuenkalkül. – Wir schreiben durchweg Ω für die Garbe Ω^1 der Keime der holomorphen 1-Formen auf X (wegen $\dim X=1$ verschwinden alle Garben Ω^i, $i>1$!). Da Ω *lokal-frei vom Rang* 1 ist, so schreibt sich jeder meromorphe Keim $\omega_x\in\Omega_x^\infty$, sobald eine Ortsuniformisierende $t\in\mathcal{O}_x$ fixiert ist, eindeutig in der Form $\omega_x=h_x dt$ mit $h_x\in\mathcal{M}_x$. Das *Residuum* $\operatorname{Res}_x\omega_x$ *von* ω_x in x ist invariant definiert als der Koeffizient von t^{-1} in der Laurententwicklung von h_x bzgl. t; es ist

$$\operatorname{Res}_x\omega_x=\frac{1}{2\pi i}\int_{\partial H} h\,dt,$$

wenn H ein „kleiner Kreis" um x und h ein in einer Umgebung von $\bar{H}$ holomorpher Repräsentant von h_x ist.

Für alle Keime $\omega_x\in\Omega_x$ gilt $\operatorname{Res}_x\omega_x=0$.

Ist nun $\omega\in\Omega^\infty(X)$ eine globale meromorphe Differentialform und $F=(f_x)\in R$, so gilt $f_x\omega_x\in\Omega_x$ für *fast alle* Punkte $x\in X$. Daher ist die Summe

$$\langle\omega,F\rangle:=\sum_{x\in X}\operatorname{Res}_x(f_x\omega_x)\in\mathbb{C}$$

endlich. Wir notieren sogleich:

Satz 4: *Die Abbildung*

$$\langle\ ,\ \rangle : \Omega^\infty(X) \times R \to \mathbb{C}\,, \qquad (\omega, F) \mapsto \langle \omega, F\rangle$$

ist eine $\mathbb{C}$*-Bilinearform. Es gilt:*

0) $\langle h\omega, F\rangle = \langle \omega, hF\rangle$ *für alle* $h \in \mathcal{M}(X)$.

1) $\langle \omega, F\rangle = 0$ *für alle* $\omega \in \Omega(D)(X)$, $F \in R(-D)$.

Beweis: Die $\mathbb{C}$-Bilinearität von $\langle\ ,\ \rangle$ sowie 0) sind klar per definitionem. Für alle $\omega \in \Omega(D)(X)$, $F = (f_x) \in R(-D)$ gilt:

$$o_x(f_x \omega_x) = o_x(f_x) + o_x(\omega_x) \geq o_x(D) - o_x(D) = 0\,,$$

d. h. $f_x \omega_x \in \Omega_x$ und also $\mathrm{Res}_x(f_x \omega) = 0$ für alle $x \in X$. Damit folgt 1). □

Wesentlich für die weiteren Betrachtungen ist nun

Satz 5 (Residuensatz): *Es gilt* $\langle \omega, h\rangle = 0$ *für alle* $\omega \in \Omega^\infty(X)$, $h \in \mathcal{M}(X)$.

Beweis: Da $h\omega \in \Omega^\infty(X)$, so genügt es, den Fall $h := 1$ zu betrachten. Es ist also zu zeigen: $\sum\limits_{x \in X} \mathrm{Res}_x \omega_x = 0$. Sind $x_1, \ldots, x_n \in X$ die Pole von ω, so legen wir um x_ν einen „abgeschlossenen Kreis" H_ν, derart, daß $H_1, \ldots, H_n$ paarweise disjunkt sind. Nach dem Satz von Stokes gilt dann

$$\sum_{x \in X} \mathrm{Res}_x \omega_x = \sum_{\nu=1}^{n} \frac{1}{2\pi i} \int_{\partial H_\nu} \omega = -\frac{1}{2\pi i} \int_{\partial(X \setminus \bigcup H_\nu)} \omega = -\frac{1}{2\pi i} \int_{X \setminus \bigcup H_\nu} d\omega = 0\,,$$

denn ω ist außerhalb $\bigcup H_\nu$ holomorph und somit $d\omega$ dort null. □

Bemerkung: Die im § 2.4 bewiesene Gradgleichung $\mathrm{grad}(h) = 0$ für $h \in \mathcal{M}^*(X)$ wird häufig wie folgt gewonnen: man betrachtet die Differentialform $\eta := h^{-1} dh \in \Omega^\infty(X)$. Für jeden Punkt $x \in X$ gilt $o_x(h) = \mathrm{Res}_x(\eta_x)$, wie man direkt nachrechnet. Es folgt

$$\mathrm{grad}(h) = \sum_{x \in X} \mathrm{Res}_x(\eta_x) = 0 \qquad \text{nach dem Residuensatz.}$$

6. Dualitätssatz. – Jede Differentialform $\omega \in \Omega^\infty(X)$ bestimmt die $\mathbb{C}$-Linearform

$$\omega^* : R \to \mathbb{C}\,, \qquad F \mapsto \langle \omega, F\rangle\,.$$

Die $\mathbb{C}$-Vektorräume $\Omega^\infty(X)$ und $\mathrm{Hom}_{\mathbb{C}}(R, \mathbb{C})$ sind auch $\mathcal{M}(X)$-Vektorräume (vgl. Nr. 3).

Die Abbildung $\Omega^\infty(X) \to \mathrm{Hom}_{\mathbb{C}}(R, \mathbb{C})$, $\omega \mapsto \omega^*$, *ist* $\mathcal{M}(X)$*-linear.*

Beweis: Natürlich ist diese Abbildung additiv. Für alle $h \in \mathcal{M}(X)$, $\omega \in \Omega^\infty(X)$, $F \in R$ gilt weiter nach Satz 4, 0) sowie nach der Definition von $h\omega^*$ gemäß Nr. 3:

$$(h\omega)^*(F) = \langle h\omega, F\rangle = \langle \omega, hF\rangle = \omega^*(hF) = h\omega^*(F)\,. \qquad \square$$

Nach den Residuensatz ist stets $\mathcal{M}(X) \subset \operatorname{Ker} \omega^*$; weiter gilt $R(-D) \subset \operatorname{Ker} \omega^*$ im Falle $\omega \in \Omega(D)(X)$ nach Satz 4, 1). Mithin induziert $\omega^*: R \to \mathbb{C}$ eine $\mathbb{C}$-Linearform

$$\Theta_D(\omega): R/(R(-D)+\mathcal{M}(X)) \to \mathbb{C}, \text{ d. h. } \Theta_D(\omega) \in I(-D)^* = J(-D), \text{ falls } \omega \in \Omega(D)(X).$$

Wir gewinnen so für jeden Divisor $D \in \operatorname{Div} X$ eine $\mathbb{C}$-lineare Abbildung

$$\Theta_D: \Omega(D)(X) \to J(-D).$$

Diese Abbildungen Θ_D, $D \in \operatorname{Div} X$, organisieren sich in eindeutiger Weise zu einer $\mathbb{C}$-linearen Abbildung

$$\Theta: \Omega^\infty(X) \to J$$

(der Leser zeige, daß in J die Elemente $\Theta_D(\omega)$, $\Theta_{D'}(\omega)$ im Falle $\omega \in \Omega(D)(X) \cap \Omega(D')(X)$ übereinstimmen!). Wichtig ist nun:

Lemma 6: *Die Abbildung Θ ist $\mathcal{M}(X)$-linear; es gilt $\Theta | \Omega(D)(X) = \Theta_D$. Falls $\Theta(\omega) \in J(-D)$, so gilt $\omega \in \Omega(D)(X)$.*

Beweis: Die $\mathcal{M}(X)$-Linearität von Θ folgt aus der Definition der $\mathcal{M}(X)$-Vektorraumstruktur auf J (Satz 2) sowie aus der $\mathcal{M}(X)$-Linearität von $\omega \mapsto \omega^*$ (siehe oben). Es ist klar, daß die Einschränkung von Θ auf $\Omega(D)(X)$ gerade Θ_D ist.

Es bleibt die letzte Behauptung zu zeigen. Sei $p \in X$ und $n := o_p(\omega)+1$. Durch

$$f_x := 0 \quad \text{für} \quad x \neq p, \qquad f_p := t^{-n}, \qquad (t \in \mathcal{O}_p \text{ Ortsuniformisierende})$$

wird ein Element $F_0 := (f_x) \in R$ definiert; es gilt $o_p(f_p \omega_p) = -1$ und also

$$\omega^*(F_0) = \operatorname{Res}_p(f_p \omega_p) \neq 0.$$

Da ω^* wegen $\Theta(\omega) \in J(-D)$ auf $R(-D)$ verschwindet, folgt $F_0 \notin R(-D)$, d. h. $f_p \notin \mathcal{O}(-D)_p$, d. h. $o(f_p) + o_p(-D) < 0$, d. h.

$$-n - o_p(D) < 0, \quad \text{d. h.} \quad -o_p(\omega) - o_p(D) < 1.$$

Die bedeutet $o_p(\omega) + o_p(D) \geq 0$ für alle p, d. h. $\omega \in \Omega(D)(X)$. □

Es ergibt sich nun schnell:

Satz 7: *Die Abbildung $\Theta: \Omega^\infty(X) \to J$ sowie alle Abbildungen*

$$\Theta_D: \Omega(D)(X) \to J(-D), \qquad D \in \operatorname{Div} X,$$

sind bijektiv.

Beweis: Ist $\Theta(\omega) = 0$, so gilt stets $\Theta(\omega) \in J(-D)$, $D \in \operatorname{Div} X$, d. h. $\omega \in \Omega(D)(X)$ für alle Divisoren D nach Lemma 6. Da $\bigcap_D \Omega(D)(X) = 0$, so ist Θ also injektiv.

Nach Satz 3 gilt $\dim_{\mathcal{M}(X)} J \leq 1$. Da $\Omega^{\infty}(X) \neq 0$, so ist der $\mathcal{M}(X)$-Monomorphismus Θ notwendig auch surjektiv.

Sei nun $D \in \operatorname{Div} X$ fest vorgegeben. Dann ist Θ_D als Einschränkung von Θ auf $\Omega(D)(X)$ zunächst injektiv. Jeder Punkt $\lambda \in J(-D)$ hat ein Θ-Urbild $\omega \in \Omega^{\infty}(X)$; nach Lemma 6 gilt notwendig $\omega \in \Omega(D)(X)$. Mithin ist $\Theta_D\colon \Omega(D)(X) \to J(-D)$ bijektiv. □

Aus Satz 7 und Satz 1 folgt zu guter Letzt

Satz 8 (Dualitätssatz): *Für jeden Divisor* $D \in \operatorname{Div} X$ *gibt es eine natürliche* $\mathbb{C}$-*Isomorphie*

$$H^0(X, \Omega(D)) \simeq H^1(X, \mathcal{O}(-D))^* .$$

Beweis: Nach Satz 1 gibt es einen natürlichen $\mathbb{C}$-Isomorphismus zwischen $H^1(X, \mathcal{O}(-D))$ und $I(-D)$, der einen $\mathbb{C}$-Isomorphismus $J(-D) \simeq H^1(X, \mathcal{O}(-D))^*$ der Dualräume induziert. Komposition mit Θ_D gibt die gesuchte Isomorphie

$$H^0(X, \Omega(D)) \simeq J(-D) \simeq H^1(X, \mathcal{O}(-D))^* . \qquad \square$$

In impliziter Form gehört der Dualitätssatz zu den klassischen Sätzen der Theorie der algebraischen Kurven. In expliziter allgemeiner Form (für nicht notwendig kompakte komplexe Mannigfaltigkeiten beliebiger Dimension) wurde der Satz indessen erst 1954 von J.-P. Serre formuliert und bewiesen (Un théorème de dualité, Comm. Math. Helv. **29**, 9–26 (1955)).

§ 7. Der Satz von Riemann-Roch (endgültige Fassung)

Die Ergebnisse dieses Paragraphs entstehen durch Kombination von Theorem 3.1 mit dem Dualitätssatz. Die Kraft des Satzes von Riemann-Roch wird an einigen ausgewählten (klassischen) Beispielen demonstriert.

Mit K wird stets ein kanonischer Divisor bezeichnet; die im § 3 eingeführten Notationen $l(D)$, $i(D)$ werden konsequent verwendet.

1. Die Gleichung $i(D) = l(K - D)$. – Da jeder Vektorraum mit seinem Dualraum gleichdimensional ist, so impliziert der Dualitätssatz die Dimensionsgleichung:

$$i(D) = \dim_{\mathbb{C}} H^1(X, \mathcal{O}(D)) = \dim_{\mathbb{C}} H^0(X, \Omega(-D)) .$$

$i(D)$ ist also die Anzahl der linear unabhängigen, meromorphen Differentialformen ω auf X mit $(\omega) \geq D$.

Speziell folgt, da $i(0)$ das Geschlecht g von X ist:

Auf einer kompakten Riemannschen Fläche X vom Geschlecht g gibt es genau g linear unabhängige globale holomorphe Differentialformen:

$$\dim_{\mathbb{C}} H^0(X,\Omega)=g\,. \qquad \square$$

Für jeden Divisor $D\geq 0$ gilt $H^0(X,\Omega(-D))\subset H^0(X,\Omega)$. Hieraus und aus Theorem 3.1 folgt eine Abschätzung von $i(D)$ und $l(D)$ „nach oben“:

Enthält die Divisorenklasse von D einen positiven Divisor, so gilt:

$$i(D)\leq g \quad \textit{und} \quad l(D)\leq \operatorname{grad} D+1\,. \qquad \square$$

Es gilt $\Omega\cong\mathcal{O}(K)$ (vgl. Satz 4.5) und also $\Omega(-D)\cong\mathcal{O}(K-D)$ für alle Divisoren $D\in\operatorname{Div} X$. Damit schreibt sich obige Dimensionsgleichung in der Form

$$(1) \qquad i(D)=l(K-D)\,, \qquad D\in\operatorname{Div} X\,.$$

Der Fall $D=0$ führt zu $g=l(K)$; der Fall $D=K$ liefert:

$$i(K)=l(0)=1\,, \quad \text{d. h.} \quad H^1(X,\Omega)\cong\mathbb{C}\,.$$

Somit ergibt sich

$$(2) \qquad \chi(\Omega)=l(K)-i(K)=g-1=-\chi(\mathcal{O})\,.$$

Hieraus folgt nun schnell die topologische Invarianz des Geschlechtes:

Satz 1: *Das Geschlecht g von X ist eine topologische Invariante von X:*

$$\dim_{\mathbb{C}} H^1(X,\mathbb{C})=2g\,.$$

Beweis: Wir betrachten die exakte Garbensequenz

$$0\longrightarrow\mathbb{C}\longrightarrow\mathcal{O}\xrightarrow{d=\partial}\Omega\longrightarrow 0\,.$$

Für die Charakteristiken folgt wegen (2):

$$\chi(X,\mathbb{C})=\chi(\mathcal{O})-\chi(\Omega)=2-2g\,.$$

Da $H^0(X,\mathbb{C})$ und $H^2(X,\mathbb{C})$ zu $\mathbb{C}$ isomorph sind, heißt dies:

$$2-2g=\chi(X,\mathbb{C}):=1-\dim_{\mathbb{C}} H^1(X,\mathbb{C})+1. \qquad \square$$

Eine weiterführende Strukturaussage über $H^1(X,\mathbb{C})$ wird im Abschnitt 8 bewiesen.

2. Formel von Riemann-Roch. – Nach Theorem 3.1 gilt

$$l(D)-i(D)=\operatorname{grad} D+1-g$$

für alle Divisoren D. Schreibt man $l(K-D)$ statt $i(D)$, so entsteht:

Theorem 2 (Riemann-Roch, endgültige Fassung): *Für jeden Divisor* $D \in \operatorname{Div} X$ *einer kompakten Riemannschen Fläche* X *vom Geschlecht* g *gilt:*

$$l(D) - l(K - D) = \operatorname{grad} D + 1 - g\,.$$

Für $D = K$ folgt $g - 1 = \operatorname{grad} K + 1 - g$, wegen $l(K) = g$, $l(0) = 1$; also:
Gradgleichung für Differentialformen: *Für jede Differentialform* $\omega \in \Omega^\infty(X)^*$ *gilt:*

$$\operatorname{grad} K = \operatorname{grad}(\omega) = 2g - 2.$$

Hierin ist z. B. enthalten: $H^1(\mathbb{P}_1, \mathbb{C}) = 0$, denn das Differential dz, wo z eine inhomogene Koordinate ist, hat den Grad -2, so daß $\mathbb{P}_1$ wegen $2g - 2 = -2$ das Geschlecht 0 hat.

Nach dem Bewiesenen hat jede Differentialform $\neq 0$ den Grad $-\chi(X)$, wo $\chi(X)$ die topologische Euler-Poincaré-Charakteristik von X ist. Dies hat zur Folge:

Ist $\alpha\colon X \to X'$ *eine b-blättrige Überlagerungsabbildung zwischen kompakten Riemannschen Flächen* X, X', *und ist* $W \in \operatorname{Div} X$ *der Verzweigungsdivisor (Differente) von* α, *so gilt:*

$$\chi(X) + \operatorname{grad} W = b\,\chi(X')\,.$$

Beweis: Sei $\omega' \in \Omega^\infty(X')$ und $\omega \in \Omega^\infty(X)$ das α-Urbild von ω' auf X. Eine direkte Rechnung zeigt: $\operatorname{grad}(\omega) = b \operatorname{grad}(\omega') + \operatorname{grad} W$. Hieraus folgt die Behauptung wegen $\operatorname{grad}(\omega) = -\chi(X)$, $\operatorname{grad}(\omega') = -\chi(X')$. □

Man sieht, daß $\operatorname{grad} W$ stets gerade ist, und daß im Falle $X' = \mathbb{P}_1$, also $\chi(X') = 2$, gilt:

$$\operatorname{grad} W = 2(b + g - 1).$$

3. Theorem B für Garben $\mathcal{O}(D)$. – Wichtige Anwendungen der Formel von Riemann-Roch beruhen auf der simplen Tatsache, daß $l(D)$ im Falle $\operatorname{grad} D < 0$ verschwindet.

Satz 3 (Theorem B): *Sei* $D \in \operatorname{Div} X$ *und* $\operatorname{grad} D \geq 2g - 1$. *Dann gilt*
a) $H^1(X, \mathcal{O}(D)) = 0$.
b) $l(D) = \operatorname{grad} D + 1 - g$.

Beweis: a) Wegen $\operatorname{grad} K = 2g - 2$ gilt $\operatorname{grad}(K - D) < 0$ und also $i(D) = l(K - D) = 0$ im Falle $\operatorname{grad} D \geq 2g - 1$.
b) folgt mit a) aus der Formel von Riemann-Roch. □

Satz 3 ist die optimale qualitative Form von Theorem B: für Divisoren vom Grad $2g - 2$ verschwindet die erste Cohomologiegruppe i. allg. nicht, z. B. ist

$$H^1(X, \mathcal{O}(K)) \cong \mathbb{C}\,, \qquad \operatorname{grad} K = 2g - 2\,.$$

4. Theorem A für Garben $\mathcal{O}(D)$. – Es sei $\mathscr{L}$ eine lokal-freie Garbe über X vom Rang 1 und $x \in X$ ein Punkt. Dann sind folgende Aussagen äquivalent:
i) *Der Schnittmodul* $\mathscr{L}(X)$ *erzeugt den Halm* $\mathscr{L}_x$ *als* $\mathcal{O}_x$*-Modul.*
ii) *Es gibt einen Schnitt* $s \in \mathscr{L}(X)$ *mit* $o(s_x) = 0$.
iii) *Es gibt einen Schnitt* $s \in \mathscr{L}(X)$ *mit* $\mathscr{L}_x = \mathcal{O}_x s_x$.
iv) *Es gilt:* $\dim_{\mathbb{C}} H^1(X, \mathscr{L}(-x)) \leq \dim_{\mathbb{C}} H^1(X, \mathscr{L})$.

Beweis: i) ⇒ ii): Es gibt Schnitte $s_\mu \in \mathscr{L}(X)$ und Keime $f_{\mu x} \in \mathcal{O}_x$, $1 \leq \mu \leq m$, so daß für $t_x := \sum_1^m f_{\mu x} s_{\mu x} \in \mathscr{L}_x$ gilt: $\mathscr{L}_x = \mathcal{O}_x \cdot t_x$. Es ist $o(t_x) = 0$. Also muß wenigstens eine der Zahlen $s_{\mu x}(x) \in \mathbb{C}$ von 0 verschieden sein, d. h. $o(s_{\mu x}) = 0$.

ii) ⇒ iii): Jeder Keim $t_x \in \mathscr{L}_x$ mit $o(t_x) = 0$ erzeugt $\mathscr{L}_x$ als $\mathcal{O}_x$-Modul.

iii) ⇒ i): Trivial.

ii) ⇔ iv): In der exakten Sequenz $0 \to \mathscr{L}(-x) \to \mathscr{L} \to \mathscr{T} \to 0$ ist $\mathscr{T}$ in x konzentriert und hat dort $\mathbb{C}$ zum Halm. Wir haben somit die exakte Fünfersequenz

$$0 \longrightarrow \mathscr{L}(-x)(X) \longrightarrow \mathscr{L}(X) \xrightarrow{\varepsilon} \mathbb{C} \longrightarrow H^1(X, \mathscr{L}(-x)) \longrightarrow H^1(X, \mathscr{L}) \longrightarrow 0.$$

Ein $s \in \mathscr{L}(X)$ mit $o(s_x) = 0$ existiert genau dann, wenn $\mathscr{L}(-x)(X) \subsetneqq \mathscr{L}(X)$. Dies trifft genau dann zu, wenn ε surjektiv ist. Das gilt genau dann, wenn $H^1(X, \mathscr{L}(-x)) \to H^1(X, \mathscr{L})$ injektiv ist. □

Wir zeigen nun

Satz 4 (Theorem A): *Sei* $D \in \operatorname{Div} X$ *und* $\operatorname{grad} D \geq 2g$. *Dann gibt es zu jedem Punkt* $x \in X$ *einen Schnitt* $s \in \mathcal{O}(D)(X)$ *mit* $\mathcal{O}(D)_x = \mathcal{O}_x s_x$.

Beweis: Sei $\mathscr{L} := \mathcal{O}(D)$. Nach obigen Äquivalenzen existieren solche Schnitte sicher dann, wenn $H^1(X, \mathscr{L}(-x))$ verschwindet. Nun ist $\mathscr{L}(-x) = \mathcal{O}(D-x)$ und $\operatorname{grad}(D-x) \geq 2g-1$ nach Voraussetzung. Nach Theorem B verschwindet daher die Gruppe $H^1(X, \mathcal{O}(D-x))$. □

Satz 4 ist die optimale qualitative Form von Theorem A: ist nämlich $D = K + p$, also $\operatorname{grad} D = 2g-1$, so hat die Garbe $\mathcal{O}(D) \cong \Omega(p)$ keinen $\mathcal{O}(D)_p$ erzeugenden Schnitt $\omega \in \Omega(p)(X)$, denn dann wäre ω eine in $X \setminus p$ holomorphe Differentialform, die in p einen Pol 1. Ordnung hätte, was dem Residuensatz widerspricht. Der Leser beachte jedoch:

Ist $g \neq 0$, *so gilt Theorem* A *für die Garbe* $\Omega \cong \mathcal{O}(K)$, *d. h. zu jedem Punkt* $x \in X$ *existiert eine holomorphe Differentialform* $\omega \in \Omega(X)$, *die in* x *nicht verschwindet.*

Beweis: Nach obigen Äquivalenzen genügt es zu zeigen: $\dim_{\mathbb{C}} H^1(X, \Omega(-x)) \leq \dim_{\mathbb{C}} H^1(X, \Omega)$, also $i(K-x) \leq 1$. Wäre $l(x) = i(K-x) \geq 2$, so gäbe es eine Funktion h, die in $X \setminus x$ holomorph ist und in x einen Pol 1. Ordnung hat. Dann wäre die Abbildung $h: X \to \mathbb{P}_1$ biholomorph, was wegen $g \neq 0$ nicht geht. Es folgt $i(K-x) \leq 1$. □

5. Existenz meromorpher Differentialformen. – Die Existenzsätze fließen aus dem Theorem A für Differentialformen: *Sei* $D \in \operatorname{Div} X$, $\operatorname{grad} D \geq 2$. *Dann wird jeder Halm von* $\Omega(D)$ *von einer globalen meromorphen Differentialform* $\omega \in \Omega(D)(X)$ *erzeugt.*

Beweis: Es ist $\Omega(D) \cong \mathcal{O}(K+D)$. Da $\operatorname{grad}(K+D) \geq 2g$, so folgt alles aus Satz 4. □

Für $D := mx$, $m \geq 2$, ergibt sich speziell:

Zu jedem Punkt x und jedem $m \geq 2$ existiert eine meromorphe Differentialform auf X, die in $X \setminus x$ holomorph ist und in x einen Pol m-ter Ordnung (ohne Residuum) hat (Abelsches Elementardifferential 2. Gattung, falls $m=2$).

Weiter folgt:

Zu je zwei verschiedenen Punkten $x_1, x_2 \in X$ existiert eine meromorphe Differentialform auf X, die in $X \setminus \{x_1, x_2\}$ holomorph ist und in x_1 sowie x_2 einen Pol 1. Ordnung hat (Abelsches Elementardifferential 3. Gattung).

Beweis: Zu $D := x_1 + x_2$ gibt es eine Form $\omega \in \Omega(D)(X)$, die den Halm $\Omega(D)_{x_1}$ erzeugt. Diese Form ist in $X \setminus \{x_1, x_2\}$ holomorph, hat in x_1 einen Pol 1. Ordnung und in x_2 einen Pol höchstens 1. Ordnung. Der Residuensatz bedingt, daß x_2 wirklich ein Pol von ω ist. □

Die gewonnenen Informationen reichen aus, um nach klassischem Vorbild durch Superposition meromorphe Differentialformen auf X zu vorgegebenen „*endlichen Hauptverteilungen mit Residuensumme* 0" zu konstruieren.

6. Lückensatz. – Eine natürliche Zahl $w \geq 1$ heißt ein *Lückenwert zu* $x \in X$, wenn es keine in $X \setminus x$ holomorphe Funktion gibt, die in x einen Pol der Ordnung w hat. Im Falle $X = \mathbb{P}_1$ gibt es keine Lückenwerte; im Falle $X \neq \mathbb{P}_1$, also $g \neq 0$, ist $w=1$ stets ein Lückenwert zu x.

Wir schreiben abkürzend $l_v := l(vx)$, $v \geq 0$, und bemerken sofort:

Es gilt $l_v \leq l_{v+1} \leq l_v + 1$. Genau dann ist w ein Lückenwert zu x, wenn $l_w = l_{w-1}$.

Beweis: In der exakten Sequenz $0 \to H^0(X, \mathcal{O}(vx)) \to H^0(X, \mathcal{O}((v+1)x)) \to \mathcal{T}(X) \to \cdots$ ist $\mathcal{T}(X) = \mathcal{T}_x = \mathcal{O}((v+1)x)_x / \mathcal{O}(vx)_x$ eindimensional. Dies impliziert $l_v \leq l_{v+1} \leq l_v + 1$.

Definitionsgemäß ist w ein Lückenwert zu x genau dann, wenn jede Funktion $h \in \mathcal{O}(wx)(X)$ schon zu $\mathcal{O}((w-1)x)(X)$ gehört, d. h. wenn $\mathcal{O}(wx)(X) = \mathcal{O}((w-1)x)(X)$, d. h. wenn $l_w = l_{w-1}$. □

Nach Satz 3, b) gilt

$$(+) \qquad l_v = v + 1 - g \quad \text{für alle} \quad v \geq 2g - 1,$$

also $l_v = l_{v-1} + 1$ für $v \geq 2g$. Es gibt somit keine Lückenwerte $\geq 2g$. Wir zeigen weiter

Satz 5 (Weierstraßscher Lückensatz): *Ist X eine kompakte Riemannsche Fläche vom Geschlecht $g \neq 0$, so gibt es zu jedem Punkt $x \in X$ genau g Lückenwerte $w_1, \ldots, w_g$. Bei geeigneter Numerierung gilt:*

$$1 = w_1 < w_2 < \cdots < w_g \leq 2g - 1.$$

Beweis: Es ist $1 = l_0 \leq l_1 \leq \cdots \leq l_{2g-1} = g$, letzteres nach (+). Da beim Übergang von l_v zu l_{v+1} ein Aufsteigen um höchstens 1 möglich ist, so muß dies Aufsteigen genau $(g-1)$-mal stattfinden. Da $2g-1$ Schritte erfolgen, um von 1 nach g aufzusteigen, tritt der Fall $l_v = l_{v-1}$ genau g-mal ein. □

7. Theoreme A und B für beliebige lokal-freie Garben. – Eine lokal-freie Garbe $\mathscr{F}$ möge *Steinsch* genannt werden, wenn die Theoreme A und B für $\mathscr{F}$ gelten:

A) *$H^0(X,\mathscr{F})$ erzeugt jeden Halm $\mathscr{F}_x$ als $\mathcal{O}_x$-Modul.*

B) $H^1(X,\mathscr{F})=0$.

Mit dieser Redeweise gilt

Lemma 6: *Es sei $0\to\mathscr{L}\to\mathscr{F}\to\mathscr{G}\to 0$ eine exakte Sequenz lokal-freier Garben, so daß $\mathscr{L}$ und $\mathscr{G}$ Steinsch sind. Dann ist auch $\mathscr{F}$ Steinsch.*

Beweis: Da $H^1(X,\mathscr{L})=H^1(X,\mathscr{G})=0$, so folgt $H^1(X,\mathscr{F})=0$ aus der exakten Cohomologiesequenz $\cdots\to H^1(X,\mathscr{L})\to H^1(X,\mathscr{F})\to H^1(X,\mathscr{G})\to\cdots$.

Wir betrachten weiter für jeden Punkt $x\in X$ das kommutative Diagramm

$$\begin{array}{ccccccccc} 0 & \longrightarrow & H^0(X,\mathscr{L}) & \longrightarrow & H^0(X,\mathscr{F}) & \longrightarrow & H^0(X,\mathscr{G}) & \longrightarrow & 0 \\ & & \downarrow{\scriptstyle\lambda_x} & & \downarrow{\scriptstyle\varphi_x} & & \downarrow{\scriptstyle\gamma_x} & & \\ 0 & \longrightarrow & \mathscr{L}_x & \longrightarrow & \mathscr{F}_x & \longrightarrow & \mathscr{G}_x & \longrightarrow & 0, \end{array}$$

wo die Zeilen exakt sind und die senkrechten Pfeile den Übergang von Schnitten zu ihren Keimen in x bedeuten. Da $\operatorname{Im}\lambda_x$ bzw. $\operatorname{Im}\gamma_x$ nach Voraussetzung den $\mathcal{O}_x$-Modul $\mathscr{L}_x$ bzw. $\mathscr{G}_x$ erzeugen, so wird $\mathscr{F}_x$ als $\mathcal{O}_x$-Modul von $\operatorname{Im}\varphi_x$ erzeugt. □

Es folgt nun schnell:

Satz 7: *Zu jeder lokal-freien Garbe $\mathscr{F}$ über einer kompakten Riemannschen Fläche X existiert eine ganze Zahl $n^+\in\mathbb{Z}$, so daß alle Garben $\mathscr{F}(D)$, $D\in\operatorname{Div}X$, $\operatorname{grad}D\geq n^+$, Steinsch sind.*

Beweis (durch Induktion nach dem Rang r von $\mathscr{F}$): Da lokal-freie Garben vom Rang 1 isomorph zu Garben $\mathcal{O}(D)$ sind, so ist der Fall $r=1$ durch die Sätze 3 und 4 erledigt. Sei $r>1$. Nach dem Untergarbensatz 4.3 existieren lokal-freie Garben $\mathscr{L}$, $\mathscr{G}$ vom Rang 1, $r-1$, so daß für jeden Divisor D eine exakte Sequenz

$$0\to\mathscr{L}(D)\to\mathscr{F}(D)\to\mathscr{G}(D)\to 0$$

besteht. Nach Induktionsbeginn und Induktionsannahme gibt es Zahlen $n^+(\mathscr{L})$, $n^+(\mathscr{G})$, so daß alle Garben $\mathscr{L}(D)$, $\operatorname{grad}D\geq n^+(\mathscr{L})$, und $\mathscr{G}(D)$, $\operatorname{grad}D\geq n^+(\mathscr{G})$, Steinsch sind. Setzt man $n^+:=\max\{n^+(\mathscr{L}), n^+(\mathscr{G})\}$, so sind nach Lemma 6 alle Garben $\mathscr{F}(D)$, $\operatorname{grad}D\geq n^+$, Steinsch. □

Als Gegenstück zu Theorem A notieren wir noch

Satz 8: *Zu jeder lokal-freien Garbe $\mathscr{F}$ gibt es ein $n^-\in\mathbb{Z}$, so daß*

$$H^0(X,\mathscr{F}(D))=0 \quad \textit{für alle} \quad D\in\operatorname{Div}X \quad \textit{mit} \quad \operatorname{grad}D<n^-.$$

Beweis: Für Garben $\mathscr{F}\cong\mathcal{O}(D')$ vom Rang 1 hat $n^-:=-\operatorname{grad}D'$ die behauptete Eigenschaft. Ist $\mathscr{F}$ vom Rang $r>1$, so wählen wir wie im Beweis von Satz 7 Garben $\mathscr{L}$, $\mathscr{G}$ vom Rang 1, $r-1$, so daß für alle $D\in\operatorname{Div}X$ exakte Sequenzen

$$0\to\mathscr{L}(D)\to\mathscr{F}(D)\to\mathscr{G}(D)\to 0$$

bestehen. Sei nun $n^-(\mathscr{L})$ bzw. $n^-(\mathscr{G})$ nach Induktionsbeginn bzw. Induktionsannahme so gewählt, daß $H^0(X,\mathscr{L}(D))=0$ im Falle $\operatorname{grad} D<n^-(\mathscr{L})$ und $H^0(X,\mathscr{G}(D))=0$ im Falle $\operatorname{grad} D<n^-(\mathscr{G})$. Setzt man $n^-:=\min\{n^-(\mathscr{L}),n^-(\mathscr{G})\}$, so folgt $H^0(X,\mathscr{F}(D))=0$ für alle Divisoren D mit $\operatorname{grad} D<n^-$ aus der exakten Cohomologiesequenz $0\to\mathscr{L}(D)(X)\to\mathscr{F}(D)(X)\to\mathscr{G}(D)(X)\to\cdots$.

8. Hodge-Zerlegung von $H^1(X,\mathbb{C})$. – Wir wollen die Struktur des Vektorraumes $H^1(X,\mathbb{C})\cong\mathbb{C}^{2g}$ besser verstehen. Wir gehen wie im Abschnitt 1 aus von der Auflösung $0\longrightarrow\mathbb{C}\longrightarrow\mathcal{O}\xrightarrow{d=\partial}\Omega\longrightarrow 0$ der konstanten Garbe $\mathbb{C}$. Die zugehörige Cohomologiesequenz hat wegen $H^0(X,\mathbb{C})=\mathbb{C}=H^0(X,\mathcal{O})$ und $H^2(X,\mathcal{O})=0$ die Form

$$0\longrightarrow\Omega(X)\xrightarrow{\alpha}H^1(X,\mathbb{C})\longrightarrow H^1(X,\mathcal{O})\longrightarrow H^1(X,\Omega)\xrightarrow{\beta}H^2(X,\mathbb{C})\longrightarrow 0.$$

Da $H^2(X,\mathbb{C})=\mathbb{C}\cong H^1(X,\Omega)$, so ist β bijektiv. Daher ist

$$0\to\Omega(X)\to H^1(X,\mathbb{C})\to H^1(X,\mathcal{O})\to 0$$

eine exakte Sequenz. Die Abbildung α läßt sich explizit wie folgt beschreiben: Ist $\omega\in\Omega(X)$, so gibt es eine offene Überdeckung $\mathfrak{U}=\{U_\iota\}$ von X und holomorphe Funktionen $f_\iota\in\mathcal{O}(U_\iota)$ mit $df_\iota=\omega|U_\iota$. Wir dürfen alle Durchschnitte U_{ij} als zusammenhängend annehmen, dann ist jede Funktion $\alpha(\omega)_{ij}:=f_j-f_i$ konstant in U_{ij}. Die Familie $\{\alpha(\omega)_{ij}\}$ bildet einen 1-Cozyklus aus $Z^1(\mathfrak{U},\mathbb{C})$, der die Cohomologieklasse $\alpha(\omega)\in H^1(X,\mathbb{C})$ repräsentiert.

Wegen $\mathbb{R}\subset\mathbb{C}$ ist $H^1(X,\mathbb{R})$ ein $\mathbb{R}$-Untervektorraum von $H^1(X,\mathbb{C})$. Wir zeigen:

Lemma 9: *Es gilt:* $\operatorname{Im}\alpha\cap H^1(X,\mathbb{R})=0$.

Beweis: Sei $\omega\in\Omega(X)$ und $\alpha(\omega)\in H^1(X,\mathbb{R})$. Aus vorstehender Beschreibung von α folgt, daß man eine offene Überdeckung $\{U_\iota\}$ von X und Funktionen $h_\iota\in\mathcal{O}(U_\iota)$ mit $df_\iota=\omega|U_\iota$ so wählen kann, daß *jede* Funktion f_j-f_i *konstant und reell* in U_{ij} ist. Für $g_\iota:=\exp(2\pi\sqrt{-1}\,f_\iota)\in\mathcal{O}(U_\iota)$ gilt dann $|g_i(x)|=|g_j(x)|$ für alle $x\in U_{ij}$. Die Funktionen $\{|g_\iota|\}$ bestimmen also eine *reellwertige, stetige* Funktion g auf X, die in einem Punkt $p\in X$ ein Maximum hat. Falls $p\in U_\iota$, so ist g_ι und also f_ι um p konstant. Damit folgt $df_\iota=\omega_\iota|U_\iota\equiv 0$ um p und also $\omega=0$. □

Zum $\mathbb{C}$-Unterraum $\operatorname{Im}\alpha$ von $H^1(X,\mathbb{C})$ kann man auf vielerlei Weise ein Supplement V in $H^1(X,\mathbb{C})$ bestimmen. Es gibt einen natürlichen Kandidaten für V. Dazu betrachten wir die „konjugierte" Auflösung $0\to\mathbb{C}\to\bar{\mathcal{O}}\to\bar{\Omega}\to 0$ von $\mathbb{C}$ (mit $\bar{\Omega}:=\overline{\Omega^1}$, vgl. Kap. II, § 2.3 Graphik); die zugehörige Cohomologiesequenz sieht (analog wie oben) so aus:

$$0\longrightarrow\bar{\Omega}\xrightarrow{\hat{\alpha}}H^1(X,\mathbb{C})\longrightarrow H^1(X,\bar{\mathcal{O}})\longrightarrow 0\,.$$

Wir behaupten:

Satz 10 (Hodge-Zerlegung): *Der $\mathbb{C}$-Vektorraum $H^1(X,\mathbb{C})$ ist die direkte Summe der Räume* $\operatorname{Im}\alpha$ *und* $\operatorname{Im}\hat{\alpha}$:

$$H^1(X,\mathbb{C})=\alpha(\Omega(X))\oplus\hat{\alpha}(\bar{\Omega}(X))\,.$$

Beweis: Wegen $H^1(X,\mathbb{C})\cong\mathbb{C}^{2g}$, $\operatorname{Im}\alpha\cong\mathbb{C}^g\cong\operatorname{Im}\hat{\alpha}$ genügt es zu zeigen:

$$\operatorname{Im}\alpha\cap\operatorname{Im}\hat{\alpha}=0\,.$$

Die Konjugierung $\mathbb{C}\to\mathbb{C}$, $c\mapsto\bar{c}$ bestimmt eine $\mathbb{R}$-lineare Involution $\sigma: H^1(X,\mathbb{C})\to H^1(X,\mathbb{C})$, die $H^1(X,\mathbb{R})$ als *Fixraum* hat. Da σ ersichtlich jedes Element von $\operatorname{Im}\alpha\cap\operatorname{Im}\hat{\alpha}$ festhält, so folgt:

$$\operatorname{Im}\alpha\cap\operatorname{Im}\hat{\alpha}\subset H^1(X,\mathbb{R}),\quad \text{also auch:}\quad \operatorname{Im}\alpha\cap\operatorname{Im}\hat{\alpha}\subset\operatorname{Im}\alpha\cap H^1(X,\mathbb{R})\,.$$

Nach Lemma 9 folgt: $\operatorname{Im}\alpha\cap\operatorname{Im}\hat{\alpha}=0$.

§ 8. Spaltung lokal-freier Garben

Mittels eines *formalen* Spaltungskriteriums geben wir eine hinreichende Bedingung dafür an, daß über kompakten Riemannschen Flächen eine lokal-freie Untergarbe vom Rang 1 einer lokal-freien Garbe $\mathscr{F}$ ein *direkter Summand* von $\mathscr{F}$ ist (Satz 4). Jede lokal-freie Garbe enthält *maximale* Untergarben (vom Rang 1); über der Zahlenkugel $\mathbb{P}_1$ sind maximale Untergarben stets direkte Summanden (Abspaltungslemma). Als Korollar ergibt sich, daß über $\mathbb{P}_1$ jede lokal-freie Garbe $\mathscr{F}$ vom Rang r isomorph zu einer Garbe $\bigoplus_{i=1}^{r}\mathcal{O}(n_i p)$ ist, wobei $n_1,\dots,n_r\in\mathbb{Z}$ bis auf die Reihenfolge eindeutig durch $\mathscr{F}$ bestimmt sind (Satz von Grothendieck). Die Darstellung lehnt sich eng an die Arbeit [21] an.

1. Die Zahl $\mu(\mathscr{F})$. – Ist $\mathscr{L}$ lokal-frei über X vom Rang 1, so gilt

$$\operatorname{grad}(s)=c(\mathscr{L})=\text{const}\quad \text{für alle Schnitte}\quad s\in\mathscr{L}^\infty(X)^*\qquad (\text{vgl. § 4.2}).$$

Für Garben vom Rang $r>1$ ist die Gradfunktion i. allg. nicht mehr konstant, so hat $\mathscr{F}:=\bigoplus_1^r\mathcal{O}(n_i p)$, $p\in X$, $n_i\in\mathbb{Z}$, Schnitte aller Grade $n_1,\dots,n_r$. Jeder Homomorphismus $\pi:\mathscr{F}\to\mathscr{G}$ zwischen lokal-freien Garben induziert einen Homomorphismus $\pi:\mathscr{F}^\infty(X)\to\mathscr{G}^\infty(X)$. Wir benötigen:

Ist $0\longrightarrow\mathscr{F}'\xrightarrow{\;i\;}\mathscr{F}\xrightarrow{\;\pi\;}\mathscr{G}\longrightarrow 0$ *eine exakte Sequenz lokal-freier Garben* $\neq 0$, *so gibt es für jeden Schnitt* $s\in\mathscr{F}^\infty(X)^*$ *zwei Möglichkeiten:*

a) $\pi(s)=0$: *dann gilt* $s=i(s')$ *mit* $s'\in\mathscr{F}'^\infty(X)^*$ *und* $\operatorname{grad}(s')=\operatorname{grad}(s)$.

b) $\pi(s)\neq 0$: *dann gilt* $\operatorname{grad}(s)\leqq\operatorname{grad}(\pi(s))$.

Beweis: Ist $\mathscr{F}''_x$ ein Supplement von $i(\mathscr{F}'_x)$ in $\mathscr{F}_x$, so gibt es zu jedem Keim $t_x\in\mathscr{F}^\infty_x$ eindeutig bestimmte Keime $t'_x\in\mathscr{F}'^\infty_x$, $t''_x\in\mathscr{F}''^\infty_x$, so daß gilt:

$$t_x=i(t'_x)+t''_x,\qquad o(t_x)=\min\{o(t'_x),o(t''_x)\},\qquad x\in X\,.$$

Ist nun $\pi(s)=0$, so gilt $s\in i(\mathscr{F}'(X))$, also $s=i(s')$ mit $s'\in\mathscr{F}'^{\infty}(X)^*$. Die Gleichungen $o(s_x)=o(s'_x)$ besagen, daß Ordnungen und also auch die Grade von s, s' übereinstimmen.

Sei nun $\pi(s)\neq 0$, sei $s_x=i(t'_x)+t''_x$. Da $\mathscr{F}''_x$ vermöge π_x zu $\mathscr{G}_x$ isomorph ist, so ist $o(\pi(s)_x)=o(t''_x)$, also $o(s_x)\leqq o(\pi(s)_x)$, $x\in X$, und mithin $\operatorname{grad}(s)\leqq\operatorname{grad}(\pi(s))$. □

Für jede über X lokal-freie Garbe $\mathscr{F}\neq 0$ setzen wir nun

$$\mu(\mathscr{F}):=\sup\{\operatorname{grad}(s), s\in\mathscr{F}^{\infty}(X)^*\}\leqq\infty.$$

Um einzusehen, daß $\mu(\mathscr{F})$ *endlich* ist, notieren wir folgende Rechenregel, die unmittelbar aus dem Vorangehenden folgt:

Rechenregel: *Ist* $0\to\mathscr{F}'\to\mathscr{F}\to\mathscr{G}\to 0$ *eine exakte Sequenz lokal-freier Garben* $\neq 0$, *so gilt:*

$$\mu(\mathscr{F}')\leqq\mu(\mathscr{F})\leqq\max\{\mu(\mathscr{F}'),\mu(\mathscr{G})\}.$$

Hieraus ergibt sich sofort:

Satz 1: *Für jede lokal-freie Garbe* $\mathscr{F}\neq 0$ *ist die Gradfunktion nach oben beschränkt:* $\mu(\mathscr{F})\in\mathbb{Z}$.

Beweis (durch Induktion nach dem Rang r von $\mathscr{F}$): Der Fall $r=1$ ist trivial. Sei $r>1$. Es gibt eine exakte Sequenz $0\to\mathscr{L}\to\mathscr{F}\to\mathscr{G}\to 0$, wo $\mathscr{L},\mathscr{G}$ lokal-frei vom Rang 1, $r-1$ ist (Satz 4.3). Induktionsbeginn und Induktionsannahme implizieren: $\mu(\mathscr{F})\leqq\max\{\mu(\mathscr{L}),\mu(\mathscr{G})\}<\infty$. □

2. Maximale Untergarben. – Die eben eingeführte Zahl $\mu(\mathscr{F})$ läßt sich auch durch die Chernzahlen der lokal-freien Untergarben vom Rang 1 charakterisieren:

$$\mu(\mathscr{F})=\max\{c(\mathscr{L}),\ \mathscr{L}\text{ lokal-freie Untergarbe von }\mathscr{F}\text{ vom Rang }1\}.$$

Das folgt sofort aus der Tatsache, daß jeder Schnitt $s\in\mathscr{F}^{\infty}(X)^*$ eine lokal-freie Untergarbe $\mathscr{L}$ mit $c(\mathscr{L})=\operatorname{grad}(s)$ bestimmt, und daß umgekehrt jede lokal-freie Untergarbe $\mathscr{L}$ in dieser Weise von einem meromorphen Schnitt erzeugt wird (vgl. § 4).

Wir nennen eine lokal-freie Untergarbe $\mathscr{L}$ vom Rang 1 von $\mathscr{F}$ *maximal*, wenn gilt: $c(\mathscr{L})=\mu(\mathscr{F})$; solche Garben werden also von maximalen Schnitten, das sind Schnitte $s\in\mathscr{F}^{\infty}(X)^*$ mit $\operatorname{grad}(s)=\mu(\mathscr{F})$, erzeugt. Wir haben gesehen:

Jede lokal-freie Garbe $\mathscr{F}\neq 0$ *besitzt maximale Untergarben.* □

Satz 2: *Ist* $\mathscr{L}$ *eine maximale Untergarbe von* $\mathscr{F}$, *so ist* $\mathscr{L}(D)$ *eine maximale Untergarbe von* $\mathscr{F}(D)$, $D\in\operatorname{Div}X$. *Es gilt stets:* $\mu(\mathscr{F}(D))=\mu(\mathscr{F})+\operatorname{grad}D$.

Beweis: $\mathscr{L}(D)$ ist eine lokal-freie Untergarbe von $\mathscr{F}(D)$, d. h. $c(\mathscr{L}(D))\leq\mu(\mathscr{F}(D))$. Wegen $c(\mathscr{L}(D))=c(\mathscr{L})+\operatorname{grad}D$ und $c(\mathscr{L})=\mu(\mathscr{F})$ folgt:

$$(*)\qquad \mu(\mathscr{F})+\operatorname{grad}D\leq\mu(\mathscr{F}(D)).$$

Wendet man (*) auf $\mathcal{F}(D)$ und $-D$ (statt auf $\mathcal{F}$ und D) an, so ergibt sich

$$\mu(\mathcal{F}(D))+\operatorname{grad}(-D)\leq\mu(\mathcal{F}), \quad \text{also} \quad \mu(\mathcal{F}(D))\leq\mu(\mathcal{F})+\operatorname{grad} D,$$

wegen $\mathcal{F}(D)(-D)\cong\mathcal{F}$. Mithin ist (*) eine Gleichung, und es folgt $c(\mathcal{L}(D))=\mu(\mathcal{F}(D))$. □

3. Die Ungleichung $\mu(\mathcal{G})\leq\mu(\mathcal{F})+2g$. – Wir beginnen mit einem auf der Riemannschen Ungleichung beruhenden

Hilfssatz: *Es sei $\mathcal{F}$ lokal-frei vom Rang 2 und $\mathcal{L}$ eine zu $\mathcal{O}$ isomorphe, maximale Untergarbe von $\mathcal{F}$. Dann gilt: $c(\mathcal{G})\leq 2g$ für $\mathcal{G}:=\mathcal{F}/\mathcal{L}$.*

Beweis: Wegen $H^1(X,\mathcal{O})\cong\mathbb{C}^g$ beginnt die zu $0\to\mathcal{O}\to\mathcal{F}\to\mathcal{G}\to 0$ gehörende Cohomologiesequenz wie folgt: $0\longrightarrow\mathbb{C}\longrightarrow\mathcal{F}(X)\longrightarrow\mathcal{G}(X)\xrightarrow{\varphi}\mathbb{C}^g\longrightarrow\cdots$. Die Garbe $\mathcal{G}$ ist lokal-frei vom Rang 1; wäre $c(\mathcal{G})>2g$, so wäre $\dim_{\mathbb{C}}\mathcal{G}(X)\geq c(\mathcal{G})+1-g\geq g+2$ nach der Riemannschen Ungleichung. Alsdann wäre $\operatorname{Ker}\varphi$ mindestens 2dimensional und somit $\mathcal{F}(X)$ mindestens 3dimensional. Da $\mathcal{F}$ den Rang 2 hat, so ist jeder $\mathbb{C}$-Vektorraum $\mathcal{F}_x/\mathfrak{m}_x\mathcal{F}_x$ zweidimensional. Daher hätte jeder $\mathbb{C}$-Restriktionshomomorphismus $\mathcal{F}(X)\to\mathcal{F}_x/\mathfrak{m}_x\mathcal{F}_x$ einen Kern $\neq 0$, d. h. es gäbe einen Schnitt $s\neq 0$ in $\mathcal{F}(X)$, der in x verschwindet. Dies besagt $\operatorname{grad}(s)\geq 1$, was der Voraussetzung $\mu(\mathcal{F})=c(\mathcal{L})=c(\mathcal{O})=0$ widerspricht. □

Wir zeigen nun:

Satz 3: *Es sei $\mathcal{F}$ lokal-frei vom Rang $r\geq 2$ und $\mathcal{L}$ eine maximale Untergarbe von $\mathcal{F}$. Dann gilt: $\mu(\mathcal{G})\leq\mu(\mathcal{F})+2g$ für $\mathcal{G}:=\mathcal{F}/\mathcal{L}$.*

Beweis: Ausgangspunkt ist die exakte Sequenz $0\longrightarrow\mathcal{L}\longrightarrow\mathcal{F}\xrightarrow{\pi}\mathcal{G}\longrightarrow 0$. Sei zunächst $r=2$. Es gibt ein $D\in\operatorname{Div}X$ mit $\mathcal{L}\cong\mathcal{O}(D)$, also $\operatorname{grad}D=c(\mathcal{L})=\mu(\mathcal{F})$. Nach Satz 2 ist $\mathcal{L}(-D)\cong\mathcal{O}$ eine maximale Untergarbe von $\mathcal{F}(-D)$. Anwendung des Hilfssatzes auf die induzierte exakte Sequenz $0\to\mathcal{O}\to\mathcal{F}(-D)\to\mathcal{G}(-D)\to 0$ liefert: $c(\mathcal{G}(-D))\leq 2g$. Da $c(\mathcal{G}(-D))=c(\mathcal{G})-\operatorname{grad}D$, so folgt die Behauptung wegen $\mu(\mathcal{G})=c(\mathcal{G})$, $\operatorname{grad}D=\mu(\mathcal{F})$.

Sei nun $r>2$, sei $\mathcal{L}'$ eine maximale Untergarbe von $\mathcal{G}$. Wir haben eine induzierte exakte Sequenz $0\to\mathcal{L}\to\mathcal{F}'\to\mathcal{L}'\to 0$, wo $\mathcal{F}':=\pi^{-1}(\mathcal{L}')$. Da

$$\mathcal{F}_x/\mathcal{F}'_x\cong(\mathcal{F}_x/\mathcal{L}_x)/(\mathcal{F}'_x/\mathcal{L}_x)\cong\mathcal{G}_x/\mathcal{L}'_x, \qquad x\in X,$$

so ist $\mathcal{F}'$ eine lokal-freie Untergarbe von $\mathcal{F}$ vom Rang 2. Nun ist $\mathcal{L}$ auch eine maximale Untergarbe von $\mathcal{F}'$, denn es gilt:

$$\mu(\mathcal{F})=c(\mathcal{L})\leq\mu(\mathcal{F}')\leq\mu(\mathcal{F}), \quad \text{also} \quad c(\mathcal{L})=\mu(\mathcal{F}')=\mu(\mathcal{F}).$$

Nach dem zuerst Bewiesenen folgt daher

$$\mu(\mathcal{G})=\mu(\mathcal{L}')\leq\mu(\mathcal{F}')+2g=\mu(\mathcal{F})+2g.$$ □

4. Spaltungskriterium. – Man sagt, daß eine kurze exakte $\mathcal{O}$-Sequenz $0 \longrightarrow \mathcal{S}_1 \xrightarrow{i} \mathcal{S} \xrightarrow{\pi} \mathcal{S}_2 \longrightarrow 0$ *spaltet*, wenn es einen $\mathcal{O}$-Homomorphismus $\rho: \mathcal{S}_2 \to \mathcal{S}$ mit $\pi \circ \rho = \mathrm{id}$ gibt; dann gilt: $\mathcal{S} = i(\mathcal{S}_1) \oplus \rho(\mathcal{S}_2) \cong \mathcal{S}_1 \oplus \mathcal{S}_2$. Es gibt ein einfaches formales

Spaltungskriterium: *Eine exakte $\mathcal{O}$-Sequenz $0 \longrightarrow \mathcal{S}_1 \longrightarrow \mathcal{S} \xrightarrow{\pi} \mathcal{G} \longrightarrow 0$ mit einer lokal-freien Garbe $\mathcal{G}$ spaltet stets dann, wenn gilt:*

$$H^1(X, \mathcal{H}om(\mathcal{G}, \mathcal{S}_1)) = 0 .$$

Beweis: Da $\mathcal{G}$ lokal-frei ist, induziert die vorgelegte Sequenz eine *exakte* $\mathcal{O}$-Sequenz $0 \to \mathcal{H}om(\mathcal{G}, \mathcal{S}_1) \to \mathcal{H}om(\mathcal{G}, \mathcal{S}) \to \mathcal{H}om(\mathcal{G}, \mathcal{G}) \to 0$ und somit eine *exakte* Cohomologiesequenz

$$\cdots \longrightarrow H^0(X, \mathcal{H}om(\mathcal{G}, \mathcal{S})) \xrightarrow{\pi_*} H^0(X, \mathcal{H}om(\mathcal{G}, \mathcal{G})) \longrightarrow H^1(X, \mathcal{H}om(\mathcal{G}, \mathcal{S}_1)) \longrightarrow \cdots .$$

Ein (gesuchter) globaler Schnitt $\rho \in \mathcal{H}om(\mathcal{G}, \mathcal{S})(X)$ mit $\pi_*(\rho) = \pi \circ \rho = \mathrm{id}$ existiert sicher dann, wenn π_* surjektiv ist, also gewiß dann, wenn $H^1(X, \mathcal{H}om(\mathcal{G}, \mathcal{S}_1))$ verschwindet. □

Bemerkung: Das Spaltungskriterium gilt für jeden komplexen Raum. Da die auftretende 1. Cohomologiegruppe für Steinsche Räume automatisch verschwindet, so können wir feststellen:

In einer lokal-freien Garbe über einem Steinschen Raum ist jede lokal-freie Untergarbe ein direkter Summand.

Für eindimensionale Steinsche Mannigfaltigkeiten (= nichtkompakte Riemannsche Flächen) folgt hieraus weiter (unter Verwendung des Weierstraßschen Produktsatzes), daß jede lokal-freie Garbe vom Rang r zur Garbe $\mathcal{O}^r$ isomorph ist.

Die für uns relevante Anwendung des Spaltungskriteriums ist

Satz 4: *Es sei $\mathcal{F}$ eine lokal-freie Garbe vom Rang r über einer kompakten Riemannschen Fläche X vom Geschlecht g und $\mathcal{L}$ eine lokal-freie Untergarbe von $\mathcal{F}$ vom Rang 1 mit folgenden Eigenschaften:*

1) *$\mathcal{G} := \mathcal{F}/\mathcal{L}$ ist eine direkte Summe $\mathcal{L}_2 \oplus \cdots \oplus \mathcal{L}_r$ von lokal-freien Garben $\mathcal{L}_i$ des Ranges 1.*
2) *Es gilt $c(\mathcal{L}) - c(\mathcal{L}_i) \geq 2g - 1$ für alle $i = 2, \ldots, r$.*

Dann ist $\mathcal{L}$ ein direkter Summand von $\mathcal{F}$.

Beweis: Es gilt $\mathcal{H}om(\mathcal{G}, \mathcal{L}) = \bigoplus_{i=2}^{r} \mathcal{H}om(\mathcal{L}_i, \mathcal{L})$. Sei nun $\mathcal{L} \cong \mathcal{O}(D)$, $\mathcal{L}_i \cong \mathcal{O}(D_i)$, $2 \leq i \leq r$. Dann gilt $\mathcal{H}om(\mathcal{L}_i, \mathcal{L}) \cong \mathcal{O}(D - D_i)$ und also nach Satz 7.3 (Theorem B):

$$H^1(X, \mathcal{H}om(\mathcal{L}_i, \mathcal{L})) = 0 \quad \text{wegen} \quad \mathrm{grad}(D - D_i) = c(\mathcal{L}) - c(\mathcal{L}_i) \geq 2g - 1, \quad 2 \leq i \leq r.$$

Insgesamt folgt $H^1(X, \mathcal{H}om(\mathcal{G}, \mathcal{L})) \cong \bigoplus_{i=2}^{r} H^1(X, \mathcal{H}om(\mathcal{L}_i, \mathcal{L})) = 0$, so daß $\mathcal{L}$ nach dem Spaltungskriterium ein direkter Summand von $\mathcal{F}$ ist. □

Nachtrag: Im vorstehenden Beweis wurde benutzt:

Für alle Divisoren $D, D' \in \operatorname{Div} X$ gibt es eine natürliche $\mathcal{O}$-Isomorphie

$$\mathcal{O}(D'-D) \simeq \mathcal{H}om(\mathcal{O}(D), \mathcal{O}(D')).$$

Beweis: Es gilt $\mathcal{O}(D)_x = t^{-o_x(D)}\mathcal{O}_x$, $\mathcal{O}(D')_x = t^{-o_x(D')}\mathcal{O}_x$, $t \in \mathcal{O}_x$ Ortsuniformisierende. Jeder Keim $h_x \in \mathcal{O}(D'-D)_x = t^{-o_x(D'-D)}\mathcal{O}_x$ bestimmt vermöge Multiplikation einen $\mathcal{O}_x$-Homomorphismus (Homothetie)

$$\mathcal{O}(D)_x \to \mathcal{O}(D')_x, \qquad g_x \mapsto h_x g_x$$

(beachte: $o_x(h_x g_x) = o_x(h_x) + o_x(g_x) \geq -o_x(D'-D) - o_x(D) = -o_x(D')$). Da $\mathcal{O}(D)_x$ und $\mathcal{O}(D')_x$ freie $\mathcal{O}_x$-Moduln vom Rang 1 sind, so ist jeder Homomorphismus $\mathcal{O}(D)_x \to \mathcal{O}(D')_x$ eine solche „Homothetie“, d. h. wir haben einen $\mathcal{O}_x$-Isomorphismus $\mathcal{O}(D'-D)_x \simeq \operatorname{Hom}_{\mathcal{O}_x}(\mathcal{O}(D)_x, \mathcal{O}(D')_x)$ und also eine $\mathcal{O}$-Isomorphie. □

5. Satz von Grothendieck. – Wir fixieren einen „unendlich fernen“ Punkt $p \in \mathbb{P}^1 = \mathbb{P}_1$ auf der Riemannschen Zahlenkugel und setzen

$$\mathcal{O}(n) := \mathcal{O}(np), \qquad n \in \mathbb{Z}.$$

Dann ist n die Chernsche Zahl von $\mathcal{O}(n)$; zwei Garben $\mathcal{O}(n)$, $\mathcal{O}(m)$ sind genau dann isomorph, wenn $n = m$. Weiter gilt:

Ist $\mathcal{L}$ lokal-frei vom Rang 1 über $\mathbb{P}^1$, so ist $\mathcal{L}$ zu $\mathcal{O}(n)$ mit $n := c(\mathcal{L})$ isomorph.

Beweis: Es gilt $\mathcal{L} \cong \mathcal{O}(D)$, $D \in \operatorname{Div} \mathbb{P}^1$. Da auf $\mathbb{P}^1$ zwei Divisoren genau dann linear äquivalent sind, wenn sie gleichgradig sind, so ist $\mathcal{O}(D)$ zu $\mathcal{O}(\operatorname{grad} D)$ isomorph. Es ist aber $\operatorname{grad} D = c(\mathcal{L})$. □

Jede Garbe $\mathcal{O}(n_1) \oplus \cdots \oplus \mathcal{O}(n_r)$, $n_1, \ldots, n_r \in \mathbb{Z}$, ist lokal-frei vom Rang r. Der Spaltungssatz von Grothendieck besagt, daß man so bereits alle lokal-freien Garben über $\mathbb{P}^1$ gewinnt.

Satz 5 (Grothendieck [22]): *Jede über der Zahlenkugel $\mathbb{P}^1$ lokal-freie Garbe $\mathcal{F}$ vom Rang $r \geq 1$ ist isomorph zu einer Garbe $\mathcal{O}(n_1) \oplus \cdots \oplus \mathcal{O}(n_r)$.*
Die Zahlen $n_1, \ldots, n_r \in \mathbb{Z}$ sind bis auf Permutationen eindeutig durch $\mathcal{F}$ bestimmt.

Bemerkung: Matrizentheoretisch kann die Essenz dieses Satzes auch so formuliert werden:

Es sei $t > 1$ und $U_1 := \{z \in \mathbb{P}^1, |z| < t\}$, $U_2 := \{z \in \mathbb{P}^1, |z| > 1\}$. Dann gibt es zu jeder im Kreisring $U_{12} := U_1 \cap U_2$ holomorphen, invertierbaren (r,r)-Matrix $A \in GL(r, \mathcal{O}(U_{12}))$ holomorphe, invertierbare Matrizen $P \in GL(r, \mathcal{O}(U_1))$, $Q \in GL(r, \mathcal{O}(U_2))$, so daß die Matrix $D := PAQ$ eine Diagonalmatrix mit Hauptdiagonalelementen $z^{n_1}, \ldots, z^{n_r}$ ist, $n_i \in \mathbb{Z}$.

Der Beweis des Grothendieckschen Satzes wird in den nächsten beiden Abschnitten geführt.

6. Existenz der Spaltung. – Die Existenzbehauptung von Satz 5 folgt durch Induktion nach dem Rang unmittelbar aus folgendem

Abspaltungslemma 6: *Ist* $\mathscr{F} \neq 0$ *eine lokal-freie Garbe über* $\mathbb{P}^1$, *so ist jede lokal-freie Untergarbe* $\mathscr{L}$ *vom Rang* 1 *mit* $c(\mathscr{L}) \geq \mu(\mathscr{F}/\mathscr{L}) - 1$ *ein direkter Summand von* $\mathscr{F}$.

Insbesondere ist jede maximale Untergarbe von $\mathscr{F}$ *ein direkter Summand.*

Der Beweis dieses Lemmas geschieht seinerseits durch Induktion nach dem Rang r von $\mathscr{F}$, wobei die Induktionsvoraussetzung in Form der Existenzaussage des Satzes 5 verwendet wird. Der Induktionsbeginn $r=1$ ist klar wegen $\mathscr{L}=\mathscr{F}$. Sei $r>1$. Die Garbe $\mathscr{F}/\mathscr{L}$ ist lokal-frei vom Rang $r-1$ und daher nach Voraussetzung eine direkte Summe $\mathscr{L}_2 \oplus \cdots \oplus \mathscr{L}_r$ von lokal-freien Garben $\mathscr{L}_i$ des Ranges 1. Es gilt: $\max\{c(\mathscr{L}_2), \ldots, c(\mathscr{L}_r)\} \leqq \mu(\mathscr{F}/\mathscr{L}) \leqq c(\mathscr{L})+1$, d. h. $c(\mathscr{L}) - c(\mathscr{L}_i) \geqq -1$, $2 \leqq i \leqq r$. Nach Satz 4 ist somit $\mathscr{L}$ ein direkter Summand von $\mathscr{F}$.

Ist insbesondere $\mathscr{L}$ eine maximale Untergarbe von $\mathscr{F}$, so gilt $c(\mathscr{L}) = \mu(\mathscr{F}) \geqq \mu(\mathscr{F}/\mathscr{L})$ nach Satz 3, da $\mathbb{P}^1$ das Geschlecht 0 hat.

7. Eindeutigkeit der Spaltung. – Für jede über $\mathbb{P}^1$ lokal-freie Garbe $\mathscr{F}$ vom Rang $r \geqq 1$ setzen wir abkürzend $m := \mu(\mathscr{F})$. Dann gilt

$$\mathscr{F}(-m)(\mathbb{P}^1) = \{s \in \mathscr{F}^\infty(\mathbb{P}^1), \operatorname{grad}(s) = m\} \cup \{0\} \neq 0, \text{ also } d := \dim_{\mathbb{C}} \mathscr{F}(-m)(\mathbb{P}^1) \geqq 1.$$

Die Schnitte aus $\mathscr{F}(-m)(\mathbb{P}^1)$ erzeugen über $\mathbb{P}^1$ eine $\mathcal{O}$-Untergarbe $\mathscr{T} \neq 0$ von $\mathscr{F}(-m)$. Dann ist

$$\hat{\mathscr{F}} := \mathscr{T}(m) \neq 0$$

eine *invariant* (*durch* $\mathscr{F}$ *allein*) *bestimmte* $\mathcal{O}$-*Untergarbe von* $\mathscr{F}$. Die Eindeutigkeitsaussage von Satz 5 wird nun wie folgt präzisiert:

Eindeutigkeitslemma 7: *Es seien* $\mathscr{F} = \mathscr{L}_1 \oplus \cdots \oplus \mathscr{L}_r = \mathscr{L}_1' \oplus \cdots \oplus \mathscr{L}_r'$ *zwei Spaltungen von* $\mathscr{F}$ *mit Garben* $\mathscr{L}_i \cong \mathcal{O}(n_i)$, $\mathscr{L}_i' \cong \mathcal{O}(n_i')$, $1 \leqq i \leqq r$; *es sei* $n_1 \geqq n_2 \geqq \cdots \geqq n_r$, $n_1' \geqq n_2' \geqq \cdots \geqq n_r'$. *Dann gilt* (*mit* $d := \dim_{\mathbb{C}} \mathscr{F}(-m)(\mathbb{P}^1) \geqq 1$):

1) $\mathscr{L}_1 \oplus \cdots \oplus \mathscr{L}_d = \mathscr{L}_1' \oplus \cdots \oplus \mathscr{L}_d' = \hat{\mathscr{F}}$, $\mathscr{L}_i \cong \mathcal{O}(m) \cong \mathscr{L}_i'$ *für* $i = 1, \ldots, d$.

2) $n_1 = \cdots = n_d = n_1' = \cdots = n_d' = m$; $n_i = n_i'$ *für* $i = d+1, \ldots, r$.

Beweis: Aus $\mathscr{F} = \mathscr{L}_1 \oplus \cdots \oplus \mathscr{L}_r$ folgt $\mathscr{F}(-m)(\mathbb{P}^1) = \bigoplus_{i=1}^{r} \mathscr{L}_i(-m)(\mathbb{P}^1)$. Es gilt $\mathscr{L}_i(-m) \simeq \mathcal{O}(l_i)$ mit $l_i := n_i - m \leqq 0$ (nach Definition von m). Da

$$\mathcal{O}(l)(\mathbb{P}^1) = 0 \quad \text{für} \quad l < 0 \quad \text{und} \quad \mathcal{O}(\mathbb{P}^1) = \mathbb{C},$$

so gilt also genau d-mal die Gleichung $n_i = m$. Da die n_i monoton fallen, folgt $n_1 = \cdots = n_d = m > n_{d+1}$ und $\mathscr{L}_i(-m) \cong \mathcal{O}$, $1 \leqq i \leqq d$.

Für jedes $i \leqq d$ erzeugt $\mathscr{L}_i(-m)(\mathbb{P}^1)$ die Garbe $\mathscr{L}_i(-m)$; also erzeugt $\bigoplus_{i=1}^{d} \mathscr{L}_i(-m)(\mathbb{P}^1)$ die Garbe $\bigoplus_{i=1}^{d} \mathscr{L}_i(-m)$. Dies ist aber wegen $\mathscr{F}(-m)(\mathbb{P}^1) = \bigoplus_{i=1}^{d} \mathscr{L}_i(-m)(\mathbb{P}^1)$ per definitionem die Garbe $\mathscr{T}$. Also folgt $\mathscr{T} = \bigoplus_{i=1}^{d} \mathscr{L}_i(-m)$ und mithin $\hat{\mathscr{F}} = \mathscr{T}(m) = \bigoplus_{i=1}^{d} \mathscr{L}_i$.

Da die vorangehenden Überlegungen wörtlich für die Spaltung $\mathcal{F}=\mathcal{L}_1'\oplus\cdots\oplus\mathcal{L}_r'$ wiederholt werden können, folgt 1) und auch $n_1'=\cdots=n_d'=m$. Nun ergibt sich

$$\mathcal{O}(n_{j+1})\oplus\cdots\oplus\mathcal{O}(n_r)\cong\mathcal{F}/\hat{\mathcal{F}}\cong\mathcal{O}(n_{j+1}')\oplus\cdots\oplus\mathcal{O}(n_r').$$

Da $\mathcal{F}/\hat{\mathcal{F}}$ vom Rang $r-d<r$ ist, und da die n_i und n_i' monoton fallen, gilt $n_i=n_i'$ für alle $i=d+1,\ldots,r$ nach Induktionsannahme. □

Korollar: *Gilt* $\mathcal{F}=\mathcal{G}\oplus\mathcal{H}$ *mit lokal-freien Garben* $\mathcal{G}\neq 0$, $\mathcal{H}\neq 0$, *so ist:*

$$\mu(\mathcal{F})=\max\{\mu(\mathcal{G}),\mu(\mathcal{H})\}.$$

Beweis: Klar, da aus $\mathcal{F}\simeq\mathcal{O}(n_1)\oplus\cdots\oplus\mathcal{O}(n_r)$ stets folgt: $\mu(F)=\max\{n_1,\ldots,n_r\}$. □

Wir sehen nun, daß jede lokal-freie Untergarbe $\mathcal{L}$ von $\mathcal{F}$ vom Rang 1 mit $c(\mathcal{L})\geqq\mu(\mathcal{F}/\mathcal{L})$ notwendig *maximal* ist, denn nach dem Abspaltungslemma gilt zunächst $\mathcal{F}=\mathcal{G}\oplus\mathcal{L}$ und daher $\mu(\mathcal{F})=\max\{\mu(\mathcal{G}),\mu(\mathcal{L})\}=c(\mathcal{L})$.

Ganz elementar ist noch folgende amüsante Aussage:

Es gelte $\mathcal{F}=\mathcal{G}\oplus\mathcal{H}$ *mit lokal-freien Garben* $\mathcal{G}\neq 0$, $\mathcal{H}\neq 0$, *es sei* $\mu(\mathcal{F})>\mu(\mathcal{G})$. *Dann ist jede lokal-freie Untergarbe* $\mathcal{L}$ *von* $\mathcal{F}$ *vom Rang* 1 *mit* $c(\mathcal{L})>\mu(\mathcal{G})$ *bereits eine lokal-freie Untergarbe von* $\mathcal{H}$.

Beweis: Es gilt $\mathcal{L}=\mathcal{O}s$ mit $s\in\mathcal{F}^{\infty}(\mathbb{P}^1)^*$ und $\operatorname{grad}(s)=c(\mathcal{L})$. Bezeichnet $\pi\colon\mathcal{F}\to\mathcal{G}$ die Garbenprojektion, so gilt $\pi(s)=0$ oder $\operatorname{grad}(s)\leqq\operatorname{grad}(\pi(s))$ nach Abschnitt 1. Da $\operatorname{grad}(\pi(s))\leqq\mu(\mathcal{G})$ wegen $c(\mathcal{L})>\mu(\mathcal{G})$ nicht möglich ist, so folgt $s\in(\mathcal{K}er\,\pi)(\mathbb{P}^1)=\mathcal{H}(\mathbb{P}^1)$, also $\mathcal{L}=\mathcal{O}s\subset\mathcal{H}$. □

Es folgt insbesondere:

Eine Garbe $\mathcal{F}\simeq\mathcal{O}(n_1)\oplus\cdots\oplus\mathcal{O}(n_r)$ *mit* $n_1>\max\{n_2,\ldots,n_r\}$ *besitzt nur eine einzige zu* $\mathcal{O}(n_1)$ *lokal-freie Untergarbe und überhaupt keine lokal-freie Untergarbe* $\mathcal{L}\simeq\mathcal{O}(n)$ *mit* $\max\{n_2,\ldots,n_r\}<n<n_1$.

Zu jedem $n\leqq\max\{n_2,\ldots,n_r\}$ gibt es aber in der vorliegenden Situation stets lokal-freie Untergarben $\mathcal{L}\cong\mathcal{O}(n)$ von $\mathcal{F}$, vgl. hierzu etwa Prop. 2.4 der Arbeit „On holomorphic fields of complex line elements with isolated singularities", Ann. Inst. Fourier **14**, 99–130 (1964), von A. van de Ven.

Literatur

Monographien

[BT] Behnke, H., Thullen, P.: Theorie der Funktionen mehrerer komplexer Veränderlichen. 2. Aufl. Erg. Math. 51. Heidelberg: Springer-Verlag 1970.

[ENS_1] Cartan, H.: Séminaire: Théorie des fonctions de plusieurs variables. Paris 1951/52.

[ENS_2] Cartan, H.: Séminaire: Théorie des fonctions de plusieurs variables. Paris 1953/54.

[CAG] Fischer, G.: Complex Analytic Geometry. Lecture Notes Math. 538. Heidelberg: Springer-Verlag 1976.

[EFV] Fritsche, K., Grauert, H.: Einführung in die Funktionentheorie mehrerer Veränderlicher. Hochschultexte. Heidelberg: Springer-Verlag 1974.

[TF] Godement, R.: Théorie des faisceaux. Act. sci. ind. 1252. Paris: Hermann 1958.

[DI] Grauert, H., Lieb, I.: Differential- und Integralrechnung III. Heidelberger Taschenbücher 43. Heidelberg: Springer-Verlag 1968.

[AS] Grauert, H., Remmert, R.: Analytische Stellenalgebren. Grundl. Math. Wiss. 176. Heidelberg: Springer-Verlag 1971.

[CAS] Grauert, H., Remmert, R.: Coherent Analytic Sheaves. In Vorbereitung.

[NTM] Hirzebruch, F.: Neue topologische Methoden in der algebraischen Geometrie. Erg. Math. 9. Heidelberg: Springer-Verlag 1956.

[CA] Hörmander, L.: Complex Analysis in Several Variables. 2. Aufl. Amsterdam-London: North Holland Publ. Comp. 1973.

[ARC] Narasimhan, R.: Analysis on Real and Complex Manifolds. Amsterdam: North Holland Publ. Comp. 1968.

[FAC] Serre, J.-P.: Faisceaux Algébriques Cohérents. Ann. Math. **61**, 197–278 (1955).

[GACC] Serre, J.-P.: Groupes Algébriques et Corps de Classes. Act. sci. ind. 1264. Paris: Hermann 1959.

Zeitschriftenartikel

[1] Andreotti, A., Frankel, T.: The Lefschetz theorem on hyperplane sections. Ann. Math. **69**, 713–717 (1959).

[2] Le Barz, P.: A propos des revêtements ramifiés d'espaces de Stein. Math. Ann. **222**, 63–69 (1976).

[3] Behnke, H., Stein, K.: Analytische Funktionen mehrerer Veränderlichen zu vorgegebenen Null- und Polstellenflächen. Jahr. DMV **47**, 177–192 (1937).

[4] Behnke, H., Stein, K.: Konvergente Folgen von Regularitätsbereichen und die Meromorphiekonvexität. Math. Ann. **116**, 204–216 (1938).

[5] Behnke, H., Stein, K.: Entwicklung analytischer Funktionen auf Riemannschen Flächen. Math. Ann. **120**, 430–461 (1948).

[6] Behnke, H., Stein, K.: Elementarfunktionen auf Riemannschen Flächen. Canad. Journ. Math. **2**, 152–165 (1950).

[7] Cartan, H.: Les problèmes de Poincaré et de Cousin pour les fonctions de plusieurs variables complexes. C. R. Acad. Sci. Paris **199**, 1284–1287 (1934).

[8] Cartan, H.: Sur le premier problème de Cousin. C. R. Acad. Sci. Paris **207**, 558–560 (1937).

[9] Cartan, H.: Variétés analytiques complexes et cohomologie. Coll. Plus. Var., Bruxelles 1953, 42–55.

[10] Cartan, H., Serre, J.-P.: Un théorème de finitude concernant les variétés analytiques compactes. C. R. Acad. Sci. Paris **237**, 128–130 (1953).

[11] Fornaess, J. E.: An increasing sequence of Stein manifolds whose limit is not Stein. Math. Ann. **223**, 275–277 (1976).

[12] Fornaess, J. E.: 2dimensional counterexamples to generalizations of the Levi problem. Math. Ann. **230**, 169–173 (1977).

[13] Fornaess, J. E., Stout, E. L.: Polydiscs in Complex Manifolds. Math. Ann. **227**, 145–153 (1977).

[14] Forster, O.: Zur Theorie der Steinschen Algebren und Moduln. Math. Z. **97**, 376–405 (1967).

[15] Forster, O.: Topologische Methoden in der Theorie Steinscher Räume. Act. Congr. Int. Math. 1970, Bd. 2, 613–618.

[16] Grauert, H.: Charakterisierung der holomorph-vollständigen Räume. Math. Ann. **129**, 233–259 (1955).

[17] Grauert, H.: On Levi's problem and the imbedding of real-analytic manifolds. Ann. Math. **68**, 460–472 (1958).

[18] Grauert, H.: Bemerkenswerte pseudokonvexe Mannigfaltigkeiten. Math. Z. **81**, 377–391 (1963).

[19] Grauert, H., Remmert, R.: Konvexität in der komplexen Analysis: Nicht holomorph-konvexe Holomorphiegebiete und Anwendungen auf die Abbildungstheorie. Comm. Math. Helv. **31**, 152–183 (1956).

[20] Grauert, H., Remmert, R.: Singularitäten komplexer Manngifaltigkeiten und Riemannsche Gebiete. Math. Z. **67**, 103–128 (1957).

[21] Grauert, H., Remmert, R.: Zur Spaltung lokal-freier Garben über Riemannschen Flächen. Math. Z. **144**, 35–43 (1975).

[22] Grothendieck, A.: Sur la classification des fibrés holomorphes sur la sphère de Riemann. Amer. Journ. Math. **79**, 121–138 (1957).

[23] Igusa, J.: On a Property of the Domain of Regularity. Mem. Coll. Sci., Univ. Kyoto, Ser. A, **27**, 95–97 (1952).

[24] Jurchescu, M.: On a theorem of Stoilow. Math. Ann. **138**, 332–334 (1959).

[25] Markoe, A.: Runge Families and Inductive Limits of Stein Spaces. Ann. Inst. Fourier **27**, fasc. 3 (1977).

[26] Matsushima, Y.: Espaces Homogènes de Stein des Groupes de Lie Complexes. Nagoya Math. Journ. **16**, 205–218 (1960).

[27] Matsushima, Y., Morimoto, A.: Sur Certains Espaces Fibrés Holomorphes sur une Variété de Stein. Bull. Soc. Math. France **88**, 137–155 (1960).

[28] Milnor, J.: Morse Theory. Ann. Math. Studies **51**, Princeton Univ. Press 1963.

[29] Narasimhan, R.: On the Homology Groups of Stein Spaces. Inv. Math. **2**, 377–385 (1967).

[30] Oka, K.: Sur les fonctions analytiques de plusieurs variables II. Domaines d'holomorphie. Journ. Sci. Hiroshima Univ., Ser. A, **7**, 115–130 (1937).

[31] Oka, K.: Sur les fonctions analytiques de plusieurs variables III. Deuxième problème de Cousin. Journ. Sci. Hiroshima Univ., Ser. A, **9**, 7–19 (1939).

[32] Oka, K.: Sur les fonctions analytiques de plusieurs variables IX. Domaines fini sans point critique intérieur. Jap. Journ. Math. **23**, 97–155 (1953).

[33] Scheja, G.: Riemannsche Hebbarkeitssätze für Cohomologieklassen. Math. Ann. **144**, 345–360 (1961).

[34] Schuster, H. W.: Infinitesimale Erweiterungen komplexer Räume. Comm. Math. Helv. **45**, 265–286 (1970).

[35] Serre, J.-P.: Quelques problèmes globaux relatifs aux varietés de Stein. Coll. Plus. Var., Bruxelles 1953, 57–68.

[36] Stein, K.: Topologische Bedingungen für die Existenz analytischer Funktionen komplexer Veränderlichen zu vorgegebenen Nullstellenflächen. Math. Ann. **117**, 727–757 (1941).

[37] Stein, K.: Analytische Funktionen mehrerer komplexer Veränderlichen zu vorgegebenen Periodizitätsmoduln und das zweite Cousinsche Problem. Math. Ann. **123**, 201–222 (1951).

[38] Stein, K.: Überlagerungen holomorph-vollständiger komplexer Räume. Arch. Math. **7**, 354–361 (1956).

Sachverzeichnis

Symbolverzeichnis